U0397319

1. 国家自然科学基金青年基金项目：基于“元建模”的高密度城市形态场所单元肌理识别与交互优化研究（52208009）
2. 江苏省重点科技研发计划：基于大数据的城市安全智慧管理平台科技示范 （BE2023799）

全国高校出版社主题出版

城市设计研究 /1
数字 · 智能城市研究

杨俊宴 主编

形构：
城市形态类型的大尺度建模解析

曹 俊　杨俊宴　著

东南大學出版社 · 南京

· 作者简介 ·

AUTHOR INTRODUCTION

曹　俊

东南大学建筑学院讲师、中国建筑学会学生分会副秘书长，本硕博均求学于东南大学建筑学院，获工学博士学位。宾夕法尼亚大学城市研究所（Penn IUR）访问学者，曾获评“第十一届江苏省大学生年度人物”。个人主要研究方向为数字形态分析技术及其在城市设计与建筑设计实践中的应用。主持 1 项国家自然科学基金青年科学基金项目，参与多项省部级及以上课题，发表中英文论文十余篇，*Frontiers of Architectural Research* 期刊审稿人。作为合作者获得六项国际及中国发明专利授权，作为主创设计人员投身鄂尔多斯、大连、登封、芜湖、分宜等地的设计工程实践。

杨俊宴

国家级人才特聘教授，东南大学首席教授、东南大学智慧城市研究院副院长，国际城市与区域规划师学会（ISOCARP）学术委员会委员，中国建筑学会高层建筑与人居环境学术委员会副主任，中国城市规划学会流域空间规划学术委员会副主任，中国城市科学研究会城市更新专业委员会副主任，住建部城市设计专业委员会委员，自然资源部高层次科技领军人才。中国首届科学探索奖获得者，*Frontiers of Architectural Research* 期刊编委，研究重点为智能化城市设计。主持 7 项国家自然科学基金（含重点项目和重大项目课题），发表论文 200 余篇，出版学术著作 12 部，获得美国、欧盟和中国发明专利授权 57 项，主持和合作完成的项目先后获奖 52 项。牵头获得 ISOCARP 卓越设计金奖、江苏省科学技术一等奖、住建部华夏科技一等奖和全国优秀规划设计一等奖等。

·序 言·

PREAMBLE

今天，随着全球城市化率的逐年提高，城市已经成为世界上大多数人的工作场所和生活家园。在数字化时代，由于网络数字媒体的日益普及，人们的生活世界和社会关系正在发生深刻的变化，近在咫尺的人们实际可能毫不相关，而千里之外的人们却可能在赛博空间畅通交流、亲密无间。这种不确定性使得现代城市充满了生活的张力和无限的魅力，越来越呈现出即时性、多维度和多样化的数据属性。

以大数据、5G、云计算、万物互联（IoT）等数字基础设施所支撑的社会将会呈现泛在、智能、精细等主要特征。人类正在经历从一个空间尺度可确定感知的连续性时代发展到界域认知模糊的不确定性的时代的转变。在城市设计方面，通过多源数据的挖掘、治理、整合和交叉验证，以及针对特定设计要求的数据信息颗粒精度的人为设置，人们已可初步看到城市物理形态“一果多因”背后的建构机理及各种成因互动的底层逻辑。随着虚拟现实（VR）、增强现实（AR）和混合现实（MR）的出现，人机之间的“主从关系”已经边界模糊。例如，传统的图解静力学在近年“万物皆数”的时代中，由于算法工具和可视化技术得到了质的飞跃，其方法体系中原来受到限制的部分——“维度”与“效率”得到重要突破。对于城市这个复杂巨系统，调适和引导的“人工干预”能力和有效性也有了重大提升。

“数字·智能城市研究“丛书基于东南大学杨俊宴教授团队在城市研究、城市设计实践等方向多年的产学研成果和经验积累，以国家层面大战略需求和科技创新要求为目标导向，系统阐述了数字化背景下的城市规划设计理论与方法研究，探索了智能城市设计、建设与规划管控新技术路径。丛书将作者团队累积十余年的城市空间理论研究成果、数智技术研发成果和工程实践应用成果进行了系统性整理，包含了《形构：城市形态类型的大尺度建模解析》《洞察：城市阴影区时空演化模式与机制》《感知：城市意象的形成机理与智能解析》《关联：城市形态复杂性的测度模型与建构机理》

和《实施：城市设计数字化管控平台研究》五本分册。从城市空间数智化研究的理论、方法和实践三个方面，详细介绍了具有自主知识产权的创新成果、前沿技术和代表性应用，为城市规划研究与实践提供了新技术、新理论与新方法，是第四代数字化城市设计理论中的重要学术创新成果，对于从“数据科学”的视角，客观精细地研究城市复杂空间，洞察城市运行规律，进而智能高效地进行规划设计介入，提升城市规划设计的深度、精度、效度具有重要的专业指导意义，也为城市规划研究及实践提供了有力支持，促进了高质量、可持续的城市建设。

今天的数字化城市设计融合了建筑学、城乡规划学、地理学、传媒学、社会学、交通和建筑物理等多元学科专业，已经可以对跨领域、多尺度、超出个体认知和识别能力的城市设计客体，做出越来越接近真实和规律性的描述和认识概括。同时，大模型与 AIGC 技术也将可能引发城市规划与设计的技术范式变革。面向未来，城市设计的科学属性正在被重新定义和揭示，城市设计学科和专业也会因此实现跨越式的重要拓展，该丛书在这方面已进行了卓有成效的探索，希望作者团队围绕智能城市设计领域不断推出新的原创成果。

王建国

中国工程院院士

东南大学建筑学院教授

·前 言·

PREFACE

作为一个跨学科的研究领域，城市形态学是不同学科与知识的汇聚地。作为整合康泽恩学派形态学研究与穆拉托尼－卡尼吉亚学派类型学研究而形成的“形态－类型”（Typo-Morphology）研究方法，虽然在国际城市形态论坛（International Seminar on Urban Form，ISUF）体系下得到了广泛的传播与运用，却在面对大尺度、复杂化的当代城市形态时遇到了诸多局限。经历了早期计量革命时期及数字化整合时期，城市形态类型学的研究迎来了新城市科学时期，这一时期的城市模型“算力”显著增强、领域知识呈“迭代式”增长、工具趋于“背景化”，研究方法也迎来了系统性升级的机遇。城市形态类型的大尺度建模解析（large-scale modeling analysis of urban typo-morphology），或称大尺度形态类型建模（large-scale modeling of typo-morphology），即城市形态类型学（urban typo-morphology）与当代数据科学技术手段碰撞交织所形成的研究方法集合，也是本书研究与讨论的核心内容。

本书以“理论辨析—技术方法—实证研究”为线索对大尺度形态类型建模展开详细研究。理论辨析部分，围绕“形（form）”与“构（pattern）”的多重关系阐述大尺度形态类型建模的基本原理，并通过文献计量的方式详细梳理既有大尺度形态类型建模研究方法的相关知识，在充分吸收和借鉴已有成果和经验的同时针对性地完善方法论及实证研究设计，从而厘清大尺度形态类型建模的数字逻辑和关键问题，建立大尺度形态类型建模的数字化流程。技术方法部分，在形态对象的数字化界定、形态特征的数字化提取、形态模式的数字化划分以及形态类型的数字化解释这四个关键步骤中，嵌入八个数字化技术模块，分别为要素生成模块、三维建模模块、空间分析模块、指标计算模块、数据整理模块、矩阵聚类模块、形态统计模块、形态可视化模块，集成包括沃罗诺伊分割技术、剖面等距生成技术等在内的一系列前沿数字技术。依托建构的大尺度形态类型建模方法集群，分别以代表面要素的街区形态对象、代表线要素的街道形态对象、代表点要素的街口形态对象为代表性形态要素，针对南京老城的大尺度城市空间样本开展实证研究。研究不仅验证了大尺度形态类型建模研究方法在对象界定、特征提取、模式划分、类型解释等环节上的有效性及优越性，同时也呈现了南京老城在 2005—2020 年时间切片下的各形态要素构成、分布及演替规律，挖掘出南京老城形态中典型的 7 种街区类型、12 种街道类型及 8 种街口类型，形成南京老城建筑群尺度的数字形态类型库，凝练南京老城城市形态的结构性特征。在应用层面，大尺度形态类型建模研究方法可以作为驱动样本深度剖析的智慧大脑、驱动形态集成交互的实用工具以及驱动设计实践决策的理性沙盘。

本书的研究内容尝试在以下方面做出创新：研究视角方面，以跨学科的视角整合经典形态类型研究方法与数据科学研究方法。打破学科边界，对大量既有的数据科学研究手段进行学习、提炼和转化，时刻扣住城市形态学研究的主线，分别从基本原理、既有知识、一般流程等多个方面对大尺度形态类型建模这个跨学科研究方法进行阐述，从而建立其理论框架。研究方法方面，集成转化一系列数据科学技术，初步建立大尺度形态类型建模的数字化流程及对应方法群。通过“关键步骤—数字化模块—具体技术”的层级架构，实现对大尺度形态类型建模数字化流程及对应方法群的建立，完成对既有方法的全面提升。尤其是所提出的“箱体模型”及“柱体模型”方法，全面提升对诸如街道、街口等“不定形”形态要素进行形态解析的精细化程度。研究内容方面，解析当代大尺度三维城市形态的构成、分布及演替的特征与规律。以南京老城为研究范围，对其 2005 年及 2020 年两个时间切片下的样本，从街区、街道、街口三个要素维度进行大尺度形态类型建模研究，绘制南京老城的数字形态类型地图，洞悉当代大尺度城市形态的构成、分布及演替的特征与规律。

·目 录·

CONTENTS

城市形态类型学研究的时代演进

城市形态类型的大尺度建模解析（large-scale modeling analysis of urban typo-morphology），或称大尺度形态类型建模（large-scale modeling of typo-morphology），是城市形态类型学（urban typo-morphology）与当代数据科学技术手段碰撞交织所形成的研究方法集合。换句话说，城市形态类型的大尺度建模这一研究方法根植于经典城市形态类型学研究方法，并集成融合了一系列当代前沿的数字化技术。从学科语境、技术语境和当代语境分别对城市形态类型学的时代演进过程进行梳理，为详细阐述大尺度形态类型的理论框架、方法集群及实证案例研究提供话语铺垫。

1.1 学科语境下的城市形态类型学

脱胎于城市形态学这一跨学科研究领域，城市形态类型学天然具有跨学科的基因。在缘起上，城市形态类型学整合了早期“三大学派”中最大的两个分支——康泽恩（M. R. G. Conzen）学派形态学研究与穆拉托尼（S. Muratori）- 卡尼吉亚（G. Caniggia）学派类型学研究，在形态与类型的协同互惠中形成“形态 - 类型”研究方法。这一跨学科研究方法自 1996 年国际城市形态论坛（International Seminar on Urban Form, ISUF）成立以来在国际学术界广为传播发展，影响了一代中国学者，该方法也是后 ISUF 时代城市形态学研究领域的核心议题之一 [1-2]。然而，伴随时代的演进，经典“形态 - 类型”研究方法在研究范围、研究对象、分类过程与研究效率等诸多方面也暴露出局限性。这些局限性的根源是什么？在当代的学科语境下是否能够迎来新一轮的跨学科整合，以应对当代大尺度、复杂化的城市形态？

1.1.1 城市形态学的经典流派及学科分化

城市形态学①（urban morphology），指以城市物质空间作为研究对象和主题的研究领域[3]。法国结构主义人类学家李维－史陀（Levi-Strauss）曾形容城市是人类有史以来最复杂的创造物[4]。在大量的研究中，城市形态学研究者逐渐将城市形态中的“城市”置入一个更为广义的语境，如克罗普夫（K. Kropf）将其拓展指代人类聚落（settlement）[5]，亦如穆东（A. V. Moudon）将其拓展指代人类栖息地（human habitat）。也正是因为城市形态研究的复杂性，城市形态学研究者天然地具有不同的学科背景和方法流派。国际城市形态论坛于1996年成立，为来自不同国家、不同流派、不同学科背景的城市形态学研究者提供了共同交流的国际学术平台。关于城市形态学研究中流派的讨论，自从ISUF成立伊始就是一个持续被关注的话题[6]。

（1）“三大学派”分类观点及争议

在ISUF成立之初，穆东提出英国康泽恩学派、意大利穆拉托尼－卡尼吉亚学派、法国凡尔赛学派是城市形态学研究最主要的三个学派。三大学派的观点在国际城市形态学研究领域广为流传并传入中国，代表性的专著为《国外城市形态学概论》[7]。然而三大学派的说法其实在学术上也存在争议。达林（M. Darin）对法国城市形态学研究进行了系统性梳理，结论是法国的城市形态学研究过于松散，并不太能称得上是一个学派[8]。具体包含三个证据：一是法国的城市形态学研究缺乏统一的特征；二是几乎没有人能有意识地认识到法国城市形态学研究作为一个领域的存在及其丰富性；三是关于法国城市形态学研究的出版物非常分散，没有主要的专门针对城市形态学的出版物。高蒂兹（B. Gauthiez）通过系统梳理城市形态学研究的历史，着重强调了早期德国的影响，认为德国学派是被严重忽视的一个分支，其在18世纪90年代至19世纪50年代之间扮演着重要的角色。高蒂兹重点提到德国规划师弗里兹（J. Fritz）利用历史文献和军事地图来研究城镇规划平面，并对其进行分类，认为城市形态学起源于在城镇规划平面中引入历史地理视角的分析。对于早期德国城市形态学研究的重要意义，怀特汉德（J. W. R. Whitehand）认为施吕特尔（O. Schlüter）和盖斯勒（J. Geisler）的贡献也是不容忽视的[9]。

（2）基于认识论的分类视角

除了基于国家和地域分布的视角，更多的城市形态学研究者从认识论的角度对城市形

---

① 城市形态与城市形态学二者的区别：城市形态，对应英文为urban form，指城市物质空间形态这一对象，也可理解为城市的形态；城市形态学，对应英文为urban morphology，指针对城市形态进行研究这一领域。本书写作中遵循这样的区别：在指代研究领域时用词为“城市形态学”，在指代对象时用词为“城市形态”。

态学研究的分支流派进行讨论。高蒂尔和吉利兰（P. Gauthier & J. Gilliland）从哲学观和认识论的角度勾画出城市形态学研究的两个区分维度[10]。一个区分维度是“内在主义者”（internalist）和“外在主义者”（externalist）。区别在于：内在主义者认为城市物质空间形态是一个独立的变量，一些形态类别是持续的甚至是永恒的，形态的变换遵循着特定的法则，城市形态系统中的元素不是离散的对象，对象与对象之间的关系不是偶然的；而外在主义者则认为城市形态是许多外部因素带来的被动产物，包括经济、政治等。城市形态学早期核心人物穆拉托尼和康泽恩就属于典型的内在主义者，而怀特汉德、林奇（K. Lynch）等学者则属于外在主义者。另一个区分维度是“认知”（cognitive）和“规范”（normative）。认知指的是通过描述和解释来研究城市形态，目的是回答“城市形态为什么会发生”这一问题；而规范则指的是面向城市形态实践，包括城市形态的改造和设计。隶属于认知范畴的学者包括希利尔（B. Hillier）、马雷托（M. Maretto），而拉克汉姆（P. J. Larkham）、杜安（A. Duany）则隶属于规范的范畴。当然，也有学者横跨两个范畴，既描述和解释城市形态，同时又进行城市形态的设计。早期源于建筑和规划实践的城市形态研究者穆拉托尼、卡尼吉亚、康泽恩都是这类的典型代表。穆东（A. V. Moudon）[4]和列维（A. Levy）[11]也提到过与认知和规范的区分维度相似的概念。

（3）基于方法范式的分类视角

克罗普夫基于城市形态学中涌现的不同研究范式及其代表人物，比较了六个典型的方法分支[5]，分别是：功能结构研究方法，代表人物为伯吉斯（E. W. Burgess）[12]、霍伊特（H. Hoyt）[13]；环境行为研究方法，代表人物为林奇[14]；空间分析研究方法，代表人物为巴蒂（M. Batty）[15]，代表机构为伦敦大学学院的先进空间分析中心（Centre for Advanced Spatial Analysis，CASA）；组构研究方法，又称空间句法，代表人物为希利尔[16]；类型过程研究方法，代表人物为穆拉托尼[17]及卡尼吉亚[18]；历史地理研究方法，代表人物为康泽恩[19]。奥利维拉（V. Oliveira）等通过实证研究，比较了形态区域、类型过程、空间句法、元胞自动机四种城市形态学分析方法[20]。舍尔（B. C. Scheer）则将北美城市形态学研究分支的特点同类型过程、历史地理、空间句法等经典方法进行综合比较，包括数据来源、范式、理论变化以及与非形态要素之间的惯常联系[21]。

（4）城市形态学的跨学科本质

综合以上，可以对城市形态学流派及学科进行综合划分（表 1.1），其中包含规划、建筑学、地理学、数学、政治经济学、历史学、考古学、社会学、行为学、人类学等门类众多的学科。正如穆东所言，城市形态学作为一个跨学科的研究领域（interdisciplinary field），是汇集多门学科而逐渐衍化出的一门学问[4]。纵览这些方法流派能够看出，经典方法流派的起源地主要集中在欧洲和美国，其中起源于欧洲的方法流派大多在认识论自主性上属于内部主义，即城市物质空间形态是一个独立的变量，遵循着特定的法则。尤其对于法国政治经济学研究而言，卡斯泰（J. Castex）等论述到，城市是社会、政治、经济结构的物质投影，对其建成环境物质空间的理解能够使人们观察到投影的空间表征，而建成空间本身是具有一致性和韧性的[22]。对于康泽恩学派而言，早期的康泽恩学派继承了德国古典城镇规划平面分析，在认识论上属于内部主义；后期怀特汉德创建的伯明翰大学城市形态研究小组中，绝大部分成员在认识论上呈现出外部主义，例如斯莱特（T. R. Slater）、拉克汉姆等。缘起于美国的城市形态学流派包括历史研究、功能结构研究以及环境行为研究，他们在认识论上均为外部主义[23]。

表 1.1 城市形态学经典方法流派及学科分化

方法流派	代表人物	地区	学科	认识论自主性
古典城镇规划平面分析	施吕特尔、盖斯勒、弗里兹	德国	规划	内部主义
建筑类型学	穆拉托尼、卡尼吉亚、马菲、马雷托、罗西、卡塔尔迪	意大利	建筑学	内部主义
历史地理研究	康泽恩、怀特汉德、斯莱特、拉克汉姆、克罗普夫	英国	地理学	既包含内部主义，又包含外部主义
空间分析	巴蒂	英国	数学	内部主义
空间句法	希利尔、马奇、马丁	英国	数学	内部主义
空间表征研究	卡斯泰	法国	政治经济学	内部主义
历史研究	芒福德、吉迪翁、科斯托夫	美国	历史学、考古学	外部主义
功能结构研究	伯吉斯、霍伊特	美国	社会学	外部主义
环境行为研究	林奇、拉波拉特、盖尔、特兰西克	美国	行为学、人类学	外部主义

资料来源：作者编制

流派及学科的分化极大地丰富了城市形态学研究的内涵，使得城市形态学成为城市研究领域这个大领域中一个非常独特的子领域。作为一个多学科、多方法流派汇集的研究领域，城市形态学已经走过百余年的发展历程①。早期的城市形态学研究大都局限在某一流派或学科内部，具有鲜明的流派特征。21 世纪以来出现越来越多的研究，它们不局限于某一方法流派内部，而是将不同的学科和方法联立起来，综合面对当代的城市形态。

① 以弗里兹著作《德国城镇设施》为时间起点计算。Fritz J. (1984). 'Deutsche Stadtanlagen', Beilage programm 520 des Lyzeums Strassburg (Heitz-Mündel, Strassburg).

奥斯蒙德（P. Osmond）利用多种分析方法研究悉尼城市形态，并使之形成互补[24]。类似地，格里菲斯（S. Griffiths）等通过 GIS 对伦敦的近郊地区进行研究[25]。马菲（G. L. Maffei）与怀特汉德对比了英国康泽恩学派中的形态周期的概念以及意大利穆拉托尼－卡尼吉亚学派中的类型过程的概念。克罗普夫对六种经典方法的异同进行了比较[5]。奥利维拉比较了空间分析研究、组构研究、历史地理学研究及类型过程研究方法的优劣势。跨学科的本质在当代城市形态学研究中日益凸显[20]。

1.1.2 城市形态类型学的跨学科缘起

城市形态学的跨学科本质，不仅体现在其内部的多源学科分化，同时也体现在丰富的分支及学科之间交融碰撞。这其中最具代表性的是意大利穆拉托尼－卡尼吉亚学派的类型学研究与英国康泽恩学派①的形态学研究之间的交融碰撞，形成了城市形态类型学（urban typo-morphology），简称形态类型学。对于形态类型学的讨论可以追溯到 20 世纪 90 年代。穆东首次提出“形态－类型”是一种解析建成环境的重要方法。“形态－类型”（typo-morphology）本身就是一个合成词，由类型（typology）和形态（morphology）两个词合成。对应到城市形态学研究的方法流派，“类型”对应的是意大利穆拉托尼－卡尼吉亚学派，而“形态”对应的是英国康泽恩学派。

（1）穆拉托尼－卡尼吉亚学派与类型学研究

意大利穆拉托尼－卡尼吉亚学派为形态类型学研究提供了理论基础。作为一名意大利建筑师，穆拉托尼前后在威尼斯大学和罗马大学任教，并开展建筑设计实践。穆拉托尼将对于城市形态的分析作为建筑设计的先觉性步骤，这也直接影响了后来著名的建筑师罗西和艾莫尼诺[26]。关于威尼斯和罗马的城市形态研究，穆拉托尼各有一本专著[17][27]，书中记录了其基于类型学分析的“可操作的历史”（operational histories）的理念。穆拉托尼使用词汇“edilizia”概括其研究中的基本对象，以代表包括建筑，或者建筑及其周边开敞空间所形成的建成环境。而作为穆拉托尼的学生及助手，卡尼吉亚拓展了类型学的研究，将研究对象拓展为四个尺度，分别是建筑、建筑群、城市和区域[18]。意大利建筑类型学派的一个重要贡献就是建构了城市形态分析与后续设计的关系，认为城市形态能够对文脉提供一种批判式的建构，进而从文脉延续性的角度指导建筑设计。

穆拉托尼－卡尼吉亚学派的类型学研究影响了一代建筑师，包括罗西（A. Rossi）、

① 由于康泽恩学派是城市形态学中最大的分支，在一些特定的语境下，urban morphology 也被用于指代康泽恩学派的研究方法，例如宾夕法尼亚大学博士论文 Hwang J H. (1994). The reciprocity between architectural typology and urban morphology. University of Pennsylvania.

艾莫尼诺(C. Aymonino)、斯科拉里(Scolari)、格里高蒂(Gregotti)、克里尔兄弟(Krier)、维德勒(A. Vidler)、莫内欧(R. Moneo)。穆拉托尼对现代主义城市的批判也成为罗西和艾莫尼诺研究的主题。罗西提出的一个重要的论点就是建筑的自主性，认为建成环境的形态具有脱离于社会科学领域之外的独立性[28]。艾莫尼诺认为现代主义带来建筑和城市之间关系的反转：传统中世纪紧凑型的建筑像“仆人”一样服务于城市形态，而现代主义带来的新的建筑类型是独立于城市形态而存在的[29]。在对待现代主义的态度上，艾莫尼诺和穆拉托尼、卡尼吉亚的态度是有明显区别的。艾莫尼诺认为建筑之于城市形态关系的反转是一个不可逆的过程，而穆拉托尼和卡尼吉亚则认为这只是一个暂时的危机。这个态度的差异体现在实践中则意味着，如果依据艾莫尼诺的观点，则对传统城市形态的分析不能指导新建筑的设计；而如果依据穆拉托尼和卡尼吉亚的观点，传统的建筑与城市之间的关系需要被体现在当代城市形态中，因此对于传统城市形态的分析是有意义的。

类型学研究的思想在20世纪80年代末传入中国。早期的论文集中在对罗西的类型学思想进行研究[30-32]，后续研究增加了类型学在建筑设计方法论层面的讨论[33-35]，并出现了对迪朗和克里尔兄弟建筑理论及实践的研究[36-37]。佩雷兹(J. Perez)等通过数字化手段对居住建筑的类型进行了测度研究[38]。

(2)康泽恩学派与形态学研究

英国康泽恩学派在建筑类型学的基础上拓宽了类型的语境。康泽恩①最早在柏林大学学习地理学，而后在英格兰地区从事市镇规划[39]。在早期通过定性方法解读城镇规划时，康泽恩的研究方法包含三个维度：城镇的二维平面布局、建筑肌理，以及用地和建筑功能[40]。同时，康泽恩认为，街道、地块、建筑是城镇规划平面分析中最重要的三种元素，称作“plan unit”。在康泽恩最为著名的奥林威克(Alnwick)城镇分析中，一个重要的收获就是发现了一种当地特有的狭长型地块(burgage)，并从时间线的角度详细展示了其1774年到1956年之间逐渐被建筑填充再到经历拆迁的循环过程[19]。继承康泽恩传统的一批历史地理学家于20世纪80年代成立了伯明翰大学城市形态研究小组(Urban Morphology Research Group)，将城市形态学和更多的地理学研究方法相结合。城市形态研究小组中不同的学者研究也有侧重：斯莱特侧重于对中世纪城市的城镇规划平面进行分析[41]；怀特汉德侧重于分析城市中的产业功能对城市形态的影响，并提出城市边缘带的周期

① 康泽恩(1907—2000)，即迈克尔·罗伯特·昆特·康泽恩(M. R. G. Conzen)，在本书研究中直接使用“康泽恩”作为人名指代这位城市形态学研究的奠基人之一。其子，迈克尔·P. 康泽恩(M. P. Conzen)，现为芝加哥大学地理学院的教授，也是当代城市形态学研究的一位重要学者。后文中将使用完整的姓名迈克尔·P. 康泽恩对其进行指代，以示区分。

理论[42-43]；琼斯和拉克汉姆（A. N. Jones & P. J. Larkham）侧重于将城市形态分析应用于历史保护项目中[44]。

比类型学传入中国的时间稍晚，形态学自20世纪90年代起为国内学术界所关注。武进、胡俊较为系统地剖析了我国城市形态的演化机制[45-46]；林炳耀对形态学中的空间计量方法进行讨论[47]；谷凯系统梳理了形态学的研究框架[48]；陈泳基于多种形态要素对苏州城市形态演替进行剖析[49]；段进、邱国潮系统概述国外城市形态学的研究进展[7]；田银生等阐述城市形态研究与城市历史保护规划的关系[50]；丁沃沃等对城市形态及城市微气候的关联性进行研究[51]；杨俊宴侧重对城市中心区的形态进行研究[52]。

（3）“形态”与“类型”的互惠

穆拉托尼－卡尼吉亚学派和康泽恩学派是城市形态学语境下最为主流的两个学派。作为两个学派的领袖以及城市形态学最重要的两个奠基人，穆拉托尼和康泽恩身处完全不同的生活和工作环境，并在职业生涯中从未会面。然而对比分析两个学派的方法却能够发现大量的相似之处，主要体现在四个方面（表1.2）。第一，尽管在术语表达上有所区别，但是两个学派在研究基本对象的指代上是相似的，并且在早期研究中产权是区分研究基本对象的重要手段。第二，两个学派在研究对象的尺度上具有层级性，建筑通常作为最小的尺度层级，在此之上衍生出地块、街道等建筑群落。卡尼吉亚特别地将城市和区域也囊括进研究中，拓宽了基本对象的空间尺度。第三，两个学派在研究方法中均特别强调了时间的概念，并形成了专门的术语进行表征，分别是“类型过程”和“形态周期”。第四，两个学派在研究导向上均是基于对既有城市空间的解读，进而面向未来城市空间的营造。正是由于意大利穆拉托尼－卡尼吉亚学派和英国康泽恩学派在城市形态学研究方法上的互惠（reciprocity），促使“形态－类型”成为整合两个流派而形成的研究方法[53]。

表1.2 穆拉托尼－卡尼吉亚学派及康泽恩学派研究方法对比

对比层面	穆拉托尼－卡尼吉亚学派	康泽恩学派
用以表征基本对象的术语	建筑及其周边开敞空间（edilizia），本书中将其概括为“形态要素”	平面单元（plan unit）
对象的层级性	建筑、建筑群、城市和区域	建筑、地块、街道
用以表征时间序列的术语	类型过程（typological process）	形态周期（morphological period）
研究导向	通过类型解读和建立新旧之间的延续性，进而指导建筑设计	解读城市形态的构成和发展，为历史保护及景观风貌管理提供依据

资料来源：作者编制

形态类型学的研究方法，亦称作“形态－类型”研究方法①，可以大致被概括为以下几个步骤：首先，确定研究关注的尺度，是在建筑还是建筑群尺度、片区还是城市尺度；其次，基于对象的特征和标准对其进行分类，例如建筑体量、形式等，这个过程伴随着反复推敲和比较；随后，根据上一步的分类结果，反推提炼出分类的规则及典型范例；最后，将形成的类型关联起来，用以分析和解释研究区域的城市形态。

不难看出，“形态－类型”研究方法巧妙地融合了建筑学和地理学各自研究方法的优势。基于共有的形态对象，既能够发挥建筑学研究方法的优势，深入探寻形态对象个体的类型学特征，同时又能够从整体视角考察较大范围内的区域建成环境布局特征。从一定意义上来看，“形态－类型”研究方法是一种局部个体和宏观整体始终处于互动状态的研究方法，在相对微观的建筑学研究与相对宏观的地理学研究之间搭建起一座桥梁。

1.1.3 “形态－类型”研究方法的发展

国际城市形态论坛的成立，极大地促进了城市形态学内部不同研究分支领域间的交流，对于形态类型学也不例外。“形态－类型”研究方法不仅在国际学术界被广泛使用，同时也影响了一批中国学者；而与此同时，传统的“形态－类型”研究方法在传播发展的过程中也逐渐暴露出不少局限性。这既是机遇，也是挑战。

（1）“形态－类型”研究方法在国际学术界的传播与讨论

自 1996 年 ISUF 成立以来，对于形态类型研究方法的讨论日益增多：克罗普夫辨析了建成环境中关于变化的概念，并着重强调了形态类型方法，认为其是城市分析的重要参考工具[54]；庞特和豪普特（M. Berghauser Pont & P. Haupt）则针对建成环境的密度展开形态类型分析，并整合成“Spacemate”这个解析城市肌理的软件[55]。形态类型方法可以针对不同尺度的对象进行分析，小至单体建筑，大至城市甚至区域。马勒和索尔坦尼（A. Maller & A. Soltani）运用形态类型方法对机场形态进行分析[56]。苏西洛（I. W. Susilo）以及科莫罗夫斯基（B. Komorowski）则重点关注传统住宅建筑[57-58]。宋（I. H. Song）针对首尔的住区邻里进行形态类型分析[59]。孔帕亚克（W. A. Kompayak）关注的对象是曼谷滨河区域[60]。赫里扬托（B. Heryanto）等则讨论老城景观的形态类型变化[61]。

形态类型研究方法被运用在许多国家和地区的案例分析中。长川谷（J. Hasegawa）对日本东京建筑形态进行形态类型层面的讨论[62]。吉尔（J. Gil）等以葡萄牙里斯本两

① 这里的经典“形态－类型”研究方法指以定性为主，未与数据科学手段发生紧密结合的方法。后文中简称为经典形态类型研究方法。

个邻里为例进行形态类型比较，重点关注街区和街道这两个研究对象[63]。维迪亚斯图蒂（I. Widiastuti）则重点关注印度喀拉拉邦的民居形态[64]。谢耶斯特和斯蒂德曼（H. Shayesteh & P. Steadman）以伊朗德黑兰为例，分析城市形态和建成环境的协同演替[65]。潘迪（A. Pandey）解析了印度乌贾因市转型中形态类型的重构[66]。哈特塞尔和温（A. Hartsell & J. Winn）选取塞浦路斯的比亚尔穆杜市和佩尔加莫市，进行形态类型对比研究[67]。范迪克等（F. Vandyck）则通过形态类型研究方法分析比利时布鲁塞尔历史地段周边的混合肌理[68]。

形态类型不仅是一种研究方法，而且能够作用于对城市形态的设计。穆东认为，对城市形态的研究不应止于对其的“描述（description）”，并且要能够为其提供“处方（prescription）”[4]。塞缪尔斯（I. Samuels）将形态类型方法结合设计，应用于法国圣热尔韦莱班的规划中，并进一步讨论形态类型方法如何与城市设计实践相结合[69-70]。斯托扬诺夫斯基（T. Stojanovski）在瑞典形态类型研究的阐述中分析了形态类型研究方法以及其与城市设计的关系[71]。特别地，莱特和贾斯托（J. Leite & R. Justo）以形态类型研究和设计教育的关系为切入点，认为形态类型研究方法在建筑设计教育中是应当受到重视的[72]。

（2）“形态－类型”研究方法在中国的兴起与发展

“形态－类型”研究方法在中国的兴起是在2010年前后，其中标志性的事件为2009年第十六届国际城市形态论坛在广州华南理工大学举行。陈飞较早将形态类型学的方法引入中国，辨析当代中国城市面临的危机和问题[73]；尔后，又较为详细地介绍了形态类型学是如何在意大利建筑类型学和英国城市形态学的基础上进行整合，以及其在中国的应用[73-74]。段进和邱国潮在梳理国外城市形态学发展时也提到，意大利穆拉托尼－卡尼吉亚学派和英国康泽恩学派的整合是ISUF成立之后国际城市形态学讨论的一个主要议题[7]。形态类型方法的一个重要应用领域是与城市历史保护相结合[75-78]，这也契合了穆拉托尼－卡尼吉亚学派对文脉延续性的讨论，以及康泽恩学派早期对于制定历史保护政策的导向。在应用于实践的同时，也有学者对形态类型学的理论以及其在中国的本土化道路进行辨析讨论[79-82]。还有学者以具体的城市作为样本进行形态类型方法的案例研究[83-88]。特别地，郭鹏宇、丁沃沃将形态类型学方法应用于山西阳城上庄村案例，将形态类型学研究拓展到村落形态[89]。近年来，也开始出现通过量化方法对城市街区进行形态类型学分析[90-91]。

（3）“形态－类型”研究方法的局限性

作为ISUF成立之后的核心议题之一，“形态－类型”研究方法在整合类型学和形态学两个流派研究方法中发挥着重要的作用。然而，在不断的研究和实践中，这一经典方法的局限性也随之暴露：

其一，研究范围的局限性。经典形态类型研究通常针对非常特殊的地理区域以及城市形态学传统。这意味着对于传统小城镇之外的区域，经典形态类型研究方法的可行性和有效性是受到质疑的。在全球范围内大规模的城市化进程中，当代城市形态相较于传统城市形态发生了显著变化；特别是一些非西方国家经历快速城市化的阶段，并在这一过程中产生了新的建筑组合方式、新旧肌理混合形式甚至非正式聚落空间等空间现象，这些都使得经典形态类型研究方法不能够很好地应对。特别地，谢恩（D. G. Shane）认为当代城市形态及其设计所面临问题的本质是动态化，因此对经典形态类型方法产生了疑问[92]。

其二，研究对象的局限性。经典形态类型研究局限在具有非常明确边界的研究对象上，这样的对象包括建筑、地块、街区以及更大的有明确边界的地理单元。例如，斯克斯纳（A. Siksna）比较了北美与澳洲不同城市的地块形态[93]，陈飞以苏州宅院为研究对象[94]，李和高蒂尔（Y. Li & P. Gauthier）对广州民居建筑的演替进行了研究[95]。建筑、地块、街区等具有明确边界的研究对象是城市中众多形态要素（edilizia）或平面单元（plan unit）的重要组成部分，但并不是全部。常见的街道、街口、建筑间隙空间等，同样是构成城市形态的基本单元以及城市设计中的常见对象，也亟待进行形态类型研究的深入探索。然而由于这些对象的边界相对模糊，经典形态类型研究方法很难有效地对其进行针对性研究。

其三，分类过程的局限性。经典形态类型研究方法的分类过程在很大程度上依赖于研究者本人的水平。“基于研究对象的特征和标准进行反复推敲，再反推提炼出分类的规则”的分类过程，将在很大程度上取决于分类过程操作者的先验知识和定性判断。这样的过程由于几乎不可重复，更不符合实证科学的基本要求，同样的研究样本，交给一个经验丰富的老手与交给一个经验相对欠缺的新手，可能会产生完全不一样的结果。诚然，经验丰富的研究者对于形态类型研究一定是有“加持”的，但形态类型学作为一个研究方法在实际操作的过程中也离不开一个可被讨论的共识性的理性基础。也唯有这样，形态类型研究方法才能真正走向一个被广泛认可的科学研究方法。康泽恩（M. P. Conzen）[96]与奥斯蒙德[24]认为，更加全面的对城市建成环境的测度特征指标是亟待开发的。这反过来也说明，经典形态类型在分类过程中依据的研究对象形态特征也同样较为局限。

其四，研究效率的局限性。形态类型研究过程中对于研究对象的选择及特征标注都需要花费大量的时间和人力成本，并伴随着长时间的现场调研和比对。这也是既有经典形态类型研究几乎均在较小尺度空间范围内应用的原因。同时，正如以上分析所言，形态类型的分类过程需要反复试验和推敲，是一个长时间的试错过程。因此，经典形态类型研究方法对于小尺度、小样本空间而言是颇为有效的一种形态学研究方法，但在大尺度、大样本的研究中却时常“失灵”。这对于应对当代城市形态研究显然是不足的。经典形态类型研究方法在当代势必面临转型。

1.2 技术语境下的城市形态类型学

在城市形态学的各研究分支中，技术都是贯穿于其中的关键线索，形态类型学也不例外。尤其在科学技术飞速发展、更新迭代的当代，与前沿技术的结合是任何学科领域都无法回避的命题。形态类型研究方法与当代前沿技术如何结合？能否有效弥补、克服经典形态类型研究方法的局限性？在技术语境下纵观城市形态学研究的发展历程，梳理出三条较为明显的脉络——早期计量革命时期形态量化思路的革新，数字化整合时期形态分析工具的开发热潮，新城市科学时期形态研究方法的系统性升级。通过对三条脉络的回顾与梳理，探寻形态类型学与当代前沿技术结合的着力点。

1.2.1 早期计量革命时期：量化思路的革新

早期借助计算机研究城市可以追溯到 20 世纪 60 年代。在计量革命兴起的背景下，分形几何学①、元胞自动机模型②、空间句法、地理信息系统等方法不断涌现，对于城市形态量化研究而言是方法上的革新。就城市形态研究而言，普及最为广泛、对当代城市形态学研究影响最为深远的两个方法分别是空间句法和地理信息系统。

（1）空间句法与地理信息系统

伦敦大学学院的希利尔和汉森（B. Hillier & J. Hanson）在《空间的社会逻辑》（*The Social Logic of Space*）一书中，提出空间配置及布局和空间结构对空间中的社会活动具有深刻影响[97]。同时，通过计算机实现其背后的数学原理，创建出空间句法（space syntax）。在聚落规模上，该方法的理论基础是空间结构与运动（movement）之间的关系。希利尔指出，空间组构（spatial configuration）的基本关联是运动，一方面运动在很大程度上决定了城市中的空间组构，另一方面运动也主要取决于空间形式的构成。虽然

---

① 曼德尔布罗（B. Mandelbrot）于 1975 年创立分形几何学，世界范围内不同领域的学者竞相开展分形研究，阿林豪斯（S. Arlingaus）、巴蒂（M. Batty）和朗格里（P. A. Longery）开拓性地在城市形态研究领域应用分形理论。巴蒂和朗格里在 1994 年合作出版专著《分形城市》（*Fractal Cities*），标志着分形在城市研究领域的重要发展。

② 沃尔夫拉姆（S. Wolfram）于 20 世纪 80 年代初提出基于动力学行为的元胞自动机模型。元胞自动机（cellular automata，CA）不同于严格定义的物理方程或函数确定，而是用一系列模型构造的规则构成，具有模拟复杂系统时空演化过程的能力。在城市形态研究中，其多被应用于城市用地外轮廓边界增长的模拟。

提到形态（form）的概念，但是空间句法的视角和传统城市形态研究却不太一样，希利尔认为空间形态（spatial form）是对于空间的布置（arrangement），整个配置结构中的任何给定空间均有明确的参照。这样的表述暗含着城市形态中的虚空间（void）是由实空间（solid）所限定的。空间句法中采用不同的分析技术来定义实空间和虚空间所构成的结构关系。空间句法其作为一种分析城市形态的重要方法及对应软件，在国际学术界有诸多学者都加入了对其原理及应用的讨论，包括佩恩（A. Penn）等、拉蒂（C. Ratti）、斯蒂德曼（P. Steadman）、玻塔（S. Porta）等、江滨（B. Jiang）等[98-102]。国内对于空间句法的研究在2010年前后也迎来了高峰，很多学者对于空间句法方法的原理及应用进行了讨论[103-108]。

在空间句法之外，另一条早期借助计算机技术研究城市形态的线索围绕地理信息系统（GIS）展开。最早的地理信息系统诞生于20世纪60年代①，然而针对GIS在城市形态学领域的应用直到20世纪末才逐渐兴起。穆东在ISUF成立之初指出，GIS的显著优势在于能够记录城市形态中的空间特征，并且不同的矢量化数据能够基于空间位置进行叠合[4]。比萨大学的博奇和卢格利（F. Bocchi & F. Lugli）在对15世纪卡尔皮城镇形态的地形研究中[109]，使用CAD记录城镇的地籍信息②。科斯特（E. Koster）通过对格罗宁根地区的实证研究，对比传统的基于田野调研的研究方法和基于GIS技术的量化研究方法，认为GIS在提升城镇规划分析的效率和准确性，以及结果的可视化方面具有显著的优势[110]。贝尔法斯特女王大学的莱利（K. Lilley）等在中世纪城镇建成环境中，采用GIS和GPS结合的方式，拓展了GIS技术在城市形态学研究中的应用[111]。GIS是城市形态量化研究中运用最为广泛的计算机工具，也是整合不同尺度、不同学科城市形态研究最为实用的工具[112]。

（2）组构分析与肌理分析

早期通过空间句法及地理信息系统研究城市形态，对于后来城市形态学的方法发展具有深远的影响。一方面，时至今日空间句法和GIS依然是城市形态量化研究中的主要技术手段；另一方面，两个技术手段都各自拥有庞大的学术群体，以至于学术界专门用一组词汇描述这两种分析方法[113]：组构分析（configurational analysis）和肌理分析（urban tissue③analysis）。如表1.3所示，组构分析，对应以空间句法为主体的对城市空间要素

---

① 罗杰·汤姆林森（Roger Tomlinson）博士于1967年开发加拿大地理信息系统（CGIS），用于存储、分析和利用加拿大土地统计局收集的数据，并增设了等级分类因素来进行分析，成为世界上第一个真正投入应用的地理信息系统（Geographic Information System或Geo-Information System，GIS）。它是在计算机硬、软件系统支持下，对整个或部分地球表层（包括大气层）空间中的有关地理分布数据进行采集、储存、管理、运算、分析、显示和描述的技术系统。

② 其研究思路和实现原理呈现出借助GIS分析的雏形。CAD和GIS之间的数据格式切换是后来城市形态量化研究中的惯用手段。

③ 源于卡尼吉亚术语tessuto urbano。

间配置关系的分析，关注城市空间中要素与要素的连接关系，例如街道、路径等；而肌理分析，对应以 GIS 为主要手段对城市形态要素本身的物质形态进行的分析，其常见研究对象为建筑、地块、街区等。

表 1.3 组构分析与肌理分析比较

对比层面	组构分析	肌理分析
研究重点	要素之间的配置关系	要素本身的物质形态
常见研究对象	街道、路径、街口	建筑、地块、街区
主要技术手段	空间句法	地理信息系统

资料来源：作者编制

如果从城市形态的基本构成要素的角度深入讨论，可以发现其中既有一类像地块、街区这样由明确的实体边界线所限定形成的要素对象，同时也存在一类由开敞空间场所主导所形成的要素对象，诸如街道、街口等，其三维形态并没有被明确的边界线所限定。虽然组构分析中常见的是建筑、地块、街区等有明确边界限定的对象，肌理分析中常见的是街道、路径、街口等由开敞空间主导形成的对象，但也并不绝对。以“分析方法 – 研究对象”建立十字坐标系，形成四个形态研究的象限板块（图 1.1）。从各板块中列举的代表性成果，不难看出，第Ⅰ象限和第Ⅲ象限不论在研究的久远性还是在研究成果的数量上，都占据显著优势。

图 1.1 基于“分析方法 – 研究对象”十字坐标的形态研究象限板块

其中，第Ⅰ象限指的是针对地块、街区等通过边界限定的研究对象进行肌理分析。这是城市形态学最为经典的研究板块，康泽恩的著作*Alnwick, Northumberland: A Study in Town-Plan Analysis*标志着城市形态这一研究领域的起源；怀特汉德在伯明翰大学成立城市形态研究小组，进一步推动了该学派的发展。伴随着地理信息系统等数字技术及软件的发展，基于形态指标进行量化研究成为常态。进入21世纪以来，随着城市形态学的基础理论逐渐被引入中国，众多学者持续关注这一研究领域。

第Ⅲ象限指的是针对街道、街口等由开敞空间主导形成的研究对象进行组构分析。这一研究板块可以追溯至空间句法理论的创建。作为一种分析城市形态的重要方法，空间句法不仅仅限于学理的辩证性讨论，而是能够将研究成果应用到设计实践中[114]。也有学者试图将第Ⅰ象限和第Ⅲ象限的研究板块进行分析工具的整合，典型的分析工具包括“Morpho”及“Form Syntax”。

相比于第Ⅰ象限和第Ⅲ象限，其他两个象限对应的研究板块不仅起步较晚，而且研究成果的积累也较为有限。其中，第Ⅱ象限指的是针对地块、街区等通过边界限定的研究对象进行组构分析。针对街区内地块间的复杂结构，克罗普夫提出互锁与合并两种连接关系[115]；在此基础之上，马绍尔（S. Marshall）提出了面域结构的符号量化方法[116]；后续研究中将建筑体量也纳入街区内网络配置关系的计算[117]。宋亚程等以老城内常见的超大街区为对象，进一步提出“入径结构”的概念[118]；沈尧等基于网络渗流视角对城市形态进行测度[119]。

对街道、街口等由开敞空间主导形成的研究对象进行肌理分析，对应坐标系中的第Ⅳ象限。随着当代科学技术的全面提升及其往城市研究领域的渗透，有学者开始认识到街道、街口的物质形态（streetscape skeleton）除了能够通过视觉呈现，还有机会作为一个三维形态整体来对其进行肌理解读[120-121]。阿拉尔迪与弗斯科（A. Araldi & G. Fusco）基于步行者视角研究街道三维形态[122]，弗莱施曼等（M. Fleischmann）指出对于街道、街口等要素的精细化肌理分析是城市形态研究面向未来的一个重要工作方向[123]。曹俊等通过对城市街口的三维形态进行数字化解析，发展了一套描述街口肌理的指标体系，辅助对其模式类型的定义[124]。周钰、张玉坤丰富了街道界面形态的三维测度指标[125]。

事实上，正是由于第Ⅱ象限及第Ⅳ象限的既有相关研究相对较少，它们既是当代城市形态学研究的难点，也是重点。针对地块、街区等通过边界限定的研究对象进行组构分析，以及针对街道、街口等由开敞空间主导形成的研究对象进行肌理分析，愈发受到国内外学者的关注。

1.2.2 数字化整合时期：分析工具的开发热潮

不论是组构分析还是肌理分析，在跨越世纪的学术发展中都日趋成熟。而在 21 世纪以来，围绕这两种分析方法产生了一股开发城市形态分析工具的学术热潮，在此过程中形成了一批实用的城市形态分析软件（表 1.4）。城市形态学研究也由此进入数字化整合时期。

表 1.4 近年来依托计算机技术对城市形态学研究方法的整合

工具名称	发表时间	单位	代表人物	工具原理
Place Syntax	2005	皇家理工学院	斯托勒	整合街道网络可达性和建筑密度、功能等
Spacemate	2007	查尔姆斯理工大学	庞特、豪普特	整合地块的容积率、密度，以及建筑高度等信息
MXI	2009	代尔夫特理工大学	霍克	整合形成城市街区的功能混合度
UNA	2012	麻省理工学院	塞弗楚克、梅孔宁	将街道网络的形态特征整合到建筑对象上
Morpho	2013	波尔图大学	奥利维拉	整合街道可达性、街区内地块数、建筑年代、街区大小、建筑贴线率、街道高宽比、功能混合度等进行环境评价
Form Syntax	2014	香港大学、代尔夫特理工大学	叶宇、内斯	以栅格为对象整合空间句法、Spacematrix 与 MXI

资料来源：作者编制

（1）形态分析工具概述

开发形态分析工具的学术热潮缘起于欧洲，皇家理工学院的斯托勒（A. Ståhle）等，利用 GIS 将街道网络可达性和建筑密度、功能等要素叠合分析，并以此发明了 Place Syntax 分析工具[126]。代尔夫特理工大学的霍克（J. Van Den Hoek）发明了 MXI 分析工具，用于对城市街区的功能混合度进行量化分析[127]。查尔姆斯理工大学的庞特和豪普特发明了 Spacemate 的量化分析方法，基于对大量城市地块的容积率、密度，以及建筑高度等信息的统计形成数据库，并通过清晰的图示语言形成对肌理类型的划分[55]。麻省理工学院的塞弗楚克和梅孔宁（A. Sevtsuk & M. Mekonnen），将街道网络的形态特征赋值于建筑，并和建筑自身的属性进行叠合，并以此发明了城市网络分析工具（Urban Network Analysis, UNA）[128]。波尔图大学的奥利维拉发明了 Morpho 分析方法，对街道可达性、街区内地块数、建筑年代、街区大小、建筑贴线率、街道高宽比、功能混合度等多个指标进行量化计算，并给出建成环境的分值评价[129]。香港大学的叶宇和代尔夫特理工大学的内斯（Y. Ye & A. Van Nes）通过 GIS，以栅格为基本对象整合空间句法、Spacematrix 与 MXI，并进而发明了 Form Syntax 的分析工具[112]。

（2）数字化整合时期的主要特点总结

纵观 21 世纪以来开发城市形态分析工具的热潮，城市形态研究在数字化整合时期主要有以下若干特点：

从时间上，开发城市形态分析工具的热潮主要集中在 2010 年前后的时期。具体而言，密集的成果发表集中在 2009 年至 2014 年；而在这之后，开发城市形态分析工具的热度有所下降，在一定程度上迎来瓶颈期。

从地域分布上，欧洲占据绝对主导。欧洲理工类建筑院校在这一时期发挥了重要作用，例如瑞典皇家理工学院及查尔姆斯理工大学、荷兰代尔夫特理工大学、葡萄牙波尔图大学。除此之外，麻省理工学院、香港大学也在开发城市形态分析工具的热潮中有所建树。

从原理上来说，这一时期的核心线索是整合，正如其名字所示。这里面有对基础指标的整合，如“Spacematrix”整合地块的容积率、密度，以及建筑高度等信息；也有对多个既有工具及软件的部分功能的整合，例如“Form Syntax”整合空间句法、“Spacematrix”与“MXI”的分析功能。正是因为这一批形态分析工具“整合”的本质，其在开发及发展过程中为城市形态研究带来了实用工具，却并不能带来明显的“知识增量”。这也从一个侧面说明了为什么开发城市形态分析工具的热潮相对较为集中，在 2014 年之后显得动力不足。在整合既有知识的基础上，创造知识增量应是当下城市形态分析工具开发重点关注的维度。

从实现方式上来说，GIS 扮演关键的平台角色 [130]。GIS 在 20 世纪初开始在城市形态学研究领域迅速普及，成为城市形态学研究中的基础工具。值得注意的是，GIS 不仅本身具有强大的分析功能，同时作为一个平台，其还具备非常好的兼容性。GIS 能够和很多其他软件相互兼容，并且为这一批二次开发的城市形态分析工具提供平台支撑。

1.2.3 新城市科学时期：研究方法的系统性升级

（1）新兴数据科学手段的楔入

大数据、人工智能等一系列新兴数据科学手段（data science method）以不可阻挡之势向城市研究领域全面渗透，包括城市形态学这个子领域。尤其是近年来，在第四次工业革命背景下，大数据、人工智能等技术手段的兴起为城市研究提供了又一次技术升级。伦敦大学学院巴蒂（M. Batty）发表了两篇代表性论著，分别讲述大数据、智慧城市与城市规划的关系 [131]，以及提出新城市科学 [15]，标志着包括城市形态在内的城市研究进入了新的阶段。在世界范围内一系列围绕新兴技术的概念不断涌现，除上述提到的“智慧城市”

外，还包括“数字城市”“数字孪生”等。从严格意义上来说，数据科学[①]的概念并不是一个全新的名词，而是在当下的时代浪潮中再一次兴起。伴随着当代前沿科技的进步，数据科学被重新赋予了新的动力：一是城市中各类数据的可获得性显著增强，二是对这些数据进行大规模、高精度运算的能力显著提升。斯托扬诺夫斯基（T. Stojanovski）特别论述了城市形态学与当下人工智能技术之间的关系[71]。算力的显著提升为城市形态学研究方法进一步升级提供了源头的支持。

将当代前沿科技应用于城市研究的实践也在全世界范围内逐渐展开，并表现为以高校实验室为单位。除了巴蒂本人所在的伦敦大学学院的先进空间分析中心（CASA），国际上学术影响力较大的实验室还包括麻省理工学院的城市感知实验室（MIT Senseable City Lab）、媒体实验室（MIT Media Lab），纽约大学柯朗数学科学研究所（Courant Institute of Mathematical Science），劳伦斯伯克利国家实验室（Lawrence Berkeley National Laboratory），苏黎世联邦理工学院的未来城市实验室（ETH Future City Lab）等。特别地，2018 年 6 月 5 日，美国麻省理工学院宣布设立城市科学专业，该专业由城市研究与规划学院（DUSP）及电气工程与计算机科学学院（EECS）共同管理，这标志着当代科学技术全面向城市领域渗透。

在当代前沿科技的支撑下，运用新兴的数据科学手段进行城市形态学的研究在国际上已然出现，例如：席尔默与阿克豪森（P. M. Schirmer & K. W. Axhausen）对不同数据形式下城市形态指标的实现方式做了各个尺度上的梳理[132]；塞弗楚克运用城市建模手段，对方格网肌理下街区、用地及街道尺度对步行可达性的影响进行了详细讨论[133]；哈维（C. Harvey）等基于 GIS 平台通过二次编程开发对美国东北部超过 120 000 个街道景观（streetscape）进行测度，并基于聚类算法对街道景观进行分类[120]；塞拉（M. Serra）等建构了波尔图大都市区 60 年街道网络的数据库，并通过 k 均值聚类算法对其形态演替进行量化测度[134]；迪布尔（J. Dibble）等通过 207 个维度定义一个“城市庇护区”（sanctuary area），并探索 45 个城市在四个历史时期中的演替特征[135]；鲍勃科娃（E. Bobkova）等以欧洲五个城市近 40 万个用地为研究对象，对其进行量化测度并绘制形态画像[136]；弗莱施曼（M. Fleischmann）依托 GIS 编程开发出 Momepy 插件，其核心内容是通过形态镶嵌化技术（morphological tessellation）划分城市形态单元以及对应

---

① 数据科学的概念最早由普林斯顿大学的图基（John Tukey）于 20 世纪 60 年代提出。图基提出探索式数据分析（Exploratory Data Analysis，EDA），是指对已有的数据（特别是调查或观察得来的原始数据）在尽量少的先验假定下进行探索，通过作图、制表、方程拟合、计算特征量等手段探索数据的结构和规律的一种数据分析方法。特别是当我们对这些数据中的信息没有足够的经验，不知道该用何种统计模型进行分析时，探索性数据分析就会非常有效。

的形态指标实现[137]；波音（G. Boeing）通过OpenStreetMap开源数据对超大样本数据——美国27 000个城市、城镇以及城市化地区的街道网络进行形态分析[138]。维内兰迪（A. Venerandi）通过形态关联测度分析大伦敦地区新冠病毒感染死亡率与城市形态之间的关系[139]。从以上这些案例中不难看出，当前国际城市形态学研究中出现了一批学者，他们正在运用数据科学手段升级城市形态学研究。

在中国，一方面是受到世界范围内科技进步的影响，另一方面尤其是近五年以来，各类城市数据的可获得性也在不断提高，将前沿技术手段应用于城市研究和规划设计不断成为学界和业界的焦点话题。以建筑及城市规划专业高校为例，一些代表性的学术成果包括：王德等将手机信令大数据应用于城市商圈的比较研究[140]；王建国、杨俊宴将数字化技术应用于大尺度城市设计实践[141]，并在此基础之上提出将人机互动的数字化城市设计作为城市设计发展的第四代范型[142-143]；吴志强提出包括大数据、人工智能、移动互联网、云计算在内的“大智移云”技术是人类处理城市问题的智慧方式[144-145]；龙瀛从新城市科学等视角讨论颠覆性技术驱动下的未来人居环境[146]。此外，在工业界，巨头企业都将通过数据科学建立模型来研究城市作为战略发展的重地，包括阿里巴巴城市大脑实验室、腾讯未来城市、京东城市等。

（2）新城市科学时期已经呈现出的特点

本书研究中将当下运用新兴数据科学手段进行城市形态学研究的阶段定义为新城市科学时期①。城市形态学研究进入新城市科学时期的时间并不长，国际上较为明显的相关研究出现在2015年左右，相比于新城市科学概念的提出也有一定的滞后性。在短短的几年时间内，虽不能说新城市科学时期的城市形态研究已露出全貌，但却能够对这一时期已经呈现出的特点进行归纳总结。

城市模型“算力”显著增强。建立数字化城市模型成为这一阶段研究的标配，实体的物理城市和通过城市建模（urban modeling）而产生的虚拟城市形成了“孪生”的关系[147]。区别于数字化整合时期的研究，城市模型的计算能力在新城市科学时期显著提升，研究在GIS平台的基础之上引入大量计算机编程及代码，全面提高模型的实现性能。性能提升方面最为典型的案例就是，波音对美国27 000个城市、城镇以及城市化地区的街道网络的超大样本数据库的建构和智能化分析[138]。这样庞大的样本量和研究的精细

---

① 国际学术界普遍认为新兴数据科学正式介入城市研究领域的时间是2013年，标志性成果为巴蒂的两篇代表性著作：“1) Batty M. (2013). Big data, smart cities and city planning. Dialogues in human geography, 3(3): 274–279. 2)Batty M. (2013). The new science of cities. MIT press. ”。相较而言，数据科学介入城市形态学领域更晚，具有滞后性。

化程度，在数据科学时期之前是不敢想象的。同时，在研究成果的发表上，建模技术大量介入城市形态研究的特点也有明显的展现。不仅在 *Urban Morphology*、*Environment and Planning B: Urban Analytics and City Science*、*Landscape and Urban Planning* 这样的城市研究领域的核心期刊上存在利用城市建模技术介入城市形态学研究，在计算机及工程领域的国际舞台上，例如 IEEE① 等顶会上也陆续出现此类交叉学科的研究。例如，李欣等运用计算机编程对汉口地区的城市肌理进行类型解析 [148]；董嘉等采用 Autoencoder 算法对南京老城内的居住用地形态进行类型提炼 [149]；刘志成与曹俊等对百万级的多源数据库样本进行空间计算，根据簇群分布的特点对城市建成环境进行分区 [150]。这样的现象，无疑表明两个领域的学者及研究在探索打破学科壁垒、迈向深度融合的新路径。

领域知识呈“迭代式”增长。知识增长模式是新城市科学时期城市形态学研究区别于数字化整合时期的一个显著特征。在数字化整合时期，对既有分析工具、软件的功能整合是核心线索，这就意味着新的分析工具能够较为便捷地实现之前较为分散的功能模块 [151]；然而，从“知识增量”的视角来看，这一时期研究对领域知识的贡献具有较大的局限性。相反，在新城市科学时期，这一点发生了根本性的变化。具体而言，这一时期的城市形态学研究是一种将知识“解构”再“重构”的过程，很多研究都从本源上建构研究对象及线索，并通过演绎建立研究框架，最后通过计算机算法实现。例如，高斯分布等数据科学领域的知识与方法被引入形态学分析过程 [152]。能够看出，解构和重构的过程也是引入大量新的领域知识的过程。同时，这样的过程是反复迭代的，每一次新的研究并不是完全从头开始，而是站在既有方法的“肩膀”上；既有的方法均可以视为领域内的共有知识，对于之后的研究具有借鉴作用，而且领域内的共有知识处在不断扩充的状态。

工具趋于“背景化”。在新城市科学时期，利用前沿技术研发城市形态分析工具的门槛正在降低。在近年来的研究趋势上，学者们关注的重点已不再是单一的技术工具本身，而是综合利用多种技术工具解决领域内的核心问题。例如，刘志成与曹俊等利用半非负矩阵等多种数字化技术探索城市空间的组织模式 [153]；阿拉尔迪与弗斯科综合运用基于 GIS 二次开发的形态测度工具、LISA 指数② 等多种方法，对都市区内步行者视角的街道形态进行解析 [122]；特里尔（L. N. Tellier）通过系统集成式的手段对城市形态进行画像（characterize）[154]。在数据科学时期，虽然研究城市形态的分析工具本身变得更加强大，

① 电气与电子工程师协会（Institute of Electrical and Electronics Engineers，IEEE），总部位于美国纽约，是一个国际性的电子技术与信息科学工程师的协会，也是目前全球最大的非营利性专业技术学会。

② LISA 指数（Local Indicators of Spatial Association），局部空间自相关指数。

但是这些工具在研究中反而趋于"背景化";换句话说,强大的背景工具有助于集成在一起,共同解决领域内的关键问题,回归学科本源[155]。

1.3 当代语境下的城市形态类型学

对学科语境与技术语境下的城市形态类型学进行梳理,是为了回归当代语境,直面当代语境——城市形态类型学研究方法将何去何从?经典形态类型研究方法与当代前沿的数据科学手段将形成怎样的嵌合关系?它们如何有效应对当代城市的形态特征,以及,又如何应对当代城市形态学研究的内在诉求?通过对当代城市形态特征的聚焦分析,梳理当代城市形态学研究的整体发展趋势,并基于此提出形态类型研究方法的升级路径。

1.3.1 当代城市形态的显著变化

当代城市形态学研究首先应面向当代城市的形态。事实上,相较于传统城市形态,当代城市的形态发生了一系列变化,这些变化本身就是值得研究的有趣命题。限于研究重点及篇幅,本书无法全面阐述,仅通过实证研究中发现的几条线索试图以点带面地勾勒出当代城市形态变化的显著特征。

(1)建成边界的大规模拓展

伴随着城市化的进程,当代城市的物质空间同样经历了巨大的变化,这种变化最直观的体现就是建成边界的大规模拓展[156]。传统停留在街道尺度①或小城镇尺度②的研究思路在当代呈现出较大的局限性,无法满足以平方公里为单位的大尺度城市形态研究[157-158]。

以上海③为例(图1.2),在10年前笔者的调研中,对上海整体城市形态进行定量测度研究。在上海城市形态数据库中共含有街区11 354个,街区总面积为5 025.7 km^2,平均街区面积约0.4 km^2,最大街区面积为255.8 km^2;总共包含379 614个建筑,建筑总占地面积为11 557.3万m^2,总建筑面积为46 704.7万m^2,其中最大建筑面积为52.9万m^2,平

---

① 如康泽恩的租地周期研究(Burgage Cycle)。Conzen M R G. (1960). Alnwick, Northumberland: A study in Town-Plan Analysis. Institute of British Geographers Publication 27. London: George Philip.

② 如卡尼吉亚的地中海小城镇研究。Paolo M. (1986). La casa veneziana nella storia della città dalle origini all' Ottocento. Venice: Marsilio Editori.

③ 由于崇明岛为中国第三大岛屿,学界研究中对上海市域的研究范围会将崇明岛、长兴岛和横沙岛纳入其中。这里的研究对象选取的是连续的陆地面积。研究范围为包括崇明岛等岛屿在内的上海陆地范围。研究范围边界的长度约为395 km;面积为5 495.1 km^2。此研究范围东西方向*X*坐标跨度约为108 km,南北方向*Y*坐标跨度约为92 km。

均建筑面积为 1 230.2 m²。通过对形态数据库中所有建设用地的提取识别城市连绵建成区域，最终识别得到的连绵建成区域的边界长度达到 615.8 km，面积达到 1 361.4 km²。通过进一步的计量可以发现（表 1.5），连绵建成区域内外指标差异极大。边界内总建筑面积 41 082.0 万 m²，建设用地面积 97 103.4 万 m²。连绵建成区的几何面积为全域的 24.8%，同非连绵建成区比例大约为 1∶3；建设用地面积占全域的 55.2%，边界内外比率约为 21∶19；建筑面积占全域的 88.0%，边界内外比率约为 7.3∶1；覆盖的地铁线路长度为 454.2 km，占全域地铁线路总长度的 77.7%，边界内外比率约为 7∶2。在连绵建成区域的边界以外，诸如纪王镇、凤溪镇、李塔汇镇、粪路镇等区域附近建成区域存在较为明显的“黏连”趋势，会潜在地影响连绵建成区域的进一步扩大。这样巨型尺度的研究对象及范围相对于传统城市形态研究中不足单位平方公里的研究范围，无疑是量级上的巨大飞跃。如何应对当代大尺度形态研究的现实需求是城市形态类型学转型升级的必要考量之一。

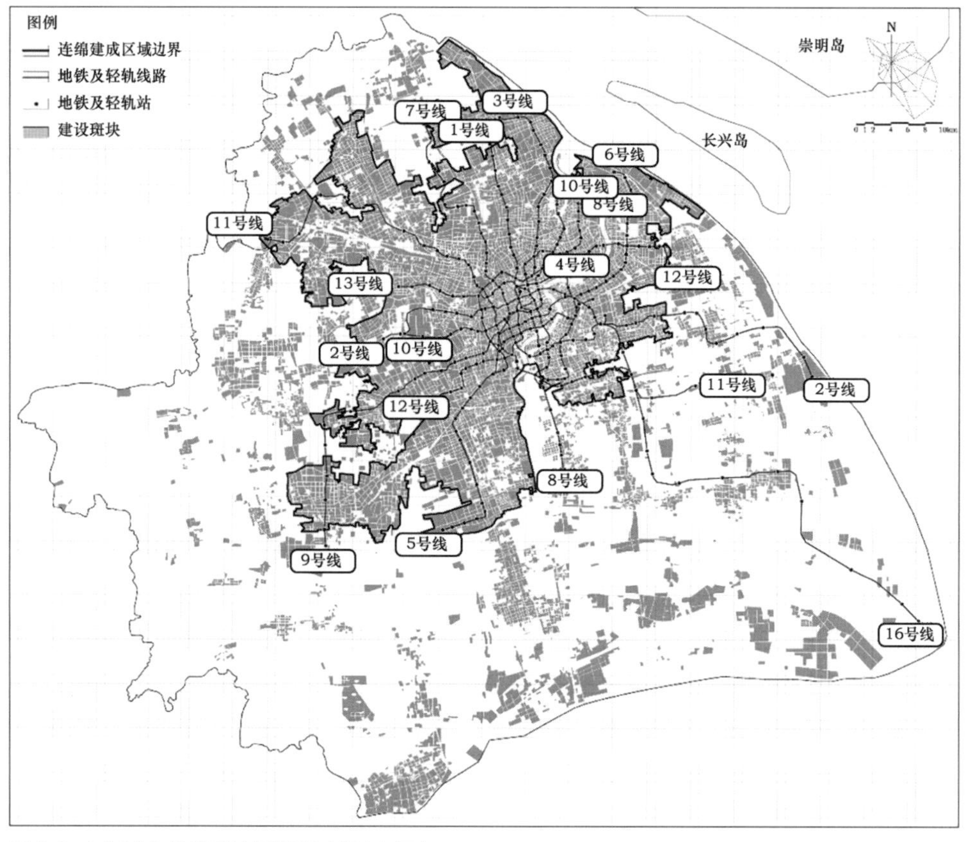

图 1.2 上海城市用地斑块调研图（2014 年）

表 1.5 上海连绵建成区内外基础数据统计表

基础数据	全域（研究范围）	连绵建成区域	连绵建成区以外	比率（连绵建成区数据 / 全域数据）
几何面积 /km^2	5 495.1	1 361.4	4 133.7	24.8%
建设用地面积 / 万 m^2	175 822.3	97 103.4	78 718.9	55.2%
建筑面积 / 万 m^2	46 704.7	41 082.0	5 622.7	88.0%
地铁线路长度 / km	584.7	454.2	130.5	77.7%

资料来源：作者编制

（2）形态重心的不均匀分布

城市建成边界在大规模拓展的过程中是不均匀的，这也导致了城市整体形态的不均匀分布。这里通过“形态重心”这个特别的视角进行具体说明。将城市形态重心的概念进一步拆解成几何重心、可达重心、强度重心。其中，几何重心为测度形态面域的几何重心，即“形心”；可达重心指路网的重心，用交通集成度最高的峰值表征；强度重心为考虑建筑三维建成环境下的建设强度的重心。

对于面域的几何重心的测度，原理上是通过栅格划分的方法，将面域的形状划分成细化的栅格单元，计算所有栅格空间坐标的均值，得到几何重心的空间坐标。在 ArcGIS 平台中，也有简便的操作等同于以上原理，即对边界所形成的面域使用 Feature to Point 命令，将面域要素转化为点要素，即为边界不规则多边形边界的几何重心。

计算公式：

$$X=\sum_{i=1}^{n} X_i \quad , \quad Y=\sum_{i=1}^{n} Y_i \tag{1.1}$$

对于道路的可达重心的测度，可以通过空间句法软件 Depthmap 对道路中心线进行路网集成度分析，从而测度路网可达性的重心。

对于叠加建筑的强度重心的测度，是在几何重心的基础上，面域中的栅格拥有建筑面积的权重，有建筑的栅格权重为其建筑面积，没有建筑的栅格权重为零，用加权平均数的算法求得。具体操作中，提取每个建筑中心点作为其坐标，以每个建筑的建筑面积为权重，为所有建筑的坐标进行加权，求其加权平均数，即为强度重心的坐标。

加权公式：

$$X=\frac{\sum_{i=1}^{n} X_i R_i}{\sum_{i=1}^{n} R_i} \quad , \quad Y=\frac{\sum_{i=1}^{n} Y_i R_i}{\sum_{i=1}^{n} R_i} \tag{1.2}$$

对任意建筑，取重心坐标为（X_i，Y_i），取对应建筑面积为R_i。

同样以上海为例，对于市域边界而言，其几何重心、可达重心、强度重心均位于黄浦江西岸（图 1.3）。市域几何重心，位于地铁 5 号线颛桥站附近，靠近沪金高速；市域可达重心，位于地铁 1、2、8 号线交汇处的人民广场；市域强度重心，位于地铁 2 号线和 11 号线交汇处的江苏路站附近。对于连绵建成区域而言，其几何重心、可达重心、强度重心的三个点几乎位于一条直线上（图 1.4）。连绵建成区几何重心，位于地铁 13 号线大渡河路站附近枣阳路，靠近华东师范大学；连绵建成区可达重心，位于地铁 1、2、8 号线交汇处的人民广场；连绵建成区强度重心，位于地铁 11 号线和 13 号线交汇处的隆德路站，靠近白玉路。

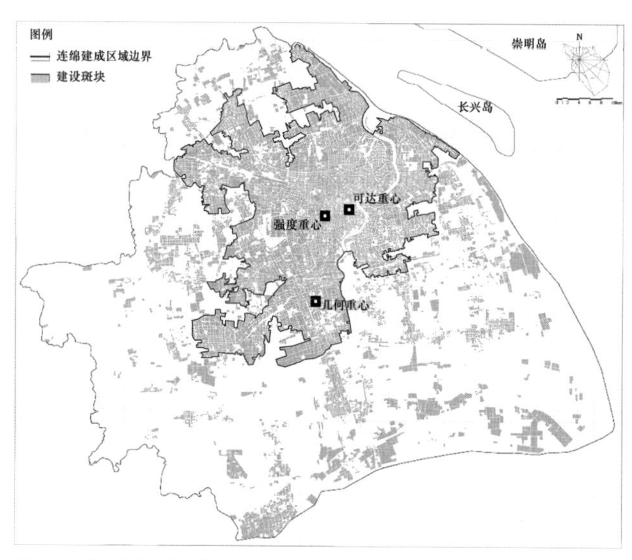

图 1.3 市域重心解构

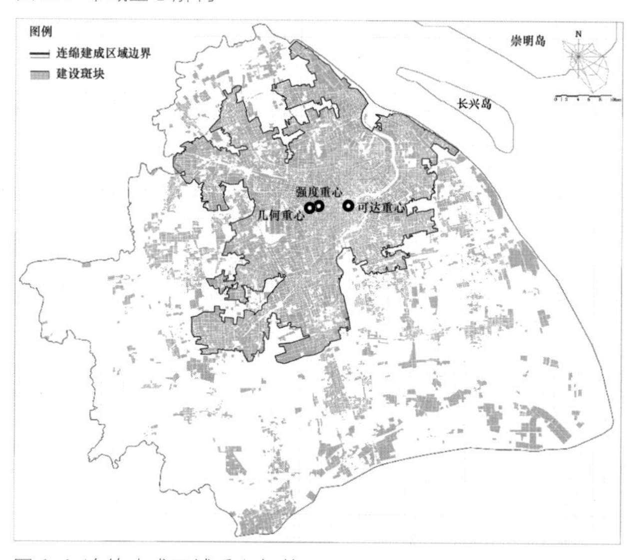

图 1.4 连绵建成区域重心解构

将以上测度的市域重心三角形及连绵建成区域重心三角形进行空间叠加分析，可以发现整体上连绵建成区的重心三角形相对于市域的重心三角形发生了局部偏移（图 1.5）。通过对比市域同连绵建成区重心三角形中的同类项，可以发现不少有意思的现象。连绵建成区域几何重心位于市域几何重心几乎正北方向约 15.8km 处；连绵建成区强度重心位于市域强度重心西北方向约 1.5km 处；连绵建成区可达重心和市域可达重心是重合的，均位于轨道 1 号线和 2 号线交汇的人民广场区域，也是重心三角形中唯一的市域同连绵建成区域重合的重心类型。

图 1.5 市域三心同连绵建成区三心叠加分析（32km×32km）

（3）新旧交织的复杂化呈现

与城市形态在尺度上大规模拓展同步发生的是——当代城市的形态在内部也变得愈加复杂。城市三维高度显著增加，城市内部形态不断更新转变[159]，新旧建筑群肌理拼贴共存甚至正式与非正式肌理拼贴共存成为常态[160]。这一现象在我国尤为明显。以特大城市、大城市为典型代表，中国的广大城市在经历快速城镇化时期的建设后，城市不仅发生了快速扩张，同时大量的高层建筑涌现，与传统的建筑肌理共同交织呈现出一种新的复杂的形态样貌。

以上海为例（图 1.6），在城市中心区域出现大量建筑高度、建筑密度、建筑强度的高值集聚区域。以街区为对象，建筑强度超过 4.0 的街区几乎均位于中心区域，这其中尤其包含 244 个强度在 4.5 以上的街区；共有 369 个街区的建筑密度超过 0.5，且有近 150 个街区的最高建筑高度超过 100 m。人民广场、上海站、陆家浜、静安寺、四平路、陆家嘴、徐家汇等区域是典型的“高－密－强”高值集聚区域。表 1.6 中，集中通过 4 km×4 km 的切片呈现典型区域的街区建筑高度、建筑密度、建筑强度，不难看出尤其像人民广场、陆家浜、静安寺区域在“高－密－强”三个维度都呈现出较为强烈的集聚态势。

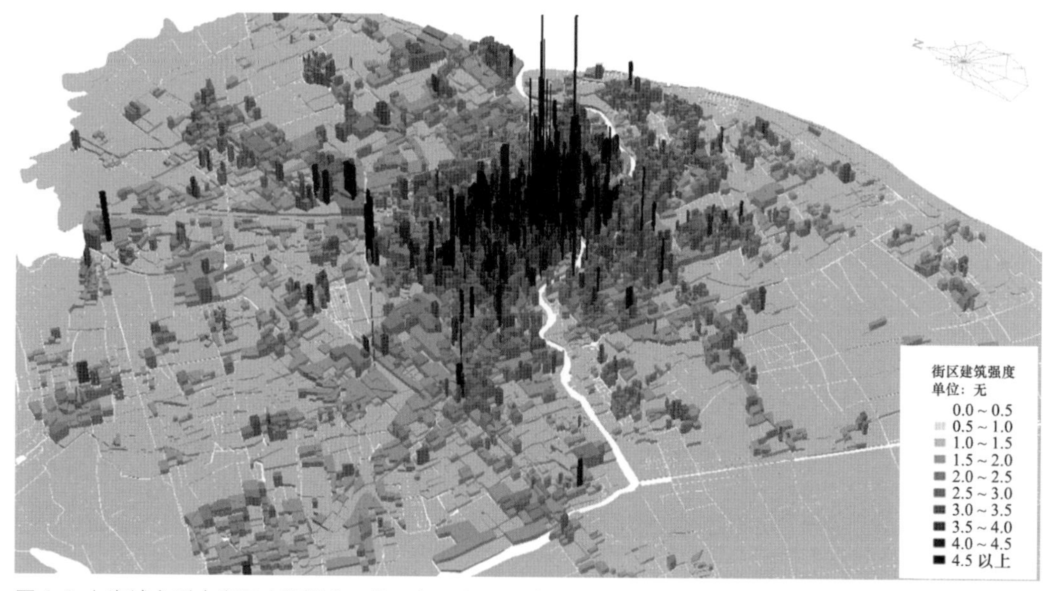

图 1.6 上海城市形态街区建筑强度三维示意图（2014 年）

（4）中心边缘的差异化波动

伴随着尺度的扩张及新旧肌理的交织，从中心到边缘城市的形态也发生着剧烈变化。同样以上海为例，对其城市形态从中心到边缘的差异化波动特征进行考量。以人民广场①为圆心，不断递增半径尺度向外扩散等距同心圆，对比不同距离圈层内的形态相似性与差异性。立足于建筑空间实体，考察单位面积建筑数量、单位面积建筑底面积、单位面积建筑容量、单位面积平均建筑底面积、单位面积平均建筑面积等和建筑紧密相关的形态指标特征。

① 先前对多组形态重心的测度中，人民广场是不均匀分布的形态重心中唯一存在重合现象的形态重心点，故此将其作为圈层测度的圆心点。

表 1.6 上海城市典型区域切片的街区建筑高度、建筑密度、建筑强度分析

典型区域切片	街区建筑高度	街区建筑密度	街区建筑强度
图例	图例 单位：层 0 ~ 2 2 ~ 4 4 ~ 6 6 ~ 11 11 ~ 18 18 ~ 24 24 ~ 33 33 ~ 50 50 ~ 66 66以上	图例 单位：无 0.00 ~ 0.10 0.10 ~ 0.20 0.20 ~ 0.25 0.25 ~ 0.30 0.30 ~ 0.35 0.35 ~ 0.40 0.40 ~ 0.45 0.45 ~ 0.50 0.50 ~ 0.55 0.55以上	图例 单位：无 0.0 ~ 0.5 0.5 ~ 1.0 1.0 ~ 1.5 1.5 ~ 2.0 2.0 ~ 2.5 2.5 ~ 3.0 3.0 ~ 3.5 3.5 ~ 4.0 4.0 ~ 4.5 4.5以上
人民广场切片			
上海站切片			
陆家浜切片			

续表

典型区域切片	街区建筑高度	街区建筑密度	街区建筑强度
静安寺切片		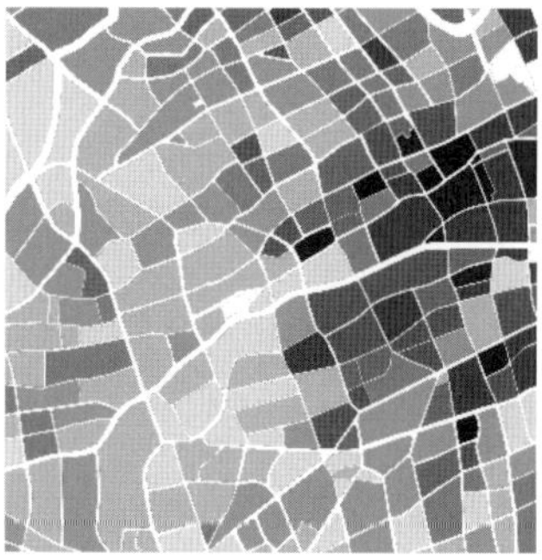	
四平路切片			
陆家嘴切片			
徐家汇切片			

资料来源：作者编制

在通常的理解中，随着离城市中心点的距离增大，单位面积建筑数量不断减小。通过圈层法的测度，其图像总体上随着圈层距离的增加呈递减函数，这意味着距离城市中心越远，单位面积建筑数量越少。如图 1.7 所示，递减的过程中，曲线大致经历了三个变化过程及两个拐点。自原点至 6 km 区间内，曲线呈现出急剧递减的趋势，每平方千米的建筑数量从最高值 600.8 降至 204.1，约为最高值的 1/3。6 km 至 29 km 区间内，曲线递减趋势放缓，圈层距离每增加 1 km，单位面积建筑数量平均减少 7.1 个；自 29 km 后的区间，曲线降势平缓并趋向于 0。

单位面积建筑底面积是指建筑基底占地面积的空间密度，通常我们理解随着离城市中心点的距离增大，建筑占地越少。通过圈层法的测度，其图像总体上随着圈层距离的增加呈递减函数，这意味着距离城市中心越远，单位面积建筑底面积越小。如图 1.8 所示，递减的过程中，曲线大致经历了三个变化过程及两个拐点。自原点至 6 km 区间内，曲线呈现出急剧递减的趋势，每平方千米的建筑底面积从最高值 306 726.7 m² 降至 126 944.4 m²，约为起始值的 1/2.5；6 km 至 30 km 区间内，曲线呈波动式递减，递减趋势放缓，每平方千米的建筑底面积逐渐降至 59 684.6 m²；自 30 km 后的区间，曲线以阶梯式递减至趋向于 0。

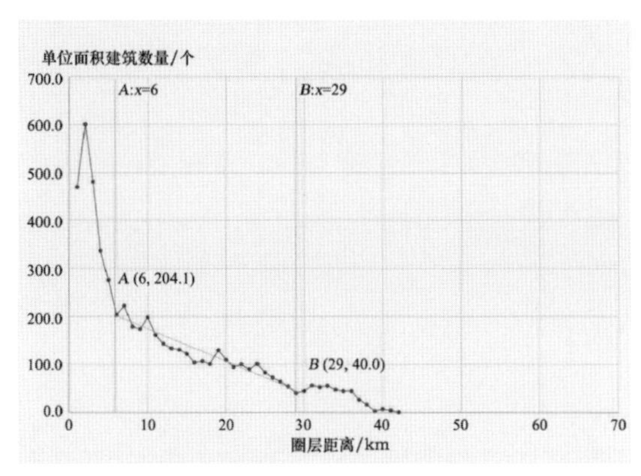

图 1.7 单位面积建筑数量 - 圈层距离图像

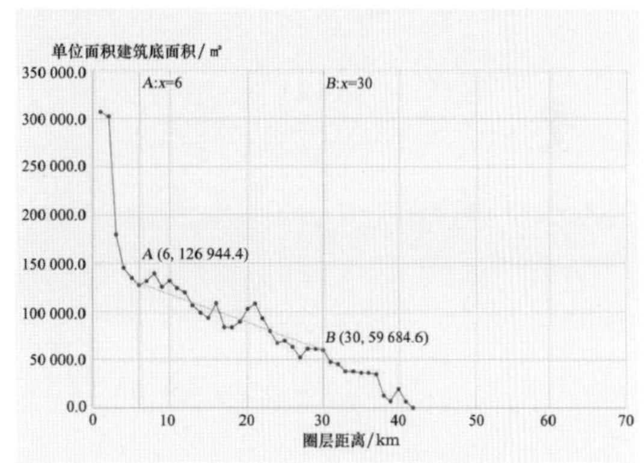

图 1.8 单位面积建筑底面积 - 圈层距离图像

单位面积建筑容量是指每平方千米范围内建筑的总面积容量大小，通常我们理解随着离城市中心点的距离增大，建设量越小，每平方千米范围内建筑的总面积容量不断减小。通过圈层法的测度，其图像总体上随着圈层距离的增加呈递减函数，这意味着距离城市中心越远，单位面积建筑容量越小。如图 1.9 所示，递减的过程中，曲线大致经历了三个变化过程及两个拐点。自原点至 2 km 区间内，曲线呈现出急剧递减的趋势，每平方千米的建筑容量从最高值 2 362 562.2 m² 降至 1 608 109.8 m²；2 km 至 15 km 区间内，曲线递减趋势放缓，每平方千米的建筑容量平均减少 97 260.4 m²；自 15 km 后的区间，曲线递减趋势更缓，并逐渐至 0。

单位面积平均建筑底面积是指单位面积内所有建筑底面积的平均值，通常我们理解，倾向于位于城市中心的公共建筑和倾向于位于城市外围的工业建筑具有较大的底面积。通过圈层法的测度，随着圈层距离增加单位面积平均建筑底面积呈现出不断波动的变化状态，如图 1.10 所示，曲线大致经历了三个变化过程及两个拐点。自原点至 6 km 区间内，曲线在 447.5 m² 至 1 085.3 m² 之间波动；6 km 至 23 km 区间内，曲线呈波动式递增，每平方千米的平均建筑底面积从最低值 615.7 m² 升至 1 362.5 m²；自 23 km 后的区间，曲线又呈不规则波动状态。

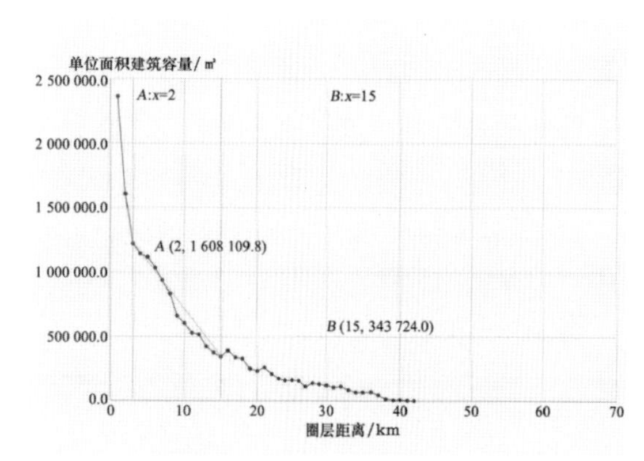

图 1.9 单位面积建筑容量 - 圈层距离图像

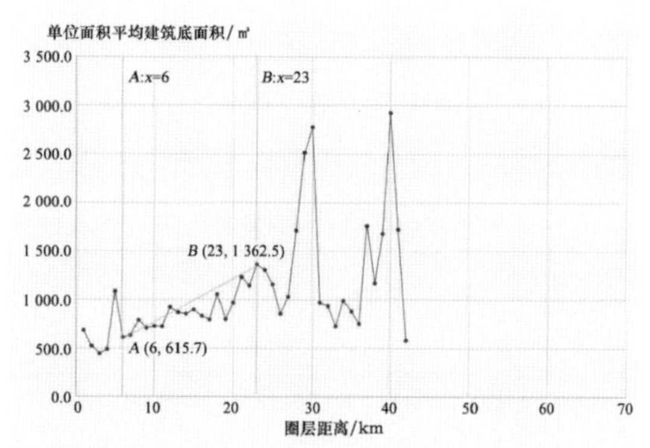

图 1.10 单位面积平均建筑底面积 - 圈层距离图像

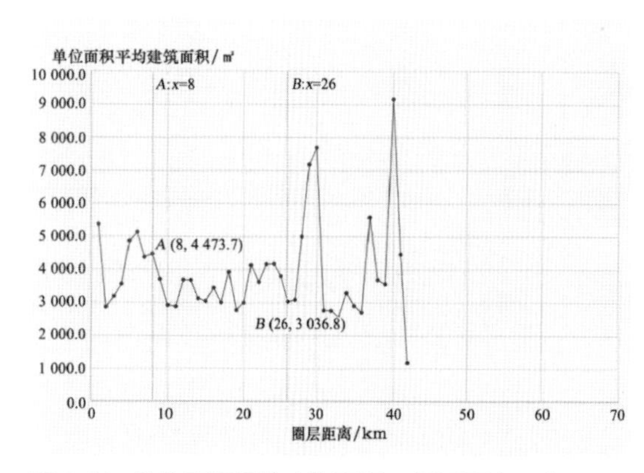

图 1.11 单位面积平均建筑面积 - 圈层距离图像

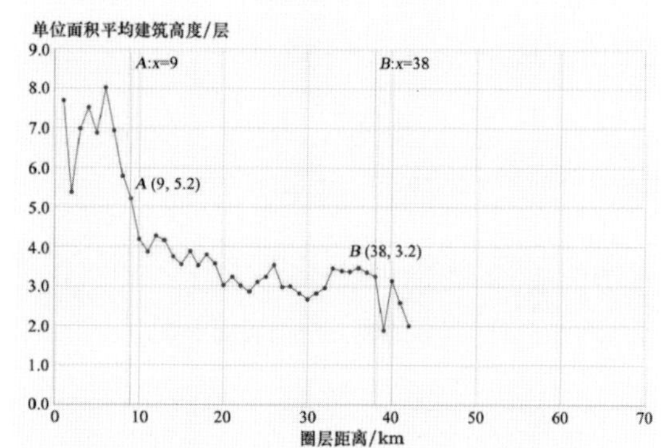

图 1.12 单位面积平均建筑高度 - 圈层距离图像

单位面积平均建筑面积是指单位面积内所有建筑的总面积平均值。通过圈层法的测度，随着圈层距离增加单位面积平均建筑面积呈现出持续波动的状态，如图 1.11 所示，曲线大致经历了三个变化过程及两个拐点。自原点至 8km 区间内，曲线振幅大约为 2000 m²，大约在 3000 m² 至 5000 m² 的区间内波动；8km 至 26km 区间内，曲线波动振幅减小，大约在 3000 m²

至 4000 m² 的区间内波动；自 26km 后的区间，振幅再一次扩大，甚至大于 3000 m²。

单位面积平均建筑高度是指单位面积内所有建筑高度的平均值，我们通常理解越靠近城市中心，建筑高度越高。但通过圈层法的测度，单位面积平均建筑高度随着圈层距离变化的曲线并非持续地递减，而是随着圈层距离增加呈现出持续波动的状态，如图 1.12 所示，曲线大致经历了三个变化过程及两个拐点。自原点至 9km 区间内，曲线振幅较大，大约在 5 层至 8 层的区间内波动；9km 至 38km 区间内，曲线振幅较小，大约在 3 层至 4 层的区间内波动；自 38km 后的区间，振幅再一次扩大，平均高度减小至 3 层以下。

城市形态的复杂化形态特征，使得人们不能以惯常的、单一的思维去描述特定区域的形态特征；或者换句话说，传统对于城市形态的“经验”或者“知识”在认知当代城市形态中不一定完全够用了，这些无疑会为当代城市形态学研究带来挑战。

1.3.2 当代城市形态学的发展趋势

就当代城市形态学研究的发展趋势而言，如果说当代城市形态发生显著变化是外部诉求，那么内部动力就是当代科学技术全面提升并往城市领域全面渗透（图 1.13）。包括形态类型学分支在内的城市形态学研究，作为城市研究的一部分，显然不应该、也不会被排除在这样的浪潮之外。在一定意义上，当代城市形态的变化与当代科技的进步也并非相互割裂，而是彼此铸就的。在两方面因素的共同塑造下，当代城市形态学研究呈现出三个较为明显的发展趋势。

面向大尺度的研究。当代城市规模的拓展，同时意味着其中包含的研究对象样本数量的增加，另外，从实践的角度，大尺度的规划设计也日益变为常态。在更大尺度上对城市的物质空间形态进行塑造也倒逼对当代城市形态学研究走向大尺度。尤其是在我国，2017 年颁布的《城市设计管理办法》也明确提出了“城市设计分为总体城市设计和重点地区城市设计”①，并将“优化城市形态格局”列为总体城市设计的工作内容②。对城市形态的研究与对城市形态的塑造本就是相辅相成

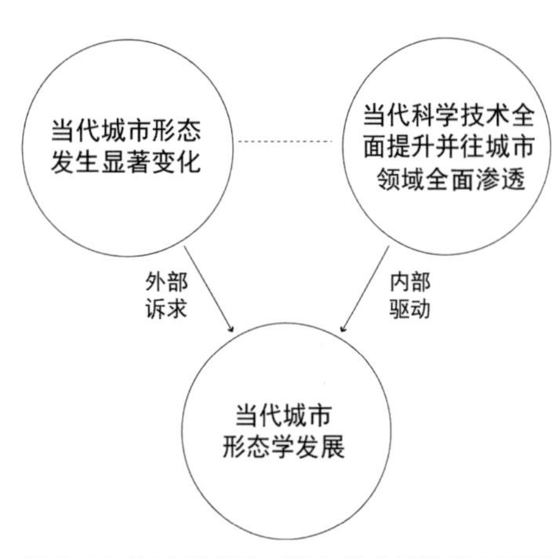

图 1.13 推动当代城市形态学发展的两大因素

① 见《城市设计管理办法》第七条。

② 见《城市设计管理办法》第八条。

的，这就更加需要城市形态学研究有能够应对大样本数据库的能力。同时，面对大尺度的城市空间，城市形态学研究不能仅仅停留在全局层面，还要深入对微观要素的研究。自穆拉托尼、康泽恩时代以来，建筑、用地、街区等微观尺度的要素始终是经典讨论的话题，这些也是城市形态学的传统与根基。在这一点意义上，当代城市形态学研究在面向大样本研究的同时，还应是面向大尺度、多尺度的研究。

面向智能化的研究。长期以来，城市形态学研究多聚焦传统城市形态的肌理，尤其是经典学派对于当代城市形态的研究不足，城市形态的转变正在两个时代之间发生，从传统封闭城市的时代转变成为当代开放城市的时代。以大数据、人工智能为代表的当代前沿科技手段使得城市研究者能够从更高的精度上认知城市，这些是传统研究城市的技术方法所不能完成的[63]。同时，既要面对大样本的城市数据库，又要面向更加精细化的研究，这也要求研究的手段需要借助当代科技手段，从而面向智能化。值得注意的是，面向智能化并不意味着全盘智能化，机器永远不能代替人做决策。但这并不代表城市形态学的研究者要刻意逃避当代前沿的科技手段，相反，研究者更应当去拥抱它们，更好地应对当代城市形态的研究。

面向多学科整合的研究。当代城市形态学研究的一个重要命题就是对不同背景的研究方法进行整合。林奇曾形象地将城市形态的不同理论比喻成树的分叉，但同时他又补充到，这些分叉不应该完全发散，而在关键的节点处应该会合[14]。克罗普夫提出当代城市形态学面临的挑战不仅限于在众多的流派中进行选择，更在于如何对不同流派的方法进行整合[5]。特别是在当代科技手段的支撑下，跨多个学科进行方法整合，洞察当代城市形态的规律成为当代城市形态学研究的重要趋势之一。

1.3.3 形态类型研究方法的升级

大尺度形态类型建模便是这样一种面向大尺度、智能化及多学科整合的研究方法。这是经典形态类型学与当代数据科学在碰撞交织中逐渐显现出的一股研究方法脉络，也是本书讨论的焦点。以下分别从大尺度形态类型建模如何克服经典形态类型研究方法局限性及其主要研究内容两个方面进行论述。

先前的章节中已经讨论过经典形态类型研究方法在研究范围、研究对象、分类过程、研究效率等方面存在诸多局限性，而大尺度形态类型建模在克服这些局限性层面是全方位的。

从跨学科的角度，经典形态类型研究方法本身便是城市形态学分支流派中建筑学和历史地理学整合形成的跨学科研究方法；而大尺度形态类型建模可以理解为经典形态类型研究方法和当代数据科学进行进一步整合，形成更大层面的跨学科研究方法。数据科学手段在介入经典形态类型研究的同时也对其产生了较大冲击。就研究对象及其特征而言，经典形态类型研究方法局限于通过人工调研和定性标注来描述研究对象的形态特征，如穆东提到建筑形式、风格等，这些形态特征一方面需要花费大量的时间对每个研究对象逐个定义，另一方面常常在标注时因人而异，不能够做到完全客观[4]。相比之下，基于计算机编程及数学公式等数据科学手段，能够自动提取所有研究对象的形态特征[113]。同时，由于数据科学手段定量的本质，有助于发展出较为全面的形态指标体系，更加精确地对研究对象进行特征描述。

就分类过程而言，经典形态类型研究方法的原理是基于对研究对象的特征和标准进行反复推敲，再反推提炼出分类的规则的过程。在这样的过程中，分类结果在极大程度上取决于分类操作者的先验知识和经验。相比之下，大尺度形态类型建模研究方法通过匹配研究语境的计算机算法及分类工具完成整个分类过程，再经由统计学分析归纳各分类结果的形态特征。显然，经典形态类型是一种“先验驱动”的形态类型，研究者的先验知识和经验在研究过程中起着决定性的作用；而大尺度形态类型建模是一种“后验主导①”的形态类型，即研究者事先对类型结果是未知的，对基于数据科学手段得到的各类模式进行归纳总结。“先验驱动”与“后验主导”也构成了经典形态类型研究方法与大尺度形态类型建模研究方法在方法论上最为主要的区别。这一区别尤其在面对当代城市形态时具有特别的意义。

可见，借助新兴数据科学手段能有效提升形态类型研究方法的效率，并全面拓宽其应用场景。在领域知识呈“迭代式”增长的当代，每一次新的研究并不是完全从头开始，而是站在既有领域知识的“肩膀”上。以形态类型研究中提炼研究对象的形态特征这个环节为例，经典形态类型研究方法中对于形态特征的提炼是非常局限的，其中一个原因就是领域知识的增长很慢并且不易被复制。相反，借助数据科学手段有助于全面解析并集成研究对象的多维形态特征。

同时，在城市模型“算力”显著增强的当代，原本通过先验知识和定性判断所进行的分类过程，在定量数据和算法的支撑下能够得到更为理性且能够验证的结果。这些都有助

① 注意到本书对大尺度形态类型建模研究方法的分类过程的描述是“后验主导”，而不是“完全后验”。本书认为，大尺度形态类型建模中，通过后验得到的结果通常不能完全脱离于先验的知识和经验，而应尽可能从既有形态类型的知识中找到部分对应关系，先验知识和经验是验证其结果合理性的有力依据。另外，本书研究的立场并不认为经典形态类型研究方法应该被大尺度形态类型建模所完全替代。经典形态类型研究方法适用于像城市历史地区等尺度不大但建成环境的形态特点鲜明的研究范围。在这样的研究范围内，先验经验在很大程度上能够起作用，或者说对于这些地区而言已有的研究产生了大量的知识和经验堆积。而大尺度形态类型建模，恰恰适用于对先验经验不起作用的研究对象及研究范围。在这一点意义上，两种研究方法也是互补的。

于形态类型研究能够走出原先狭小的研究范围，在更大、更复杂的城市空间中得到应用。经典形态类型研究方法由于过度依赖分类者的先验知识，使得其通常发生在先验知识能够驾驭的较小尺度的研究区域；而数据科学手段的运用大大提升了研究效率从而突破尺度的限制，使得形态类型研究能够走出“熟悉的小尺度”，走向“未知的大尺度”。

值得注意的是，大尺度形态类型建模符合新城市科学研究中工具趋于“背景化”的主要特征。站在方法论核心的不是技术与工具，而是面向学科本身的核心问题。这就意味着数据科学手段在给研究方法带来提升的同时，并不会改变形态类型研究方法本身的初衷。

1.4 大尺度形态类型建模作为一种研究方法

本书正是将大尺度形态类型建模视为形态类型研究方法的升级，探究其如何作为解析当代城市形态的一种研究方法。以下为本书的主要研究内容、研究意义、主要创新点。

1.4.1 主要研究内容

本书将以“理论辨析—技术方法—实证研究”为线索对大尺度形态类型建模这一研究方法展开详细讨论，包括：大尺度形态类型建模的基本原理及理论框架是什么？大尺度形态类型建模的流程中包含哪些数字化方法？大尺度形态类型建模如何被应用于解析当代城市形态？这样的讨论线索同时也对应本书的三个主要研究内容：

厘清大尺度形态类型建模的理论框架。首先，明确大尺度形态类型建模的定义及基本原理。大尺度形态类型建模与经典形态类型研究方法之间存在哪些共通之处，又存在哪些区别？其次，阐明大尺度形态类型建模的实现原理，并剖析“形态”与“类型”两个核心线索之间的关系。在充分梳理及反思既有相关知识的基础上，建立大尺度形态类型建模的理论框架，明晰形态学和数据科学在跨学科研究方法整合中的交织模式。建构大尺度形态类型建模的数字化流程，以及流程中包含的关键步骤。系统剖析大尺度形态类型建模作为一种研究方法的知识积累过程，挖掘大尺度形态类型建模研究方法面向升级的系列关键问题，并针对性地与实证案例的研究设计相匹配。

以典型形态要素为对象探索大尺度形态类型建模全流程中的数字化方法集群。将大尺度形态类型建模的流程进一步细化成各步骤以及步骤中对应的技术模块，并以街区、街道、街口为典型形态要素对象，分别对典型形态要素在各技术模块中的操作原理及方法进行阐述。例如，街区、街道、街口对应的矢量数据层在一定的条件下如何能够相互生成及近似转化？如何对诸如街道、街口的“不定形”要素对象进行三维形态的解析？不同的形态要素对象对应怎样的形态指标体系？如何优化从形态指标体系到模式划分的方法，并对建构的类型进行解释？对于以上问题的回答是大尺度形态类型建模在方法论层面的核心内容。

运用大尺度形态类型建模的研究方法，通过案例实证解析典型城市的形态构成、分布及演替特征规律。选取南京老城作为案例，在检验大尺度形态类型建模研究方法的可行性与有效性的同时，解析当代城市的形态和类型特征。在时间跨度上以 2005 年和 2020 年两个时间切片对其进行形态演替的研究。一方面，从各分项形态指标的维度，解析 15 年间南京老城街区、街道、街口形态的分布及演替规律；另一方面，剖析街区、街道、街口形态的类型构成，并进一步归纳其分布及演替规律。

本书共包含七章内容。在接下来的章节中，围绕“形”（form）与“构”（pattern）的多重关系阐述大尺度形态类型建模的基本原理，并通过文献计量的方式详细梳理既有大尺度形态类型建模研究方法的既有相关知识，在充分吸收和借鉴已有成果和经验的同时针对性地完善方法论及实证研究设计，从而厘清大尺度形态类型建模的数字逻辑和关键问题，建立大尺度形态类型建模的数字化流程。第三章重点介绍如何在形态对象的数字化界定、形态特征的数字化提取、形态模式的数字化划分以及形态类型的数字化解释这四个关键步骤中嵌入要素生成模块、三维建模模块、空间分析模块、指标计算模块、数据整理模块、矩阵聚类模块、形态统计模块、形态可视化模块等八个技术模块，并集成包括沃罗诺伊分割技术、剖面等距生成技术等在内的一系列前沿数字技术。第四至六章为实证研究的内容，将依托建构的大尺度形态类型建模方法集群，分别以代表面要素的街区形态对象、代表线要素的街道形态对象、代表点要素的街口形态对象为形态要素代表，以南京老城作为空间样本开展实证研究。研究不仅验证了大尺度形态类型建模研究方法在对象界定、特征提取、模式划分、类型解释等环节上的有效性及优越性，同时也呈现了南京老城 2005—2020 年各形态要素视角下的构成、分布及演替规律，挖掘出南京老城的 7 种街区类型、12 种街道类型及 8 种街口类型，形成南京老城建筑群尺度的数字形态类型库，凝练南京老城城市形态的结构性特征。本书的最后一章主要从应用层面进行总结与展望，大尺度形态类型建模研究方法可以作为辅助样本深度剖析的智慧大脑、辅助多源数据整合的实用工具以及辅助设计实践决策的理性沙盘。

1.4.2 研究意义

在城市化进程愈演愈烈、城市形态日趋复杂的当代，用以解析城市形态的方法也亟待升级。在城市研究全面拥抱前沿数据科学的当代，城市形态学这个子领域也不应例外。在城市空间的社会经济属性之外，物质形态本身的特征及规律更需要广大学者来探索[161]。城市形态类型的大尺度建模解析具有理论、方法和实践三个层面的意义。

理论层面，促进当代城市形态学与数据科学的深度整合。在数字城市、智慧城市、数字孪生等新兴概念不断涌现的当代，运用数据科学方法深化城市研究已然成为大势所趋。以往的经验表明，前沿技术在城市形态学中的应用相较于其产生具有一定的滞后性，但这种滞后性在逐渐缩短。大尺度形态类型建模是对当代城市形态学与数据科学整合的一次尝试和探索。在理论基础和数字化方法集成等方面，大尺度形态类型建模能够对城市形态学中的其他分支同数据科学结合提供参考借鉴。例如，界定研究对象和描述研究对象的形态特征等环节是城市形态学研究的基本问题，大尺度形态类型建模方法框架的建立无疑对今后更多的整合研究提供了参考意义。

方法层面，建立大尺度形态类型建模的流程框架及数字化方法集群。解析全球人类聚落的形态特征及类型构成是形态学研究中一条永恒的线索。在这个意义上，对全球层面各城市地区统一精度和口径的城市形态数据库的建设，与对用来解析形态及其类型构成的方法的升级是两项长期齐头并进的工作。本书在对形态大尺度类型建模研究方法的探索过程中，初步搭建由对象数字化界定、特征数字化提取、模式数字化划分、类型数字化解释等关键步骤构成的数字化流程框架。更进一步，在每个步骤中都针对有相关知识的不足进行升级，通过系列数字化模块集成大尺度形态类型建模的数字化方法集群。一方面，初步建立的形态类型建模流程框架和数字化方法集群，从实用性的角度，为相关形态研究提供了一套较为系统的实用工具集；另一方面，形成的流程框架和数字化方法集群为今后大尺度形态类型建模研究方法的进一步升级提供了基础和参考，有助于该方法在不断应用中逐渐形成更为丰富的方法内涵。

实践层面，面向当代城市形态的塑造提供建构机理的依据。对当代城市形态的解析描述（description）与为其提供设计营造的处方（prescription）本身就是相依而存的。王建国在城市设计第四代范型的论述中也重点阐述了基于建构机理的场所营造的观点[143]。大尺度形态类型建模研究方法恰好能够为当代城市形态的塑造提供建构机理的依据。由于该方法的数字化本质，不论是面对空间规划、城市设计等工作，还是面对局部地区的城市更新工作，其都能够在研究效率和精细化程度方面发挥较大优势，作为城市形态设计实践的有力工具。

1.4.3 主要创新点

研究视角方面，以跨学科的视角整合经典形态类型研究方法与数据科学研究方法。经典形态类型研究方法本身整合了城市形态学两大学派的方法精华，是 ISUF 成立之后城市形态学研究领域的讨论热点。在此基础之上，进一步打破学科边界，对大量既有的数据科学手段进行学习、提炼和转化，同时时刻扣住城市形态学研究的主线，分别从基本原理、知识储备、关键问题等多个方面对大尺度形态类型建模这个跨学科研究方法进行阐述，从而建立其理论框架。

研究方法方面，集成转化一系列数据科学技术，建立大尺度形态类型建模的数字化流程及对应方法集群。在对大尺度形态类型建模既有相关知识的梳理及反思的基础上，以“关键步骤—数字化模块—具体技术”的层级架构，实现对大尺度形态类型建模数字化流程及对应方法集群的建立，完成对既有方法的全面提升。尤其是所提出的“箱体模型”及“柱体模型”方法，提升了对诸如街道、街口等“不定形”形态要素进行形态解析的精细化程度。

研究内容方面，解析当代大尺度三维城市形态的构成、分布及演替的特征与规律。大尺度三维城市形态的历史演替研究不仅对研究的基础数据库有较高的门槛要求，同时对于研究方法也有着较高的要求。以南京老城为研究范围，对其 2005 年及 2020 年两个时间切片下的样本，从街区、街道、街口三个要素维度进行大尺度形态类型建模研究，绘制南京老城的数字形态类型地图，洞悉当代大尺度城市形态的构成、分布及演替的特征与规律。

参考文献

[1] Whitehand J. How international is Urban-Morphology?[J]. Urban morphology, 2003, 7(1): 1-2.
[2] Whitehand J. Why urban morphology?[J]. Urban morphology, 2022, 1(1).
[3] Gauthiez B. The history of urban morphology[J]. Urban morphology, 2004, 8(2): 71-89.
[4] Moudon A V. Urban morphology as an emerging interdisciplinary field[J]. Urban morphology, 1997, 1(1): 3-10.
[5] Kropf K. Aspects of urban form[J]. Urban morphology, 2009, 13(2): 105-120.
[6] Larkham P J. Assessing a quarter-century of urban morphology[J]. Urban morphology, 2022, 26(2): 173-188.
[7] 段进，邱国潮. 国外城市形态学概论[M]. 南京：东南大学出版社，2009.
[8] Darin M. The study of urban form in France[J]. Urban morphology, 1998, 2(2): 63-76.
[9] Whitehand J W R. British urban morphology: the Conzenian tradition[J]. Urban morphology, 2001, 5(2): 103-109.
[10] Gauthier P, Gilliland J. Mapping urban morphology: a classification scheme for interpreting contributions to the study of urban form[J]. Urban morphology, 2006, 10(1): 41-50.
[11] Levy A. Urban morphology and the problem of the modern urban fabric: some questions for research[J]. Urban morphology, 1999, 3(2): 79-85.
[12] Burgess E W. The growth of the city: an introduction to a research project[M]//The city reader. Routledge, 2015: 212-220.
[13] Hoyt H. The structure and growth of residential neighborhoods in American cities[M]. Washington, D. C. : US Government Printing Office, 1939.
[14] Lynch K. Good city form[M]. Cambridge: MIT press, 1984.
[15] Batty M. The new science of cities[M]. Cambridge: MIT press, 2013.
[16] Hillier B. Space is the machine: a configurational theory of architecture[M]. London: Space Syntax, 2007.
[17] Muratori S. Studi per una operante storia urbana di venezia[M]. Rome: Instituto Poligraphico dello Stato, 1959.
[18] Caniggia G, Maffei G L. Composizione architettonica e tipologia edilizia: 1. Lettura

dell' edilizia di base[M]. Venice: Marsilio Editori, 1979.

[19] Conzen M R G. Alnwick, Northumberland: a study in town-plan analysis[J]. Transactions and papers (institute of British geographers), 1960 (27): iii-122.

[20] Oliveira V, Monteiro C, Partanen J. A comparative study of urban form[J]. Urban morphology, 2015, 19(1): 73-92.

[21] Scheer B C. The epistemology of urban morphology[J]. Urban morphology, 2016, 20(1): 5-17.

[22] Castex J, Celeste P, Panerai P. Lecture d'une ville: versailles[M]. Paris: Editions du Le Moniteur, 1980.

[23] Slater T R. Family, society and the ornamental villa on the fringes of English country towns[J]. Journal of historical geography, 1978, 4(2): 129-144.

[24] Osmond P. Quantifying the qualitative: an evaluation of urban ambience[C]//Sixth international space syntax symposium, 2007: 12-15.

[25] Griffiths S, Jones C E, Vaughan L, et al. The persistence of suburban centres in Greater London: combining Conzenian and space syntax approaches[J]. Urban morphology, 2010, 14(2): 85-99.

[26] Maffei G L, Whitehand J. Diffusing caniggian ideas[J]. Urban morphology, 2001, 5: 47-48.

[27] Muratori S, et al. Studi per una operante storia urbana di Roma[M]. Rome: Consiglio nazionale delle riceche, 1963.

[28] Rossi A. The architecture of the city[M]. Cambridge: MIT press, 1984.

[29] Aymonino C. Il significato della città[M]. Rome: Officina edizoni, 1976.

[30] 沈克宁 . 意大利建筑师阿尔多 · 罗西 [J]. 世界建筑 ,1988(6):50-57.

[31] 魏春雨 . 建筑类型学研究 [J]. 华中建筑 ,1990(2):81-96.

[32] 敬东 . 阿尔多 · 罗西的城市建筑理论与城市特色建设 [J]. 规划师 ,1999(2):102-106.

[33] 齐康 . 建筑·空间·形态：建筑形态研究提要 [J]. 东南大学学报 (自然科学版),2000(1):1-9.

[34] 汪丽君 , 彭一刚 . 以类型从事建构：类型学设计方法与建筑形态的构成 [J]. 建筑学报 , 2001(8):42-46.

[35] 汪丽君 . 广义建筑类型学研究对当代西方建筑形态的类型学思考与解析 [D]. 天津：天津大学 , 2003.

[36] 张冀 . 克里尔兄弟城市形态理论及其设计实践研究 [D]. 广州：华南理工大学 , 2002.

[37] 曲茜 . 迪朗及其建筑理论 [J]. 建筑师 ,2005(4):40-57.

[38] Perez J, Ornon A, Usui H. Classification of residential buildings into spatial patterns of urban growth: A morpho-structural approach[J]. Environment and

planning B: urban analytics and city science, 2021, 48(8): 2402-2417.
[39] Whitehand J W. The urban landscape: historical development and management[M]. New York: Academic Press, 1981.
[40] Conzen M R G. The use of town plans in the study of urban history[M]. New York: St. Martin' s Press, 1968.
[41] Slater T R. Ideal and reality in English episcopal medieval town planning[J]. Transactions of the institute of British geographers, 1987: 191-203.
[42] Whitehand J W. The changing face of cities: a study of development cycles and urban form[M]. Blackwell, 1987.
[43] Whitehand J W. The making of urban landscape[M]. Oxford: Blackwell, 1992.
[44] Jones A N, Larkham P J. A glossary of urban form[M]. Birmingham: University of Birmingham, School of Geography, 1991.
[45] 武进．中国城市形态：结构、特征及其演变 [M]. 南京：江苏科学技术出版社，1990.
[46] 胡俊．中国城市：模式与演进 [M]. 北京：中国建筑工业出版社，1995.
[47] 林炳耀．城市空间形态的计量方法及其评价 [J]. 城市规划汇刊,1998(3):42-45.
[48] 谷凯．城市形态的理论与方法：探索全面与理性的研究框架 [J]. 城市规划,2001(12):36-42.
[49] 陈泳．城市空间：形态、类型与意义 [M]. 南京：东南大学出版社，2006.
[50] 田银生，谷凯，陶伟．城市形态研究与城市历史保护规划 [J]. 城市规划，2010, 34(4): 21-26.
[51] 丁沃沃，胡友培，窦平平．城市形态与城市微气候的关联性研究 [J]. 建筑学报，2012 (7):16-21.
[52] 杨俊宴．城市中心区规划设计理论与方法 [M]. 南京：东南大学出版社，2013.
[53] Hwang J H. The reciprocity between architectural typology and urban morphology[D]. Philadelphia: University of Pennsylvania, 1994.
[54] Kropf K S. Conceptions of change in the built environment[J]. Urban morphology, 2001, 5(1): 29-42.
[55] Berghauser Pont M, Haupt P. The Spacemate: density and the typomorphology of the urban fabric[J]. Urbanism laboratory for cities and regions: progress of research issues in urbanism, 2007, 4(4): 55-68.
[56] Maller A, Soltani A. A Typomorphological analysis of airport terminals [C]//Designing, constructing, maintaining, and financing today' s airport projects orlando: American society of civil engineers, 2002: 1-9.
[57] Susilo I W. The living culture and typo-morphology of vernacular-traditional houses

in Kerala[J]. EJournal of Asian scholarship foundation, diunduh pada, 2009, 22: 1–24.

[58] Komorowski B. The death and life of local building traditions: typomorphological analysis as a basis for urban design in Montreal[M]. Montreal: McGill University. 2007.

[59] Song I H. Typomorphological study on open-rectangular plan hanok in the traditional urban housing neighborhood of Bukchon, Seoul[J]. Journal of architectural history, 2004, 13(4): 125–138.

[60] Kompayak W A. Riverfront Heritage: a typomorphology study of ChaoPhyra River, Bangkok, Thailand[D]. Urban-Champaign: University of Illinois Urbana-Champaign, 2005.

[61] Heryanto B, Sastrawati I, Patandianan M V. Culinaryscapes: typomorphological changes in old district urban landscape[J]. Lusofona journal of architecture and education, 2014: 205–221.

[62] Hasegawa J. The reconstruction of bombed cities in Japan after the Second World War[J]. Urban morphology, 2008, 12(1): 11–24.

[63] Gil J, Beirão J N, Montenegro N, et al. On the discovery of urban typologies: data mining the many dimensions of urban form[J]. Urban morphology, 2012, 16(1): 27–40.

[64] Widiastuti I. The living culture and typo-morphology of vernacular houses in kerala[J]. Int. Soc. Vernac. Settl.(ISVS) EJ, 2013, 2: 41–53.

[65] Shayesteh H, Steadman P. Coevolution of urban form and built form: a new typomorphological model for Tehran[J]. Environment and planning B: planning and design, 2015, 42(6): 1124–1147.

[66] Pandey A. Restructuring typo-morphology of the transforming core of Ujjain City[D]. Ujjain SPA, Bhopal, 2018.

[67] Hartsell A, Winn J. Typomorphological study of beyarmudu/pergamo, cyprus[C]// Cyprus network of urban morphology, 2018: 69–80.

[68] Vandyck F, Bertels I, Wouters I, et al. Urban industries and the production of space: a typomorphological analysis of the mixed urban fabric around the historical national road Jetsesteenweg in Brussels, Belgium[C]//Urban morphology: journal of the international seminar on urban form-Birmingham, 2020, 24(2): 200–214.

[69] Samuels I. A typomorphological approach to design: the plan for St Gervais[J]. Urban design international, 1999, 4(3–4): 129–141.

[70] Samuels I. Typomorphology and urban design practice[J]. Urban morphology, 2008,

12(1): 58-62.

[71] Stojanovski T. Swedish typo-morphology-morphological conceptualizations and implication for urban design[J]. ICONARP international journal of architecture and planning, 2019, 7: 135-157.

[72] Leite J, Justo R. Typo-morphology: From research to architectural education[C]// Architectural research addressing societal challenges: proceedings of the EAAE ARCC 10th International Conference (EAAE ARCC 2016). Boca Raton: Crc・Press, 2017.

[73] Chen F. Typomorphology and the crisis of Chinese cities[J]. Urban morphology, 2022, 12(2): 131-142.

[74] 陈飞，谷凯．西方建筑类型学和城市形态学：整合与应用 [J]. 建筑师，2009 (2): 53-58.

[75] 陈飞．一个新的研究框架：城市形态类型学在中国的应用 [J]. 建筑学报，2010(4):85-90.

[76] 包晓兵．基于类型学和形态学的苏州古城新建住区空间形态设计研究 [D]. 苏州：苏州科技学院，2009.

[77] 沈萍．城市形态类型学在历史街区保护和更新中的运用：以江阴市长泾镇“一河两岸”片区为例 [J]. 中华民居，2011(4): 10-11.

[78] 李向北，杨星莹．“慈云老街”传统历史文化街区规划设计：一个基于城市形态类型学方法的实践探索 [J]. 城市发展研究，2019, 26(4):12-16, 21.

[79] 邓浩，朱佩怡，韩冬青．可操作的城市历史：阅读意大利建筑师萨维利奥・ 穆拉托里的类型形态学思想及其设计实践 [J]. 建筑师，2016(1): 52-61.

[80] Marco Trisciuoglio, 董亦楠．可置换的类型：意大利形态类型学研究传统与多元发展 [J]. 建筑师，2017 (6): 22-30.

[81] 陈锦棠，姚圣，田银生．形态类型学理论以及本土化的探明 [J]. 国际城市规划，2017, 32(2): 57-64.

[82] 郭鹏宇，丁沃沃．走向综合的类型学：第三类型学和形态类型学比较分析 [J]. 建筑师，2017 (1): 36-44.

[83] 方榕．南京老城街道布局形态的类型解析 [J]. 建筑与文化，2013(7): 62-63.

[84] 蒋蕾莉．榆林小城镇空间形态类型化研究 [D]. 西安：西安建筑科技大学，2016.

[85] 刘成龙．城市形态类型学视野下的青堆子古镇形态研究 [D]. 大连：大连理工大学，2017.

[86] 李彦巧．城市形态类型学视野下的复州古城形态演变研究 [D]. 大连：大连理工大学，2018.

[87] 吴珩．基于形态类型学的临海城市形态研究 [D]. 北京：清华大学，2018.

[88] 刘鹏，董卫，马库斯・尼泊．基于地块的形态 - 类型分析框架：以南京城南历史城区的演变为例 [J]. 城市发展研究，2020, 27(4): 62-71.

[89] 郭鹏宇，丁沃沃．集群建筑类型和村落形态研究：以山西阳城上庄村为例 [J]. 建筑学报，

2017 (5): 80-86.

[90] 赵雨薇．形态基因视角下的城市形态类型的量化分析 [D]. 南京：东南大学，2019.

[91] 龙瀛，唐婧娴．城市街道空间品质大规模量化测度研究进展 [J]. 城市规划，2019,43（6）:107-114.

[92] Shane D G. Transcending type: designing for urban complexity[J]. Architectural design, 2011, 81(1): 128-134.

[93] Siksna A. The effects of block size and form in North American and Australian city centres[J]. Urban morphology, 1997, 1(1): 19-33.

[94] Chen F. Interpreting urban micromorphology in China: case studies from Suzhou[J]. Urban morphology, 2012, 16(2): 133-148.

[95] Li Y, Gauthier P. The evolution of residential buildings and urban tissues in Guangzhou, China: Morphological and typological perspectives[J]. Urban morphology, 2014, 18(2): 129-149.

[96] Conzen M P. The elusive common denominator in understanding urban form[J]. Urban morphology, 2010, 14(1): 55-58.

[97] Hillier B, Hanson J. The social logic of space[M]. Cambridge, UK: Cambridge university press, 1984.

[98] Penn A, Hillier B, Banister D, et al. Configurational modelling of urban movement networks[J]. Environment and planning B: planning and design, 1998, 25(1): 59-84.

[99] Ratti C. Space syntax: some inconsistencies[J]. Environment and planning B: planning and design, 2004, 31(4): 487-499.

[100] Steadman P. Developments in space syntax[J]. Environment and planning B: planning and design, 2004, 31(4): 483-486.

[101] Porta S, Crucitti P, Latora V. The network analysis of urban streets: a primal approach[J]. Environment and planning B: planning and design, 2006, 33(5): 705-725.

[102] Jiang B, Liu X T. AxialGen: a research prototype for automatically generating the axial map[EB/OL]. arXiv: 0902.0465 http://arXiv.org/abs/0902.0465.

[103] 张愚，王建国．再论“空间句法”[J]. 建筑师,2004(3):33-44.

[104] 程昌秀，张文尝，陈洁，等．基于空间句法的地铁可达性评价分析——以 2008 年北京地铁规划图为例 [J]. 地球信息科学，2007,9(6):31-35.

[105] 杨滔．空间句法与理性的包容性规划 [J]. 北京规划建设,2008(3):49-59.

[106] 邵润青．空间句法轴线地图在方格路网城市应用中的空间单元分割方法改进 [J]. 国际城市规划,2010,25(2):62-67.

[107] 王静文 . 传统聚落环境句法视域的人文透析 [J]. 建筑学报 ,2010(S1):58-61.
[108] 肖扬 ,Alain Chiaradia, 宋小冬 . 空间句法在城市规划中应用的局限性及改善和扩展途径 [J]. 城市规划学刊 ,2014(5):32-38.
[109] Bocchi F, Lugli F, Denley P, et al. Computer methods used to analyse and reconstruct the cadastral map of the town of Carpi (1472)' [J]. History and computing, 1988: 222-227.
[110] Koster E. Urban morphology and computers[J]. Urban morphology, 1998, 2(1): 3-7.
[111] Lilley K, Lloyd C, Trick S, et al. Mapping and analysing medieval built form using GPS and GIS[J]. Urban morphology, 2005, 9(1): 5-15.
[112] Ye Y, Van Nes A. Quantitative tools in urban morphology: combining space syntax, spacematrix and mixed-use index in a GIS framework[J]. Urban morphology, 2014, 18(2): 97-118.
[113] Kropf K. Bridging configurational and urban tissue analysis[C]//Proceedings of 11th space syntax symposium, lisbon, 2017: 165.1-165.13.
[114] 张大玉 , 凡来 , 刘洋 . 基于空间句法的北京市展览路街道公共空间使用评价及提升对策研究 [J]. 城市发展研究 ,2021,28(11):38-44, 173.
[115] Kropf K. Ambiguity in the definition of built form[J]. Urban morphology, 2013, 18(1): 41-57.
[116] Marshall S. An area structure approach to morphological representation and analysis[J]. Urban morphology, 2014, 19(2): 117-134.
[117] Vanderhaegen S, Canters F. Mapping urban form and function at city block level using spatial metrics[J]. Landscape and urban planning, 2017, 167: 399-409.
[118] 宋亚程 , 韩冬青 , 张烨 . 南京城市街区形态的层级结构表述初探 [J]. 建筑学报 , 2018 (8):34-39.
[119] 沈尧 , 徐怡怡 , 刘乐峰 . 网络渗流视角下的城市肌理识别与测度研究 [J]. 城市规划学刊 ,2021(5):40-48.
[120] Harvey C, Aultman-Hall L, Troy A, et al. Streetscape skeleton measurement and classification[J]. Environment and planning B: urban analytics and city science, 2017, 44(4): 668-692.
[121] Alobaydi D, Al-Mosawe H, Lateef I M, et al. Impact of urban morphological changes on traffic performance of Jadriyah intersection[J]. Cogent engineering, 2020, 7(1): 1772946.
[122] Araldi A, Fusco G. From the street to the metropolitan region: Pedestrian

perspective in urban fabric analysis[J]. Environment and planning B: urban analytics and city science, 2019, 46(7): 1243-1263.

[123] Fleischmann M, Romice O, Porta S. Measuring urban form: overcoming terminological inconsistencies for a quantitative and comprehensive morphologic analysis of cities[J]. Environment and planning B: urban analytics and city science, 2021, 48(8): 2133-2150.

[124] Cao J, Zhu J K, Zhang Q Y, et al. Modeling urban intersection form: Measurements, patterns, and distributions[J]. Frontiers of architectural research, 2021, 10(1): 33-49.

[125] 周钰，张玉坤．面向开放街区的街道界面形态控制指标研究[J].时代建筑，2022(1):38-42.

[126] Ståhle A, Marcus L, Karlström A. Place Syntax: Geographic accessibility with axial lines in GIS[C]//Fifth international space syntax symposium. Amstertands: Techne Press, 2005: 131-144.

[127] Van Den Hoek J. The mixed use index (Mixed-use Index) as planning tool for (new) towns in the 21st century[J]. New towns for the 21st century: the planned vs the unplanned city, 2009: 98-207.

[128] Sevtsuk A, Mekonnen M. Urban network analysis A new toolbox for ArcGIS[J]. Rev. Int. De géomatique, 2012: 287-305.

[129] Oliveira V. Morpho: a methodology for assessing urban form[J]. Urban morphology, 2013, 17(1): 21-33.

[130] 叶宇，庄宇．城市形态学中量化分析方法的涌现[J].城市设计，2016(4):56-65.

[131] Batty M. Big data, smart cities and city planning[J]. Dialogues in human geography, 2013, 3(3): 274-279.

[132] Schirmer P M, Axhausen K W. A multiscale classification of urban morphology[J]. Journal of transport and land use, 2016, 9(1): 101-130.

[133] Sevtsuk A, Kalvo R, Ekmekci O. Pedestrian accessibility in grid layouts: the role of block, plot and street dimensions[J]. Urban morphology, 2016, 20(2): 89-106.

[134] Serra M, Psarra S, O' Brien J. Social and physical characterization of urban contexts: Techniques and methods for quantification, classification and purposive sampling[J]. Urban planning, 2018, 3(1): 58-74.

[135] Dibble J, Prelorendjos A, Romice O, et al. On the origin of spaces: morphometric foundations of urban form evolution[J]. Environment and planning B: urban analytics and city science, 2019, 46(4): 707-730.

[136] Bobkova E, Berghauser Pont M, Marcus L. Towards analytical typologies of plot systems: quantitative profile of five European cities[J]. Environment and planning B: urban analytics and city science, 2021, 48(4): 604-620.
[137] Fleischmann M. Momepy: Urban morphology measuring toolkit[J]. Journal of open source software, 2019, 4(43): 1807.
[138] Boeing G. A multi-scale analysis of 27,000 urban street networks: Every US city, town, urbanized area, and Zillow neighborhood[J]. Environment and planning B: urban analytics and city science, 2020, 47(4): 590-608.
[139] Venerandi A, Aiello L M, Porta S. Urban form and COVID-19 cases and deaths in Greater London: An urban morphometric approach[J]. Environment and planning B: urban analytics and city science, 2023, 50(5): 1228-1243.
[140] 王德，钟炜菁，谢栋灿，等.手机信令数据在城市建成环境评价中的应用：以上海市宝山区为例[J].城市规划学刊,2015(5):82-90.
[141] 王建国，杨俊宴.历史廊道地区总体城市设计的基本原理与方法探索：京杭大运河杭州段案例[J].城市规划,2017,41(8):65-74.
[142] 王建国.从理性规划的视角看城市设计发展的四代范型[J].城市规划，2018,42(1):9-19,73.
[143] 王建国.基于人机互动的数字化城市设计：城市设计第四代范型刍议[J].国际城市规划,2018,33(1):1-6.
[144] 吴志强.人工智能辅助城市规划[J].时代建筑,2018(1):6-11.
[145] 吴志强.论新时代城市规划及其生态理性内核[J].城市规划学刊,2018(3):19-23.
[146] 龙瀛.颠覆性技术驱动下的未来人居：来自新城市科学和未来城市等视角[J].建筑学报,2020(S1):34-40.
[147] Batty M. Digital twins[J]. Environment and planning B: planning and design, 2018,45(5):817-819.
[148] 李欣，程世丹，李昆澄，等.城市肌理的数据解析：以汉口沿江片区为例[J].建筑学报,2017(S1):7-13.
[149] Dong J, Li L, Han D Q. New quantitative approach for the morphological similarity analysis of urban fabrics based on a convolutional autoencoder[J]. IEEE Access, 2019, 7: 138162-138174.
[150] Liu Z C, Cao J, Yang J Y, et al. Discovering dynamic patterns of urban space via semi-nonnegative matrix factorization[C]//2017 IEEE international conference on big data Boston: IEEE, 2017: 3447-3453.

[151] Behnisch M, Hecht R, Herold H, et al. Urban big data analytics and morphology[J]. Environment and planning B: urban analytics and city science, 2019, 46(7): 1203-1205.

[152] Li N, Quan S J. Identifying urban form typologies in Seoul using a new Gaussian mixture model-based clustering framework[J]. Environment and planning B: urban analytics and city science, 2023: 23998083231151688.

[153] Liu Z C, Cao J, Xie R J, et al. Modeling submarket effect for real estate hedonic valuation: a probabilistic approach[J]. IEEE transactions on knowledge and data engineering, 2020, 33(7): 2943-2955.

[154] Tellier L N. Characterizing urban form by means of the urban metric system[J]. Land use policy, 2021: 111: 104672.

[155] 杨俊宴.凝核破界：城乡规划学科核心理论的自觉性反思[J].城市规划，2018，42(6):36-46.

[156] Gielen E, Riutort-Mayol G, Palencia-Jiménez J S, et al. An urban sprawl index based on multivariate and Bayesian factor analysis with application at the municipality level in Valencia[J]. Environment and planning B: urban analytics and city science, 2018, 45(5): 888-914.

[157] Barnett J. The fractured metropolis: improving the new city, restoring the old city, reshaping the region[M]. New York: Routledge, 2018.

[158] Barnett J. Designing the megaregion: meeting urban challenges at a new scale[M]. Washington, D. C.: Island Press, 2020.

[159] Garnica-Monroy R, Alvanides S. Spatial segregation and urban form in Mexican cities[J]. Environment and planning B: urban analytics and city science, 2019, 46(7): 1347-1361.

[160] Gouverneur D. Planning and design for future informal settlements: shaping the self-constructed city[M]. London: Routledge, 2014.

[161] 段进.城市空间发展论[M].南京：江苏科学技术出版社，1999.

大尺度形态类型建模的理论框架

·2·

大尺度形态类型建模是整合城市形态学中的经典形态类型研究方法与当代数据科学手段后形成的一种研究方法。它并不是对经典形态类型研究方法的彻底颠覆，而是在其基础上的全面升级。本章从基本原理、知识储备、一般流程三个角度全面阐述大尺度形态类型建模这一研究方法的理论框架。

2.1 大尺度形态类型建模的基本原理

一种“综合运用当代数据科学手段，在充分识别特定城市形态要素对象的关键形态特征的基础上，对其进行模式划分并对结果进行形态解释从而建构类型，再依据类型理解研究范围内的整体城市形态”的数字化研究方法。以上这句既可以视为对大尺度形态类型建模的定义，也可以作为对这一研究方法较为细致的解释。在大尺度形态类型建模中，“形态”（morphology）和“类型”（typology）依然是研究方法中的关键词。这一点同经典形态类型研究方法是一致的[①]。于是，大尺度形态类型建模又概括为一种“充分解析形态，进而建构类型”的研究方法。在“形态解析”和“类型建构”的双重驱动下，“形”（form）与“构”（pattern）成为萦绕大尺度形态类型建模研究方法的两条主线（图 2.1）。因此，比照经典形态类型学，本章在深度剖析“形”与“构”的关系中阐述了大尺度形态类型建模的基本原理。

---

① 穆东（1994）提出，形态类型（typo-morphology）研究方法既是“形态的”（morphological），也是“类型的”（typological）。

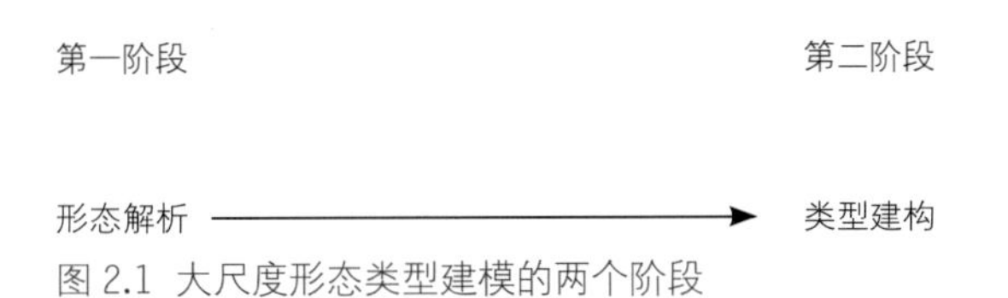

图 2.1 大尺度形态类型建模的两个阶段

2.1.1 “形”与“构”的方法升级

经由数据科学手段整合后的大尺度形态类型建模研究方法，相对于经典形态类型研究方法，“形”与“构”首先产生了方法上的升级。从“形”的角度，大尺度形态类型建模研究方法从“定性标注”升级为“定量全息”；从“构”的角度来看，大尺度形态类型建模研究方法从“先验驱动”升级为“后验主导”。升级后的大尺度形态类型建模是如何克服经典形态类型在研究范围、研究对象、分类过程、研究效率等方面的局限性的，在第一章中已完整表述这里不再重复。综合而言，由于数据科学手段的介入，“形”与“构”的方法升级，使得研究能够走出“熟悉的小尺度”，走向“未知的大尺度”。经典形态类型研究方法只能在分类者的先验知识能够驾驭的区域内进行研究，并且由于人工效率低下只能在较小尺度上进行研究[2]；而大尺度形态类型建模研究方法恰恰能够针对先验知识不足的区域，通过全面定量解析要素的形态特征进而后验地划分模式并建构类型，并且由于数据科学手段的运用大大提升了研究效率从而突破了尺度的限制。

2.1.2 “形”与“构”的交互解译

“形态解析”和“类型建构”构成了大尺度形态类型建模研究方法的两个主要阶段，“形态解析”是大尺度形态类型建模研究方法的第一阶段，目的是充分识别城市形态研究要素对象的关键形态特征；“类型建构”是大尺度形态类型建模研究方法的第二阶段，在识别出的关键形态特征的基础上进一步划分出研究对象的模式类型。

从一个更加广义的角度理解，“形”与“构”其实互为因果（图 2.2）。“形态解析”的目的是充分把握研究对象要素的基本特征，并为类型建构创造条件；“类型建构”则基于形态解析的基础，划分模式并进而归纳类型，从而在更加全面综合的维度上解析形态。

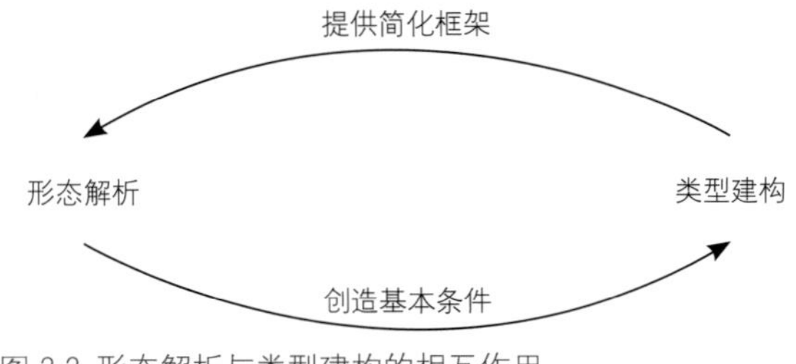

图 2.2 形态解析与类型建构的相互作用

从这个角度上来看，“类型建构”虽然作为大尺度形态类型建模研究方法中的后一阶段，但其不是最终目的，反而是中间体。那么，为什么在解析当代城市形态的方法中，需要“类型建构”这个中间体？这又需要回到当代城市形态的特点上。当代大尺度城市形态的复杂化特征使得传统城市形态学领域内的“经验”及“知识”不足以充分应对。正是在这样的背景下，“类型建构”的方式能够应对各种纷繁复杂的形态肌理，综合提炼其共性模式特征，并建立一个较为简化的分类框架，使得人们能够更好地认知当代城市形态。而这样的方式也并不是凭空产生的，“类型建构”需要大量城市形态基础指标的理性支撑，并通过数据科学的手段进行实现，对于形态要素基本特征的定量全息解析便是提供了这样的理性支撑。

2.1.3 “形”与“构”的多义转化

“形态解析”和“类型建构”不仅彼此支撑，交互解译大尺度、复杂的形态；同时，由于形态的多义性，“形”与“构”在过程中也存在相互转化。作为“分解”的形态，是形态要素的表层属性。分解的形态是直观的，体现在可以依托一系列的分项形态指标呈现。每个分项指标均可以视为从一个侧面呈现形态要素的特征。同时，分解的形态也是片面的，分项指标仅能呈现形态要素某一方面的特征。

为了深化对分解的形态，即分项形态指标的认知和理解，提出一种基于形态指标测度的分类框架（表 2.1）。分类框架中共包含六个门类：尺寸类、形状类、数量类、占有率类、多样性类以及布局类。需要说明的是，这六类是针对肌理分析（urban tissue analysis）的研究分支而划分的，而并未对配置分析（configurational analysis）进行细分。这样的侧重主要是由于在本书接下来的大尺度形态类型建模的数字化方法集群，以及实证研究的相关章节中，均是在肌理分析的语境下讨论问题，即关注要素对象本身的物质形态，而非要素与要素之间的连接关系。这也意味着，对于配置分析相关形态指标的整理及细化有待于进一步的探索。

当论及某一形态要素对象时，其形态特征首先体现在两个维度：一是由该要素对象本身引起的形态特征，二是将该要素对象内部更细级别的形态子要素纳入考量之后所引起的形态特征。穆东曾将城市形态的对象要素分为四个分辨率等级（resolution）：建筑 / 地块，街区 / 街道，城市，区域[1]。用这样的分辨率划分方式来理解，城市相对于区域而言是更细级别的形态子要素，街区 / 街道相对于城市而言是更细级别的形态子要素，建筑 / 地块相对于街区 / 街道而言是更细级别的形态子要素。当然，不只是相邻的分辨率等级才能够这样看待，例如建筑相对于城市而言同样是更细级别的形态子要素。同时，即使是建筑，

表 2.1 基于形态指标测度的分类框架

<table>
<tr><th colspan="2">类别</th><th>含义</th><th>典例</th></tr>
<tr><td rowspan="2">由要素对象本身引起的形态特征</td><td>尺寸类</td><td>用来描述要素对象本身的基本几何尺寸的指标类别</td><td>街区面积</td></tr>
<tr><td>形状类</td><td>侧重于描述要素对象本身的几何形状对应的比例关系、方向等属性的指标类别</td><td>街区紧凑度</td></tr>
<tr><td rowspan="4">考虑要素对象内部的形态子要素后所引起的形态特征</td><td>数量类</td><td>仅对形态子要素的属性进行数量上的统计的指标类别</td><td>街区建筑数量</td></tr>
<tr><td>占有率类</td><td>对内部形态子要素的数量信息在特定空间中的占有强度进行描述的指标类别</td><td>街区建筑密度</td></tr>
<tr><td>多样性类</td><td>用来测度要素对象内部的形态子要素之间属性的差异化程度的指标类别</td><td>街区建筑高度错落程度</td></tr>
<tr><td>布局类</td><td>将内部形态子要素的空间位置关系纳入测度的指标类别</td><td>街区围合度</td></tr>
</table>

资料来源：作者编制

在研究中也能进一步拆分出比其更细级别的形态子要素，例如立面、建筑构件等。在形态要素的指标测度中，不论是由该要素对象本身引起的形态特征，还是考虑要素对象内部的形态子要素后所引起的形态特征，都被视为该形态要素的特征。

在这样的前提条件下，分别对这两个维度的形态特征进行细分。对于第一个维度，由该要素对象本身引起的形态特征，可以细分为两个门类的形态指标：尺寸类形态指标和形状类形态指标。尺寸类形态指标是指用来描述要素对象本身的基本几何尺寸的指标类别。例如建筑的底面积、高度、建筑面积，街区的面积、周长，街道的长度、宽度等，都是在描述要素对象的基本几何尺寸。而区别于尺寸类形态指标对于要素对象绝对几何尺寸数量的描述，形状类形态指标侧重于描述要素对象本身的几何形状对应的比例关系、方向等。例如，对于面状的形态要素，可以用面积周长比、形状指数、紧凑度等形状类形态指标来对其进行描述；对于线状的形态要素，也可以用朝向、弯曲程度等形状类形态指标来对其进行描述。对于第二个维度，考虑要素对象内部的形态子要素后所引起的形态特征，则可以细分为四个门类，从简单到复杂，依次为数量类、占有率类、多样性类以及布局类。

数量类形态指标，其测度方式为对形态子要素的属性进行数量上的统计，例如统计街区内部的建筑数量、街区内部建筑高度的最大值等。占有率类形态指标，其测度方式是对内部形态子要素的数量信息在特定空间中的占有强度进行描述，其计算公式通常以两个数值比值的形式出现。例如，经典的形态指标容积率就可以视为建筑这个形态子要素的总面积在特定空间中的占有强度。多样性类形态指标用来测度要素对象内部的形态子要素之间属性的差异化程度。在实际计算中，对于形态子要素属性中具有类型标签的，可以通过统计其类型丰富程度来计算；对于形态子要素属性仅通过数值呈现的，也可以计算其数值的离散化程度，例如街区建筑高度的错落化程度。

注意到以上三种形态指标门类，即数量类、占有率类、多样性类，在形态指标测度中仅涉及对内部形态子要素属性的数值计算，并不涉及内部形态子要素的空间位置关系。但事实上，内部形态子要素的空间位置关系对于要素对象的形态至关重要。例如，街区内部的建筑组合关系，街道两侧的建筑排布关系，对于街区和街道形态的围合程度有重要的影响。布局类形态指标，就是将内部形态子要素的空间位置关系纳入测度的指标类别。显然，布局类形态指标是分类框架中最为复杂的一个门类。

基于形态指标测度的分类框架，除了能够在指标测度的角度加深对分解的形态的理解外，在研究中也具有实用价值。研究者既可以根据研究侧重点，选取某一门类的指标进行专门的测度研究；同时，也可以参照这个分类框架，对既定形态要素对象进行较为全面的指标体系建构，从而更加全面理性地认知其形态特征。

在“分解”的表层属性之外，形态还具备深层的属性，即作为“综合”的形态。区别于分解的形态是从某一侧面呈现形态要素的特征，综合的形态是“整体的”“多义的”。

对于任何一个形态要素对象，我们都可以构造出一系列的分项形态指标去测度它。综合的形态可以视为，是由所有这些分项形态整体定义的形态特征。然而，对于当代真实的城市形态而言，从绝对意义上来讲，每个形态要素都不尽相同，例如没有完全相同的两个街区形态，也没有完全相同的两个街道形态，这就使得很难综合地描述及定义每一个形态对象。而大尺度形态类型建模对此的应对方式便是借助类型建构。类型建构的过程是依据分项形态指标解析，从整体上区分一个群组形态对象和另一个群组形态对象的过程，从而综合地定义出某一个形态对象区分于其他群组的特征。因此，类型在本质上是对综合的形态的一种简化表达，通过类型建构能够对当代城市形态形成一个综合而整体的认知和理解（图 2.3）。在这一点意义上，“形”与“构”亦是多义转化的。

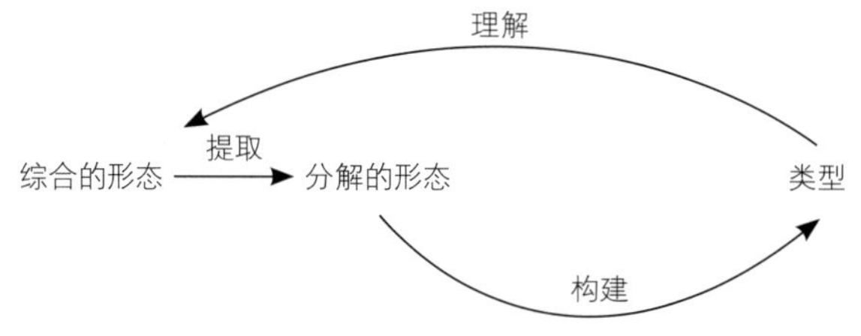

图 2.3 从形态的两重含义理解大尺度形态类型建模的原理

2.2 大尺度形态类型建模的知识储备

在阐述基本原理的基础之上，对大尺度形态类型建模研究方法的既有相关知识进行梳理。厘清既有相关知识，不仅能够在研究中充分吸收和借鉴已有成果和经验，同时也能够对既有相关知识中的不足进行反思，从而在方法论及实证研究方面进行针对性的设计。

2.2.1 文献计量概述

（1）“滚雪球”式的检索方法

采用文献计量的方法对大尺度形态类型建模的既有相关知识进行梳理。既有文献研究中完全符合大尺度形态类型建模定义①的较少，很多文献仅仅符合定义中的一部分。例如有的研究仅对城市要素对象的形态进行量化解析，却并没有进一步建构类型；也有的研究旨在挖掘城市要素对象的类型构成，却不针对其形态方面的属性，而是针对其他社会经济属性。基于这样的情况，在文献检索中通过关键词拆解的方式扩大检索范围。抓住“形态”与“类型”这两个核心线索，从形态解析和类型建构两个层面进行文献检索。形态解析层面，侧重于既有研究中已经出现的形态对象以及其相应的形态指标；类型建构层面，侧重于既有研究中已经出现的对形态进行分类的方法手段。

本书研究中采用一种“滚雪球”（snow-balling）式的检索方法。首先设置初始的文献库，选择 *Urban Morphology* 与 *Environment and Planning B* 这两个领域内公认最具有权威的国际期刊[2]。*Urban Morphology* 是国际城市形态论坛（ISUF）的唯一官方期刊，自 1997 年创刊以来，引领着城市形态学研究领域的发展方向；*Environment and Planning B* 的全称是 *Environment and Planning B: Urban Analytics and City Science*，城市分析以及城市科学是该期刊关注的重点，将前沿科学技术应用在包括城市形态学在内的城市研究领域是该期刊上论文的一大特征。

对于这两个领域内公认的核心期刊，在初始文献库的检索中采用“遍历”的方式，对论文进行逐一考察，考察其是否较为明显地采用了量化手段进行形态解析或类型建构。对于 *Urban Morphology*，本书研究中遍历其自 1997 年创刊以来的所有论文②；对于 *Environment and Planning B*，由于其创刊较早③，本书研究中选择对其 2000 年以来的

---

① 见 2.1 节，即“综合运用当代数据科学手段，在充分识别特定城市形态研究对象的关键形态特征的基础上，对其进行模式划分并对结果进行形态解释从而建构类型，再依据类型理解研究范围的整体城市形态”。

② 截至 2020 年，即 1997—2020 年。

③ *Environment and Planning B* 创刊时间为 1974 年。

所有论文进行遍历[①]。最终，符合要求的文献包括来自 *Urban Morphology* 的 21 篇论文，以及来自 *Environment and Planning B* 的 25 篇论文。这样，这 46 篇论文便构成了初始文献库。

在第一批初始文献库的基础上，根据引用和被引关系，获取第二批考察的文献对象，考察其能否带来“知识增量”。“知识增量”同样关注两个方面：在初始文献库的基础上，是否考察新的形态对象或提出新的形态指标？在初始文献库的基础上，是否提出新的类型划分方法或视角？满足这两个方面中任一方面的文献，均被纳入文献计量的对象。同样地，第二批文献由于引用和被引关系，又会带来新的文献考察对象。本书研究中所谓“滚雪球”式的检索方法，正是像这样不断进行新的文献的迭代，直到不再产生“知识增量”为止（图 2.4）。

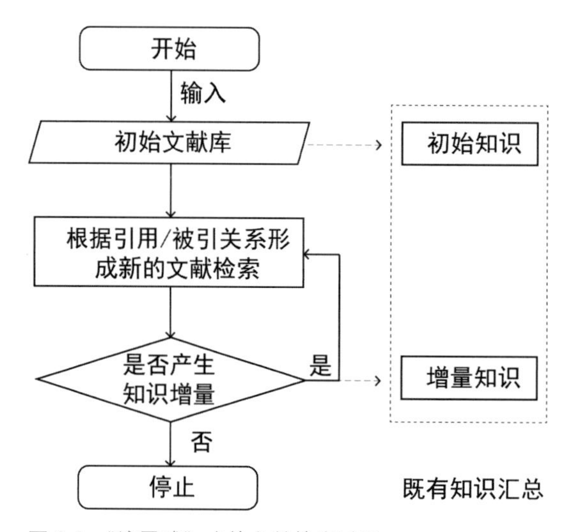

图 2.4 “滚雪球”式的文献检索过程

（2）检索结果

迭代检索依托的主要数据库为谷歌学术（Google Scholar），由初始文献库引用和被引关系而引发的文献均能够较为方便地获得及分析。同时，在英文文献之外，本书研究中也依托中国知网（CNKI）对符合条件[②]的中文文献进行获取和分析。最终，通过迭代检索获得文献 71 篇，其中英文文献 63 篇，中文文献 8 篇。71 篇文献中，包含书籍、学位论文、会议论文、期刊论文四种类型。英文文献的来源，除了 *Urban Morphology*、*Environment*

① 截至 2020 年，即 2000—2020 年。

② 同初始文献库构成引用和被引关系。

and Planning B 之外，还包括 *Building Research & Information*、*Computers Environment and Urban Systems*、*International Journal of Environmental Research and Public Health*、*Journal of Transport and Land Use*、*Journal of Urban Design*、*Landscape and Urban Planning*、*Landscape Ecology*、*Transactions in GIS* 等期刊。中文文献的来源则包括《城市规划》《建筑学报》《现代城市研究》《新建筑》《城市交通》《江苏建筑》等。

值得一提的是，文献计量中所采取的检索方式既有优势也有局限性。优势在于，检索方法本身构成一个较为严谨的逻辑和流程，从初始文献库开始，不断迭代式发展，最终在不产生知识增量时停止，是一种可以被重复试验的检索方法。同时，也正是因为其逻辑严谨，流程明确，该检索方法展示出较高的效率，为总结既有知识，在初始文献库之后的考察过程中仅关注知识增量。从另一个角度来看，这一检索方式也存在局限性。流程中对于新文献的迭代考察主要是依托引用和被引关系，潜在的一部分文献并没有被考察到。例如，有的跨学科研究中兴许涉及新的形态指标，然而由于其研究的切入线索并非城市形态学，导致其未与城市形态学研究的经典文献发生引用和被引关系。同时，由于语言局限，本书仅考察英文文献和中文文献，对于诸如意大利语、法语等其他语言的文献并未做考察。总的来说，本书所采取的检索方式是一种“有限”的检索，考察的也只能说是“主要”的文献。初衷是希望能够通过对主要文献的考察，在一定程度内建立大尺度形态类型建模的既有知识体系。

另外需要说明的是，在形态指标的界定上，本书研究中依据的是穆东对于形态的狭义定义，即形态对象的物质形态（physical form）。[3] 有些学者的研究中，既包含物质形态指标，又包含非物质形态指标，这些文献也会被纳入文献数据库，但是仅物质形态指标会被挑选出来进行分析。

2.2.2 文献中的既有知识呈现

基于文献检索中收集到的 71 篇中英文相关文献，对其进行统计分析。分析的角度包括五个方面：研究范围的地域分布、研究对应的时间跨度、研究中关注的要素对象、研究中包含的形态指标，以及建构类型时的分类手段。

（1）地域分布

从研究范围的地域分布来看，欧洲城市的出现次数最多，达到 36 次（图 2.5）。早期英国城市是研究的热点，伯顿（E. Burton）构建起 41 个紧凑度指标，对英国 25 个城镇进行紧凑度测度 [4]；库珀（J. Cooper）分别对英国牛津地区的系列街道进行街道轮廓和沿街天际线的分形测度 [5-6]。随着时间的推移，包括意大利、葡萄牙、荷兰、法国、瑞士等

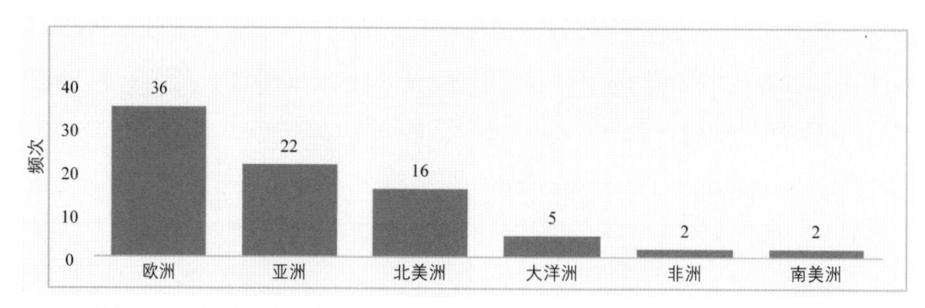

图 2.5 既有文献研究范围地域分布统计图

国家的中心城市逐渐成为研究者在探索大尺度形态类型建模相关工具方法时选用的案例城市。例如，叶宇和内斯在以栅格为对象整合空间句法、Spacematrix 与 MXI，并提出 Form Syntax 工具时，选择的案例城市为荷兰的莱利斯塔德、阿尔梅勒和祖特梅尔[7]；阿拉尔迪和弗斯科在提出行人视角下的街道空间界定方法时，选择的案例城市为法国南部的里维埃拉都市区[8]。

亚洲城市和北美洲城市在研究中出现的次数相近，分别为 22 次和 16 次。以亚洲城市为案例的研究通常为个案研究。例如：陈飞以苏州传统院宅为研究对象[9]，李欣等对武汉汉口地区的地块肌理类型的研究[10]，泰马（M. Taima）等对东京地块尺度和建筑形状的关联性研究[11]。而以北美洲城市为案例的研究通常包含多个城市样本。例如，哈维对纽约、波士顿、巴尔的摩三个城市的街道景观骨架（streetscape skeleton）进行测度分析[12]；波音对美国全域 497 个城市地区的街道网络进行大尺度形态分析[13]。

大洋洲、南美洲和非洲的城市相较而言在研究中出现较少。其中，大洋洲的城市出现 5 次，包括桑德斯和伍德沃德（P. Sanders & S. Woodward）对悉尼中心区地块中建筑形态类型演替的详细剖析[14]。而南美洲和非洲城市各仅出现 2 次，而且是伴随着世界各地城市样本的集成研究[15]。

（2）时间跨度

从时间跨度的角度来看，在既有 71 篇相关文献中，有 52 篇属于静态研究，即仅关注一个时间切片下的形态及类型（图 2.6）。另外 19 篇文献对应的研究中，则包含不止一个时间切片，属于演替研究的范畴。例如，谢耶斯特和斯蒂德曼（H. Shayesteh & P. Steadman）对德黑兰城市形态与建筑形式的共同演替过程进行数字化解析[16]；塞拉等以波尔图都市圈为研究范围，对都市圈中的街道网络在历史演替中的形态变化进行建模研究[17]；迪布尔等对英国地区 45 个“城市庇护区”（sanctuary area）的形态演替进行量化解析[18]。不过总体而言，具有时间跨度的演替研究在相关研究中还是较少，其中一个重要的制约因素便是对同一地区不同年份城市形态数据的获取。

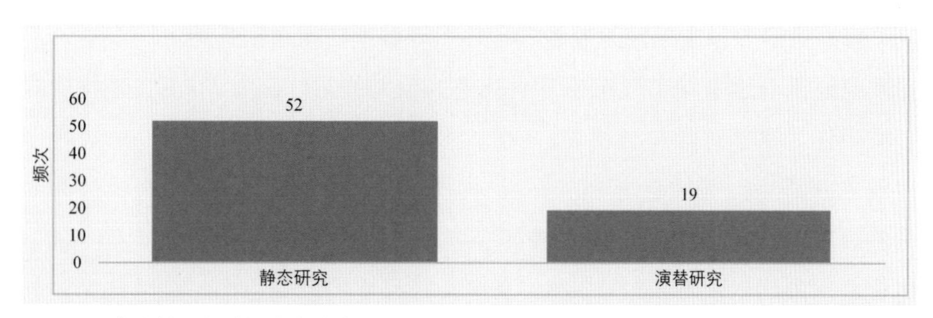

图 2.6 既有文献研究时间跨度统计图

（3）要素对象

从研究中关注的要素对象来看，街道出现的次数最多，达到 20 次（图 2.7）。不过其中有很大一部分研究是从配置分析的角度看待街道形态，关注街道在网络中的连接关系，例如雷玛利和玻塔（A. M. Remali & S. Porta）[19]、奥莫和卡普兰（I. Omer & N. Kaplan）[20]、庞特等 [21]。通过数字化方法对街道三维形态进行肌理分析的代表性学者及其研究包括：哈维在“街道景观”的概念基础上，进一步提出“街道景观骨架”，用于特指由街道两侧建筑物所限定的街道三维形态 [12]。阿拉尔迪与弗斯科在此基础上，在进行概念界定时还引入行人视角（pedestrian view）[8]。中国学者周钰则侧重关注街道的界面，在经典指标“贴线率”[22] 的基础上进一步提出“界面密度”“近线率”等新形态指标 [23-24]。

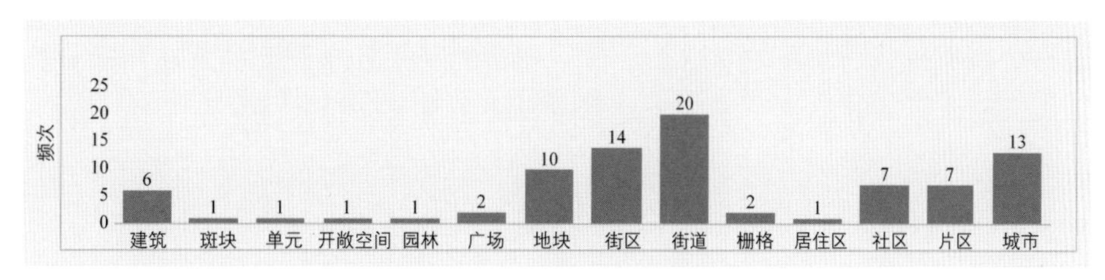

图 2.7 既有文献研究形态要素对象出现频次统计图 ①

街区和地块分别出现了 14 次和 10 次，也属于大尺度形态类型建模中的常见要素对象。吉尔等对比了里斯本和波尔图两个城市片区内的街区形态类型 [3]。斯克斯纳和塞弗楚克等则对澳大利亚和美国的街区形态进行了多维度的形态测度 [25-26]。地块作为街区进一步分割产生的形态要素，在研究中的出现频率却要小于街区，一个重要的原因就是数据的可获得性。例如，怀特汉德等将平遥古城和意大利科莫古城进行地块形态的对比 [27]，陈（C. H. Chen）对台湾军事城镇左营的地块形态进行历史演替研究等 [28]。这些研究无一例外都需

① 图中，“单元”指代沃罗诺伊单元，“片区”指代其他范围的城市片区。

要和当地政府部门合作，拿到较为准确的地籍图等数据才能顺利开展。

城市本身通常而言是城市形态相关研究中的最大单元，在由 71 篇文献构成的基础文献库中，城市作为要素对象共出现了 13 次。这里面又可以细分为两类：一类是以城市建成区为对象展开研究，例如吉伦（E. Gielen）等[29]；另一类是以城市行政边界为对象进行研究，例如派伯尼斯（J. Peponis）等[30]。

其他要素对象均出现不超过 10 次。其中相较而言更多的包括，社区作为对象共出现 7 次，建筑作为对象共出现 6 次。建筑作为大尺度形态类型建模的一个潜在对象，在研究中面临和地块相似的问题，即常见数据库（common dataset）中很难囊括符合研究需要的高精度建筑数据。还有一些小众的要素也可以作为研究对象，例如园林[31]、广场[32-33]、斑块[34]、开敞空间[35]，这些要素增加了研究中要素对象的丰富性。

（4）形态指标

形态指标在大尺度形态类型建模研究方法中扮演着关键的角色，它既是形态解析的载体，又是类型建构的依据。可以说，形态指标在大尺度形态类型建模研究方法的两个阶段中承担着承上启下的作用。本书研究中，对大尺度形态类型建模相关基础文献库中 71 篇文献所涉及的形态指标进行了详细的梳理。总体而言，所有的形态指标可以对应到肌理分析和组构分析这两大学术分支中。

结合本书研究需要，选取肌理分析对应的形态指标进行进一步解析。对总计 203 个形态指标进行分类整理，分类标准为 2.1.3 节中建构的基于形态测度的形态指标分类框架，包含尺寸类、形状类、数量类、占有率类、多样性类以及布局类这六类（图 2.8）。

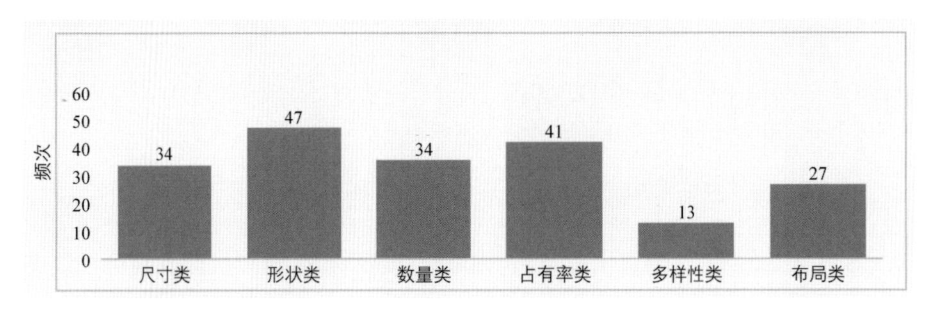

图 2.8 既有文献形态指标分类统计图

尺寸类形态指标用来描述要素对象本身的基本几何尺寸，既有文献中共包括 34 个尺寸类形态指标（表 2.2）。建筑的底面积、高度、建筑面积，街区的面积、周长，街道的长度、宽度等这些常见的基础指标，都是在描述要素对象的基本几何尺寸。在此基础上，也可以构造更为精细化的指标，例如建筑法线长度[36]，地块的深度[37]、沿街延伸度[18]，街区的最长对角线长度[38]等。

表 2.2 既有研究中的尺寸类形态指标一览表

描述的形态对象	形态指标	文献出处（仅列举一例）
建筑	底面积	科拉尼诺等 (N. Colaninno) [38]
建筑	建筑面积	席尔默与奥克豪森 (P. M. Schirmer & K. W. Axhausen) [35]
建筑	高度	庞特等 [21]
建筑	影响域面积	席尔默与奥克豪森 [35]
建筑	长度	哈迈纳 (R. Hamaina) 等 [34]
建筑	法线长度	席尔默与奥克豪森 [35]
建筑	层数	叶宇与内斯 [7]
建筑	体积	哈迈纳等 [34]
建筑	宽度	哈迈纳等 [34]
庭院	凸包面积	席尔默与奥克豪森 [35]
街道	开敞空间宽度	阿拉尔迪与弗斯科 [8]
斑块①	面积	范德哈根与坎特斯 (S. Vanderhaegen & F. Canters) [33]
斑块	边缘长度	范德哈根与坎特斯 [33]
斑块	周长	范德哈根与坎特斯 [33]
地块	面积	迪布尔等 [18]
地块	深度	宋彦与克纳普 (Y. Song & G. J. Knaap) [36]
地块	临街延伸度	迪布尔等 [18]
地块	有效网目尺寸	豪斯莱特纳与庞特 (B. Hausleitner & M. Berghauser Pont) [39]
街区	面积	迪布尔等 [18]
街区（方格网街区）	深度	塞弗楚克等 [26]
街区	最长对角线长度	费里西奥蒂 (A. Feliciotti) [37]
街区	周长	吉尔 (J. Gil) 等 [3]
街区	宽度	吉尔等 [3]
街道	长度	迪布尔等 [18]
街道	宽度	迪布尔等 [18]
街道	坡度	阿拉尔迪与弗斯科 [8]
街道	沿街面长度	席尔默与奥克豪森 [35]
街道	段落长度	伯蒂奇 (L. Bourdic) 等 [40]
街道	与街区相关区域的面积	阿拉尔迪与弗斯科 [8]
沃罗诺伊单元	面积	哈迈纳等 [34]
栅格	网目尺寸	斯克斯纳 [25]
庇护区	面积	迪布尔等 [18]
街道网络	长度	宋彦与克纳普 [36]
街道网络	半径内长度	克里泽克 (K. J. Krizek) [41]

资料来源：作者结合文献检索编制

① 在文献中指连续的建筑群或开敞空间。

既有文献中共包括47个形状类形态指标（表2.3）是所有类别中数量最多的形状指标。一些经典的形状类指标如面积周长比[39]、分形指数[43]、形状指数[15]、紧凑度[44]等。在面域对象之外，线性对象也可以测度其形状，如街道迂回度[13]、街道廊道效应指数[8]等。

表2.3 既有研究中的形状类形态指标一览表

描述的形态对象	形态指标	文献出处（仅列举一例）
建筑	凹凸面积比	斯泰尼格(S. Steiniger)等[44]
建筑	面积周长比	科拉尼诺等[38]
建筑	紧凑度	席尔默与奥克豪森[35]
建筑	角心距离	席尔默与奥克豪森[35]
建筑	延展率	斯泰尼格等[44]
建筑	核心面积指数	科拉尼诺等[38]
建筑	形态因子	伯蒂奇等[40]
建筑	宽高比	哈迈纳等[34]
建筑	法线方位数	席尔默与奥克豪森[35]
建筑	法线数	席尔默与奥克豪森[35]
建筑	朝向	席尔默与奥克豪森[35]
建筑	角数	斯泰尼格等[44]
建筑	形状指数	科拉尼诺等[38]
建筑	尺度指数	伯蒂奇等[40]
建筑	方形指数	斯泰尼格等[44]
建筑	表面积底面积比	吉田与奥梅（H. Yoshida & M. Omae）[45]
建筑	表面积体积比	吉田与奥梅[45]
建筑	体量紧凑度	伯蒂奇等[40]
斑块	边缘度	范德哈根与坎特斯[33]
斑块	分形指数	范德哈根与坎特斯[33]
斑块	形状指数	范德哈根与坎特斯[33]
斑块	加权分形指数	范德哈根与坎特斯[33]
斑块	加权形状指数	范德哈根与坎特斯[33]
斑块	面积周长比	范德哈根与坎特斯[33]
斑块	边缘度	范德哈根与坎特斯[33]
地块	紧凑度	鲍勃科娃等[43]
地块	紧凑度指数	迪布尔等[10]
地块	开敞度	鲍勃科娃等[43]
地块	临街面深度比	塞弗楚克等[26]
地块	矩形指数	迪布尔等[10]
街区	面积周长比	吉尔等[3]
街区	紧凑度指数	迪布尔等[18]
街区	轮廓拉伸长度	范德哈根与坎特斯[33]
街区	分形指数	赫莫斯（T. Hermosilla）等[42]

续表

描述的形态对象	形态指标	文献出处（仅列举一例）
街区	破碎度	费里西奥蒂 [37]
街区	长宽比	吉尔等 [3]
街区	径向拉伸长度	范德哈根与坎特斯 [34]
街区	矩形指数	迪布尔等 [18]
街区	形状指数	巴瑟雷米 [15]
街道	倾斜度	阿拉尔迪与弗斯科 [8]
街道	廊道效应指数	阿拉尔迪与弗斯科 [8]
街道	迂回度	波音 [13]
街道	天际线分形指数	库珀 [5]
街道	轮廓分形指数	库珀 [6]
建成区域	分形指数	吉伦 [29]
建成区域	形状指数	吉伦 [29]
建成区域	分形指数	巴蒂与朗利（M. Batty & P. A. Longley）[46]

资料来源：作者结合文献检索编制

数量类形态指标是用来描述对象内部所包含的形态要素数量的指标类别。街区内建筑数量、建筑底面积、总建筑面积、建筑平均层数等 [3]，这些都可以视为对街区内包含所有建筑对象集合进行数量上的统计。在更大尺度上，例如社区甚至城市区域，也可以统计其内部街区数量 [37]、街道段落数量 [30]、路网长度 [36]、街口数量 [13] 等。总体而言，在既有文献中，共统计得到 34 个数量类形态指标（表 2.4）。

表 2.4 既有研究中的数量类形态指标一览表

描述的形态对象	形态指标	文献出处（仅列举一例）
街区	建筑底面积	吉尔等 [3]
街区	总建筑面积	吉尔等 [3]
街区	建筑高度	吉尔等 [3]
街区	平均层数	吉尔等 [3]
街区	私密空间面积	吉尔等 [3]
街区	公共空间面积	吉尔等 [3]
街区	体积	赫莫斯等 [42]
街区	标准化建筑体积	赫莫斯等 [42]
街区	标准化地块数量	豪斯莱特纳与庞特 [39]
街区	建筑数量	吉尔等 [3]
街区	院落数量	席尔默与奥克豪森 [35]
街区	地块数量	迪布尔等 [18]
街道	建筑高度	塞弗楚克等 [26]

续表

描述的形态对象	形态指标	文献出处（仅列举一例）
2 分钟车程范围	建筑数量	席尔默与奥克豪森 [35]
2 分钟车程范围	尽端路数量	席尔默与奥克豪森 [35]
2 分钟车程范围	街口数量	席尔默与奥克豪森 [35]
2 分钟车程范围	总建筑面积	席尔默与奥克豪森 [35]
2 分钟车程范围	路网长度	席尔默与奥克豪森 [35]
半径可到达区域	地块数量	鲍勃科娃等 [43]
半径可到达区域	开敞空间面积	豪斯莱特纳与庞特 [39]
缓冲区	街口数量	宋彦与克纳普 [36]
缓冲区	开敞空间面积	宋彦与克纳普 [36]
缓冲区	建成面积	席尔默与奥克豪森 [35]
缓冲区	建筑数量	席尔默与奥克豪森 [35]
缓冲区	尽端路数量	席尔默与奥克豪森 [35]
缓冲区	街口数量	席尔默与奥克豪森 [35]
缓冲区	总建筑面积	席尔默与奥克豪森 [35]
缓冲区	路网长度	席尔默与奥克豪森 [35]
社区	街区数量	宋彦与克纳普 [36]
社区	街口数量	宋彦与克纳普 [36]
庇护区	内部路径数量	迪布尔等 [18]
城市区域	街区数量	派伯尼斯等 [30]
城市区域	街口数量	波音 [13]
城市区域	街道段落数量	派伯尼斯等 [30]

资料来源：作者结合文献检索编制

占有率类形态指标用来描述内部形态要素的数量在特定空间中的占有强度。例如街区建筑覆盖率 [18]，就是用街区内建筑的占地面积除以街区面积得到的比值；再如街区容积率，则是用街区内总建筑面积除以街区面积得到的比值。占有率类形态指标在所有类别的形态指标中出现的数量第二多，共计有 41 个（表 2.5）。

表 2.5 既有研究中的占有率类形态指标一览表

描述的形态对象	形态指标	文献出处（仅列举一例）
建筑	主要立面率	迪布尔等 [18]
建筑	缓冲区内建成比	斯泰尼格等 [44]
建筑	影响域内建成比	席尔默与奥克豪森 [35]
建筑投影区域	覆盖率	吉田与奥梅 [45]
地块	使用率	迪布尔等 [18]
斑块	覆盖率	范德哈根与坎特斯 [33]

续表

描述的形态对象	形态指标	文献出处（仅列举一例）
斑块	密度	范德哈根与坎特斯 [33]
沃罗诺伊单元	建筑面积指数	哈迈纳等 [34]
沃罗诺伊单元	占地面积指数	哈迈纳等 [34]
街区	建筑覆盖率	迪布尔等 [18]
街区	容积率	迪布尔等 [18]
街区	内部地块率	迪布尔等 [18]
街区	内部路径率	迪布尔等 [18]
街区	开敞空间率	吉尔等 [3]
街区	矩形地块率	迪布尔等 [18]
街区	城市化率	赫莫斯等 [42]
街区	标准化地块数	豪斯莱特纳与庞特 [39]
街道	宽高比	奥利维拉(V. Oliveira) [47]
街道	临域带覆盖率	阿拉尔迪与弗斯科 [8]
街道	临域带建筑频率	阿拉尔迪与弗斯科 [8]
街道	临域带地块破碎度	阿拉尔迪与弗斯科 [8]
街道边缘	标准化地块数量	费里西奥蒂 [37]
街道网络	节点率	迪布尔等 [18]
街道网络	标准化长度	迪布尔等 [18]
街道网络	加权街口密度	迪布尔等 [18]
街道网络	标准化街口数量	赖(P. C. Lai)等 [48]
街道网络	三岔街口比例	波音 [13]
街道网络	四岔街口比例	波音 [13]
街道网络	尽端路比例	波音 [13]
街道网络	街道路口比	波音 [13]
庇护区	标准化建筑面积	迪布尔等 [18]
庇护区	标准化街道长度	迪布尔等 [18]
庇护区	标准化街区数量	迪布尔等 [18]
庇护区	标准化路口数量	迪布尔等 [18]
广场 800m 缓冲区	标准化街道网络长度	豪斯莱特纳与庞特 [39]
社区	标准化街道网络长度	伯蒂奇等 [40]
城市区域	标准化街道网络长度	派伯尼斯等 [30]
城市区域	标准化街区数量	派伯尼斯等 [30]
城市区域	标准化街口数量	派伯尼斯等 [30]
城市区域	标准化街道网络节点数	波音 [13]
城市区域	标准化街道段落数量	波音 [13]

资料来源：作者结合文献检索编制

多样性类形态指标是用来描述对象内包含形态要素之间的多样性程度。例如，对街道邻域带中建筑类型多样性进行测度[8]，对半径可达范围内的地块面积多样性进行测度[44]，对社区中街区面积多样性进行测度[49]等。既有文献中包含的多样性类形态指标相对较少，共出现 13 个（表 2.6）。

表 2.6 既有研究中的多样性类形态指标一览表

描述的形态对象	形态指标	文献出处（仅列举一例）
街道	邻域带中建筑类型多样性	阿拉尔迪与弗斯科[8]
街道网络	各街口类型比例	宋彦等[50]
街道网络	多样性指数	阿格里斯科夫等[51]
街道网络	尺度层级	伯蒂奇等[40]
缓冲区	各道路类型比例	宋彦等[50]
半径可达范围	地块面积多样性（Simpson 系数）	鲍勃科娃等[43]
社区	街区面积多样性	卢夫与巴瑟雷米(R. Louf & M. Barthelemy)[49]
社区	街区形状因子概率条件分布	卢夫与巴瑟雷米[49]
庇护区	街区面积幂律分布	费里西奥蒂[37]
庇护区	界面类型幂律分布	费里西奥蒂[37]
庇护区	地块面积异质性(Gini-Simpson 系数)	费里西奥蒂[37]
庇护区	地块面积幂律分布	费里西奥蒂[37]
庇护区	街道长度幂律分布	费里西奥蒂[37]

资料来源：作者结合文献检索编制

布局类形态指标用来描述对象内部形态要素的空间排列特征。在既有文献中，共统计得到 27 个布局类形态指标（表 2.7）。例如，建筑在街区中的空间排列决定了街区建筑沿街率[18]、街区围合度[35]、街区开敞度[40]、街区聚合度[10]等指标，建筑在街道两侧的空间排列决定了街道界面密度[23]、界面近线率[24]、界面平滑度[53]、界面连续性[54]等形态指标。布局类形态指标和其他类型的形态指标相比，将以建筑为主的微观形态要素的位置和组合关系纳入考量，与空间设计的关系也更紧密，是形态指标面向精细化测度的重要抓手。

表 2.7 既有研究中的布局类形态指标一览表

描述的形态对象	形态指标	文献出处（仅列举一例）
建筑	转角位置	席尔默与奥克豪森[35]
建筑	临街道距离	席尔默与奥克豪森[35]
建筑	建筑夹角	希贾齐等[54]
建筑	建筑间距	哈迈纳等[34]
建筑	邻接性	科拉尼诺等[38]

续表

描述的形态对象	形态指标	文献出处（仅列举一例）
开敞空间	地面开敞度	哈迈纳等[34]
开敞空间	天空开敞度	哈迈纳等[34]
街区	建筑沿街率	迪布尔等[18]
街区	围合度	席尔默与奥克豪森[35]
街区	开敞度	豪斯莱特纳与庞特[39]
街区	渗透性	席尔默和奥克豪森[35]
街区	聚合度	李欣等[10]
街区	建筑贴线率	高彩霞，丁沃沃[55]
街区	建筑界面平均退让距离	高彩霞，丁沃沃[55]
街区	建筑界面相对偏离度	高彩霞，丁沃沃[55]
街区	街廓平滑度	高彩霞，丁沃沃[55]
街道	贴线率	周钰[22]
街道	界面密度	周钰等[23]
街道	界面近线率	周钰，王桢[24]
街道	界面整合度	丁沃沃[52]
街道	界面平滑度	丁沃沃[52]
街道	界面无规则性	丁沃沃[52]
街道	界面连续性	姜洋等[53]
建成区域	破碎度	吉伦等[29]
建成区域	聚集指数	加尔斯特（G. Galster）等[56]
建成区域	连续性	加尔斯特（G. Galster）等[56]
建成区域	核性	加尔斯特（G. Galster）等[56]

资料来源：作者结合文献检索编制

（5）分类手段

从既有文献研究中所采用的分类手段来看，绝大多数采用的是经典的K均值算法（K-means），例如吉尔等[3]、席尔默与奥克豪森[35]、鲍勃科娃等[43]、李欣等[10]、阿拉尔迪与弗斯科[8]、奥马尔与卡普兰[20]。其余零星使用的分类算法还包括k中心点算法（K-medoids），例如庞特等[21]；自组织地图算法（SOM），例如阿布兰特斯等[57]。其余也有运用数字化手段辅助分类判断，但最终仍是以经验进行分类的研究，例如基柯特等[58]以可视化图解辅助人工分类。

另外，考虑到分类并非通过计算机算法一蹴而就，不论是计算过程中重要参数的选择，还是算法最终表现出来的性能，都是分类过程的重要组成部分。而在既有文献中，仅有6篇较为显著地提供了对分类性能的说明（图2.9）。其中，哈维等比较了多种模型算法下的结果性能[12]，李欣等通过剔除聚类数据中的重复信息，显著提升了聚类算法的性能等[10]。

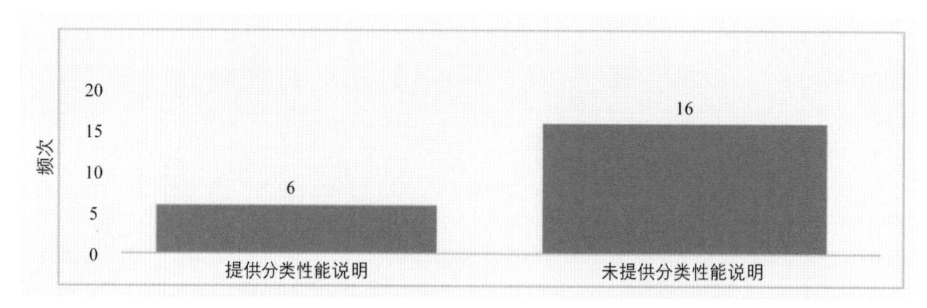

图 2.9 既有文献分类性能说明统计图
资料来源：作者自绘

2.2.3 对既有知识储备的评述

以上对既有相关文献进行梳理的过程，一方面是充分吸收既有相关知识的过程，使得之后的研究能够站在前人的肩膀上；而另一方面，也应当对既有相关知识的不足之处进行反思。

从总体上来看，既有研究对大尺度三维城市形态的演替研究探索不足。在检索的 71 篇文献中，仅有 19 篇涉及时间跨度，占比不足 27%。上文分析中也提到，其中一个制约就是对同一地区不同年份城市形态数据的获取。这一点对于大尺度城市形态更具难度和挑战。大部分演替研究通常聚焦于城市中的某个点或某几个点。桑德斯与伍德沃德对悉尼中心区一个街区内部的形态做了精细到建筑构件元素的演替分析 [14]；同样，张丽娜与丁沃沃（L. Zhang & W. Ding）对南京新街口中心区的核心街区进行形态和类型的演替分析 [59]；尺度稍大的例如维内兰迪（A. Venerandi）等对伦敦五个社区的形态演替进行分析 [60]。当然，也有对大尺度城市形态演替的探索。例如什普扎（E. Shpuza）对亚得里亚海和爱奥尼亚海的沿海城市进行街道网络演替分析 [61]；塞拉等对波尔图大都市圈区域的街道网络进行演替分析 [17]。我们注意到，既有文献中的大尺度城市形态演替分析大都聚焦于对二维城市形态的分析，对于以实体建筑为主体的三维城市形态缺乏探索 [62]。

从要素对象的角度来看，既有研究对非明确边界限定的要素对象探索不足。建筑、广场、地块、街区、社区、片区、城市等，这些由明确实体边界限定的要素对象在既有相关研究中占据近 80%。然而，除此之外，城市形态的构成要素中还有街道、街口、建筑间隙等很多基本的对象。街道本身作为要素对象在既有文献中出现得较多，然后绝大多数是将街道视为街道网络中的元素，对其进行组构分析，而对于街道本身三维形态的肌理分析却相对有限。相比于街道，更令人诧异的是，街口没有被单独作为形态要素对象进行讨论的研究，而仅作为对象内要素出现，例如指定城市区域内的街口数量、三岔街口比例等 [13]。

从形态指标的角度来看，对于要素形态特征的挖掘不足，尤其是布局类形态指标有待进一步探索。从71篇既有文献的统计来看，所有文献中出现的指标[①]被整理后仅包含203个，而这里面还包含大量针对不同对象的同一种测度方式[②]。六个指标类型中，多样性类形态指标和布局类形态指标相对较少。多样性类形态指标较少是因为该类别本身的定义和内涵相对较窄；但布局类形态指标从理论上说应当是内涵最广，变化最为丰富的指标类型。然而在既有研究中，由于对要素形态特征的挖掘不足，导致布局类形态指标的构造有待进一步深入。

从类型建构的角度来看，数据科学手段在类型建构阶段的介入尚浅，更加科学理性的分类流程有待探索。从既有文献的统计分析中不难看出，不论是从文献的数量上，还是从数字化方法的运用上，形态解析阶段的发展比类型建构阶段更为成熟，类型建构更像是"附属产物"。本书在第一章写作中提到，进入新城市科学时期，形态研究方法进一步升级。这样的升级除了应当体现在运算的样本量变大、运算的速度变快，更应当体现在数据科学手段被更为"精准"地运用。尤其在类型建构阶段，只有精准地运用数据科学手段，才能真正发挥形态类型建模的跨学科优势，使得城市形态学和数据科学走向深度交融，不仅提供更加具有说服力的分类过程，并且形成更具意义的分类结果。

2.3 大尺度形态类型建模的一般流程

从方法论的角度建立大尺度形态类型建模的数字化流程，分别从数字逻辑、技术模块和关键问题三个角度进行阐述。

2.3.1 大尺度形态类型建模的数字逻辑

（1）四个关键步骤的"建构"逻辑

大尺度形态类型建模的数字化流程共包含四个关键步骤：对象数字化界定、特征数字化提取、模式数字化划分、类型数字化解释（图2.10）。四个关键步骤均能从大尺度形态类型建模的定义中找到对应。步骤一，形态对象的数字化界定，即界定"特定城市形态研究对象"；步骤二，形态特征的数字化提取，对应"充分识别"研究对象的"关键形态特

① 共计836个。

② 本书研究中在对既有形态指标分为六类的整理过程中，针对不同要素对象的同一种测度方式即为不同的形态指标，例如街区的分形维数和城市的分形维数被记为两个指标。

征”；步骤三，形态模式的数字化划分，对应对研究对象“进行模式划分”；步骤四，形态类型的数字化解释，对应对划分得到的“结果进行形态解释”。

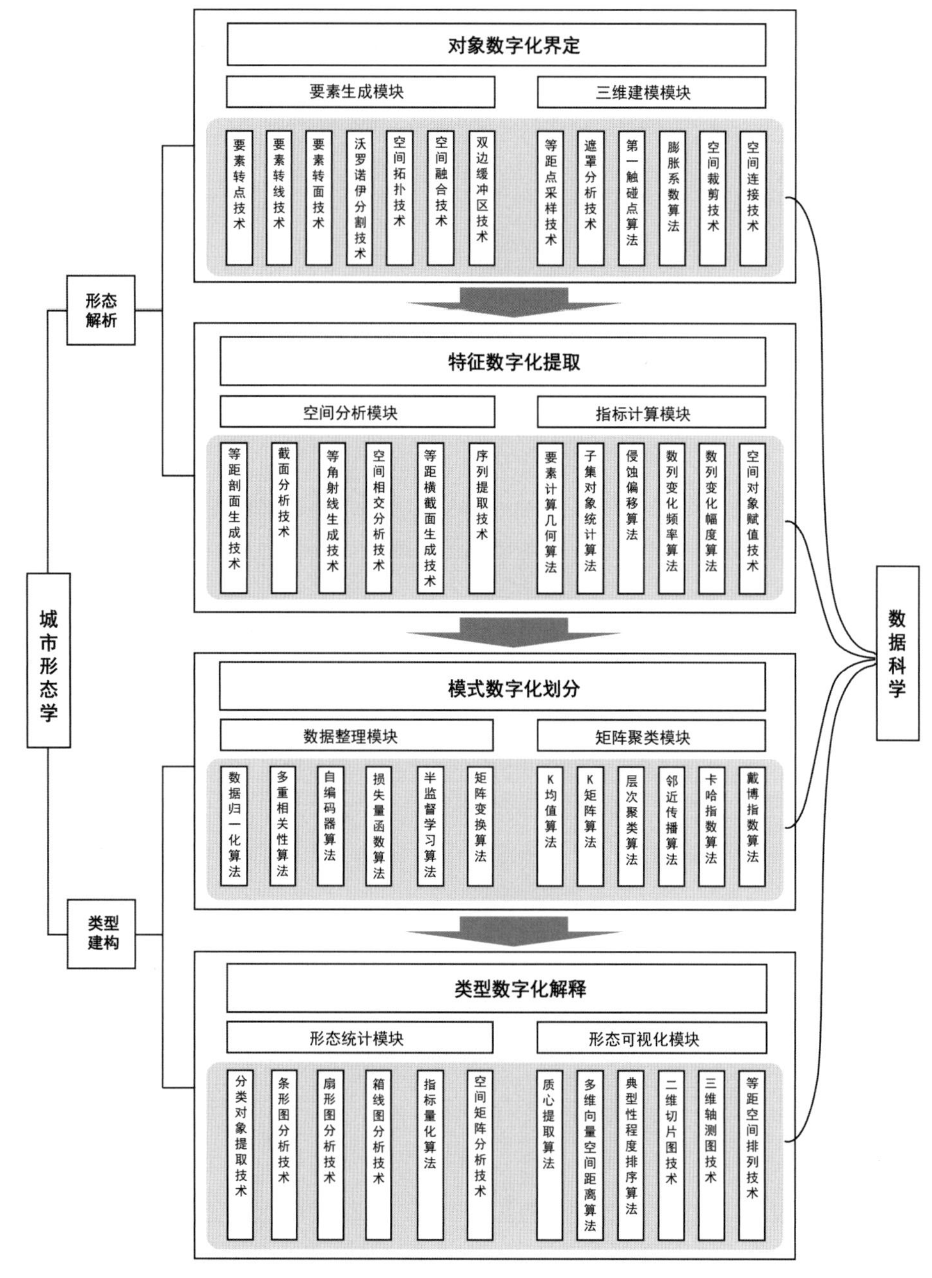

图 2.10 大尺度形态类型建模的数字逻辑

注：卡哈指数算法指卡林斯基－哈拉巴斯算法；DBI 算法指戴维森堡丁指数

大尺度形态类型建模数字化流程的每个步骤均由相应的数字化模块及具体的数字化技术构成。大尺度形态类型建模数字化流程中的四个关键步骤与形态类型基本原理中的两个阶段相对应，具体为："形态解析"阶段对应对象数字化界定、特征数字化提取这两个步骤；而"类型建构"阶段则对应模式数字化划分、类型数字化解释这两个步骤。之所以将两个阶段"扩充"为四个关键步骤，是因为：大尺度形态类型建模在形态解析阶段从"定性标注"升级为"定量全息"，不仅实现了对形态指标特征的数字化提取，而且在研究对象的形态要素选择上能够通过数字化界定而得到，增加了大尺度形态类型建模研究对象的丰富性，故而强调对象数字化界定和特征数字化提取两个步骤；同时，大尺度形态类型建模在类型建构阶段从"先验驱动"升级为"后验主导"，天然地将类型建构划分成对模式进行数字化划分，以及后验地对类型进行数字化解释这样两个步骤。总体而言，通过这四个关键步骤来定义大尺度形态类型建模的数字化流程的主体能够较为显著地展现出其相对于经典形态类型研究方法的升级。

这里通过一个既有文献研究中符合大尺度形态类型建模数字化流程的典型案例[①]，对大尺度形态类型建模研究方法的四个关键步骤的内容进行具体说明（表 2.8）。

表 2.8 典型案例研究中大尺度形态类型建模的四个关键步骤

大尺度形态类型建模的四个关键步骤	步骤内容	典型案例研究的实现方式
对象数字化界定	界定出研究范围内的全体研究对象	选择地块作为研究对象，获取并整理伦敦、阿姆斯特丹、斯德哥尔摩、哥德堡、埃斯基尔斯蒂纳等五个欧洲城市的地籍数据
特征数字化提取	结合研究目的建立研究对象的关键形态指标体系	通过 GIS 自身的空间分析及基于 GIS 的二次编程计算每个地块的六个形态指标，包括面积、临街指数、紧凑度等
模式数字化划分	将研究范围内的全体研究对象划分成若干模式类型	通过 *k* 均值聚类算法（k-means clustering）对所有五个城市的地块样本进行计算，并基于折线分析（scree plots analysis）及轮廓系数分析（silhouette analysis）划分出七种地块模式类型
类型数字化解释	解释各类型的特点	通过 3D 散点图（3D scatter plot）分析及箱线图（box plot）分析对分类结果中的每个类型进行形态画像（profile）的绘制

资料来源：作者编制

① Bobkova E, Berghauser Pont M, Marcus L. (2019). Towards analytical typologies of plot systems: Quantitative profile of five European cities[J]. Environment and Planning B: Urban Analytics and City Science, 2399808319880902.

对象数字化界定，即通过数字化手段界定研究对象。这里面暗含两个前置条件，一是确定研究范围，二是确定研究对象为哪种城市形态要素。例如，案例研究中选择地块作为研究对象，并获取欧洲五个城市的地籍数据，将其整理成矢量化数据。

特征数字化提取，即通过数字化手段提取研究对象的形态特征。在完成对象数字化界定之后，应结合研究目的建立研究对象的关键形态指标体系；在此基础之上，对各个形态指标进行编程计算。例如，案例研究中通过 GIS 二次编程开发，定义并计算包括临街指数、紧凑度在内的每个地块的六个形态指标。假定研究范围内总共有 n 个研究对象，每个研究对象被提取 m 个特征，那么两者共同构成规模为 $n \times m$ 的数字特征矩阵。数字特征矩阵是建构类型的基础。

模式数字化划分，即通过数字化手段对研究对象进行数字模式划分。数字特征矩阵是这一步的计算对象，应结合研究目的及数据特征选择适当的算法；同时，对于计算得到的结果需要对其进行性能检验，以确定最佳类别数。例如，案例研究中选用的是 K 均值聚类算法，并基于折线分析以及轮廓系数分析，确定样本最佳类别数为七。

类型数字化解释，即通过数字化手段对每个类型的对象群体进行形态解释。通常在形态解释中会进行两个层面的分析，一是对每个类型对象群体的形态指标进行统计分析，二是选择每个类型中具有代表性的个体进行形态可视化分析。案例研究中，分别通过箱线图分析以及 3D 散点图分析，完成对每个类型的形态解释。

之所以称作大尺度形态类型建模的数字化流程，是由于每个关键步骤中均包含大量数字化手段，同时也因为流程中各步骤的“输入条件”和“输出结果”均可通过数字化形式呈现（图 2.11）。

对于对象数字化界定步骤，其输入条件为研究的基础城市形态数据库；经由对象数字化界定步骤，输出的结果为矢量化的形态要素数据。矢量化的形态要素数据同时成为特征数字化提取步骤的输入条件，而经由特征数字化提取步骤，输出的结果为由系列量化形态指标构成的数字特征矩阵。同样，数字特征矩阵进一步成为模式数字化划分步骤的输入条件，而经由模式数字化划分步骤得到的输出结果为对象类别的数字标签。最后，对象类别的数字标签作为输入条件进入类型数字化解释步骤，而最终输出结果为可定量解释的类型构成。纵览下来，从基础城市形态数据库到矢量形态要素、到数字特征矩阵、到类别数字标签、再到可定量的类型，大尺度形态类型建模的每个“过程性成果”均可通过数字化形式呈现。

值得一提的是，在大尺度形态类型建模的数字化流程中，实质上完成了对城市形态的两次解析，对应先前阐述的大尺度形态类型建模中形态两个层面的含义，作为分解的形态与作为综合的形态。特征数字化提取步骤输出的结果是由系列量化形态指标构成的数字特征矩阵，是从分项形态指标的维度完成对分解的形态的解析。而最后一步输出的可定量的类型，则是从整体的角度完成对综合的形态的解析。

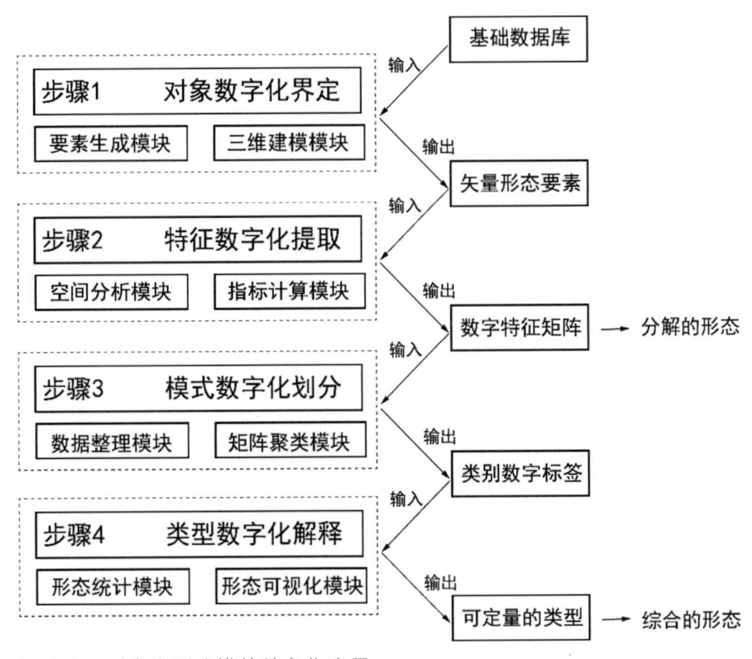

图 2.11 形态类型建模的数字化流程

（2）数据科学手段的“介入”逻辑

大尺度形态类型建模作为一种跨学科的研究方法是通过城市形态学与数据科学的学科交叉实现的。在大尺度形态类型建模的全流程中，城市形态学与数据科学这两个学科并非简单的合并，而是呈现出一种特殊的“主体 - 介入”的学科交叉模式。

城市形态学无疑扮演“主体”的角色。“形态”和“类型”依然是大尺度形态类型建模研究方法的核心线索，“形态解析”和“类型构建”构成大尺度形态类型建模的两个阶段。作为一种解析当代城市形态的数字化方法，其整个数字化流程的目的是完成对城市形态的两次解析，包括从分项形态指标的维度完成对分解的形态的解析，以及基于建构的类型完成对综合的形态的解析。

依托城市形态学的主体框架，在大尺度形态类型建模研究方法中，数据科学以“介入”的方式参与进来。这里“介入”包含两个层面的意思。一方面，数据科学在大尺度形态类型建模研究方法中作为工具手段，为方法流程中的每个步骤、每个模块提供算法及技术群的支撑；换句话说，数据科学手段并非主体或核心线索，而是背景，这与本书第一章论及新城市科学时期城市形态学研究中工具趋于背景化的特点是一致的。而另一方面，数据科学的工具手段并非机械地出现在大尺度形态类型建模的全流程中，而是较为灵活地参与进来，在大尺度形态类型建模数字化流程中的各个步骤中形成一系列技术模块。从整体上来看，大尺度形态类型建模是一种综合运用数据科学手段解析当代城市形态的研究方法。在这一点上不难看出，大尺度形态类型建模研究方法在数据科学手段的使用上充满了实用主义色彩。

如同其他任何与数字技术密切相关的研究方法一样，大尺度形态类型建模在方法操作的过程中人与技术的关系，或是人与计算机的关系，是一个无法逃避的话题。对于大尺度形态类型建模而言，本书认为其体现的是一种“人机交互”的关系。

对于大尺度形态类型建模全流程中的每个步骤而言，人与计算机发挥着不同的作用（表 2.9）。

表 2.9 大尺度形态类型建模全流程中的人机互动关系

大尺度形态类型建模的流程步骤	人的作用	计算机的作用
形态对象的数字化界定	选择研究范围及定义研究对象的城市形态要素	通过数字化手段界定研究范围内的基本对象
形态特征的数字化提取	基于研究目的建构目标研究对象的形态指标体系	通过数字化手段完成对指标体系中所有变量的计算
形态模式的数字化划分	选择合适的分类方法对目标研究对象进行分类并最终判断确定分类结果的类别数	通过数字化手段实现对目标对象的分类并给出性能参数
形态类型的数字化解释	比较并提炼分类结果的形态特征，总结形成类型构成	通过数字化手段呈现每类对象的形态特征

资料来源：作者编制

从表 2.9 能够看出，大尺度形态类型建模是通过全流程各个步骤中人和计算机不断交互实现的。同时，这种交互是一种高频、深度的交互。总体而言，人的主要作用体现在“选择”“定义”“建构”“判断”“比较”“提炼”“总结”等核心思路上，而计算机的主要作用则体现在“界定”“计算”“实现”“呈现”等辅助操作上。在这一点意义上，大尺度形态类型建模中的“人机交互”同学科交叉模式也是对应的，人的作用与城市形态学研究传统是对应的，而计算机则对应数据科学的工具手段。“主体－介入”的关系不仅体现为大尺度形态类型建模的学科交叉关系，也体现在以人的思路为主体、计算机作为辅助工具介入。

作为一种解析当代城市形态的数字化方法，大尺度形态类型建模的重要学术价值体现在通过大尺度形态类型建模研究产生知识积累（knowledge accumulation）。这里的知识，有两个层面的含义，一是领域层面的知识，二是研究方法层面的知识。

领域层面的知识，指城市形态学领域的知识，对应的是与形态和类型相关的基本问题。不断挖掘新的形态测度指标，以及在全球范围内的人类聚落中不断探索新的形态类型，应当被视作领域层面知识不断积累的过程。然而，这其中也面临极大的挑战。首先，新城市科学时代依旧处于起步期，虽然各类城市数据的可获得性都逐渐变强，但是距离全球范围内、统一口径的矢量城市形态数据库的全面获取依然还有很长的道路要走[2]。况且城市建成环境时刻都处于动态变化的状态下，这使得大规模数据采集又增加了难度。这也印证了为什么目前绝大多数既有相关研究都是对城市个案展开研究，也通常为静态研究。其次，大尺度形态类型建模的相关研究尚处于起步阶段，其中涉及的方法手段不尽成熟，导致不论是从形态测度指标还是从最终定义的类型来说，个案研究之间缺乏可比性。所以从目前的发展阶段来看，对于大尺度形态类型建模研究而言，领域层面的知识积累速度是较为缓慢的。

与领域层面知识相对的是研究方法层面的知识，对应获取领域层面知识的过程中所用到的流程方法。积累研究方法层面知识是为了更好地获取领域层面的知识。是否针对新的形态要素进行大尺度形态类型建模研究？是否提出新的对象界定方法和形态指标测度方法？是否提供新的模式划分方法？对于诸如以上问题的回答，便是形态类型在方法层面进行知识积累的体现。也正是由于目前大尺度形态类型建模的相关研究尚处于起步阶段，其中涉及的方法手段不尽成熟，所以方法层面的知识积累具有很大的空间，也是亟待展开的。当然，一方面，方法层面的知识积累也需要依托实际的城市形态数据样本展开实证研究；而另一方面，依托方法层面的知识积累，也必然会刺激实证研究中对领域层面知识的探索与发现。在这一点意义上，领域层面的知识积累同研究方法层面的知识积累是相互促进的。

2.3.2 大尺度形态类型建模的技术模块

对于大尺度形态类型建模数字化流程中的四个关键步骤而言，不仅各步骤之间逻辑严谨而连贯、连接紧密，每个步骤内部的技术及算法构成也同样十分丰富。在每个步骤的内部构成中，提出“数字化模块”的概念，用以表征在关键步骤内部针对特定目的而形成的数字化技术及算法群。概括而言，在大尺度形态类型建模数字化流程中总共包含八个主要的数字化模块（表 2.10）。

表 2.10 大尺度形态类型建模的数字化模块

对应步骤	数字化模块	特定目的	数字化技术及算法群
形态对象的数字化界定	要素生成模块	利用既有城市形态数据库的条件，得到其要素的基本数据形式，包含同一形态要素内部的形式生成，以及不同形态要素之间的形式生成	要素转点技术 要素转线技术 要素转面技术 沃罗诺伊分割技术 空间拓扑技术 空间融合技术 双边缓冲区技术 ……
	三维建模模块	将平面要素转换成对应的三维形态模型，如“箱体模型”“柱体模型”	等距点采样技术 遮罩分析技术 第一触碰点算法 膨胀系数算法 空间裁剪技术 空间连接技术 ……
形态特征的数字化提取	空间分析模块	针对不同的城市形态要素，充分挖掘其形态特点，并结合形态特点的实际意义提取特征	等距剖面生成技术 截面分析技术 等角射线生成技术 空间相交分析技术 等距横截面生成技术 序列提取技术 ……
	指标计算模块	建立形态对象的指标体系，并通过计算机编程等数字化手段对指标进行逐一计算	要素计算几何算法 子集对象统计算法 侵蚀偏移算法 数列变化频率算法 数列变化幅度算法 空间对象赋值技术 ……
形态模式的数字化划分	数据整理模块	将所有形态对象以及指标体系所构成的数据矩阵进行统一量纲，并且剔除其中的冗余重复信息	数据归一化算法 多重相关性算法 自编码器算法 损失量函数算法 半监督学习算法 矩阵变换算法 ……

续表

对应步骤	数字化模块	特定目的	数字化技术及算法群
形态模式的数字化划分	矩阵聚类模块	基于数据整理模块输出的新数据矩阵，选择适合的工具算法对其进行聚类并对类别数进行划分	K 均值算法 K 矩阵算法 层次聚类算法 邻近传播算法 卡哈指数算法 DBI 算法 ……
形态类型的数字化解释	形态统计模块	通过对各类别形态特征的数值统计，从而较为理性地认识各类别中对象群体的共性形态特征	分类对象提取技术 条形图分析技术 扇形图分析技术 箱线图分析技术 指标量化算法 空间矩阵分析技术 ……
	形态可视化模块	通过可视化的方式，直观地呈现每一类中典型对象的二维和三维形态特征，辅助对各类型的解释	质心提取算法 多维向量空间距离算法 典型性程度排序算法 二维切片图技术 三维轴测图技术 等距空间排列技术 ……

资料来源：作者编制

形态对象的数字化界定步骤中包含要素生成模块、三维建模模块这两个数字化模块。形态特征的数字化提取步骤中包含空间分析模块、指标计算模块这两个数字化模块。形态模式的数字化划分步骤中包含数据整理模块、矩阵聚类模块这两个数字化模块。形态类型的数字化解释步骤包含形态统计模块、形态可视化模块这两个数字化模块。对于各个数字化模块中详细的公式、算法等技术细节，将通过下一章“大尺度形态类型建模的方法集群”做完整阐述。

2.3.3 大尺度形态类型建模的关键问题

（1）系统性升级视角

在大尺度形态类型建模的方法论框架的基础上，明晰大尺度形态类型建模的关键问题具有同等的重要性。唯有明确框架中的关键问题，才能准确地描述该研究方法面向未来的发展方向所在。依托形态对象的数字化界定、形态特征的数字化提取、形态模式的数字化划分、形态类型的数字化解释这四个关键步骤，大尺度形态类型建模面向未来的发展方向实质上也对应这四个关键步骤的未来发展路径（表 2.11）。

表 2.11 大尺度形态类型建模面向升级的关键问题一览表

大尺度形态类型建模流程的阶段与步骤		面向升级的关键问题
形态解析阶段	步骤一： 对象数字化界定	—— 拓展及定义更多的形态要素的可能性，丰富大尺度形态类型建模研究中研究对象的多样性 —— 探索从常见数据库中提取不同形态要素的可能性，及优化对应的数字化方法 —— 提升界定形态要素对象的精细化程度，尤其是对于“不定形”的形态要素对象的模糊界定
	步骤二： 特征数字化提取	—— 挖掘对各类要素对象形态特征进行分析的创新视角，甚至提出创新的形态指标体系 —— 设计更加精细化的形态指标及其对应数字化实现方式，尤其应关注最为复杂的布局类形态指标
类型建构阶段	步骤三： 模式数字化划分	—— 探索更多数据科学中的数字化方法在对形态要素进行模式划分中的应用可能性，并选择性能更加优越的方法 —— 优化对包括类别数在内的各项重要参数的选择及判定依据，从而优化分类结果
	步骤四： 类型数字化解析	—— 选择及设计更为简明有效的对各类别对象的形态特征进行统计分析的方法，识别类型之间的量化形态特征 —— 选择及设计更为直观的对各类别对象的形态进行可视化的方法，辅助类型建构的判断

资料来源：作者编制

对于形态对象的数字化界定步骤，应当拓展及定义更多的形态要素的可能性，以丰富大尺度形态类型建模研究中研究对象的多样性。每一种城市形态要素均能够作为大尺度形态类型建模的研究对象，也都为看待城市形态提供一种新的视角。同时，应当探索从常见数据库中提取不同形态要素的可能性及优化对应的数字化方法。通过数字化方法从常见数据库中提取形态要素，直接决定了该形态要素在实证研究中的普及价值。此外，还应当提升界定形态要素对象的精细化程度，尤其是对于“不定形”的形态要素对象的模糊界定。数据科学手段的介入使得例如街道这样的“不定形”要素对象的界定成为可能，然后对其界定的精细化程度得到进一步提升。

其实在更加广义城市形态学的研究领域，对研究中关注的形态要素进行对象界定是开展研究的第一步。作为城市形态研究对象的形态要素种类很多，既有城市和区域等相对宏观的形态要素，也包括街区、街道、建筑等相对微观的形态要素。不同尺度的要素对象决定了城市形态研究的分辨率（resolution）。通常而言，研究对象的形态要素越微观，对于其在对象界定环节的精细化程度也要求越高，有时界定方式的不同会对量化研究的结果产生较大影响。在城市形态微观要素界定中，经常会遇到诸如街区（block）和用地（plot）这样边界较为清晰的要素对象，有具体的范围轮廓线来直接定义其对象的空间尺度。与此同时，也有诸如街道（street）和街口（intersection）等"不定形"要素，其三维形态不太能够被准确的范围轮廓所定义。对这些要素三维形态的精细化界定是本书研究所关注的重点。

对象界定问题看似很小，却是城市形态研究的前置性步骤，具有牵一发而动全身的全局效应。对象界定的精细化程度将直接影响后续形态量化中的指标测度乃至研究结果。既有方法中对于"不定形"微观形态要素是如何进行对象界定的？在科学技术日趋发展的当代，是否能够通过数字化技术流程使得这些微观形态要素的界定更加精细化，以符合不同研究的需要？

对于形态特征的数字化提取步骤，应当挖掘对各类要素对象形态特征进行分析的创新视角，甚至提出创新的形态指标体系；同时，应当设计更加精细化的形态指标及其对应的数字化实现方式，尤其应关注最为复杂的布局类形态指标。既有研究中对很多要素对象的形态特征并没有进行充分挖掘，也导致分项形态指标的解析并不充分。

这里依然通过一个案例对以上两点进行说明。在上海城市形态的解析中，尝试将"绿楔"作为形态对象进行界定并提取量化的形态指标。在形态对象的界定中，提出一种"最小外接椭圆法"的界定方法，如图 2.12 所示。通过求连绵建成区边界的最小外接椭圆从而测度绿楔形态——做出上海城市连绵建成区边界的最小外接椭圆，取边界同椭圆相交或明显邻近相交的点作为锚点，上海连绵建成区边界同其最小外接椭圆共产生八个锚点，对相邻锚点进行连线，八个锚点的连线即构成一个不规则的八边形。八边形同边界的图形叠加可以直观、清晰地识别绿脉从外围对城市连绵建设区的"楔入"。

分别对绿楔 1~8 进行形态指标的提取，考察其楔源、楔入面宽、楔入深度[①]及构成（表 2.12）。相较于楔入面宽而言，绿楔的楔入深度较浅。绿楔楔入面宽的值域范围为

① 楔源，绿楔的来源，考察更大区域范围内的大生态自然要素；楔入面宽，绿楔楔入最小外接椭圆时的宽度，此处用内接八边形的边长指代；楔入深度，此处用绿楔楔入形态中最远点至对应边长的距离指代。

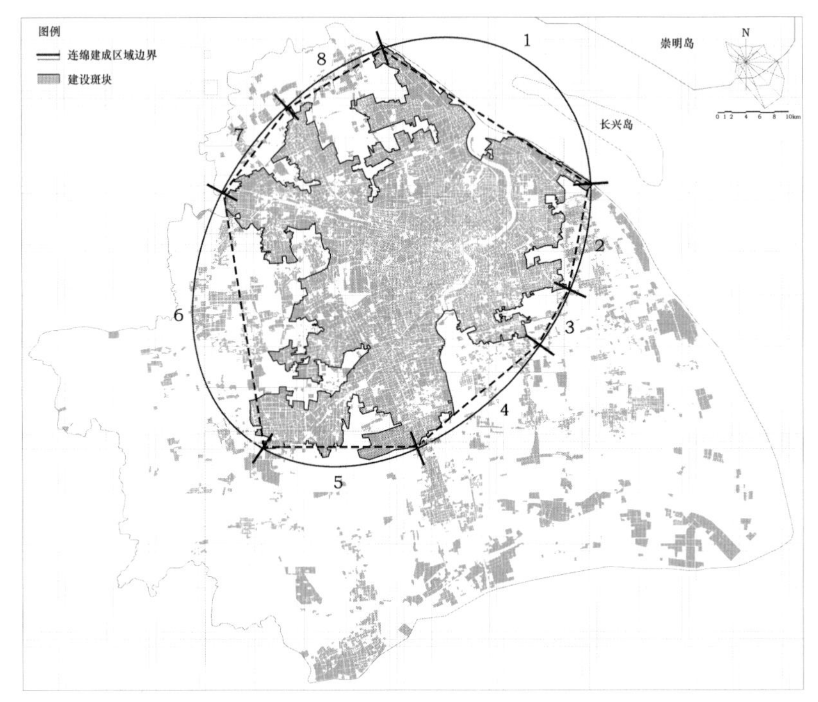

图 2.12 通过“最小外接椭圆法”界定上海连绵建成区形态的“绿楔”

8.7~36.1 km，平均为 21.2 km。这就意味着，当绿楔从楔源楔入城市接触到连绵建成区边界时的宽度大约为 21.2 km；换言之，城市连绵建成区的边界呈现出指状或触角状，这些触角端点之间的平均距离为 21.2 km。绿楔楔入深度的值域范围为 4.9~17.8 km，平均为 10.5 km。最深为绿楔八中的一股，自西北楔入，沿西环二大道方向，直抵沪嘉高速。从形态上分，上海城市形态八个绿楔可细分成五个单一绿楔和三个复合绿楔。绿楔 2、绿楔 6、绿楔 8 在形态上同连绵建成区边界发生咬合时均分成几股分叉，称作复合绿楔。这些复合绿楔在尺度上普遍较大，如绿楔 6 的绿楔总规模达到 237.6 km^2，是绿楔 1 绿楔总规模 31.9 km^2 的近 8 倍。

对于模式数字化划分步骤，应当探索更多数据科学中的数字化方法在对形态要素进行模式划分中的应用可能性，并选择性能更加优越的方法；同时，应当优化对包括类别数在内的各项重要参数的选择及判定依据，从而优化分类结果。目前，数据科学手段在大尺度形态类型建模研究中，尤其在类型构建过程中的介入尚浅，提升分类性能应当作为重要的追求目标。与此同时，对于过程中各项重要参数的理性选择和判定也是对数据科学手段质疑声音的有力回应。

对于类型数字化解释步骤，应当选择及设计更为简明有效的对各类别对象的形态特征进行统计分析的方法，识别类型之间的量化形态特征；同时，应当选择及设计更为直观的

表 2.12 “绿楔”的形态特征一览表

对应图像	序号	楔源	楔入参数	绿楔构成
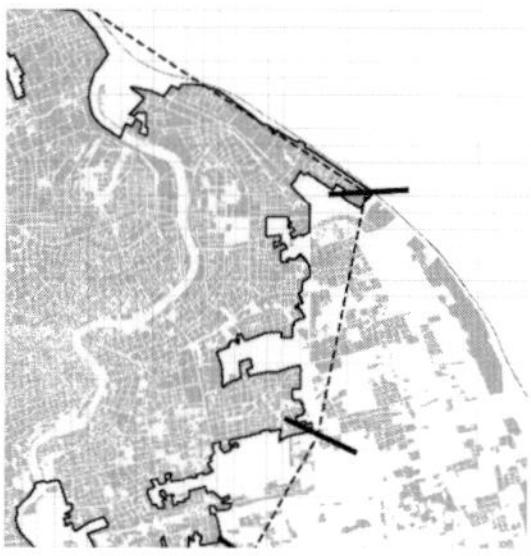 绿楔 1、2、3 (32 km×32 km)	绿楔 1	自东北方向楔入，楔源为东海、黄浦江入海口	单一绿楔 楔入面宽：34.8 km 楔入深度：5.7 km	绿楔总规模：31.9 km^2 建设用地规模：0.2 km^2 建设用地占比：0.6%
	绿楔 2	自东楔入，楔源为东海，历经岸线港口、浦东机场等低密度建设区域	复合绿楔，共分成三股 楔入面宽：14.8 km 楔入深度: 7.4 km; 6.0 km; 4.9 km	绿楔总规模：53.6 km^2 建设用地规模：12.6 km^2 建设用地占比：23.5%
	绿楔 3		单一绿楔 楔入面宽：8.7 km 楔入深度：7.8 km	绿楔总规模：35.6 km^2 建设用地规模：4.0 km^2 建设用地占比：11.2%
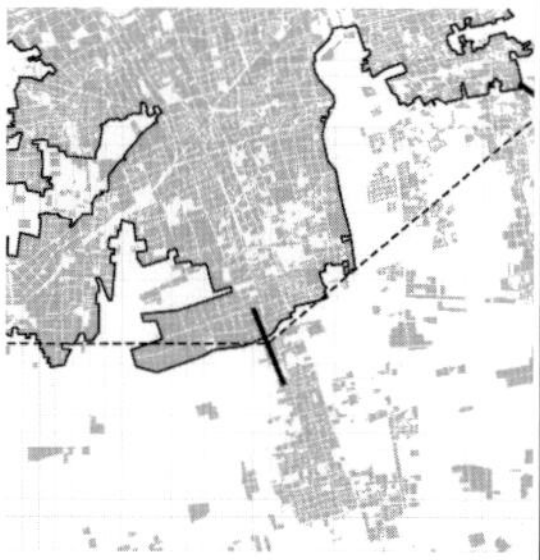 绿楔 4、5(32 km×32 km)	绿楔 4	自南及西南方向楔入，楔源为上海南部杭州湾及西南农林带	单一绿楔 楔入面宽：22.7 km 楔入深度：12.1 km	绿楔总规模：97.1 km^2 建设用地规模：17.5 km^2 建设用地占比：18.0%
	绿楔 5		单一绿楔 楔入面宽：21.7 km 楔入深度：7.9 km	绿楔总规模：32.5 km^2 建设用地规模：2.8 km^2 建设用地占比：8.6%
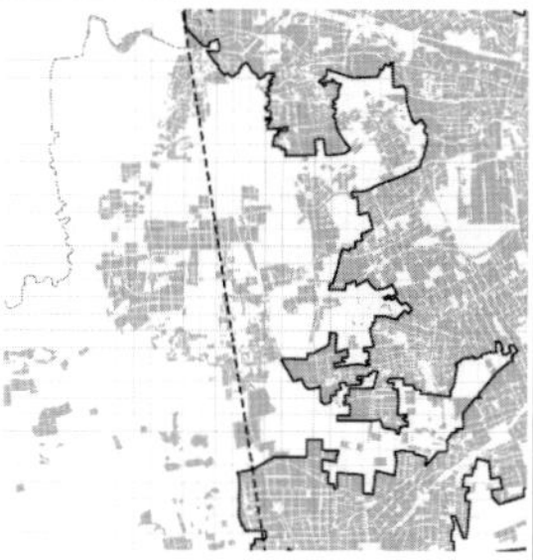 绿楔 6 (32 km×32 km)	绿楔 6	自西楔入，楔源为太湖流域、淀山湖水系	复合绿楔，共分成三股 楔入面宽：36.1 km 楔入深度： 14.2 km;11.6 km;17.6 km	绿楔总规模：237.6 km^2 建设用地规模：57.5 km^2 建设用地占比：24.2%
 绿楔 7、8(32 km×32 km)	绿楔 7	自西北楔入，楔源为西北方向沿长江绿带	单一绿楔 楔入面宽：14.9 km 楔入深度：10.8 km	绿楔总规模：50.7 km^2 建设用地规模：6.2 km^2 建设用地占比：12.2%
	绿楔 8		复合绿楔，共分成三股 楔入面宽：16.0 km 楔入深度： 15.4 km;8.4 km;17.8 km	绿楔总规模：142.8 km^2 建设用地规模：18.8 km^2 建设用地占比：13.2%

对各类别对象的形态进行可视化的方法，辅助类型建构的判断。

（2）针对性实验设计

以上系统性阐述形态类型建模面向升级的关键问题，是所有大尺度形态类型建模研究在实验设计中都应该参考的方面。基于此，在案例实证研究中针对性地进行实验设计（research design）。对应大尺度形态类型建模全流程中，形态对象的数字化界定、形态特征的数字化提取、形态模式的数字化划分、形态类型的数字化解释这四个步骤，对每个步骤甚至每个技术模块进行全面升级。大尺度形态类型建模的数字化流程中包含哪些数字化方法？每个步骤及流程中，城市形态学与数据科学又如何深度交融？本书第三章将详细阐述大尺度形态类型建模的数字化方法。

实证研究中选择南京老城作为空间样本。南京老城是指明代京城范围[①]内，以明城墙护城河为界，形成的总面积约 43.43 km^2 的范围，属于独立而完整的大尺度城市形态样本。同时，在基础数据库的搭建上，本书截取两个时间切片——2005 年和 2020 年，跨度长达 15 年，属于城市形态演替研究的范畴。除此之外，本书研究的数据库中包含具有高度信息的三维建筑数据[②]。综合以上内容，本书旨在对大尺度三维城市形态的演替研究进行探索，以弥补既有知识体系的不足。

同时，南京老城是我国典型的不规则都城，在历史上也是符合《管子》营城理念的典范[③]，具有独特的历史价值。历史的积淀，加上不同时代城市建设的印记不断叠加，也使得南京老城的形态肌理具有丰富性。长期以来，在学术界有关南京老城城市形态的讨论包括：关于南京老城形态保护与更新规划模式的讨论[64]，关于南京老城整体高度形态的讨论[64-66]，关于南京老城整体内部公共空间、水系等要素形态的讨论[67-68]。然而，对于南京老城整体三维形态的讨论有所不足，既缺乏对南京老城全面的形态解析，又缺乏对不同形态要素的类型建构研究。

在研究范围内形态要素对象的选择上，选取街区、街道、街口三个形态要素作为实证研究中的对象，出于如下的考虑：从研究对象尺度上来看，街区、街道、街口对应穆东提出的城市形态研究对象尺度层级中的第二层级[④]，即建筑群层级，并且为这一层级形态要

---

① 《中国城市建设史》记载，明代的南京城，包括外城、应天府城、皇城三重。南京老城对应的为应天府城，即京城的范围。

② 基础数据库搭建的详细过程和方法将在 4.2 节中详细阐述。

③ 《管子·乘马》："凡立国都，非于大山之下，必于广川之上；高毋近旱，而水用足；下毋近水，而沟防省；因天材，就地利，故城郭不必中规矩，道路不必中准绳。"

④ 穆东（1997）将城市形态研究对象按尺度层级划分为四个层级：第一层级，建筑及地块层级；第二层级，建筑群层级，例如街区、街道；第三层级，城市层级；第四层级，区域层级。

素中的典型。对于这一层级的研究具有重要意义。一方面，位于第一层级的形态要素对象对基础数据库精度的要求很高，例如精确到立面窗墙比、入口、檐口等信息的建筑数据[14]，精确到地籍信息的地块数据[68]；而从目前全球范围内矢量城市形态数据库的建设情况来看，离全面推广还具有很长的距离。另一方面，对街区、街道、街口所在的建筑群尺度的形态研究对于更大尺度层级的要素对象具有参考意义。参考意义体现在两点：① 在形态解析和类型建构的方法上具有共通性，例如在街区层面的建筑密度、强度等指标，可以类比迁移至更大尺度；② 街区、街道、街口这些第二层级的要素对象能够作为更大尺度形态要素内部的要素，丰富其形态指标体系，例如以片区、城市为对象测度其内部的街区形态的多样性。综合以上内容，选取街区、街道、街口作为研究对象，不论是站在数据可推广的角度，还是站在方法论参考价值的角度，都具有重要意义。

同时，在第二层级的形态要素对象中选择街区、街道、街口还有特殊的考虑。通过之前的文献检索已然发现，诸如街道、街口这样的“不定形”形态要素对象在既有研究中较为不足，具体体现在：一方面，对于街道的研究主要集中在配置分析层面，肌理分析层面的研究偏少，尤其缺乏对街道三维形态的精细化形态解析；而街口作为一个耳熟能详的形态要素，其三维形态在既有研究中竟未被详细讨论过。基于此，将街道和街口纳入研究对象，能够以此为例探索针对“不定形”形态要素对象的大尺度形态类型建模研究方法。另一方面，街区、街道、街口在常见数据库中的数据形式分别对应面（等价于闭合多段线）、线、点。由此，分别以街区、街道、街口作为研究对象进行大尺度形态类型建模研究，也能够呈现常见数据库中不同数据形式的形态要素在研究中的相同点与差异点。

参考文献

[1] Moudon A V. Urban morphology as an emerging interdisciplinary field[J]. Urban morphology, 1997, 1(1): 3-10.

[2] Fleischmann M, Romice O, Porta S. Measuring urban form: Overcoming terminological inconsistencies for a quantitative and comprehensive morphologic analysis of cities[J]. Environment and planning B: urban analytics and city science, 2021, 48(8): 2133-2150.

[3] Gil J, Beirão J N, Montenegro N, et al. On the discovery of urban typologies: data mining the many dimensions of urban form[J]. Urban morphology, 2012, 16(1): 27-40.

[4] Burton E. Measuring urban compactness in UK towns and cities[J]. Environment and planning B: planning and design, 2002, 29(2): 219-250.

[5] Cooper J. Fractal assessment of street-level skylines: a possible means of assessing and comparing character[J]. Urban morphology, 2003, 7(2): 73-82.

[6] Cooper J. Assessing urban character: the use of fractal analysis of street edges[J]. Urban morphology, 2005, 9(2): 95-107.

[7] Ye Y, Van Nes A. Quantitative tools in urban morphology: Combining space syntax, spacematrix and mixed-use index in a GIS framework[J]. Urban morphology, 2014, 18(2): 97-118.

[8] Araldi A, Fusco G. From the street to the metropolitan region: pedestrian perspective in urban fabric analysis[J]. Environment and planning B: urban analytics and city science, 2019, 46(7): 1243-1263.

[9] Chen F. Interpreting urban micromorphology in China: case studies from Suzhou[J]. Urban morphology, 2012, 16(2): 133-148.

[10] 李欣，程世丹，李昆澄，等．城市肌理的数据解析：以汉口沿江片区为例[J].建筑学报,2017(S1):7-13.

[11] Taima M, Asami Y, Hino K. The relation between block size and building shape[J]. Environment and planning B: urban analytics and city science, 2019, 46(1): 103-121.

[12] Harvey C, Aultman-Hall L, Troy A, et al. Streetscape skeleton measurement and classification[J]. Environment and planning B: urban analytics and city science,

2017, 44(4): 668-692.

[13] Boeing G. A multi-scale analysis of 27,000 urban street networks: Every US city, town, urbanized area, and Zillow neighborhood[J]. Environment and planning B: urban analytics and city science, 2020, 47(4): 590-608.

[14] Sanders P S, Woodward S A. Morphogenetic analysis of architectural elements within the townscape[J]. Urban morphology, 2014, 19(1): 5-24.

[15] Barthelemy M. From paths to blocks: new measures for street patterns[J]. Environment and planning B: urban analytics and city science, 2017, 44(2): 256-271.

[16] Shayesteh H, Steadman P. Coevolution of urban form and built form: a new typomorphological model for Tehran[J]. Environment and planning B: planning and design, 2015, 42(6): 1124-1147.

[17] Serra M, Pinho P. Dynamics of periurban spatial structures: investigating differentiated patterns of change on Oporto' s urban fringe[J]. Environment and planning B: planning and design, 2011, 38(2): 359-382.

[18] Dibble J, Prelorendjos A, Romice O, et al. On the origin of spaces: morphometric foundations of urban form evolution[J]. Environment and planning B: urban analytics and city science, 2019, 46(4): 707-730.

[19] Remali A M, Porta S. Street networks and street-blocks in the city centre of Tripoli[J]. Urban morphology, 2017, 21(2): 161-179.

[20] Omer I, Kaplan N. Structural properties of the angular and metric street network' s centralities and their implications for movement flows[J]. Environment and planning B: urban analytics and city science, 2019, 46(6): 1182-1200.

[21] Berghauser Pont M, Stavroulaki G, Marcus L. Development of urban types based on network centrality, built density and their impact on pedestrian movement[J]. Environment and planning B: urban analytics and city science, 2019, 46(8): 1549-1564.

[22] 周钰．街道界面形态规划控制之“贴线率”探讨[J]. 城市规划,2016,40(8):25-29,35.

[23] 周钰，赵建波，张玉坤．街道界面密度与城市形态的规划控制[J]. 城市规划，2012, 36(6):28-32.

[24] 周钰，王桢．街道界面形态量化测度之“近线率”研究[J]. 新建筑,2018(5):150-154.

[25] Siksna A. The evolution of block size and form in North American and Australian city centres[J]. Urban morphology, 1996, 1(1): 19-33.

[26] Sevtsuk A, Kalvo R, Ekmekci O. Pedestrian accessibility in grid layouts: the role of

block, plot and street dimensions[J]. Urban morphology, 2016, 20(2): 89-106.

[27] Whitehand J W R, Conzen M P, Gu K. Plan analysis of historical cities: a Sino-European comparison[J]. Urban morphology, 2016, 20(2): 139-158.

[28] Chen C H. A military-related townscape: the case of Zuoying, Taiwan[J]. Urban morphology, 2018, 22(1): 53-68.

[29] Gielen E, Riutort-Mayol G, Palencia-Jiménez J S, et al. An urban sprawl index based on multivariate and Bayesian factor analysis with application at the municipality level in valencia[J]. Environment and planning B: urban analytics and city science, 2018, 45(5): 888-914.

[30] Peponis J, Allen D, Haynie D, et al. Measuring the configuration of street networks: the spatial profiles of 118 urban areas in the 12 most populated metropolitan regions in the US[J]. Georgia State University, Art and Design Faculty Publications 2007, 2:1-16.

[31] Yu R, Ostwald M, Gu N. Mathematically defining and parametrically generating traditional chinese private gardens of the Suzhou region and style[J]. Environment and planning B: urban analytics and city science, 2018, 45(1): 44-66.

[32] Hasegawa J. The reconstruction of bombed cities in Japan after the Second World War[J]. Urban morphology, 2008, 12(1): 11-24.

[33] Vanderhaegen S, Canters F. Mapping urban form and function at city block level using spatial metrics[J]. Landscape and urban planning, 2017, 167: 399-409.

[34] Hamaina R, Leduc T, Moreau G. Towards urban fabrics characterization based on buildings footprints[C]//Bridging the Geographic Information Sciences: International AGILE' 2012 Conference, Avignon (France), April, 24-27, 2012. Springer Berlin Heidelberg, 2012: 327-346.

[35] Schirmer P M, Axhausen K W. A multiscale classification of the urban morphology[J]. Journal of transport and land use, 2016, 9(1): 101-130.

[36] Song Y, Knaap G J. Quantitative classification of neighbourhoods: the neighbourhoods of new single-family homes in the Portland Metropolitan Area[J]. Journal of urban design, 2007, 12(1): 1-24.

[37] Feliciotti A. Resilience and urban design: a systems approach to the study of resilience in urban form. Learning from the case of Gorbals[D]. Glasgow: The University of Glasgow, 2018.

[38] Colaninno N, Roca J, Pfeffer K. An automatic classification of urban texture: form

and compactness of morphological homogeneous structures in Barcelona[J]. 2011, 51st Congress of the European Regional Science Association, 30 August-3 September 2011, Barcelona, Spain.

[39] Hausleitner B, Berghauser Pont M. Development of a configurational typology for micro-businesses integrating geometric and configurational variables[C]//Proceedings of the 11th International Space Syntax Symposium, 2017: 66.1-66.14.

[40] Bourdic L, Salat S, Nowacki C. Assessing cities: a new system of cross-scale spatial indicators[J]. Building research & information, 2012, 40(5): 592-605.

[41] Krizek K J. Operationalizing neighborhood accessibility for land use-travel behavior research and regional modeling[J]. Journal of planning education and research, 2003, 22(3): 270-287.

[42] Hermosilla T, Palomar-Vázquez J, Balaguer-Beser Á, et al. Using street based metrics to characterize urban typologies[J]. Computers, environment and urban systems, 2013, 44: 68-79.

[43] Bobkova E, Berghauser Pont M, Marcus L. Towards analytical typologies of plot systems: quantitative profile of five European cities[J]. Environment and planning B: urban analytics and city science, 2021, 48(4): 604-620.

[44] Steiniger S, Lange T, Burghardt D, et al. An approach for the classification of urban building structures based on discriminant analysis techniques[J]. Transactions in GIS, 2008, 12(1): 31-59.

[45] Yoshida H, Omae M. An approach for analysis of urban morphology: methods to derive morphological properties of city blocks by using an urban landscape model and their interpretations[J]. Computers, environment and urban systems, 2005, 29(2): 223-247.

[46] Batty M, Longley P A. Fractal cities: a geometry of form and function[M]. London: Academic Press, 1994.

[47] Oliveira V. Morpho: a methodology for assessing urban form[J]. Urban morphology, 2022, 17(1): 21-33.

[48] Lai P C, Chen S, Low C T, et al. Neighborhood variation of sustainable urban morphological characteristics[J]. International journal of environmental research and public health, 2018, 15(3): 465.

[49] Louf R, Barthelemy M. A typology of street patterns[J]. Journal of the royal society interface, 2014, 11(101): 20140924.

[50] Song Y, Gordon-Larsen P, Popkin B. A national-level analysis of neighborhood form

metrics[J]. Landscape and urban planning, 2013, 116: 73-85.

[51] Agryzkov T, Tortosa L, Vicent J F. An algorithm to compute data diversity index in spatial networks[J]. Applied mathematics and computation, 2018, 337: 63-75.

[52] 丁沃沃 . 基于城市设计的城市形态数据化浅析 [J]. 江苏建筑 , 2018(1):3-7.

[53] 姜洋，辜培钦，陈宇琳，等 . 基于 GIS 的城市街道界面连续性研究：以济南市为例 [J]. 城市交通，2016(4): 1-7.

[54] Hijazi I, Li X, Koenig R et al. Measuring the homogeneity of urban fabric using 2D geometry data[J]. Environment and planning B: urban analytics and city science, 2017, 44(6): 1097-1121.

[55] 高彩霞，丁沃沃 . 南京城市街廓界面形态特征与建筑退让道路规定的关联性 [J]. 现代城市研究 ,2018(12):37-46.

[56] Galster G, Hanson R, Ratcliffe M R, et al. Wrestling sprawl to the ground: defining and measuring an elusive concept[J]. Housing policy debate, 2001, 12(4): 681-717.

[57] Abrantes P, Rocha J, da Costa EM, et al. Modelling urban form: a multidimensional typology of urban occupation for spatial analysis[J]. Environment and planning B: urban analytics and city science, 2019, 46(1): 47-65.

[58] Kickert C C, Pont M B, Nefs M. Surveying density, urban characteristics, and development capacity of station areas in the Delta Metropolis[J]. Environment and planning B: planning and design, 2014, 41(1): 69-92.

[59] Zhang L, Ding W. Changing urban form in a planned economy: the case of Nanjing[J]. Urban morphology, 2018, 22(1): 15-34.

[60] Venerandi A, Zanella M, Romice O, et al. Form and urban change - An urban morphometric study of five gentrified neighbourhoods in London[J]. Environment and planning B: urban analytics and city science, 2017, 44(6): 1056-1076.

[61] Shpuza E. Allometry in the syntax of street networks: evolution of Adriatic and Ionian coastal cities 1800-2010[J]. Environment and planning B: planning and design, 2014, 41(3): 450-471.

[62] Porat I, Shach-Pinsly D. Building morphometric analysis as a tool for urban renewal: identifying post-Second World War mass public housing development potential[J]. Environment and planning B: urban analytics and city science, 2021, 48(2): 248-264.

[63] 周岚，童本勤，何世茂 . 寻求老城保护与发展的平衡与协调：南京老城保护与更新规划介绍 [J]. 城市规划 ,2004(9):89-92.

[64] 王建国，高源，胡明星．基于高层建筑管控的南京老城空间形态优化 [J]. 城市规划，2005(1):45-51,97-98.

[65] 吴泽宇．城市高度形态影响因素及权重研究：以南京老城为例 [D]. 南京：东南大学，2019.

[66] 徐宁，王建国．基于日常生活维度的城市公共空间研究：以南京老城三个公共空间为例 [J]. 建筑学报，2008(8):45-48.

[67] 刘华，韩冬青．南京老城内河水系形态演化解读 [J]. 建筑与文化，2014(4):12-19.

[68] Whitehand J W R, Gu K. Extending the compass of plan analysis: a Chinese exploration[J]. Urban morphology, 2007, 11(2): 91-109.

大尺度形态类型建模的方法集群

从数字化方法集群的角度，对形态对象的数字化界定、形态特征的数字化提取、形态模式的数字化划分、形态类型的数字化解释这四个步骤及对应技术模块进行详细阐述，以建构具有通用性的大尺度形态类型建模方法集群。

3.1 形态对象的数字化界定

形态对象的数字化界定是大尺度形态类型建模的第一步，对研究范围内的特定城市形态要素进行界定也是解析其三维形态的准备步骤。这里的数字化可以从两个方面理解，一是运用数字化手段来完成对象界定，二是界定得到数字化形式的形态对象。在对象数字化界定的步骤中，包含要素生成模块及三维建模模块两个模块。以街区、街道、街口为典型的城市形态对象阐述其相互之间的生成转化原理，以及对其形态进行三维建模的方法。

3.1.1 要素生成模块

要素生成模块的目的是利用既有城市形态数据库的条件，得到其要素的基本数据形式。要素生成模块主要分为两个部分：一是同一形态要素内部的形式生成；二是不同形态要素之间的形式生成。

（1）同一形态要素内部的形式生成

对于某个形态要素而言，都可以从“点”“线”“面”等不同的数据形式来理解（表 3.1）。同一形态要素内部的形式生成，指的便是对该形态要素进行不同数据形式之间的生成转换。

表 3.1 街区、街道、街口对应的不同数据形式

对象名称	“点”形式	“线”形式	“面”形式
街区	街区闭合多段面形状的几何中心	街区范围对应的闭合轮廓线	街区范围对应的闭合多段面
街道	街道中心线的中点及两个端点	街道中心线	街道范围对应的闭合多段面
街口	对应街道中心线的交点	街口范围对应闭合轮廓线	街口范围对应的闭合多段面

资料来源：作者编制

对于街区而言，其本身是一种由四周街道围合而成的“块状”空间，所以其对应的“面”的数据形式便是街区范围所对应的闭合多段面；同样，街区对应的“线”的数据形式便是其范围所对应的闭合轮廓线；街区对应的“点”的数据形式则对应其闭合多段面形状的几何中心。

对于街道而言，其本身是一种线性延展的“条状”空间，所以其所对应的“线”的数据形式即街道中心线；同样，如果能够定义街道的空间边界或范围，街道也可以以“面”的数据形式出现，即街道范围对应的闭合多段面；街道对应的“点”数据形式通常指代其中心线的中点以及两个端点。

对于街口而言，其本身是一种由于街道相交而产生的“点状”空间，所以其对应的“点”的数据形式为对应街道中心线的交点；同样，如果能够定义街口的空间边界或范围，街口也可以以“线”和“面”的数据形式出现，即街口范围所对应的闭合轮廓线及闭合多段面。

同一形态要素内部的不同数据形式在特定的条件下可以进行生成转化。例如，对于街区而言，街区的“线”[①]和街区的“面”是等价的。通过 ArcGIS 中的要素转面指令（feature to polygon）能够将街区的“线”转换成街区的“面”。同样，通过要素转线指令（feature to polyline）也能够直接将街区的“面”转换成街区的线。基于街区的“线”和街区的“面”，也能够较为容易地得到街区的“点”，只需要通过要素转点（feature to point）即可得到。然而，从街区的“点”却不能还原出街区的“线”和“面”。

对于街道而言，其在常见数据集中通常以“线”的数据形式存在，即街道中心线。由街道的“线”生成街道的“点”是相对容易的，包括街道中心线的中点以及两个端点。而由街道的“线”生成街道的“面”却是需要条件的，需要知道街道的宽度。在一种较为理想的条件下，即认为街道范围是以其中心线为轴，形成的左右对称并处处等宽的空间，

① 街区的“线”，即为街区对应的“线”的数据形式。后续表达同理。

则可以通过对街道中心线向两侧做缓冲区指令（buffer）形成，单侧缓冲区的宽度即对应街道宽度的一半。若对于街道范围的界定更加复杂，则需要其他更多的技术手段来实现。反过来，在上述较为理想的条件下，由街道的“面”也能够通过反向缓冲区（opposite buffer）的手段生成街道的“线”。最后，由街道的“点”无法较为准确地生成街道的“线”及“面”。

对于街口而言，顾名思义，其最为常见的数据形式即为道路中心线相交而产生的交点。由街口的“点”生成街口的“面”，需要一定条件。如果将街口的空间范围视为某种特定的几何图形，如常见的圆形、正方形，则以街口的点为该图形的几何中心，设定圆形的半径或正方形的边长等尺寸参数，即可生成街口的“面”。在这种情况下，反向生成更加容易，各类几何形状对应的面域均可以通过要素转点指令（feature to point）生成其对应的几何中心，即街口的“点”。同样，若对于街口范围的界定更加复杂，则需要其他更多的技术手段来实现。另外，街口的“线”和街口的“面”均指代街口范围，只是数据形式不一样，其在本质上是等价的，因此，通过要素转面指令及要素转线指令能够较为容易地相互转换。这一点在原理上与街区相同。

（2）不同形态要素之间的形式生成

同一形态要素内部的形式生成，核心目的是将特定形态要素的一种数据呈现形式转化为另一种数据呈现形式。而在很多情况下，既有城市形态数据库的条件相对有限，会出现特定形态要素的“点”“线”“面”等数据形式均不包含在其中的情况。此时便需要不同形态要素之间的形式生成。这里以街区的“面”与街道的“线”之间的相互生成为例进行重点阐述。

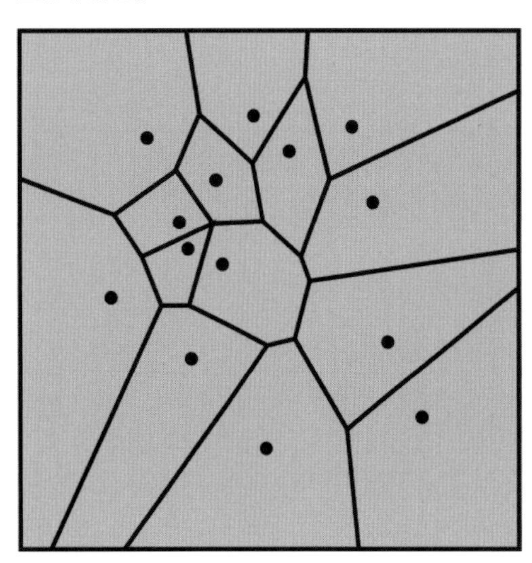
图 3.1 沃罗诺伊分割原理图

首先是由街区的“面”生成街道的“线”，需要用到的关键技术是沃罗诺伊分割（Voronoi tessellation）。沃罗诺伊分割是一种经典的几何空间划分手段，其数学原理是：根据到平面上既有点的距离进行平面分区，对于每个点而言，它所对应的分区中的任意一点到它的距离要比到其他点的距离更短（图 3.1）。由此生成的平面密接多边形被称作沃罗诺伊单元（Voronoi cell），每个沃罗诺伊单元也被视为其对应点的影响区域。沃罗诺伊分割在城市领域的研究中已有一些应用，较早的应用有对于建筑形式几何形状的生成以及对于空间聚类的算法。近些年来，沃罗诺伊分割被用在小尺度空间的模拟与界定上：哈迈纳利用沃罗诺伊分割对建筑平面轮廓进行影响区域划分，进而识别其模式[1]；席尔默与奥克豪森运用类似于沃罗诺伊分割的手段界定建筑及其领域的开敞空间[2]；乌苏伊与阿萨米（H. Usui & Y. Asami）则在建筑领域识别中，引入街道网络的附加变量，来模拟传统日本城市肌理的地块组织[3]；阿拉尔迪与弗斯科以线代替沃罗诺伊分割定义中的起始点，对平面肌理进行分割[4]。

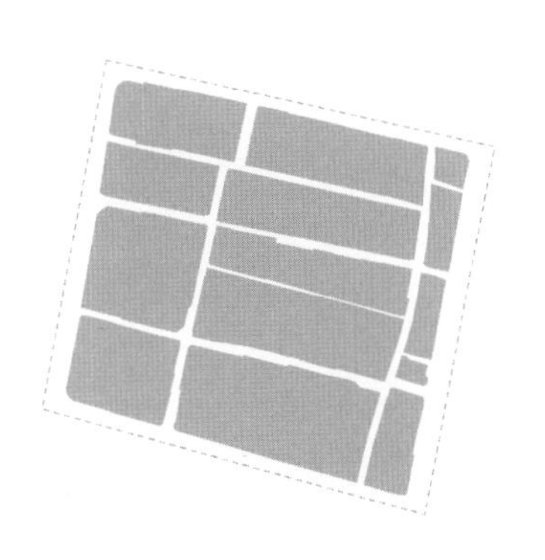

第一步：基础街区的“面”

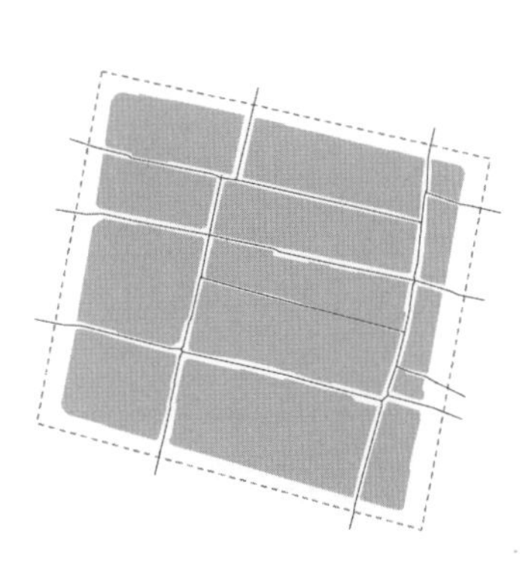

第二步：沃罗诺伊分割生成街道网络

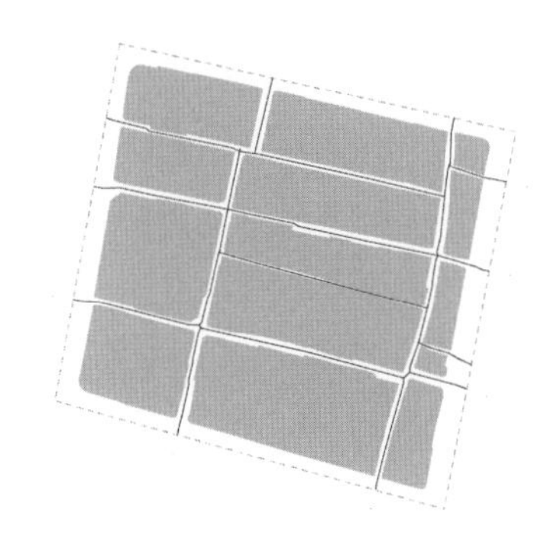

第三步：根据研究范围进行裁剪

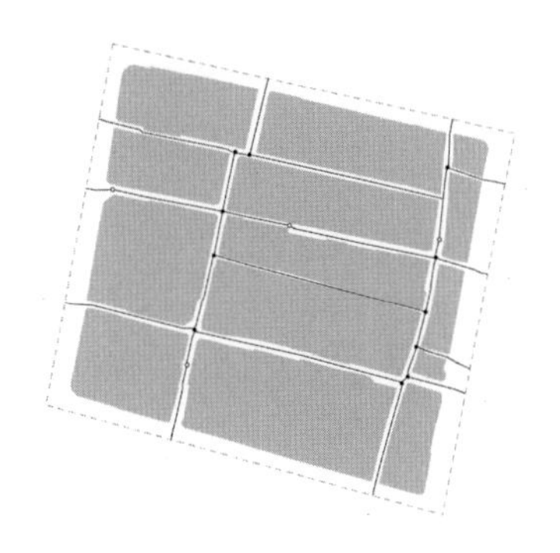

第四步：通过拓扑生成锚点

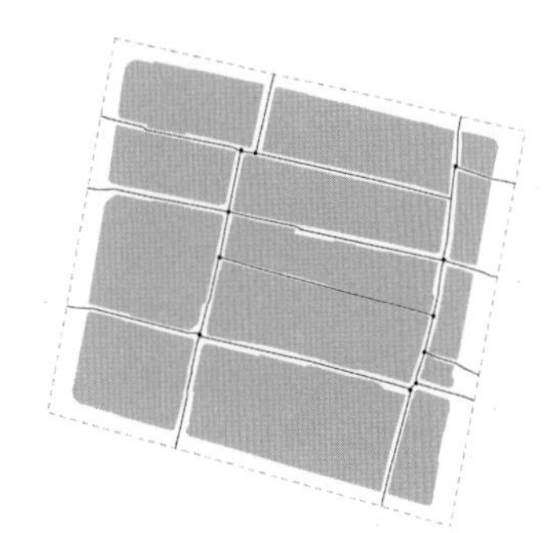

第五步：去除假的锚点

图 3.2 由街区的“面”生成街道的“线”过程图解

本书研究中，将街区的“面”视为沃罗诺伊分割的起始点，同样生成沃罗诺伊单元。相似地，生成的沃罗诺伊单元满足条件：单元内任意一点到其对应街区的最短距离小于它到其他街区的最短距离。我们注意到，两个相邻街区之间街道区域刚好被其对应沃罗诺伊单元的界线所平分，此时界线即为该街道段落所对应的街道中心线。如图 3.2 所示，首先运用要素转线指令将所有沃罗诺伊单元的多段面转换成多段线，便可以生成多段线网络。对于得到的多段线网络，基于研究范围的边界对其进行裁剪，这是由于沃罗诺伊分割在数据边缘是向外延伸的。同时，针对研究范围以内的街道网络，通过拓扑（topology）指令生成该街道网络对应的锚点（node）。值得注意的是，生成的锚点中，既有真实的锚点，即街口对应的点，同时作为一段街道对应中心线的端点；也存在假的锚点，仅为一段街道对应中心线上的点。为区分真实的锚点和假的锚点，需要通过点的分叉数进行判定：对分叉数为 1 的锚点，判定其是真的锚点，并且是尽端型街道对应中心线位于尽端的那个锚点；对分叉数为 2 的锚点，判定其是假的锚点，即一段街道对应中心线上的点，通过融合（merge）指令将其连接的两个线段合并成一个完整的线段；对分叉数大于或等于 3 的锚点，判定其是真的锚点，并且是位于街口的点。通过锚点判定，将多段线网络上的相邻真实锚点相互连接在一起，作为街道中心线。

反过来，由街道的“线”生成街区的“面”。在有些数据集中，会出现仅有街道中心线，却没有街区轮廓对应的图层的情况，例如 OpenStreetMap（OSM）。这种时候，则需要引入由街道的“线”生成街区的“面”的方法。其核心思路是，通过给街道的“线”进行宽度赋值，整个研究范围内的街道网络形成一个连续的形状，而这个连续的形状和街区近似构成图底关系[①]。通过图底反转，反向获得街区对应的面域数据。在这个思路下，由街道的“线”生成街区的“面”所对应的难点也一目了然：如何得到每个街道的宽度数值？

对这个问题可以分情况讨论。在有些情况下，数据库中的街道中心线被赋予等级信息，例如快速路、主干路、次干路、支路这样的标签，则可以通过给不同等级标签的中心线赋予不同宽度数值的方式，对所有中心线进行缓冲区运算（buffer），从而大致模拟上述由街道网络生成的形状。若街道中心线本身并不具有等级信息，则也可以借助街道两侧的建筑物来近似模拟街道宽度。其中涉及一个重要的指标，即街道平均开敞空间宽度 W_{avg}，其用来表征街道两侧建筑物之间的平均距离。关于 W_{avg} 的详细计算方法，将在 3.1.2 节中做详细阐述。这里重点讨论基于街道平均开敞空间宽度如何模拟街道宽度。一种处理的方法是将街道宽度视为街道平均开敞空间宽度减去建筑退线距离，则计算公式为：

$$W_{st} = W_{avg} - D_s \quad (3.1)$$

其中，W_{st} 为模拟的街道宽度；D_s 为退线距离的常数，默认每条街道退线距离为一个定值。

另一种处理的方法是假设宽度越大的街道，其建筑退线的距离也越大。则计算公式可以表达为：

① 本质上，街道和街区这两个要素在城市平面中即构成图底关系。

$$W_{\mathrm{st}} = k\, W_{\mathrm{avg}} \tag{3.2}$$

其中，k 为 0 到 1 之间的系数。街道平均开敞空间宽度乘系数 k 之后的值变小，而缩减的值即可表征建筑与街道之间的距离。

当然，以上两种方法均是基于较为理想的假设，实际操作中可以结合两种方法的思路，甚至构造更加复杂的函数关系来近似模拟街道宽度。

通过以上对于不同形态要素之间的形式生成的讨论，可以得到两个直接结论：已知街区的“面”，能够近似生成街道的“线”；已知街道的“线”，在特定条件下也能够近似生成街区的“面”。当然这里面还有一个隐含的结论，即街口的“点”是可以通过街道的“线”生成的，不论街道的“线”是已知的还是基于街区的“面”生成的。

这些结论，再融合 3.1.1 节的（1）小节中对同一形态要素内部的形式的讨论中形成的结论，可以得到一个完整的要素生成关系图（图 3.3）。图中三个圆形区域分别对应街区、街道、街口三种形态要素内部不同数据形式之间的生成关系；而中间三叉戟形状对应的颜色较深区域则呈现的是三种形态要素之间的相互生成关系，其中选用的是三种形态要素最为常见的数据形式，即街区的“面”、街道的“线”以及街口的“点”。总的来说，对于街区、街道、街口的三维形态研究而言，在已知建筑的数据之外，仅需要再知道街区的“面”或街道的“线”这两种要素数据形式之一，就能够通过要素生成模块进一步识别其他的要素及数据形式。

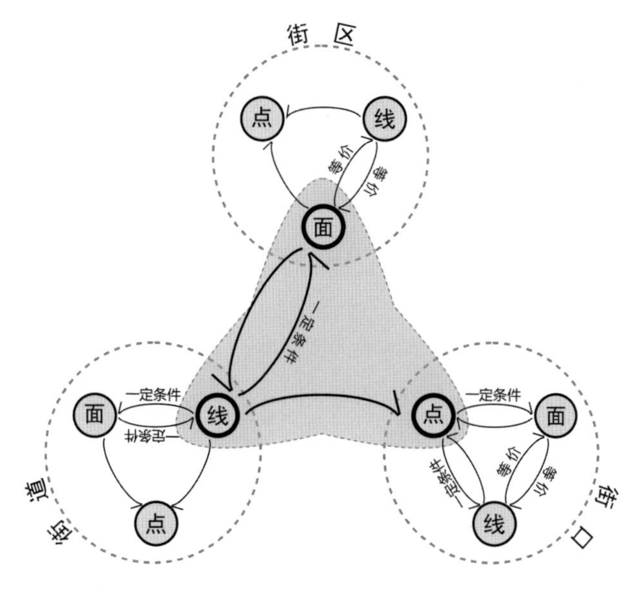

图 3.3 城市形态要素各形式生成转换关系图解

3.1.2 三维建模模块

正如 2.2.2 节中表述，在相对狭义语境下，对城市形态的解析聚焦于包括街区、街道、街口在内的这些城市形态要素的物质形态本身，尤其是这些要素本身的三维形态，而非平面中要素与要素连接配置关系[①]。这里指代的三维形态，不论是对应到真实的城市空间，还是对应到研究所用的数据库上，核心都体现在具有三维高度信息的建筑上。

要素生成模块主要解决城市形态要素对应的点、线、面等平面图形的生成问题；而对于从平面图形到三维形态的过程，则需要通过三维建模模块来实现。在这一点上，街道、街口同街区相比还不太一样。对于街区而言，建筑分布在街区边界的内部，街区及其内部建筑所构成的整体即为街区三维形态。而对于街道和街口而言，建筑分布在街道开敞空间的两侧，分布在街口开敞空间的四周，导致街道和街口的三维形态并不像街区三维形态那样易于界定。针对这一问题，本书研究中分别提出“箱体模型”和“柱体模型”，并将其作为街道和街口三维形态的界定及建模方法。

（1）基于“箱体模型”的街道三维形态建模

“箱体模型”的提出是基于对街道三维形态的理解。之所以用街道三维形态的术语，是为了与交通工程语境下“道路”或“路面”的概念进行区分。准确地说，街道三维形态是由位于中间的开敞空间和两侧临街建筑建成环境所共同构成的整体。

设想存在一个像“箱体”一样的空间，能够沿着街道线性延展，同时将街道两侧的相关建筑建成环境包含在内，并且具有一定的高度，那么这样的箱体空间便能够在一定意义上表征街道三维空间形态的特征。同时，更为重要的是，对街道三维形态的界定可以转化为对箱体空间的界定，进而在研究街道三维形态时侧重关注箱体空间内对应的三维形态。正是基于这样的想法，提出一种基于“箱体模型”的街道三维形态建模方法。如图 3.4 所示，一个箱体空间具有长（l）、宽（w）、高（h）三个指标属性。箱体空间的长与其对应街道中心线的长一致，箱体空间的高度与该街道临街建筑中最高建筑的高度对应。核心的问题在于得到箱体空间的宽度。计算箱体空间宽度分为两个步骤：第一步，基于街道中心线和建筑数据计算得到街道平均开敞空间宽度；第二步，基于街道平均开敞空间宽度计算得到箱体空间的宽度。

---

① 见 1.2.1 节，对于肌理分析与组构分析的区别描述；同时见 2.2.2 节，本书研究重点侧重于肌理分析的范畴。

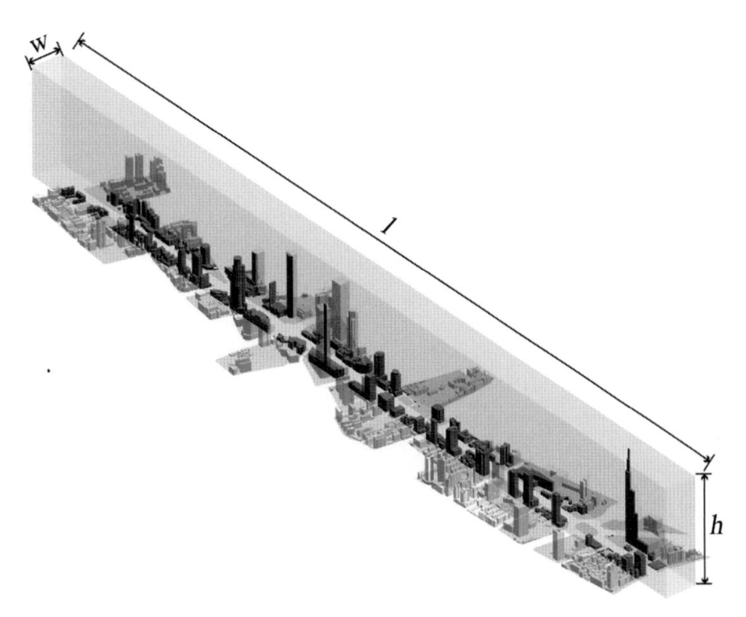

图 3.4 基于“箱体模型”的街道三维形态示意图解

第一步，计算街道平均开敞空间宽度，以一条样例街道为例阐述其算法原理（图 3.5）。基于街道中心线对应的线段进行等距取样，例如可以将距离参数设置为 5 m，在样例街道中心线上共获取 19 个取样点；对每个取样点，过该点作街道中心线的垂线。对于每条垂线，分别识别其由采样点出发，与街道两侧建筑相交的第一个交点，将两侧交点之间的线段长度作为有效取样长度。需要说明的是，为减小运算量，提高算法效率，本书研究中设定垂线总长为 200 m，即由街道中心线向两侧各缓冲 100 m 作为有效范围，这意味着如果垂线在街道中心线两侧 100 m 的范围内并未和任何建筑相交，则认为该侧并不产生有效取样长度。对于一个采样点，若其两侧均产生有效取样长度，则该取样长度的权重记为 1；若其仅有一侧产生有效取样长度，则该取样长度的权重记为 0.5；若其两侧均不产生有效取样长度，则不存在有效取样宽度，也不参与后续运算。例如，在样例街道的采样过程中，有 12 个采样点对应的取样长度权重为 1，有 5 个采样点对应的取样长度权重为 0.5，有 2 个采样点未产生有效取样长度（表 3.2）。将权重记为 1 的有效取样长度对应的数据集记为 $\{a_i\}$，权重为 0.5 的有效取样长度对应的数据集为 $\{b_i\}$；考察数据集 $\{a_i, 2b_i\}$ 的上下四分位数（quantile）分布，将上四分位点以上的高值数据视为异常值，并对其对应的采样点编号进行标记。对标记为非异常值的采样点编号对应的有效取样宽度进行加权平均数运算，即得到街道平均开敞空间宽度 W_{avg} 为 18.18 m，对应图中深灰色区域的宽度。

第二步，基于得到的街道平均开敞空间宽度 W_{avg} 进一步计算箱体空间的宽度。正是因为街道三维形态是由位于中间的开敞空间和两侧临街建筑建成环境所共同构成的整体，所

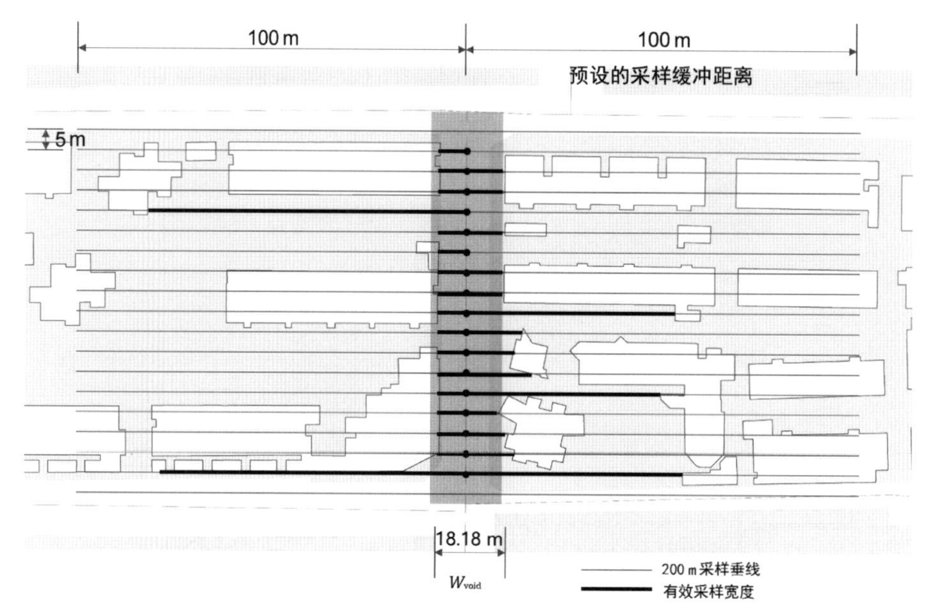

图 3.5 街道平均开敞空间宽度算法图解

表 3.2 样例街道采样点属性表

取样点编号	有效取样宽度	权重	异常值检测
1	—	—	—
2	6.72	0.5	非异常值
3	16.51	1	非异常值
4	16.47	1	非异常值
5	81.86	0.5	异常值
6	9.82	0.5	非异常值
7	6.98	0.5	非异常值
8	16.76	1	非异常值
9	17.96	1	非异常值
10	60.30	1	异常值
11	14.27	0.5	非异常值
12	19.24	1	非异常值
13	23.49	1	非异常值
14	62.28	1	异常值
15	14.95	1	非异常值
16	17.52	1	非异常值
17	18.34	1	非异常值
18	133.35	1	异常值
19	—	—	—

资料来源：作者编制

以箱体空间对应的宽度也应该由两个部分构成，即街道中间开敞空间的虚空间（void）所对应的宽度和两侧建筑建成环境的实空间（mass）所对应的宽度。于是产生公式：

$$W = W_{\text{void}} + W_{\text{mass}} \tag{3.3}$$

其中，W_{void} 代表街道中间开敞空间所对应的宽度，而 W_{mass} 则代表两侧建筑建成环境所代表的宽度。

在第一步中已经计算得到的街道平均开敞空间宽度，其本质上即可视为街道中间开敞空间的虚空间所对应的宽度，即

$$W_{\text{void}} = W_{\text{avg}} \tag{3.4}$$

这也就是说，仅需要定义出两侧建筑建成环境所代表的宽度 W_{mass}，即可求得箱体空间宽度 W。

对于 W_{mass} 的设定，同样地，存在多种可能性。例如，可以将其设为一个定值常数，这意味着将街道三维形态界定为由街道中间开敞空间以及两侧固定距离内的建筑建成环境所构成的整体。也可以将 W_{mass} 设定为与 W_{void} 相关的函数，这里隐含认为街道三维形态中包含的两侧建筑建成环境的宽度同其中间开敞空间的宽度是相关的。

在获取箱体空间对应的长、宽、高三个指标后，即可基于街道中心线生成“箱体模型”。以箱体模型对应的空间范围对既有的城市三维形态数据进行裁剪（cut），将箱体空间以外的三维形体裁剪掉，从而最终实现街道三维形态的建模。

在对既有诸如街道、街口等微观要素进行界定时，最常用的界定方法是借助 ArcGIS 等软件进行“缓冲区”分析，建立对目标地理空间的影响范围。以街道为例，维尔拉德（A. Vialard）通过对街区边界的缓冲区进行分析，建立街道单侧形态的空间范围界定[5]；克罗普夫基于街道中心线，进行双边缓冲区分析，并将缓冲范围内的地块空间纳入街道三维形态的界定，形成一个整体[6]；还有学者在街道中心线双边缓冲区分析的基础上，通过沃罗诺伊算法原理从街口处进行分割，使得两两街道之间的界定不发生重叠[4]。从本质上看，这些方法体现的是一种基于固定距离数值的缓冲区分析形成的对街道三维形态的对象界定，这里将其概括为“定值缓冲法”。对街道中心线进行定值缓冲是地理分析中的一种常用方法，但其缺点也比较明显：不同开敞空间宽度的街道在定值缓冲法的界定下，街道两侧建筑建成环境被纳入的宽度区别较大，很容易出现较小尺度街道两侧被纳入的建筑建成环境过大，而较大尺度街道两侧被纳入的建筑建成环境过小的现象（表 3.3）。相对于既有研究界定街道三维形态时所用的定值缓冲法，“箱体模型”表现出较为明显的性能提升。

基于箱体模型的方法能够将街道三维形态的范围在一定程度上和街道开敞空间宽度“关联”在一起，这样就能够对尺度各异的街道进行“量体裁衣”式的三维形态界定。

表 3.3 定值缓冲法与箱体模型方法的性能模拟对比示意

街道种类	定值缓冲法	箱体模型
较小尺度街道	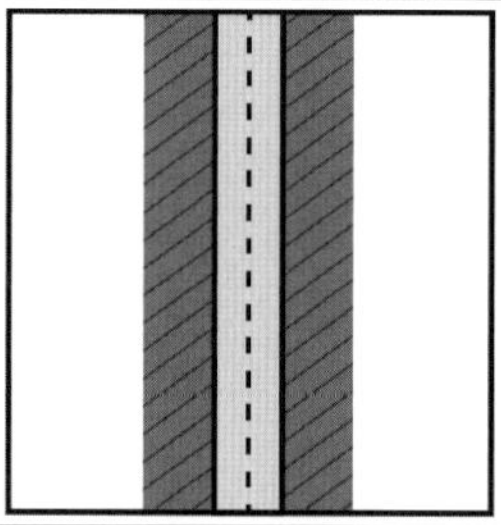	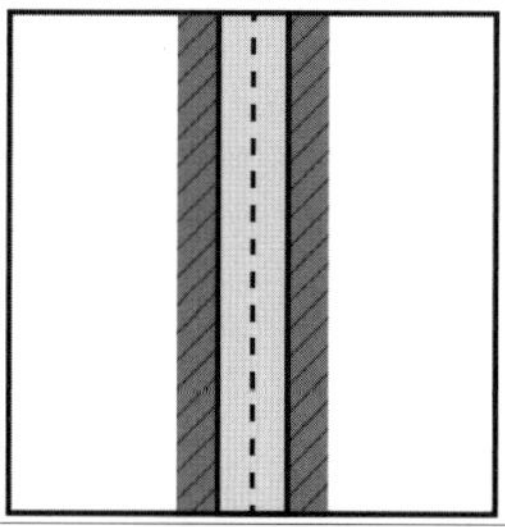
中等尺度街道	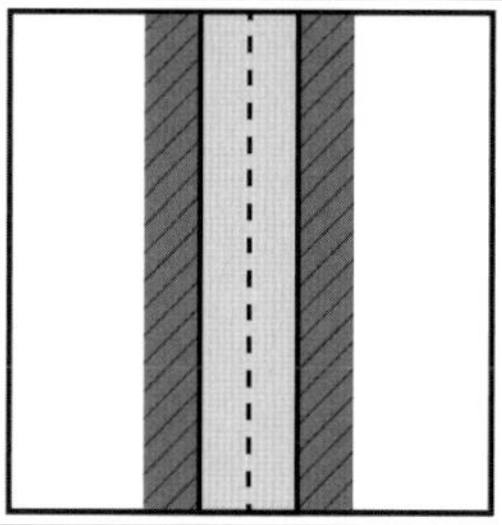	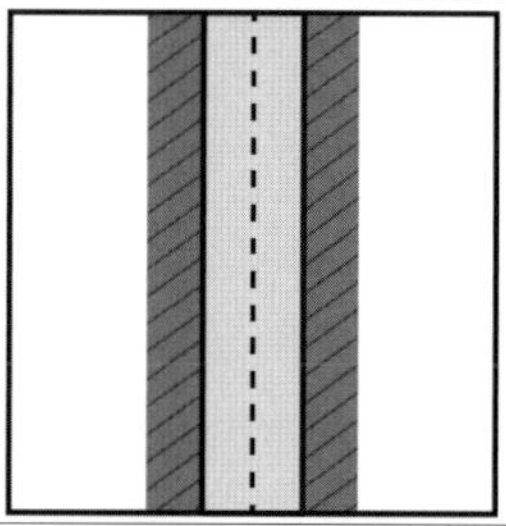
较大尺度街道	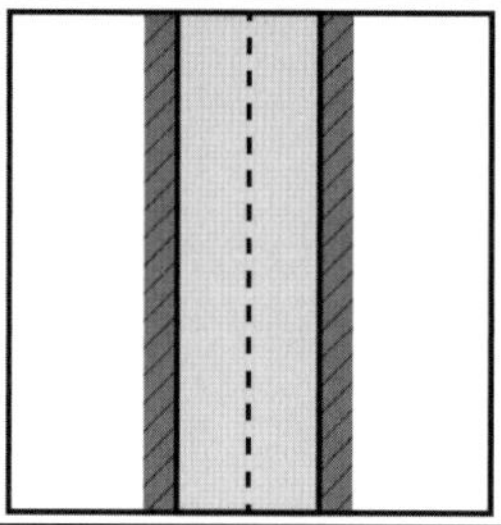	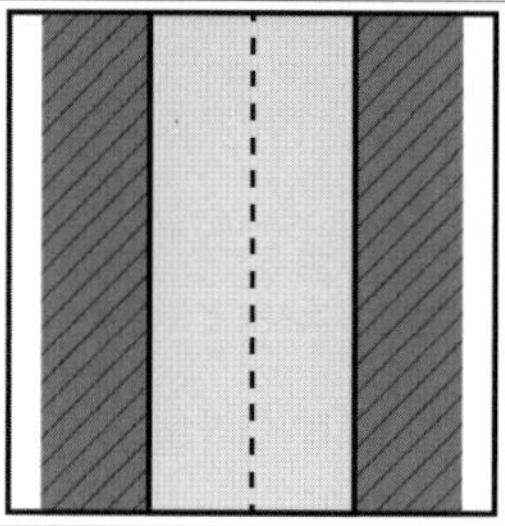

说明：上表中浅色部分代表街道中间的开敞空间，深色部分代表两侧的建筑建成环境。

（2）基于“柱体模型”的街口三维形态建模

与街道三维形态建模的视角颇为相似的是基于“柱体模型”的街口三维形态建模方法。同样地，城市形态视角下的街口不同于交通工程语境下的道路交叉口的概念，而是一个由中间开敞空间和周围建筑建成环境所构成的整体。“柱体模型”便是通过引入一个三维的柱体空间，进而界定由中间开敞空间和周围建筑建成环境所构成的街口三维形态。

如图 3.6 所示，柱体空间的底面是一个以街口的“点”为圆心的圆形，而柱体的高则对应街口周围建筑建成环境中最高建筑的高度。显然，柱体空间的高是已知量，如何确定柱体空间的底面圆形所对应的范围是问题的关键。本书研究中对柱体底面圆形范围的计算分为两个步骤：第一步，基于街口的“点”和建筑数据计算得到“街口最小开敞空间半径”；第二步，基于街口最小开敞空间半径计算得到柱体空间的半径。

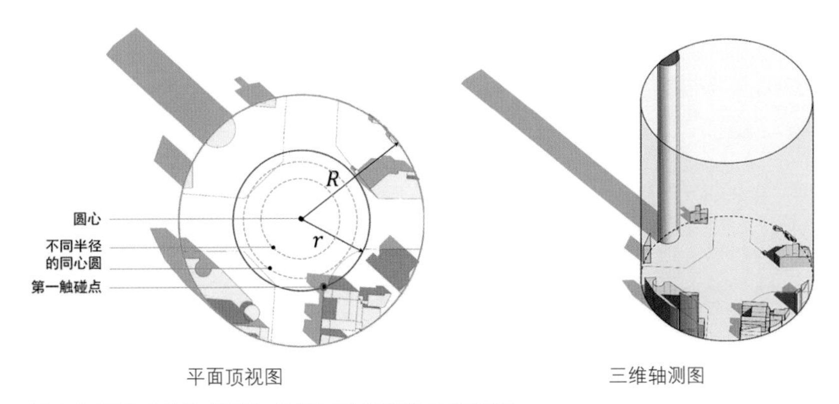

图 3.6 基于“柱体模型”的街口三维形态示意图解

第一步，计算街口最小开敞空间半径。街口最小开敞空间半径是用来表征街口开敞空间大小的一个参数，其建模实现路径是：以街口对应的“点”为圆心，生成半径逐渐增大的同心圆，直至生成的同心圆第一次触碰到街口周围建成环境中的建筑为止，记此时圆的半径 r 为该街口的最小开敞空间半径。街口最小开敞空间半径的意义在于从一个侧面将街口开敞空间的尺度量化为具体的数值。

第二步，基于得到的街口最小开敞空间半径 r 进一步计算柱体底面半径。正是因为街口三维形态是由位于中间的开敞空间和周围建筑建成环境所共同构成的整体，所以柱体空间对应的底面半径也应该由两个部分构成，即街口中间开敞空间的虚空间所对应的尺度，以及周围建筑建成环境的实空间所对应的由最小开敞空间半径向外延伸的空间。于是产生公式：

$$R = R_{\text{void}} + R_{\text{mass}} \quad (3.5)$$

其中，R_{void} 代表街口中间开敞空间所对应的半径，而 R_{mass} 则代表周围建筑建成环境在此基础上延伸的半径。

在第一步中已经计算得到街口最小开敞空间半径，这里即用其表征街口开敞空间的尺度。于是得到：

$$R_{\text{void}} = r \quad (3.6)$$

这也就是说，仅需要定义出街口周围建筑建成环境所代表的宽度 R_{mass}，即可求得柱体

底面半径 r。

同样地，对于 R_{mass} 的设定存在多种可能性。例如，可以将其设为一个定值常数，这意味着将街口三维形态界定为由街口中间开敞空间以及周围固定距离内的建筑建成环境所构成的整体。也可以将 R_{mass} 设定为与 R_{void} 相关的函数，这隐含着认为街口三维形态中包含的周围建筑建成环境的空间延伸距离同其中间开敞空间的尺度是相关的。

在获取柱体空间对应的底面半径和高两个指标后，即可基于街口中心点生成“柱体模型”。依据柱体模型对应的空间范围，对既有的城市三维形态数据进行裁剪，将柱体空间以外的三维形体裁剪掉，从而最终实现街口三维形态的建模。

相较于这里的“柱体模型”的街口三维形态建模方法，在既有研究中也有其他基于点数据进行形态建模的方法。例如，塞拉等基于固定半径界定了 77 个中心点附近的形态区域[7]，阿洛贝（D. Alobaydi）等则基于中心点数据生成 1 km×1 km 的栅格区域[8]。这些定值缓冲的方法在界定街口形态时的缺点也比较明显：不同开敞空间半径的街口在定值缓冲法的界定下，街口周围建筑建成环境被纳入的尺度区别较大，很容易出现较小尺度街口

表 3.4 定值缓冲法与柱体模型方法的性能模拟对比示意

街口种类	定值缓冲法	箱体模型
较小尺度街口	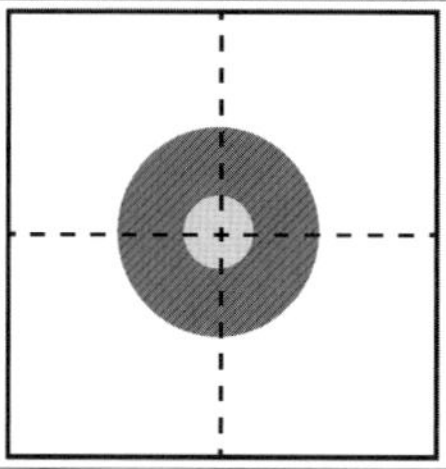	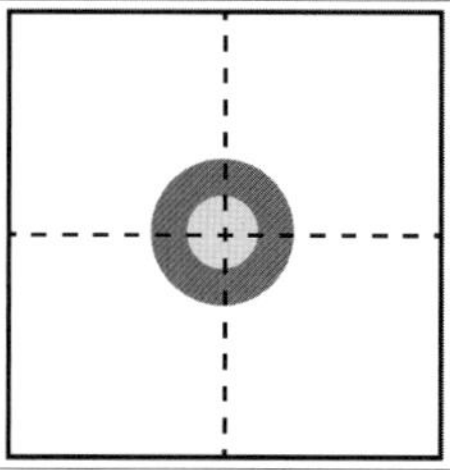
中等尺度街口	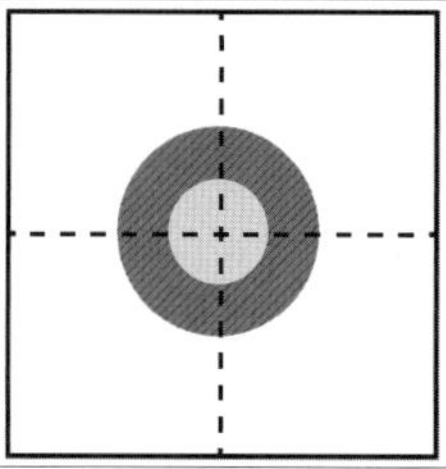	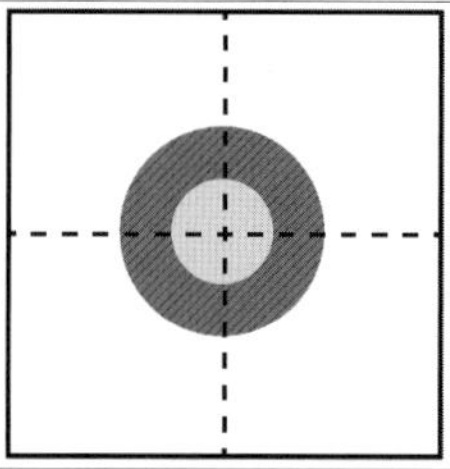
较大尺度街口	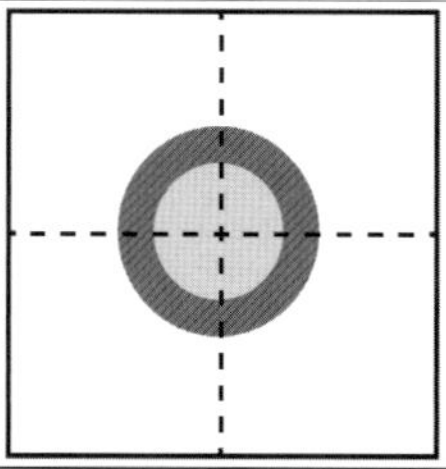	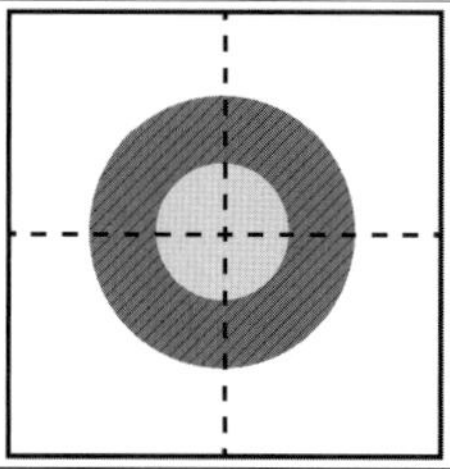

说明：上表中浅色部分代表街口中间的开敞空间，深色部分代表周围的建筑建成环境。

周围被纳入的建筑建成环境过大，而较大尺度街口周围被纳入的建筑建成环境过小的现象（表 3.4）。相较而言，基于柱体模型的方法能够将街口三维形态的范围在一定程度上和街口开敞空间半径“关联”在一起，这样就能够对尺度各异的街口进行更为精确的三维形态界定。

3.2 形态特征的数字化提取

形态特征的数字化提取是对研究对象的三维形态特征进行充分分析，并通过数字化手段实现对其指标的计算的过程。特征数字化提取包含空间分析模块及指标计算模块两个模块。

3.2.1 空间分析模块

空间分析模块是指标编码之前的准备模块，其目的是分析研究对象的三维形态特征。针对不同的城市形态要素，充分挖掘其形态的特点，并结合形态特点的实际意义提取特征。这里结合上一节提出的街道箱体模型，对街道三维形态的进一步空间分析进行阐述。

从一个角度理解街道箱体模型，其实质上是把街道要素由一个“不定形”的对象转化成一个像街区一样边界界定明晰的“定形”对象。因此，关于街区三维形态的很多形态指标均可以直接套用在街道三维形态上，即能够“像分析街区一样分析街道”。例如：数量类形态指标，建筑个数、总建筑底面积等；占有率类形态指标，建筑密度、建筑强度等；多样性类形态指标，建筑（组）底面积标准差、建筑高度标准差等。然而，在这些基础形态指标之外，街道还具备其独特的空间形态特征。作为一个线性延展的公共空间，街道天然随其行进方向的路径形成序列。库伦（G. Cullen）曾就街道的景观序列进行讨论，并通过街道路径中的连续摄影和速写对这种序列性进行表达[9]。库珀从形态的角度，对街道单侧立面所形成的天际线序列进行测度和评估[10]。从根本上说，街道线性空间是非均质的，其两侧三维形态是随着空间路径不断变化的。既有研究对街道空间序列性的测度鲜有涉及，导致对街道三维空间的刻画尚不够细致。

例如，针对街道的形态要素，可以引入街道三维形态序列性的空间分析。具体的空间分析手段为，在箱体模型的基础上，对箱体空间进行垂直于街道中心线方向的等距取样切片，这样就相当于生成了一系列等距的街道剖面（图 3.7）。在实际分析中，等距取样的剖面通常与先前测度街道平均开敞空间宽度时的取样点保持一致，即视为过每个取样点作垂直于街道中心线的剖面①。这样，街道三维形态就被转换为一系列的街道剖面序列。如果说“像分析街区一样分析街道”是对街道三维形态在总量上进行描述，那么引入街道剖面序列能够对街道空间在线性延展中所表现出的形态“节奏”和“韵律”上的变化情况进行剖析。例如，最为经典的街道高宽比指标如果能够测度每个剖面对应的街道高宽比的指标，那么就能够进一步测度其数值在整个街道空间进程中的变化情况。

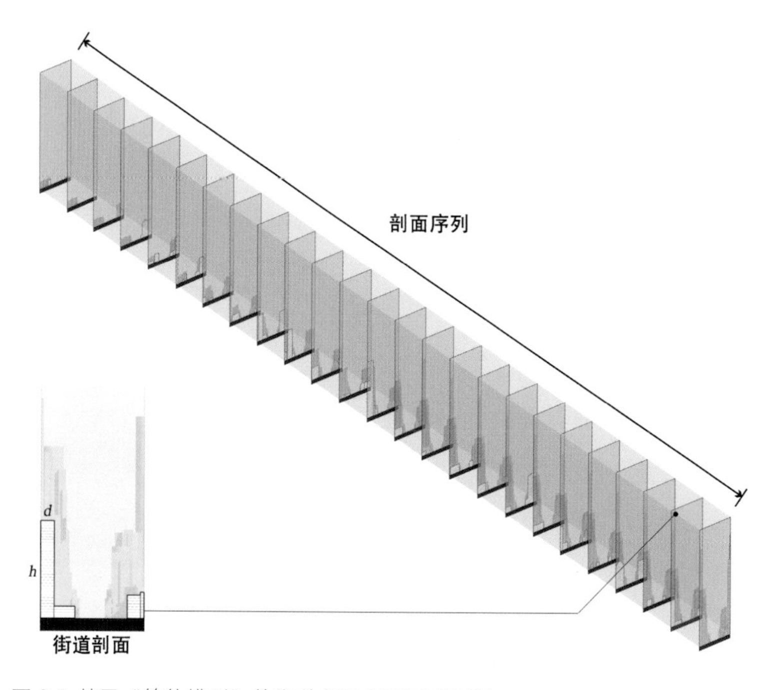

图 3.7 基于“箱体模型”的街道空间序列示意图解

诸如街道空间序列这样的视角还有很多，例如从垂直方向形态变化的角度来理解街口三维形态等。此处仅以街道空间序列作为典型视角进行举例。这些空间分析的视角需要因对象而异地进行深度挖掘，而反过来，这些视角也会加深对既定对象三维形态的认识和理解。可以通过与指标计算模块的关系来更好地理解空间分析模块的重要性：只有进行充分的空间分析，才能得到较为全面和理性的形态指标体系。

① 实际编程中运用基于纸面模型计算原理的形态特征提取方法，其方法原理是运算过程中，数据库在后台始终以二维纸面的形式储存——建筑形态仅以二维平面块的形式出现，建筑的高度信息仅作为属性附着在二维平面块上，计算中并不需要将含有高度信息的三维实体模型完全建出来，每个生成的剖面其实具有一个极小的厚度，准确地说是一个“体”。在剖切面指标计算中，将剖切面视为一个“厚度足够小但不为 0”的体块，通过对该体块内的形态指标进行量化计算来代替剖面指标；避免计算机在面对“厚度为 0 的绝对剖切面”时算法极易报错的情况。基于纸面模型计算原理的形态特征提取方法，能极大地提升运算效率，减少单次运算的时间，更好地对重合部分的形态进行编辑。

3.2.2 指标计算模块

指标计算模块旨在建立形态对象的指标体系，并通过计算机编程等数字化手段对指标进行逐一计算。

指标体系的建立应该基于研究目的而设计。在对 2.2.2 节形态解析的既有知识的梳理中，将肌理分析分支下的形态指标归纳为六类：尺寸类、形状类、数量类、占有率类、多样性类、布局类。这六个指标体系的门类为不同目的的研究提供了一个基本参考。例如，专门针对街区形状的研究，可以选择分形维数、形状指数、紧凑度等形状类指标对其进行测度；专门针对街区中建筑集合对于街区占有率方面的研究，可以选择建筑密度、建筑强度等占有率类指标对其进行测度。当然，有的研究对形态对象关注的面更为综合，此时则可以跨多个门类进行指标体系的选择及设计。

这里以街区、街道、街口三个对象为例，列出研究中已通过计算机编程[①]实现的形态指标体系（表 3.5）。

表 3.5 本书中已通过计算机编程实现的指标体系

指标门类	街区形态	街道形态	街口形态
尺寸类	面积 周长	长度 平均开敞空间宽度	面积 最小开敞空间半径
形状类	紧凑度 形状指数 分形维数	朝向 曲折度	紧凑度 形状指数 分形维数
数量类	建筑个数 建筑组数 最大建筑（组）底面积 总建筑底面积 最大建筑高度 平均建筑高度	建筑个数 建筑组数 最大建筑（组）底面积 总建筑底面积 最大建筑高度 平均建筑高度	建筑个数 建筑组数 最大建筑（组）底面积 总建筑底面积 最大建筑高度 平均建筑高度
占有率类	建筑密度 建筑强度	建筑密度 建筑强度 平均整体高宽比 平均界面高宽比	建筑密度 建筑强度

① 本书研究中涉及的计算机编程语言均为 Python，具体编程在 Jupyter Notebook 中进行。Jupyter Notebook 是基于网页的用于交互计算的应用程序，其可被应用于全过程计算：开发、文档编写、运行代码和展示结果。其中，涉及 .shp 格式文件处理时使用的是 GeoPandas，它是 Python 的一个用来处理空间数据的第三方库。

续表

指标门类	街区形态	街道形态	街口形态
多样性类	建筑（组）底面积标准差 建筑高度标准差	建筑（组）底面积标准差 建筑高度标准差 开敞空间宽度标准差	建筑（组）底面积标准差 建筑高度标准差
布局类	沿街建筑比 围合度	建筑连续性 最大建筑高度变化频率、幅度 整体高宽比变化频率、幅度 界面高宽比变化频率、幅度 进深方向密度均质化程度 进深方向强度均质化程度	垂向密度变化率 围合度 径向密度均质化程度 径向强度均质化程度

关于各形态指标体系的含义及计算方法，将在第 4~6 章对街区、街道、街口形态的分章节研究中具体呈现。值得注意的是，在依据研究目的设计研究形态指标时，本书的观点是，指标在具有实际形态意义的条件下应当尽可能多。一是因为，每个指标都可以视为解析对象形态的一个侧面，从不同的侧面进行形态解析有助于更加全面理性地认知和理解研究对象的形态特征。二是因为，形态解析是建构类型的基础，建构类型依赖于形态解析中形成的指标体系。或许有研究者会担心，由于各形态指标间必然存在或大或小的相关性，在后续类型建构时会不会存在对象形态的一部分信息被多次强化的情况？答案是否定的。大尺度形态类型建模在类型建构阶段能够通过数据科学手段对既有形态指标体系中的重复信息进行压缩和简化，这就意味着在形态解析阶段的指标体系设计中，研究者不必担心各形态指标之间的相关性问题。本书也将在 3.3.1 节数据整理模块对相关方法进行详细阐述。

另外需要说明的是，通过计算机编程实现形态指标时也需要结合基础数据库本身的特点进行操作。例如，由于本书研究的基础数据库中，建筑数据是以底面轮廓和层数的形式呈现，这就意味着现实中某栋建筑，若其在体量上存在高度变化，则在数据库中对应为多个底面轮廓及其分别对应的层数。基于这样的数据特点，本书研究中在数量类指标的设计中分别提出建筑个数和建筑组数两个指标。建筑个数对应形态对象中包含的建筑底面轮廓的数量；同时，将底面轮廓在空间上相互连接的建筑视为一组，从而引入建筑组数的形态指标。

3.3 形态模式的数字化划分

形态模式的数字化划分是大尺度形态类型建模的第三步，也是承接形态解析进入类型建构阶段的关键步骤。该步骤在操作过程中，需要城市形态研究者打破学科的边界，综合运用多方面的数据科学手段。具体地，模式数字化划分又可以分成数据整理模块和矩阵聚类模块两个模块。

3.3.1 数据整理模块

上一个步骤，即特征数字化提取步骤输出的结果可以看作一个数据矩阵，矩阵纵向每一行对应研究对象的编号及个数，矩阵横向每一列则对应每个研究对象的一系列形态指标的计算结果。在数据整理阶段，首先需要对数据矩阵进行数据归一化（data normalization）处理。数据归一化的目的是统一量纲，将不同单位、不同数量级的形态指标均映射至 0~1 的区间范围内进行计算。

同时，3.2.2 节提到，在建构指标体系时并不能够避免各形态指标之间的相关性。如图 3.8 所示，形态指标相关性矩阵中都呈现出明显的多重相关性，这些相关性也意味着其中包含信息的冗余和重复。数据整理模块的另一个目的便是在聚类前剔除这部分信息冗余和重复。

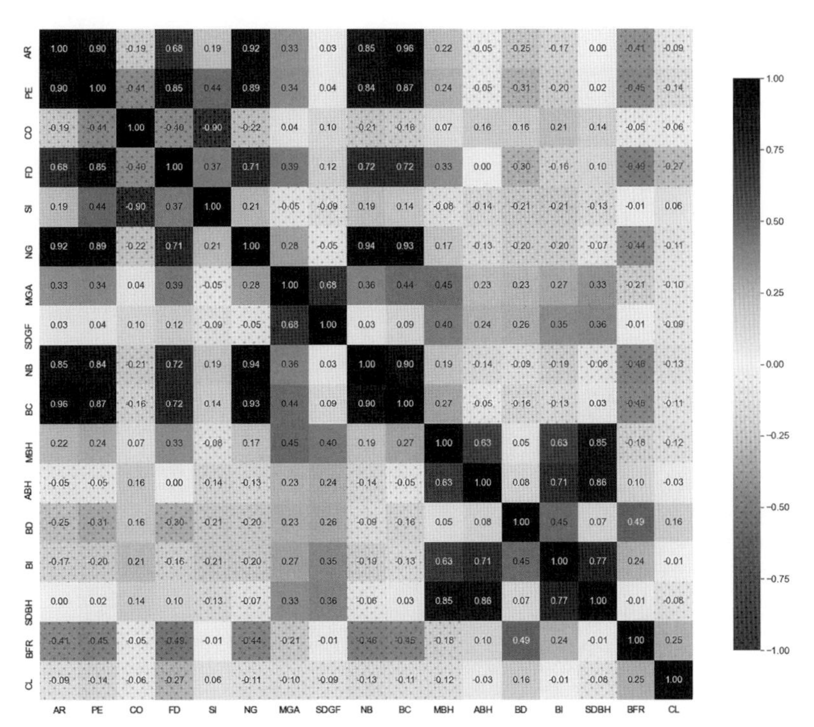

图 3.8 形态指标的相关性矩阵（以街区为例）

在案例实证研究中，针对性地引入一种针对数据矩阵中由相关性引起的冗余信息剔除方法。该方法中的核心算法为自编码器（autoencoder, AE）。自编码器是一种在半监督学习和非监督学习中使用的人工神经网络（artificial neural networks），其功能是通过将输入信息作为学习目标，对输入信息进行表征学习[①]（representation learning）。从算法的角度，自编码器是一个输入和学习目标的神经网络，其结构分为编码器和解码器两部分。给定输入空间 $X \in A$ 和特征空间 $h \in B$，则自编码器求解两者的映射 f，g 使输入特征的重建误差达成最小：

$$
\begin{gathered}
f: A \rightarrow B \\
g: B \rightarrow A \\
f, g = \operatorname{argmin} \| X - g[f(X)] \|^2
\end{gathered}
\tag{3.7}
$$

具体到研究中，假设针对既定形态对象建构的指标体系中共有 n 个指标，即原始数据矩阵共有 n 列。运用自编码器，将数据矩阵分别缩减至 $n-1$ 列，$n-2$ 列，……，2 列，生成一个新的数据矩阵。分别统计每一次缩减结果在解码重建时的损失量[②]（loss）。作关于缩减后的列数与对应损失量的函数图像（图 3.9），通过图像拐点确定自编码器的列数缩减量取值[③]。将拐点处对应的经过自编码生成的新的数据矩阵导出，作为矩阵聚类模块的输入数据。

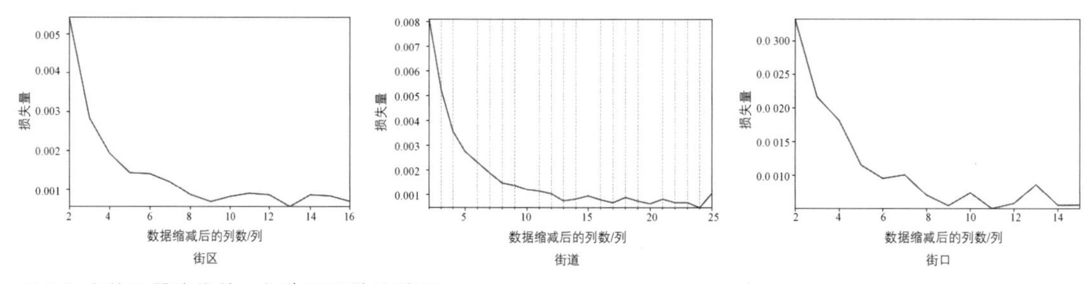

图 3.9 自编码器降维数 - 损失量函数关系图

① 包含卷积层的自编码器常被应用于计算机视觉问题。本书研究中仅对数据矩阵进行运算，故自编码器不包含卷积层。

② 损失量是指生成的新数据矩阵恢复到原来数据矩阵时的数据损失程度。

③ 运用自编码器缩减矩阵行数在本质上是一种降维，在降维的过程中剔除数据的冗余信息。绝对意义上，维数越低，列数缩减量越大，则冗余信息被剔除得也越多；但同时，随着维数的降低，损失量也随之增大。所以，需要在列数缩减量、数据损失量之间找到一个平衡点。

3.3.2 矩阵聚类模块

矩阵聚类模块的主要工作是基于数据整理模块输出的新数据矩阵，对其进行聚类并对类别数进行划分。鉴于既有大尺度形态类型建模相关文献中对于这一模块工具方法的探索较少，本书深入数据科学内部，对数据科学领域常用的聚类算法进行详细梳理[11-18]（表 3.6）。

表 3.6 数据科学领域常用聚类算法整理

算法名称	出处	实现原理	优缺点
K-means	Hartigan J A, Wong M A. Algorithm AS 136: A *k*-means clustering algorithm[J]. Journal of the royal statistical society, 1979, 28(1): 100-108.	选择初始化的 *k* 个样本作为初始聚类中心，计算每个样本到 *k* 个聚类中心的距离，并更新聚类中心	优点：简单，好理解，运算速度快。 缺点：只能应用于连续型的数据，并且一定要在聚类前手工指定要分成几类；边缘数据不稳定
AGNES	Kaufman L, Rousseeuw P J. Agglomerative nesting (Program AGNES)[M]// Finding groups in data[J]. New York: John wiley & Sons, Ltd, 2009.	凝聚的层次聚类算法，如果簇 C1 中的一个对象和簇 C2 中的一个对象之间的距离是所有属于不同簇的对象间欧式距离中最小的，C1 和 C2 可能被合并	优点：简单。 缺点：遇到合并点选择困难的情况，算法的复杂度为 O(n 的平方)，不适合大数据集计算
DBSCAN	Ester M, Kriegel H P, Sander J, et al. A density-based algorithm for discovering clusters in large spatial databases with noise[J]. KDD, 1996,96(34):226-231.	基于一组邻域来描述样本集的紧密程度	优点：适用于具有距离信息的邻域数据计算。 缺点：对输入参数敏感
BIRCH	Zhang T, Ramakrishnan R, Livny M. BIRCH: an efficient data clustering method for very large databases[J]. ACM sigmod record, 1996,25(2): 103-114.	利用了一个树结构来帮助快速地聚类，每棵树的每一个节点由若干个聚类特征组成	优点：适合于数据量大，类别数 *k* 也比较多的情况，运行速度很快。 缺点：聚类的结果可能和真实的类别分布不同，对高维特征的数据聚类效果不好
OPTICS	Ankerst M, Breunig M M, Kriegel H P, et al. OPTICS: Ordering points to identify the clustering structure[J]. ACM sigmod record, 1999,28(2): 49-60.	DBSCAN 算法的一种有效扩展，不显示地产生数据聚类，它只是对数据对象集中的对象进行排序，输出一个有序的对象列表	优点：对输入参数不敏感。 缺点：假若数据集的密度变化很大，可能识别不出某些簇

续表

算法名称	出处	实现原理	优缺点
CLIQUE	Agrawal R, Gehrke J, Gunopulos D, et al. Automatic subspace clustering of high dimensional data[J]. Data mining and knowledge discovery, 2005,11(1): 5-33.	基于网格的聚类算法，用于发现子空间中基于密度的簇	优点：既能够发现任意形状的簇，又可以像基于网格的算法一样处理较大的多维数据。 缺点：时间复杂度高
AP	Frey B J, Dueck D. Clustering by passing messages between data points[J]. Science, 2007,315(5814): 972-976.	根据数据点之间的相似度来进行聚类，可以是对称的，也可以是不对称的。该算法不需要先确定聚类的数目，而是把所有的数据点都看成潜在意义上的聚类中心	优点：特别适合高维、多类数据快速聚类。 缺点：需要事先计算每对数据对象之间的相似度，时间复杂度较高
DIANA	Kaufman L, Rousseeuw P J. Divisive analysis (program diana) [M]//Finding groups in data, New York: John wiley & sons, Ltd, 2008: 253-279.	首先将所有的对象初始化到一个簇中，然后根据一些原则（比如最邻近的最大欧式距离），将该簇分类，直到到达用户指定的簇数目或者两个簇之间的距离超过了某个阈值	优点：适用于任意形状的聚类，并且对样本的输入顺序不敏感。 缺点：已做的分裂操作不能撤销，类之间不能交换对象，大数据集不太适用

资料来源：作者基于相关材料编制

从表 3.6 中能够感受到数据科学领域聚类算法的丰富性。除了既有 K-means、AGNES、DIANA 这样针对简单数据集的聚类算法，同时还包括如 OPTICS、CLIQUE、AP 这样能够针对大样本量多维数据进行计算的聚类算法。表格中初步梳理了各算法的出处、实现原理及优缺点，通过这样的梳理能够进一步感受到当代数据科学的技术手段在城市研究领域，尤其是城市形态学研究领域的渗透具有相当的滞后性。研究中最为常见的 K-means 聚类算法竟可以追溯至 1979 年。这之后出现的大量经典聚类算法几乎没有在既有研究中被应用甚至辨析。从算法本身的角度来看，K-means 算法固然有简单、好理解、运算速度快的优点，但其缺点同样明显：只能应用于连续型的数据，并且一定要在聚类前手工指定要分成几类；

边缘数据不稳定。同时 K-means 算法中每个类别的质心[1]并非既有的数据点，而是一个生成的新数据点，这意味着如果以质心的特征来概括一个类型的典型形态，这个新生成的典型数据点会带来很大的不确定性，并且与这个质心对应的仅为一系列的量化指标，而不能进一步得到一个具体的三维形态。

在案例实证研究中，在矩阵聚类模块引入 AP 算法（affinity propagation），又称作放射传播聚类算法或邻近传播算法。引入 AP 算法的原因是其相较于 K-means 算法存在显著优势：①该算法不需提前预设类别数；②该算法以每个类别质心的取得为既有的数据点，而非生成新的数据点作为质心；③该算法对于输入的初始值不敏感；④该算法对于数据的对称性没有要求；⑤AP 算法特别适合高维数据的聚类，并能在一定程度上克服 K-means 算法边缘数据不稳定的缺点。当然，AP 算法也有缺点，就是时间复杂度较高，远高于 K-means 算法。对于 AP 算法的性能，将通过实证研究中形态要素的类型划分结果来进一步说明，具体将在本书第 4~6 章中呈现。

矩阵聚类模块中的另一个关键问题就是类别数的判定，本书在类别数判定中采用 CHS-DBI 双参数判定。CHS（Calinski-Harabaz Score），用来计算类别内部与外部的协方差比值，数值越小则类别之间的协方差越小，类别之间的区别越不明显。

$$\mathrm{CHS}=s(k)=\frac{\mathrm{tr}(B_k)m-k}{\mathrm{tr}(W_k)k-1} \tag{3.8}$$

其中，m 为训练集样本数，k 为类别数，$\boldsymbol{B}_k$ 为类别之间的协方差矩阵，W_k 为类别内部数据的协方差矩阵的迹。

DBI（Davies-Bouldin Index），用来度量每个类别中最大相似度的均值。分子中 S_i 计算的是每个类别中各数据到质心的平均距离，表征类别中数据的分散程度；分母则定义不同类别之间的距离。DBI 数值越小，则代表类别中的数据越相似，分类性能越好。

$$\mathrm{DBI}=\frac{1}{N}\sum_{i=1}^{N}max\left(\frac{\overline{S_i}+\overline{S_j}}{||w_i-w_j||_2}\right) \tag{3.9}$$

---

① 质心是指每个聚类结果中每个类别的中心。

在利用 AP 算法进行聚类的过程中，对类别数的选择同样是通过 CHS-DBI 双参数进行判定。一般意义上，随着类别数的逐渐增多，算法所表现出的性能越好；然而，也需要谨防因为类别过于细碎，导致可解释性不强。所以对类别数的选择，本质上是在性能和可解释性之间寻找一个平衡点。本书在研究中选择 15 类作为类别数选择的上限，认为若分类结果超出 15 类，则超出一般人能够认知和理解的范围，也有悖于通过大尺度形态类型建模解析当代城市形态中“通过类型建构从而建立一个相对简化的认知框架”的初衷。故而，在实证研究中，在对 AP 算法聚类的类别数选择中，均是在 15 类的上限范围内，综合比较通过 CHS 和 DBI 两个参数所呈现出来的性能，判定最终的类别数（图 3.10）。

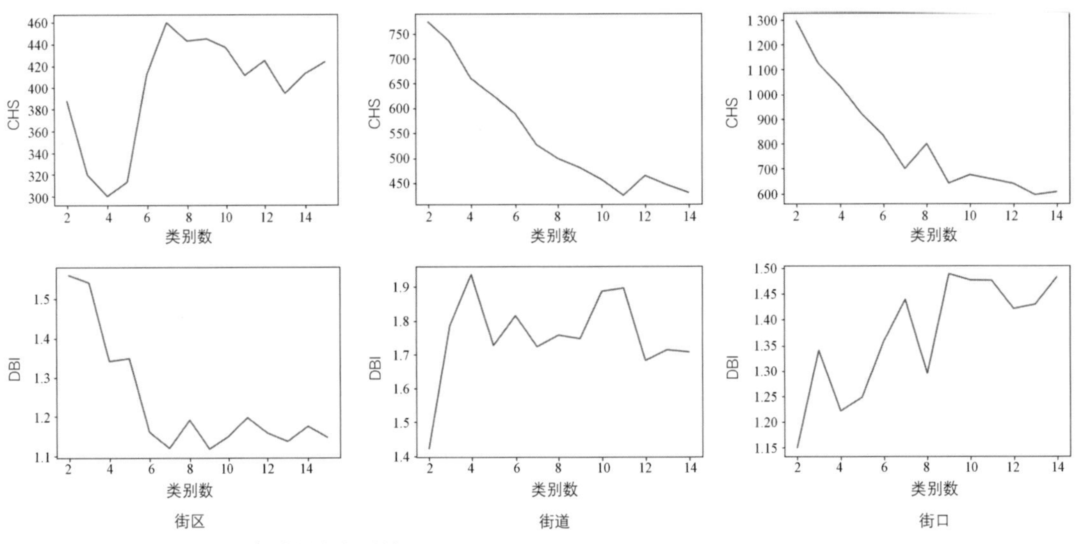

图 3.10 通过 CHS-DBI 双参数判定类别数

3.4 形态类型的数字化解释

形态类型的数字化解释是大尺度形态类型建模的最后一步，旨在针对上一步划分出的各个类别进行形态上的解释，进而建构类型。类型数字化解释又可以分成形态统计模块和形态可视化模块两个模块。

3.4.1 形态统计模块

形态统计模块的目的是通过对各类别形态特征的数值统计，较为理性地认识各类别中对象群体的共性形态特征。对于每个类别的对象群体，常见的统计方式包括最大值、最小值、平均数、中位数等；对于类别之间的数值比较，可以通过条形统计图、扇形统计图等方式呈现。

在形态统计模块常见的是“箱线图”这种较为综合的表达方式。箱线图，又可以称作“盒式图”“箱形图”等。对于任意一组数据，箱线图能够综合反映其上边缘、上四分位数、中位数、下四分位数、下边缘，以及异常值①（图 3.11）。将不同类别形态特征的箱线图统计结果联立在一起，能够较为直观地对不同类别之间的形态特征进行比较。

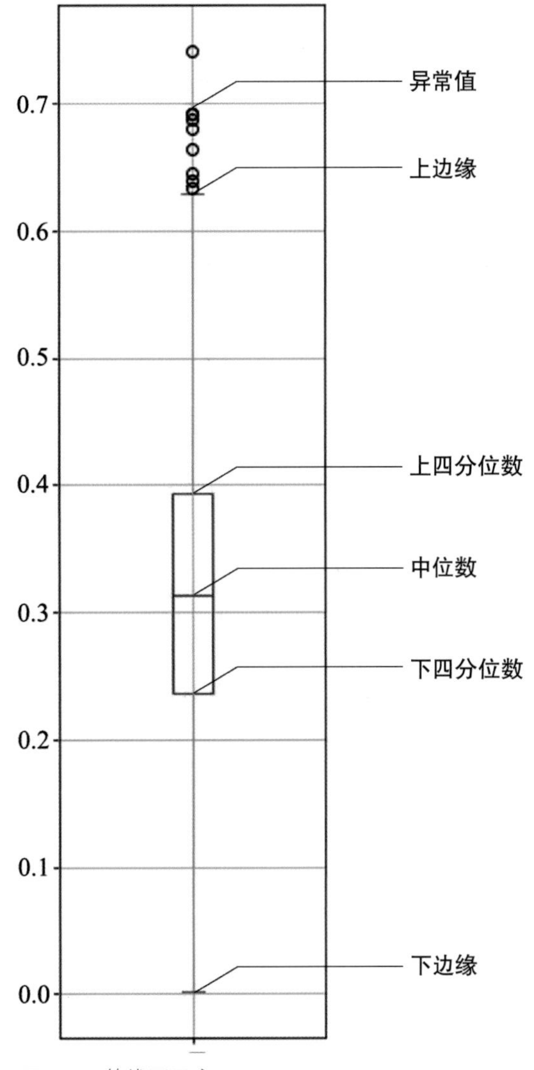

图 3.11 箱线图示意

3.4.2 形态可视化模块

除了对形态特征进行数值统计之外，通过形态可视化的方式能够直观地呈现每一类中典型对象的二维和三维形态特征，更加有利于对各个类别的形态特征进行描述和解释。同时，形态可视化有助于调动研究者的先验知识和经验。在大尺度形态类型建模的理论基础中，已经阐述了大尺度形态类型建模是一种“后验主导”的研究方法，然而后验得到的结果不能够也不应该完全脱离于先验的知识和经验。相反，后验得到的结果应该尽可能地与先验的知识和经验发生联系和产生对应关系。在这一点意义上，形态可视化模块的直观呈现与形态统计模块的客观数据同样重要。

在形态可视化的表达形式上，通常采用二维平面表达和三维立体表达相结合的方式。二维平面表达更有助于呈现形态要素的平面肌理。在制作方法上，依据要素对象的边界信息，例如街区本身的边界、街道箱体模型的底面、街口柱体模型的底面等，对其进

① 上边缘计算方式为，上四分位数加上 1.5 倍的上下四分位数差值；下边缘计算方式为，下四分位数减去 1.5 倍的上下四分位数差值。异常值为超出上边缘及下边缘的值。

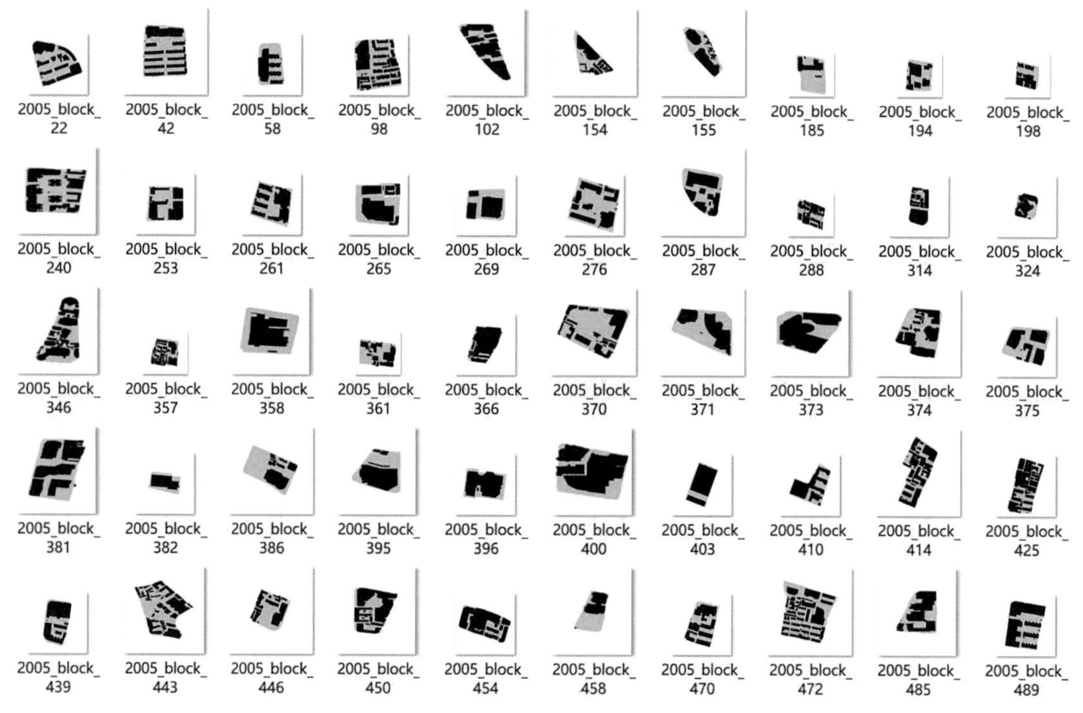

图 3.12 计算机导出二维切片图示意

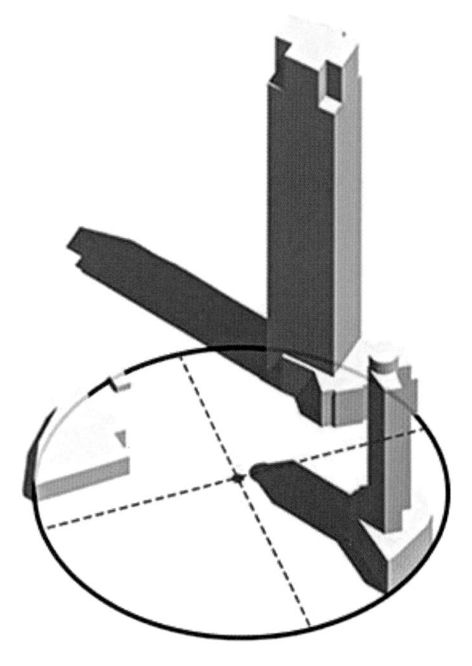
图 3.13 典型三维轴测图示意

行逐一裁剪，形成一个个带有编号的切片图形①。选中每个类别中典型的形态对象编号，由计算机程序自动将对应编号的切片图形导出，并等比例进行逐行排列（图 3.12）。值得一提的是，这里的切片图形通常是对每个形态要素中的建筑及其周边开敞空间进行图底关系的表达。

三维立体表达比二维平面表达更为直观。与二维平面表达类似，同样是通过计算机编程将带有编号的切片图形导出，但区别在于三维立体表达导出的是矢量的 .shp 格式文件。对导出的 .shp 格式文件，可以通过 ArcScene 或者 SketchUp 软件对其进行三维高度的拉

① 图片格式为 .png。

伸，从而形成三维立体的表达效果。本书对每个类别中最为典型的形态要素进行三维立体表达，最终以三维轴测图的形式呈现出来（图 3.13）。

另外需要补充的是，案例实证研究中对于每个类别中“典型”对象的定义是通过算法识别完成的。具体操作方式是取得 AP 算法聚类结果中每个类别的质心，计算类别中每个数据到质心的距离，距离越小则代表越接近最典型的对象，即典型性越强。

具体的二维切片图分析及三维轴测图分析过程将在第 4~6 章，即案例实证研究部分详细阐述，这里仅作原理上的说明。

参考文献

[1] Hamaina R, Leduc T, Moreau G. Towards urban fabrics characterization based on buildings footprints[C]//Bridging the Geographic Information Sciences: International AGILE' 2012 Conference, Avignon (France), April, 24–27, 2012. Berlin Heidelberg Springer: 2012: 327–346.

[2] Schirmer P M, Axhausen K W. A multiscale classification of urban morphology[J]. Journal of transport and land use, 2016, 9(1): 101–130.

[3] Usui H, Asami Y. Size distribution of urban blocks in the Tokyo Metropolitan Region: estimation by urban block density and road width on the basis of normative plane tessellation[J]. International journal of geographical information science, 2018, 32(1): 120–139.

[4] Araldi A, Fusco G. From the street to the metropolitan region: pedestrian perspective in urban fabric analysis[J]. Environment and planning B: urban analytics and city science, 2019, 46(7): 1243–1263.

[5] Vialard A. A typology of block-faces[D]. Atlanta: Georgia Institute of Technology, 2013.

[6] Kropf K. Bridging configurational and urban tissue analysis[C]//Proceedings of 11th Space Syntax Symposium, Lisbon, 2017: 165.1–165.13.

[7] Serra M, Psarra S, O' Brien J. Social and physical characterization of urban contexts: techniques and methods for quantification, classification and purposive sampling[J]. Urban planning, 2018, 3(1): 58–74.

[8] Alobaydi D, Al-Mosawe H, Lateef I M, et al. Impact of urban morphological changes on traffic performance of Jadriyah intersection[J]. Cogent engineering, 2020, 7(1): 1772946.

[9] Cullen G. Concise townscape[M]. London: Routledge, 2012.

[10] Cooper J. Assessing urban character: the use of fractal analysis of street edges[J]. Urban morphology, 2005, 9(2): 95–107.

[11] Hartigan J A, Wong M A. Algorithm AS 136: A *k*-means clustering algorithm[J]. Journal of the royal statistical society, 1979, 28(1): 100–108.

[12] Kaufman L, Rousseeuw P J. Agglomerative nesting (Program AGNES)[M]// Finding groups

in data[J]. New York: John wiley & Sons, Ltd, 2009.

[13] Ester M, Kriegel H P, Sander J, et al. A density-based algorithm for discovering clusters in large spatial databases with noise[C]//KDD' 96: Proceedings of the Second International Conference on knowledge Discovery and Data Mining, Washington, D. C. : AAAI Press, 1996: 226-231.

[14] Zhang T, Ramakrishnan R, Livny M. BIRCH: an efficient data clustering method for very large databases[J]. ACM sigmod record, 1996, 25(2): 103-114.

[15] Ankerst M, Breunig M M, Kriegel H P, et al. OPTICS: Ordering points to identify the clustering structure[J]. ACM sigmod record, 1999, 28(2): 49-60.

[16] Agrawal R, Gehrke J, Gunopulos D, et al. Automatic subspace clustering of high dimensional data[J]. Data mining and knowledge discovery, 2005, 11(1): 5-33.

[17] Frey B J, Dueck D. Clustering by passing messages between data points[J]. Science, 2007, 315(5814): 972-976.

[18] Kaufman L, Rousseeuw P J. Divisive analysis (program diana)[M]//Finding groups in data, New York: John wiley & sons, Ltd, 2008: 253-279.

·4· 城市街区形态类型的大尺度建模解析

街区是以面要素作为主要表征形式的形态单元。以街区为对象的大尺度形态类型建模具有最为普适性的意义。本章在对街区形态类型大尺度建模概述的基础上，以南京老城为例，从南京老城街区形态特征与类型构成两个维度进行解析，并挖掘其演替规律。

4.1 街区形态类型大尺度建模概述

在康泽恩传统中，街区是形态学研究中的高频讨论对象。一方面，由于街区是城市中最常见的形态单元；另一方面，街区也代表着地理学视角切入形态学研究的基本对象。同行政区、产权用地等要素一样，街区的显著特点是具有明确的边界，街区在数据库中以轮廓线的形式存在，具体为闭合多段线。在地理学中，具有明确边界的要素对于统计要素的各类属性及特征都是极为有利的。这也是为什么街区与用地作为研究对象在既有形态学研究中占据绝对的主导地位。

以街区为例，除了街区自身作为面域的形态特征之外，街区还承载了其面域边界内的建筑子要素集合。对形态子要素的属性进行数量上的统计便构成了数量类形态指标，例如街区内部的建筑数量、街区内部建筑高度的最大值等。对内部形态子要素的数量信息在特定空间中的占有强度进行描述便构成了占有率类形态指标，例如经典的形态指标容积率，可以视为建筑这个形态子要素的总面积在特定空间中的占有强度。测度要素对象内部的形态子要素之间属性的差异化程度，便构成了多样性类形态指标，例如街区建筑高度的错落化程度。最终，在指标计算模块，遵循尺寸类、形状类、数量类、占有率类、多样性类、布局类这六大类的形态指标门类，共选择及定义了 17 个具有代表性的街区形态指标。

根据 2005 年和 2020 年两个年度的南京老城数据库，共识别得到 4 260 个有效的街区要素对象。本章运用大尺度形态类型建模的数字化方法流程，对南京老城的街区形态进行解析。在对六类 17 个分项形态指标进行充分解析的基础之上，划分得到南京老城的七种街区类型构成，分别为：大院型街区、岛型街区、条型街区、短窄型街区、簇核型街区、巨型街区、基质型街区。

从分布上来看，南京老城的街区形态呈现出较为明显的从中心到边缘的圈层效应。在尺寸类形态指标上，街区面积、街区周长从中心到边缘呈现出逐渐变大的趋势。在形状类形态指标上，靠近边缘的街区形状相对复杂，而内部街区的形状则相对规整。在数量类形态指标上，靠近边缘的街区相对包含的建筑更多、更大，而内部街区的建筑则相对更高。在占有率类形态指标上，建筑密度与建筑强度较大的街区更倾向于分布在老城中心区域；同时，老城中心区域的街区建筑底面积和高度的差异性相对更大；老城边缘附近的街区通常沿街建筑比和围合度较低。从街区类型的角度来看，簇核型街区显著在老城中心区域集聚；大院型街区、条型街区以及巨型街区的分布则相对靠近老城边缘；基质型街区数量较多，分布介于老城中心和老城边缘的内部区域；岛型街区和短窄型街区相对数量较少，分布也较为零散。

从演替上来看，自 2005 年至 2020 年，南京老城的街区形态在尺寸和形状上变化极小，而涉及街区内部建筑的三维形态变化较为明显。总体上而言，15 年间南京老城中心区域及临近边缘区域的形态变化相对更明显，而介于两者之间的区域变化不太明显。从建筑个数、建筑组数、总建筑底面积等指标来看，临近边缘区域的街区变化显著，尤其对于老城偏北部区域的街区而言；而从例如最大建筑高度、平均建筑高度、建筑密度、建筑强度等指标来看，显著的变化则核心表现在南京老城中心区域，具体为以新街口为中心，沿中央路、中山路、中山南路的轴向区域。从街区类型的角度来看，南京老城的街区形态变化主要体现为簇核型街区明显增多，并且从 2005 年以新街口中心团块式为主的分布，演化为 2020 年进一步向南北方向轴向扩大的态势。

4.2 南京老城街区形态特征及其演替

4.2.1 街区形态的对象界定

根据大尺度形态类型建模中对象数字化界定方法的论述，对于街区、街道、街口的三维形态研究而言，在已知建筑的数据之外，仅需要再知道街区的“面”或街道的“线”这两种要素数据形式之一，就能够通过要素生成模块进一步识别其他的要素及数据形式。本书研究中，是以街区要素作为起始要素，尔后进一步界定生成街道及街口的要素数据。

也就是说，街区形态的数字化界定，其实对应的是本书研究中基础数据库搭建的过程（图 4.1）。

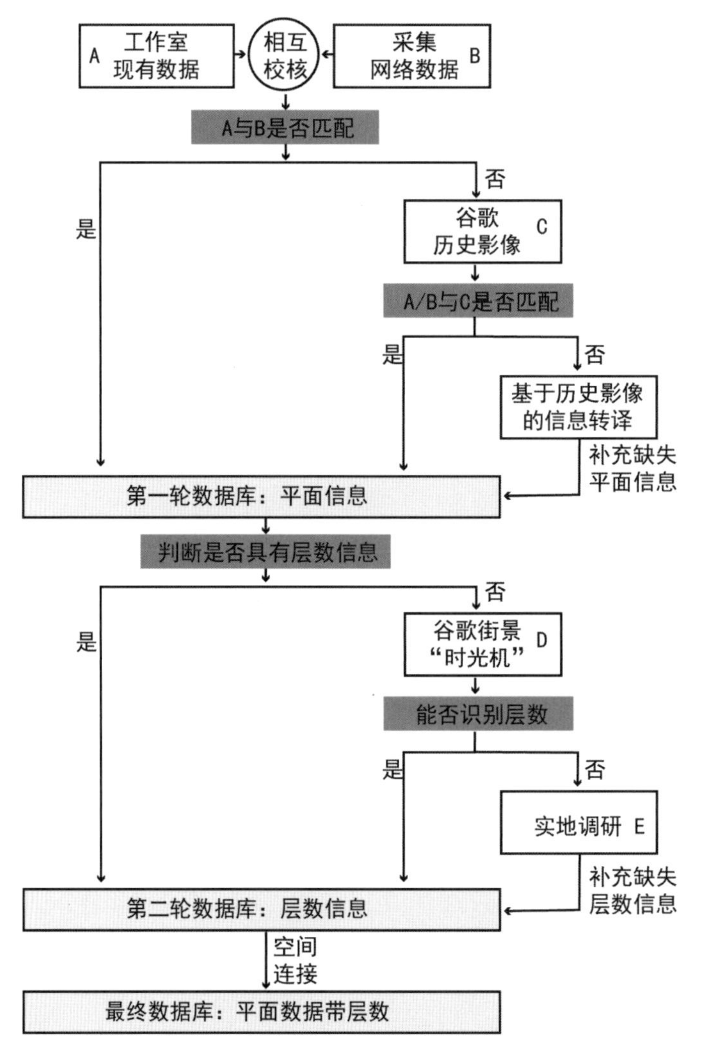

图 4.1 基础数据库搭建的工作流程

（1）基础数据库搭建

研究对应的基础数据库包括南京老城边界内的街区和建筑。街区在数据库中以轮廓线的形式存在，具体为闭合多段线；建筑在数据库中以底面轮廓的形式存在，同样为闭合多段线，并且每个建筑底面轮廓的闭合多段线对应一个建筑层数的数字信息。基础数据库搭建大致可以分为三轮，其中包括数据采集、数据清洗、数据转译、数据校核等多种方法手段。

首先进行的是数据采集工作。研究前期准备工作中涉及两份矢量数据：一是研究团队的既有数据基础[①]；二是基于 OpenStreetMap（OSM）下载的网络公开城市数据集。第一步是对两份数据中最新的 2020 年城市形态数据进行比对。其中研究团队的既有数据所用的坐标系为投影坐标系，以米为单位；而通过 OSM 下载的公开城市数据集所用的坐标系为 WGS_1984 坐标系[②]，以经纬度为单位。为匹配坐标，研究中先将 OSM 数据进行坐标转换，转换为 WGS_1984 坐标系对应的投影坐标系[③]（简称“84 投影坐标系”）；随后，通过 ArcGIS 中的空间校正（spatial adjustment）指令，将既有数据的投影坐标系匹配至 84 投影坐标系[④]。在坐标系匹配的基础之上，对两份数据进行街区及建筑信息的比对：对于两份数据相互匹配的部分，则判定直接进入第一轮数据库；对于两份数据不完全匹配的部分，则借助谷歌地球（google earth）的历史影像进行二次校验。

研究中下载了 2005 年至 2020 年高分辨率的卫星航拍历史影像图（图 4.2）[⑤]。高分辨率影像图提供了对两份数据不完全匹配之处的二次校验：若不完全匹配之处的两份数据，其中有任何一份同影像图一致，则认为其对应的数据可信，将其纳入第一轮数据库。我们注意到，由于 OSM 仅下载了 2020 年的城市形态数据，所以 2005 年只有研究团队既有数据这一份矢量数据，因此，对于 2005 年，直接比对矢量数据与历史影像图，将匹配的部分标记纳入第一轮数据库。进一步，对于两个年份无法同影像图匹配的区域，研究中通过人机交互的手段对影像图进行数据转译，从而完成信息填补。具体方法为：将前期的两份矢量数据导入 AutoCAD 软件中，并将不匹配的局部区域的高清影像图插入进来，通过缩放、平移、旋转的指令将其调整至同矢量数据相互对应；结合现有矢量数据的信息进行修改，使街区轮廓、建筑轮廓信息修改至同影像图保持一致；最后，将修改后的数据导入第一层数据库。至此，第一轮平面信息数据库建构完毕，其包含了两次校核过程中相互匹配的数据，以及通过人机交互转译得到的数据。

---

① 笔者所在的研究团队长期以来对南京老城地区的各类城市数据有持续的追踪和关注，并定期组织团队全体人员进行实地的踏勘及测绘。尤其对于新街口、鼓楼、湖南路、夫子庙等城市各级中心区的城市形态数据有翔实的记载和留档。自 2000 年起，每隔五年留档一次，精确到街区轮廓、建筑轮廓及高度的地形图数据，覆盖南京老城范围的 70% 以上。

② 坐标系全称：GCS_ WGS_1984；坐标系代号：4326。

③ 坐标系全称：WGS_1984_Web_Mercator_Auxiliary_Sphere；坐标系代号：3857。

④ 空间校正的原理是通过确认两组数据中对应的若干组点，将一组数据的坐标匹配至另一组数据。在实际操作过程中，通常选择相互对应的三组点。由于南京老城面积较大，本书研究中选取了九组相互对应的点进行空间校正。

⑤ 在谷歌地球的历史地图功能中，可以将时间轴向前拨动，下载不同年份的卫星航拍历史影像图。在本书的研究准备阶段，于 2020 年 6 月使用谷歌地球下载卫星航拍历史影像图，观察到南京老城的历史影像图可以追溯到 2005 年。下载了 2005 年至 2020 年的所有卫星航拍历史影像图，选用最高下载分辨率参数，即 20。需要说明的是，谷歌地球提供的卫星航拍历史影像图在时间上并不是完全连续的，而是以时间切片的形式，每个时间切片对应一个具体的年份和月份数据，例如南京老城范围对应的时间切片分别为 2005 年 12 月、2006 年 4 月、2007 年 11 月等。

图 4.2 高分辨率卫星航拍历史影像图

接下来，对平面数据库进行高度信息的判定：若建筑轮廓对应的闭合多段线包含层数信息，则将其标记至第二轮数据库；若不包含层数信息，则通过谷歌街景地图及实地调研的方式进行层数信息的补充。首先是利用谷歌街景地图，从公共性的街道空间考察缺失层数信息的建筑区域；通过多个角度的观察，确定目标建筑的层数。值得一提的是，谷歌街景近年来新增设一个“时光机”（time machine）功能，能够浏览追溯街道的历史景象（图 4.3），这一功能为本书研究中对历史年份建筑层数的确定提供了很大的便利。当然，有些建筑位于街区内部难以通过街景观测，或者有的时候由于街道两侧有遮挡物，缺乏好的角度辨别目标建筑的层数。所以，为识别那些无法通过谷歌街景地图确定的建筑层数信息，在数据库搭建阶段，笔者开展了为期三个月的实地调研踏勘工作[①]，补充缺失信息的同时也对整体数据库进行现场校核。最后，将第二轮数据库得到的层数信息同第一轮数据

① 笔者自 2020 年 10 月至 12 月，持续对南京老城的大小街巷及具有公共性的街区进行实地勘察，一方面对最后一部分缺失层数信息的建筑物进行辨认并记录其层数信息，另一方面也是对其他信息进行补充校核。

库中的建筑轮廓进行空间连接（spatial join），得到最终数据库，如图 4.4 所示。

（a）典型的建筑信息发生变化的街景对比

（b）典型的建筑信息未发生变化的街景对比

图 4.3 通过谷歌街景“时光机”考察目标建筑

2005 年　　2020 年

图 4.4 南京老城内的建筑对象

（2）街区数据的基本情况

在最终数据库中，2005 年南京老城共有街区 753 个，2020 年南京老城共有街区 769 个[①]。街区形态包含的建筑对象为老城范围内的建筑对象全体。2005 年，南京老城共有建筑 96 083 个，总占地面积为 12.14 km^2，总建筑面积达到 54.63 km^2，用总建筑面积除以南京老城边界的面积，比值为 1.26；2020 年，南京老城共有建筑 103 506 个，总占地面积为 11.86 km^2，总建筑面积达到 58.55 km^2，用总建筑面积除以南京老城边界的面积，比值为 1.35。

为了更好地解析和描述街区对象，对 2005 年和 2020 年所有的街区对象进行编号。通过要素转点指令生成每个对象的几何中心（centroid），记录每个几何中心的坐标。首先对 2005 年的街区对象进行编号，按照从上至下、从左至右的编号原则，分别将 753 个街区顺次编号，对应 FID_0 至 FID_752。基于 2005 年街区对象的编号，对 2020 年街区对象进行编号，考虑的一个核心问题就是两个年份之间街区编号的对应问题。将两个年份的街区面域数据进行基于坐标的空间叠合，针对 2020 年的任一街区对象，判定其与 2005 年已有街区面域数据中重合度最大的街区编号，进行预标记。

考察预标记的结果，分三种情况讨论：若预标记中某一 FID 仅有一个，则说明仅有一个 2020 年的街区同 2005 年对应编号的街区具有重合度，那么认为它们是一一对应关系，2020 年对应的该街区的编号即为预标记的 FID；若预标记中某一 FID 有多个，则说明 2005 年的对应街区在演替的过程中分成了多个街区对象，假设其 FID 为 X，那么此时将 2020 年的这些街区按重合度大小依次标记为 X_a、X_b、X_c 等；还有一种情况，就是对于 2020 年的某一街区，其和 2005 年的任一街区面域均不发生重合，则说明该街区为演替中的新增街区，编号时对所有的新增街区同样按从上至下、从左至右的编号原则，在原有编号的基础上顺次生成新的编号，如 753、754、755 等。完整编号的两个年份的街区数据如图 4.5 和图 4.6 所示。

---

① 街区，是由具有公共性的城市道路围合界定出的区域。本书研究对象为南京老城，由于其边界由明城墙和护城河构成，故而对南京老城内紧邻边界处的街区，其界定要素不完全是城市道路，而是包括一部分城墙及护城河的边界。

图 4.5 南京老城街区对象编号图（2005 年）

图 4.6 南京老城街区对象编号图（2020 年）

4.2.2 街区形态的指标体系

依据大尺度形态类型建模理论框架中的论述，在街区形态指标体系的建构中，遵循尺寸类、形状类、数量类、占有率类、多样性类、布局类这六大类的形态指标门类，共选择及定义了 17 个具有代表性的形态指标（表 4.1），用以描述街区形态的特征。

表 4.1 街区形态的指标体系汇总表

类别	指标名称	代码	解释	单位
尺寸	面积 area	AR	街区轮廓的几何面积	米^2（m^2）
	周长 perimeter	PE	街区轮廓一周的长度	米（m）
形状	紧凑度 compactness	CO	描述街区轮廓形状近似圆的程度	
	形状指数 shape index	SI	描述街区轮廓形状近似方形的程度	
	分形维数 fractal dimension	FD	描述街区轮廓形状的复杂程度	
数量	建筑个数 number of buildings	NB	街区内建筑体块的数量	个
	建筑组数 number of building groups	NG	街区内建筑组合的数量（在空间上连接在一起的建筑算作一组建筑）	组
	最大建筑（组）底面积 maximum building group area	MGA	街区内所有建筑组合中底面积最大的所对应的底面积数值	平方米（m^2）
	总建筑底面积 building coverage	BC	街区内建筑底面积之和	平方米（m^2）
	最大建筑高度 maximum building height	MBH	街区内所有建筑中高度最大的所对应的高度数值	米（m）
	平均建筑高度 average building height	ABH	街区内所有建筑对应高度数值的算数平均数	米（m）
占有率	建筑密度 building density	BD	总建筑底面积 / 街区面积	
	建筑强度 building intensity	BI	总建筑面积 / 街区面积	
多样性	建筑（组）底面积标准差 standard deviation of building group footprint	SDGF	街区内所有建筑组合的底面积数值的标准差	平方米（m^2）
	建筑高度标准差 standard deviation of building height	SDBH	街区内所有建筑的高度数值的标准差	米（m）

续表

类别	指标名称	代码	解释	单位
布局	沿街建筑比 built front ratio	BFR	临街建筑数量在街区建筑总数中的占比	
	围合度 closeness	CL	沿街建筑在沿街特定距离范围内的占地比	

资料来源：作者编制

（1）尺寸类街区形态指标

尺寸类街区形态指标共包含两个（图 4.7）：街区面积（AR）及街区周长（PE），分别对街区对象对应的多段面（polygon）及多段线（polyline）进行统计即可得到。

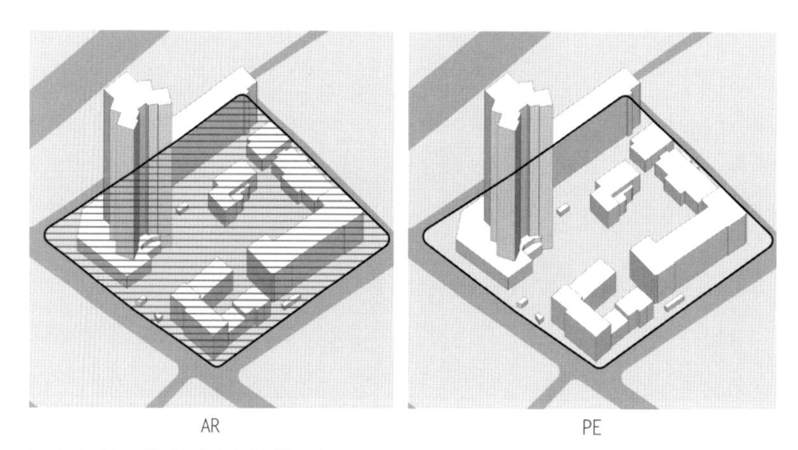

图 4.7 尺寸类街区形态指标图解

（2）形状类街区形态指标

形状类街区形态指标共包含三个：街区紧凑度（CO）、街区形状指数（SI）及街区分形维数（FD）。

街区紧凑度用以描述街区轮廓形状近似圆的程度，其计算公式为：

$$CO = \frac{4\pi AR}{PE^2} \tag{4.1}$$

街区紧凑度计算结果的数值分布区间在 0 到 1 之间，其中越接近 1 意味着街区形状越近似于圆，街区形状越紧凑；相反，越接近 0 则意味着街区形状越不近似于圆，街区形状越不紧凑。

街区形状指数用以描述街区轮廓形状近似方形的程度，其计算公式为：

$$\mathrm{SI}=\frac{\mathrm{PE}}{4\sqrt{\mathrm{AR}}} \tag{4.2}$$

街区形状指数计算结果的数值越小，则街区形状越接近于方形，街区越规整；相反，数值越大，则街区形状越不接近于方形，街区越不规整。

街区分形维数用以描述街区轮廓形状的复杂程度，其计算公式为：

$$\mathrm{FD}=\frac{\ln(\mathrm{PE}/4)}{2\ln\mathrm{AR}} \tag{4.3}$$

街区分形维数计算结果的数值越大，则街区形状越复杂；相反，数值越小，则街区形状越简单。

（3）数量类街区形态指标

数量类街区形态指标共包含六个（图 4.8）：街区建筑个数（NB）、街区建筑组数（NG）、街区最大建筑（组）底面积（MGA）、街区总建筑底面积（BC）、街区最大建筑高度（MBH）、街区平均建筑高度（ABH）。

街区建筑个数和街区建筑组数均为衡量街区建筑数量的指标，区别在于：由于数据集中空间上相连但标高不同的建筑呈现的数据形式是不同的多段面，因此为了区分，将街区中建筑多段面的数量定义为街区建筑个数，而将空间上相连的一个或多个建筑视为“一组”建筑，用建筑组数来反映街区内有多少组建筑。

记任一街区中有 i 个建筑多段面及 j 个建筑组，分别用 s 和 h 代表建筑的底面积及高度，则后四个指标的计算公式分别为：

$$\mathrm{MGA}=\max\ \{s_j\} \tag{4.4}$$

$$\mathrm{BC}=\Sigma\{s_i\} \tag{4.5}$$

$$\mathrm{MBH}=\max\ \{h_i\} \tag{4.6}$$

$$\mathrm{ABH}=\mathrm{ave}\ \{h_i\} \tag{4.7}$$

其中，街区最大建筑（组）底面积以建筑组为单元来计算，其余指标以单个建筑多段面为单元来计算。

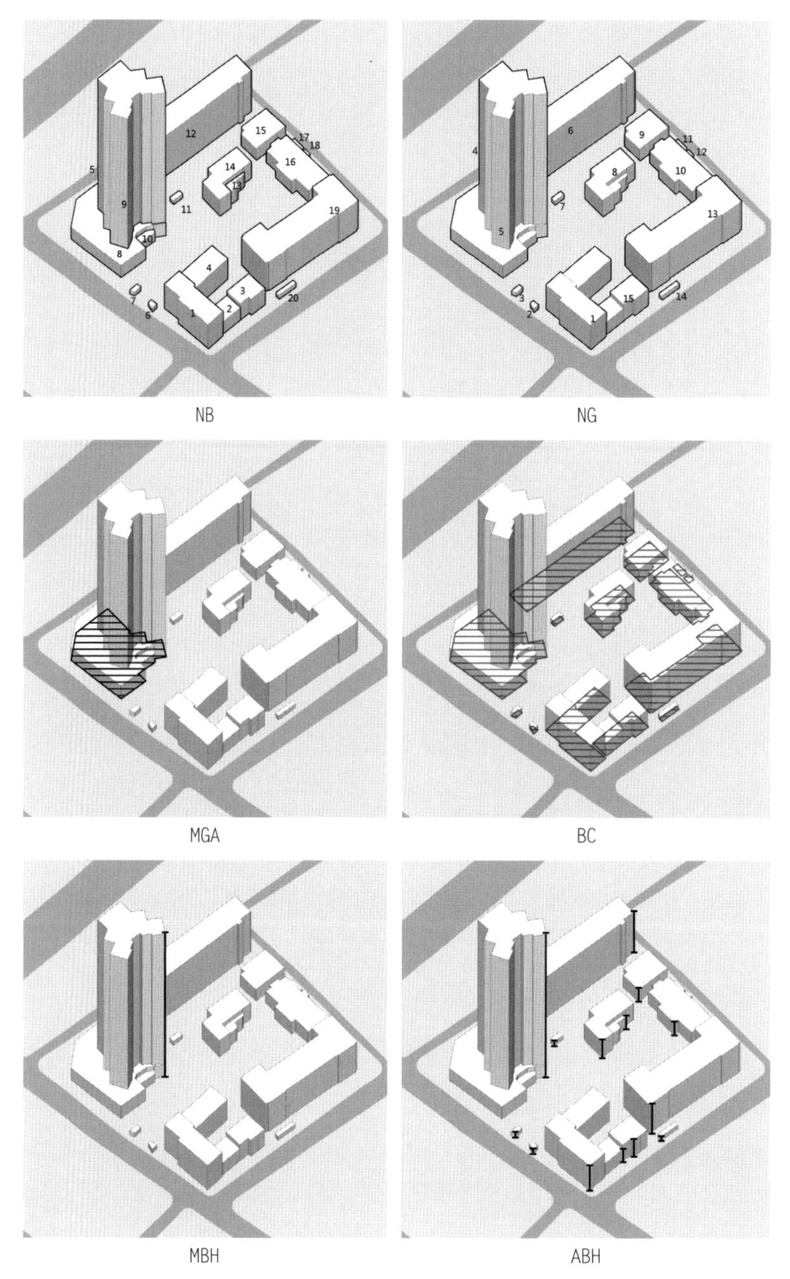

图 4.8 数量类街区形态指标图解

（4）占有率类街区形态指标

占有率类街区形态指标共包含两个（图 4.9）：街区建筑密度（BD）及街区建筑强度（BI）。

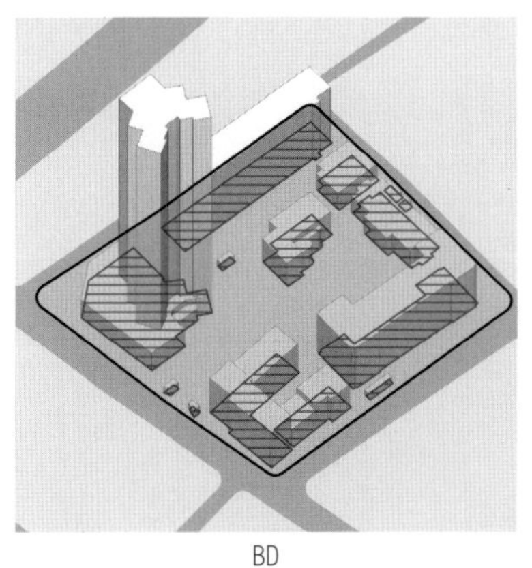
BD

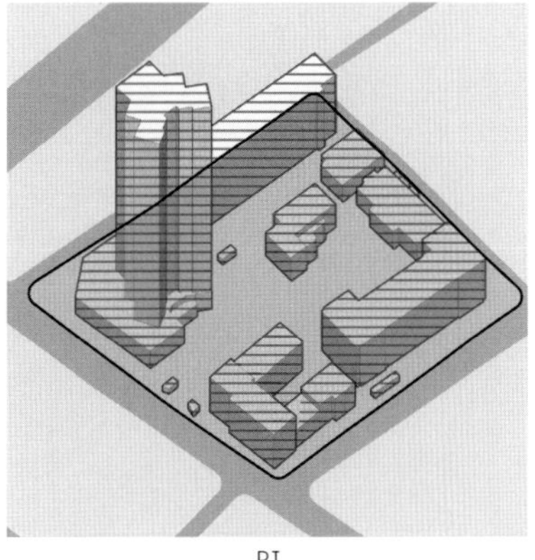
BI

图 4.9 占有率类街区形态指标图解

街区建筑密度用以描述街区内建筑的覆盖率，是用街区内建筑的底面积的总和除以街区面积，计算公式为：

$$\mathrm{BD}=\frac{\Sigma\{s_i\}}{\mathrm{AR}} \tag{4.8}$$

街区建筑密度的取值在 0 到 1 之间，数值越大则代表街区内建筑覆盖率越高，相反则代表建筑覆盖率越低。

街区建筑强度相当于容积率的概念，使用街区建筑强度的指标名称是考虑到数据集中对于建筑面积的算法有所抽象[①]。其计算公式为：

$$\mathrm{BI}=\frac{\Sigma\{s_i \cdot h_i\}}{\mathrm{AR}} \tag{4.9}$$

计算结果中数值越大则代表街区建筑强度越高，相反则代表建筑强度越低。

（5）多样性类街区形态指标

多样性类街区形态指标共包含两个（图 4.10）：街区建筑（组）底面积标准差（SDGF）和街区建筑高度标准差（SDBH）。

正如指标名称所显示，两个指标的计算公式分别为：

$$\mathrm{SDGF}=\mathrm{StdDev}\{s_j\} \tag{4.10}$$

$$\mathrm{SDBH}=\mathrm{StdDev}\{h_i\} \tag{4.11}$$

① 容积率对应的建筑面积，严格意义上是指建筑的楼面面积。而本研究中定义，建筑面积 = 建筑底面积 × 建筑层数，对于建筑内部的复杂空间变化是作抽象考虑而简化的。

其中，街区建筑（组）底面积标准差是以建筑组为单元来计算，用以表征街区内建筑组对应底面积的差异性程度；而街区建筑高度标准差则是以单个建筑多段面来计算，用以表征街区内建筑高度差异性程度。

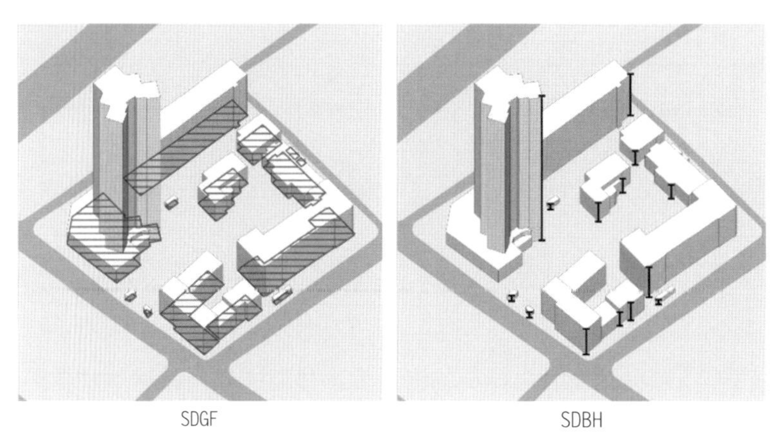

图 4.10 多样性类街区形态指标图解

（6）布局类街区形态指标

布局类街区形态指标共包含两个（图 4.11）：街区沿街建筑比（BFR）和街区围合度（CL）。

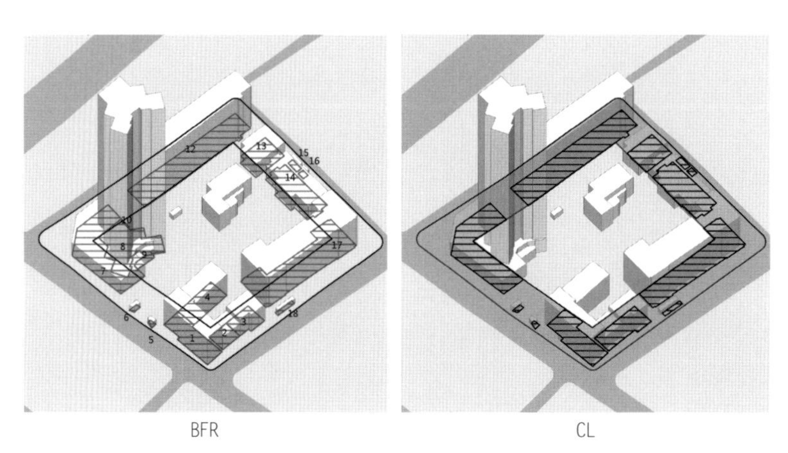

图 4.11 布局类街区形态指标图解

街区沿街建筑比是指街区中沿街建筑占街区建筑总数的比例。本次实验中，将沿街建筑定义为距离街道边界 20 m 范围以内的建筑。在实现方式上，采用侵蚀算法（erosion algorithm）对街区边界向内做 20 m 的缓冲区。利用侵蚀算法做缓冲区的优势在于，不会因为街区本身过小而生成负形。捕捉同缓冲区发生相交关系的建筑，这里以多段面为单元统计沿街建筑个数，并进而得到街区沿街建筑比。

街区围合度，指沿街建筑对于街区形态的围合程度，在本次实验中定义为沿街建筑在沿街特定距离范围内的占地比。同样，采用侵蚀算法对街区边界向内做 20 m 的缓冲区。这里通过计算缓冲区范围内的建筑密度，得到街区围合度。

4.2.3 街区形态的分布及演替

依据建立的街区形态指标体系，分别从 17 个单项形态指标的角度，对南京老城街区形态的分布及演替特征进行阐述。分项街区形态指标在全面定量解析南京老城城市形态的同时，也是后续建构街区类型的基础。同时，针对街区要素的每个单项形态指标，引入“变化量分布”的系列图纸，作为单项形态指标分布图纸的补充。其目的是能够更加直观地呈现 2005 年至 2020 年的形态变化程度。其原理为，对于每个形态指标而言，用形态对象 2020 年的指标数值减去其对应编号对象 2005 年的指标数值，得到差值。对于差值为 0 的编号对象，意味着其 15 年间该形态指标保持不变；对于差值为正的编号对象，意味着其 15 年间该形态指标产生增量；对于差值为负的编号对象，意味着其 15 年间该形态指标产生减量。同时表达两个年份的底图是为了更好地呈现每个形态指标的演替特征：以 2005 年的形态对象为底图，试图表达在 2005 年形态指标基础上，未来 15 年的“拟变化量”；以2020年的形态对象为底图，试图表达2020年形态指标相对于15年前“已发生的变化量”。对于两个年份，使用自然断裂点（natural break）的区间划分方式，分别将增量的数值和减量的数值划分为三个区间。由此，在图例中共包含较大增量、中等增量、较小增量、数值不变、较小减量、中等减量、较大增量七个类别。另外，需要指出的是指标不对应情况，即 2005 年的某个编号的形态对象消失或 2020 年产生新的编号的形态对象的情况。研究中的处理方式是将其分别视为同等数值大小的减量及增量。

（1）街区面积

从街区面积的分布来看，南京老城整体上呈现出“内部面积较小，靠近老城边界处面积较大”的特点，尤其在东西两侧有较为集聚的高值分布（图 4.12）。2005 年街区面积的平均值为 67 782.5 m^2，而 2020 年街区面积的平均值变为 66 089.1 m^2，街区面积平均值稍有减小，这与街区数量的增多有关。从区间分布上来看，面积（单位：m^2）在（0，20 000] 区间的街区在 15 年间增加了 10 个，而在（50 000，100 000] 区间的街区增加了 6 个，其他面积区间街区并未发生显著增减。对于 2005 年，街区面积最大值对应的街区编号为 60，位于老城西北角，其街区面积达到 1 712 918.0 m^2；到了 2020 年，由于该街区被划分成多个街区，从而街区面积最大值对应的街区编号变为 270，位于城东偏北的区域，其街区面积为 1 429 390 m²。

通过南京老城街区面积变化量分布图来进一步说明其形态演替特征（图 4.13）。总共有 631 个街区的面积未发生变化，约占街区总数的 82.1%。2020 年面积发生较小增量的

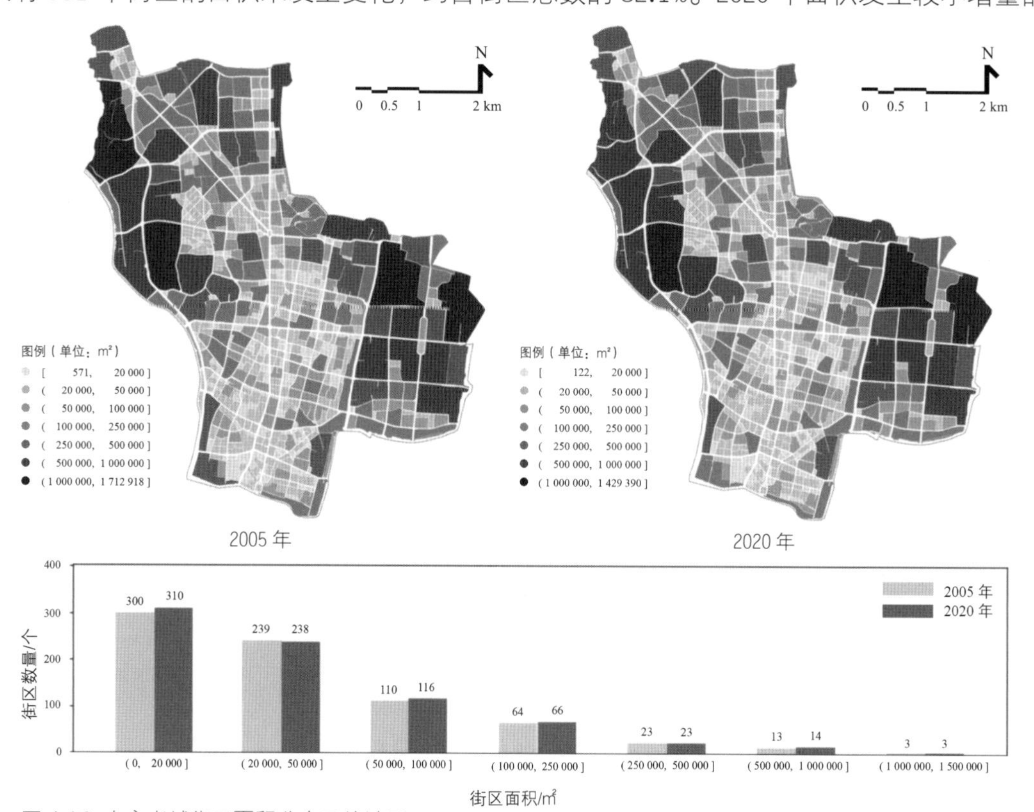

图 4.12 南京老城街区面积分布及统计图

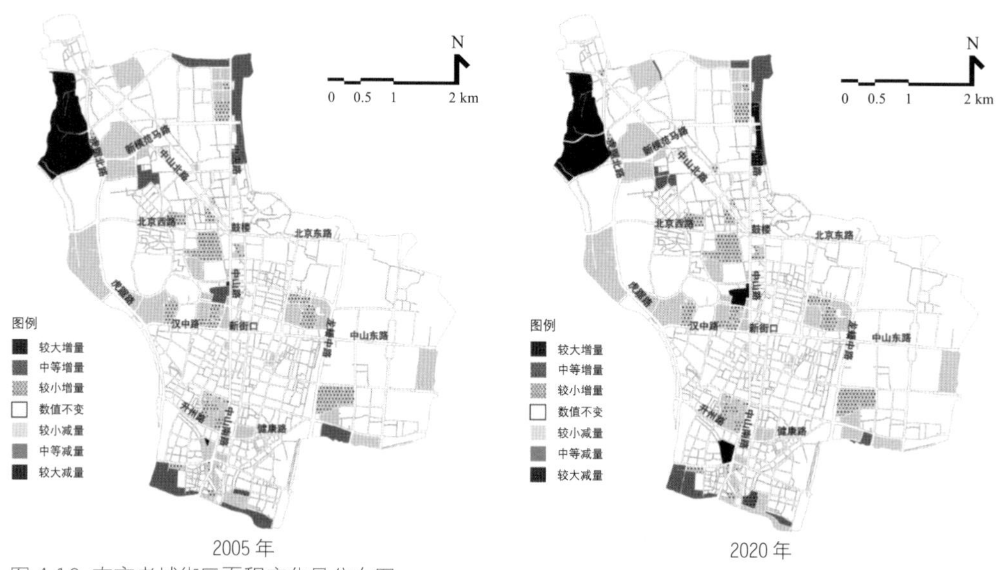

图 4.13 南京老城街区面积变化量分布图

街区共有 41 个，增量区间为 (0，23 340.0]，分布较为分散；而面积发生中等及较大增量的街区仅有 3 个，在中山路及中山南路沿线均有分布。面积发生较小减量的街区共有 76 个，减量区间为 [-101 049.4，0)，多与较小增量街区相依分布；面积发生中等及较大减量的街区主要分布在中央路—中山路—中山南路沿线，也有老城西北角对应 2005 年编号为 60 的街区在 2020 年被划分成两个街区。

(2) 街区周长

从街区周长的分布来看，南京老城整体上呈现出“由内向外逐渐增大”的趋势特征，同样在东西两侧有较为集聚的高值分布 (图 4.14)。2005 年街区周长的平均值为 972.0 m，而 2020 年街区周长的平均值变为 959.5 m，街区周长平均值稍有减小。从区间分布上来看，周长 (单位：m) 在 400 m 以内的街区在 15 年间增加了 7 个，在 (1 000，2 500) 区间的街区增加了 7 个，其他周长区间街区并未有显著增减。从 2005 年到 2020 年，街区周长最大值对应的街区编号均为 60，位于老城西北角，2005 年时周长达到 12 451.8 m，至 2020 年其周长为 7 663.6 m。虽然街区周长因街区划分后而变小，但其依然为整个老城的最大值。

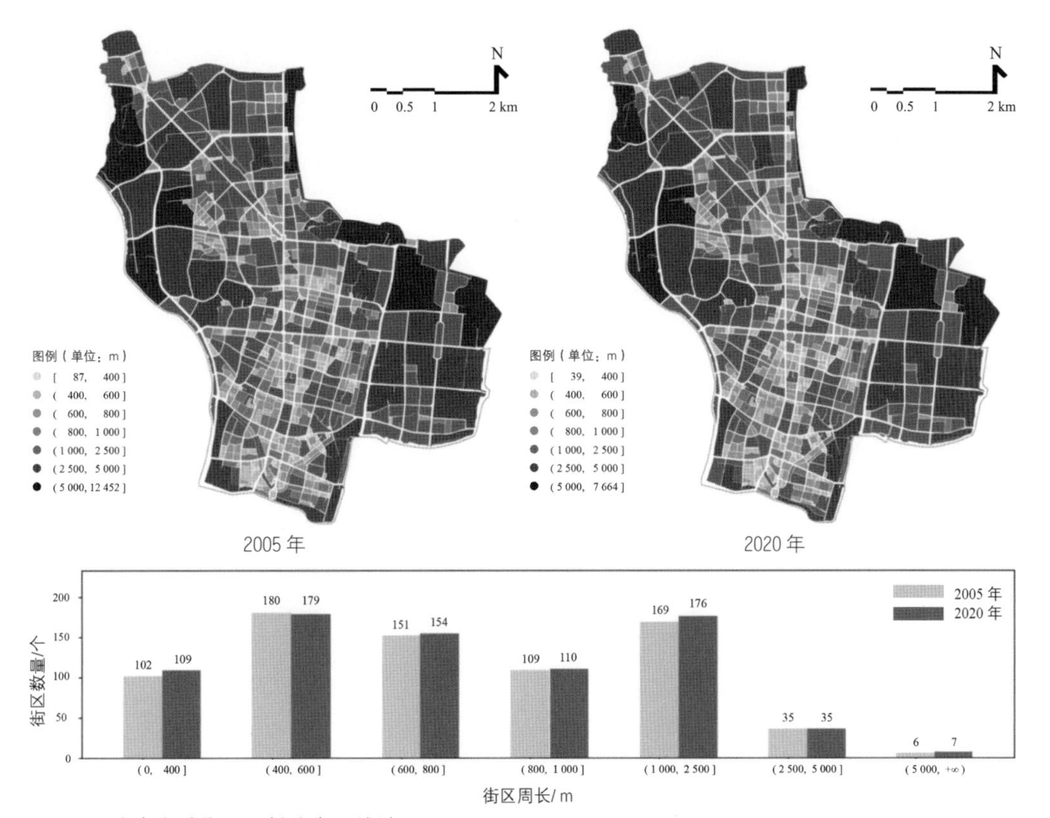

图 4.14 南京老城街区周长分布及统计图

通过南京老城街区周长变化量分布图来进一步说明其形态演替特征（图 4.15）。总共有 632 个街区的周长未发生变化，约占街区总数的 82.2%。2020 年，周长发生较小增量的街区共有 41 个，增量区间为（0，142.5]，分布较为分散；而周长发生中等及较大增量的街区共有 7 个，在中山路及中山南路沿线均有分布。周长发生较小减量的街区共有 69 个，减量区间为 [−971.8，0），有多片均与较小增量街区相依分布；周长发生中等及较大减量的街区主要分布在中央路—中山路—中山南路沿线，也有老城西北角对应 2005 年编号为 60 的街区在 2020 年被划分成两个街区。总体来说，街区周长的变化同街区面积的变化较为相似。

图 4.15 南京老城街区周长变化量分布图

（3）街区紧凑度

从街区紧凑度的分布来看，南京老城整体上呈现出"靠近边缘的街区紧凑度普遍较低"的特点（图 4.16）。2005 年街区紧凑度的平均值为 0.6 464，而 2020 年街区紧凑度的平均值为 0.6 455，街区紧凑度平均值几乎没有发生变化。从区间分布上来看，紧凑度在（0.2，0.4] 区间内的街区在 15 年间增加了 6 个，在（0.6，0.8] 区间内的街区增加了 6 个，在（0.8，1.0] 区间内的街区增加了 5 个。从 2005 年到 2020 年，街区紧凑度最大值对应的街区编号均为 207，位于老城偏西部南京师范大学所在的街区，其紧凑度数值达到 0.9 978。而街区紧凑度最小值在两个年份对应的编号均为 110，位于紧邻老城东北边界转折处，数值为 0.076。

通过南京老城街区紧凑度变化量分布图来进一步说明其形态演替特征（图 4.17）。总共有 632 个街区的紧凑度未发生变化，约占街区总数的 82.2%。2020 年紧凑度发生较小增量的街区共有 46 个，增量区间为（0，0.10]，分布较为分散；紧凑度发生中等增量的

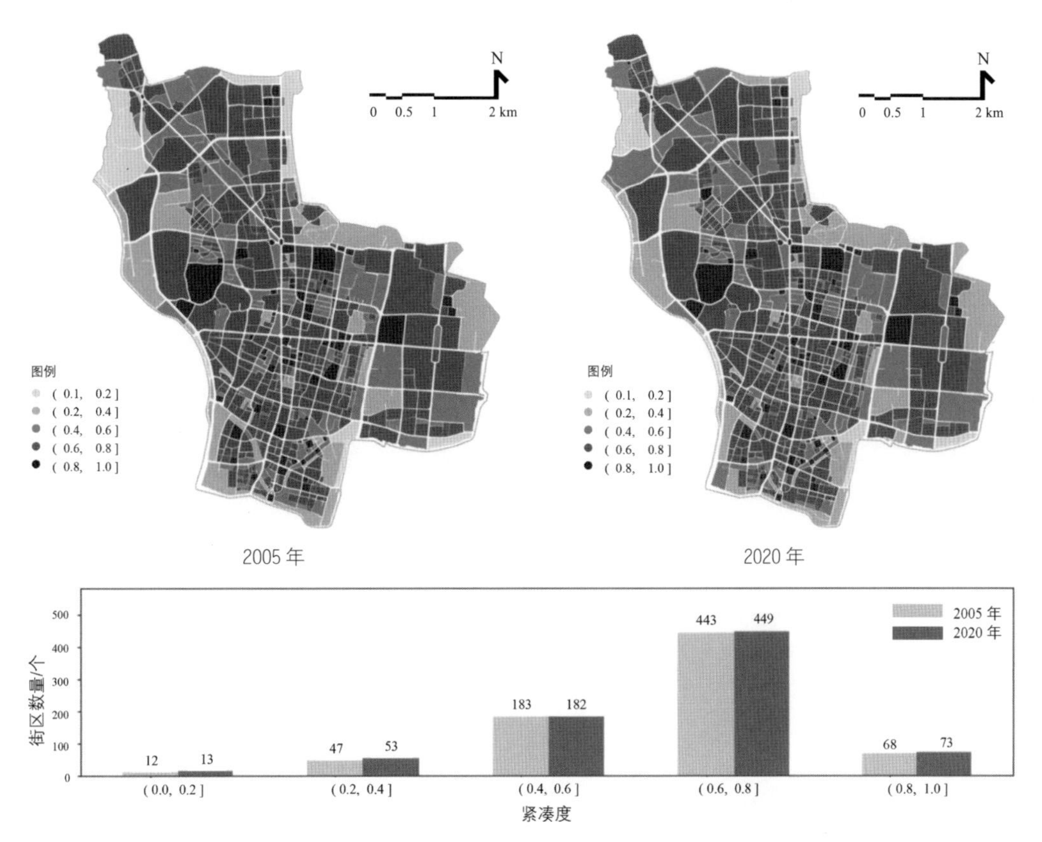

图 4.16 南京老城街区紧凑度分布及统计图

图 4.17 南京老城街区紧凑度变化量分布图

街区共有 21 个，增量区间为（0.10，0.44]，多分布在临近老城边界的区域。紧凑度发生较小减量的街区共有 60 个，减量区间为 [-0.08，0]，在中央路北段、龙蟠中路与中山东路交汇处，以及临近老城南部边界处有较为集中的分布；紧凑度发生中等及较大减量的街区仅有 7 个，在中山路、健康路和老城边界东南转折处均有分布。

（4）街区形状指数

从街区形状指数的分布来看，南京老城整体上呈现出“靠近老城边界处的街区形状指数普遍较高”的特点（图 4.18）。2005 年街区形状指数的平均值为 1.141，而 2020 年街区形状指数的平均值为 1.145，街区形状指数平均值仅有十分微弱的增加。从区间分布上来看，形状指数在（0.8，1.0] 区间的街区在 15 年间增加了 4 个，在（1.0，1.05] 区间的街区增加了 5 个，在（1.05，1.1] 区间的街区增加了 4 个，在（1.5，2.0] 区间的街区增加了 3 个，其他形状指数区间街区并未有显著增减。从 2005 年到 2020 年，街区形状指数最大值对应的街区编号均为 110，紧邻老城东北边界转折处，其形状指数数值达到 3.21。而两个年份街区形状指数最小值对应的编号均为 207，数值为 0.89。

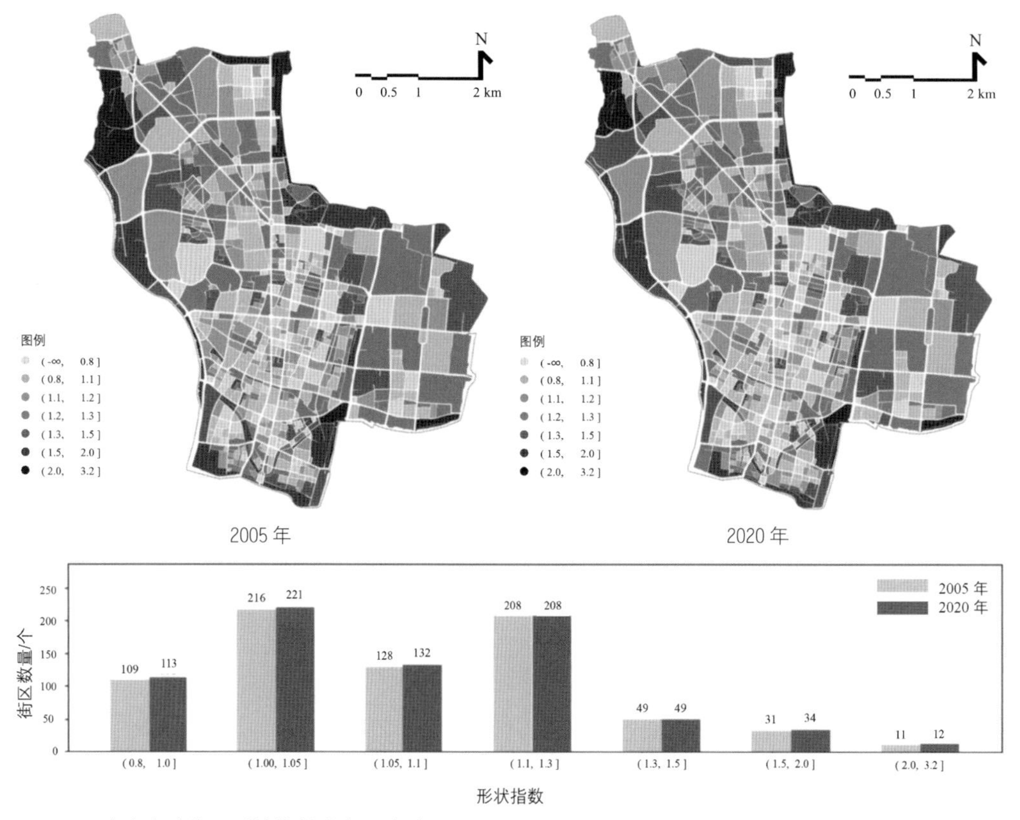

图 4.18 南京老城街区形状指数分布及统计图

（5）街区分形维数

从街区分形维数的分布来看，南京老城整体上呈现出“靠近老城边缘处的街区分形维数相对较高”的特点，尤其在东西两侧有较为集聚的高值分布（图 4.19）。2005 年街区分形维数的平均值为 13.25，而 2020 年街区分形维数的平均值为 13.22，街区分形维数的平均值稍有减小。从区间分布上来看，除了分形维数在（16.0，20.0] 区间的街区个数在 15 年间有所减少，其余区间街区均有不超过 5 个的增加，这说明在 2005 年形状最为复杂的一部分街区发生了一定程度的转变，从而在个数上变少。2005 年，街区分形维数最大值对应的街区编号为 60，位于老城西北角，其街区分形维数达到 18.9；2020 年，由于该街区被划分成多个街区，其分形维数减小为 17.9，但依然作为最大值存在。2005 年街区分形维数的最小值对应的街区编号为 162，位于老城西部，数值为 8.9；2020 年，分形维数最小值对应的街区编号变为 753，同样位于老城西部，数值为 7.3。

通过南京老城街区分形维数变化量分布图来进一步说明其形态演替特征（图 4.20）。总共有 632 个街区的分形维数未发生变化，约占街区总数的 82.2%。2020 年，分形维数发生较小增量的街区共有 42 个，增量区间为（0，0.87]，分布较为分散；分形维数发生较

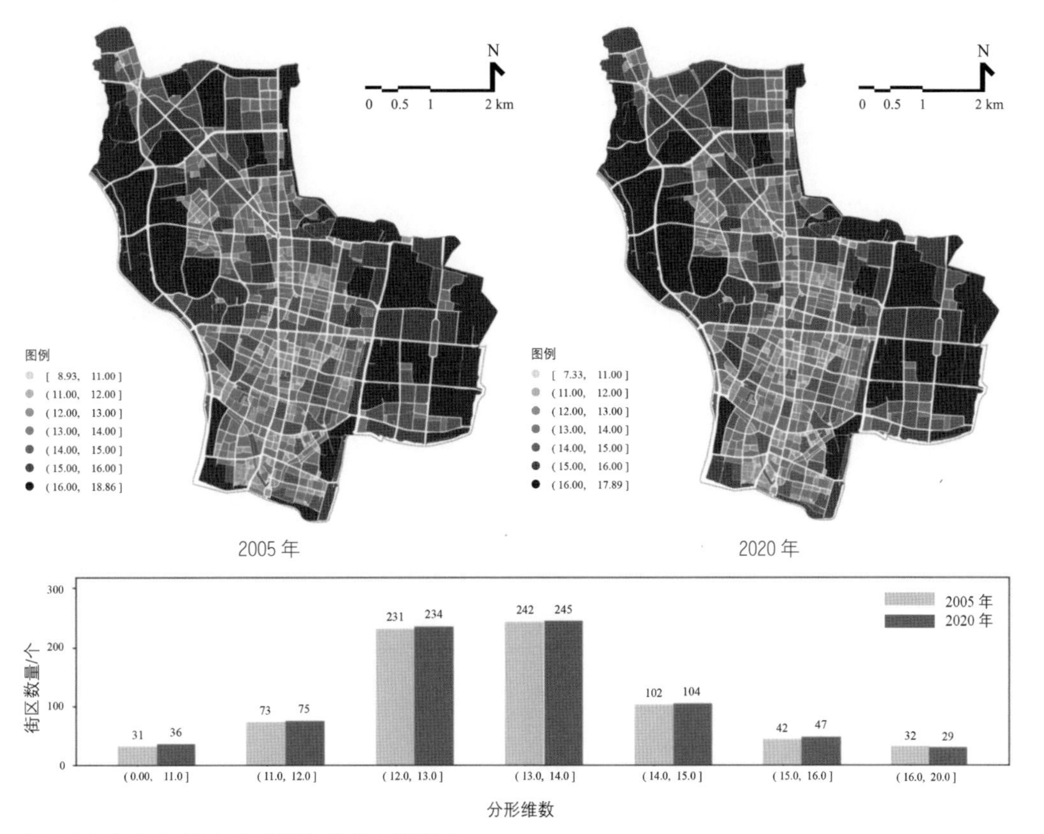

图 4.19 南京老城街区分形维数分布及统计图

小减量的街区共有 66 个，减量区间为 [−1.08，0），在中山路沿线有较为集中的分布，也有部分街区分布在临近老城边界处的区域；分形维数发生中等及较大增减量的街区分别有 6 个及 24 个，大多分布在临近老城边界的区域。

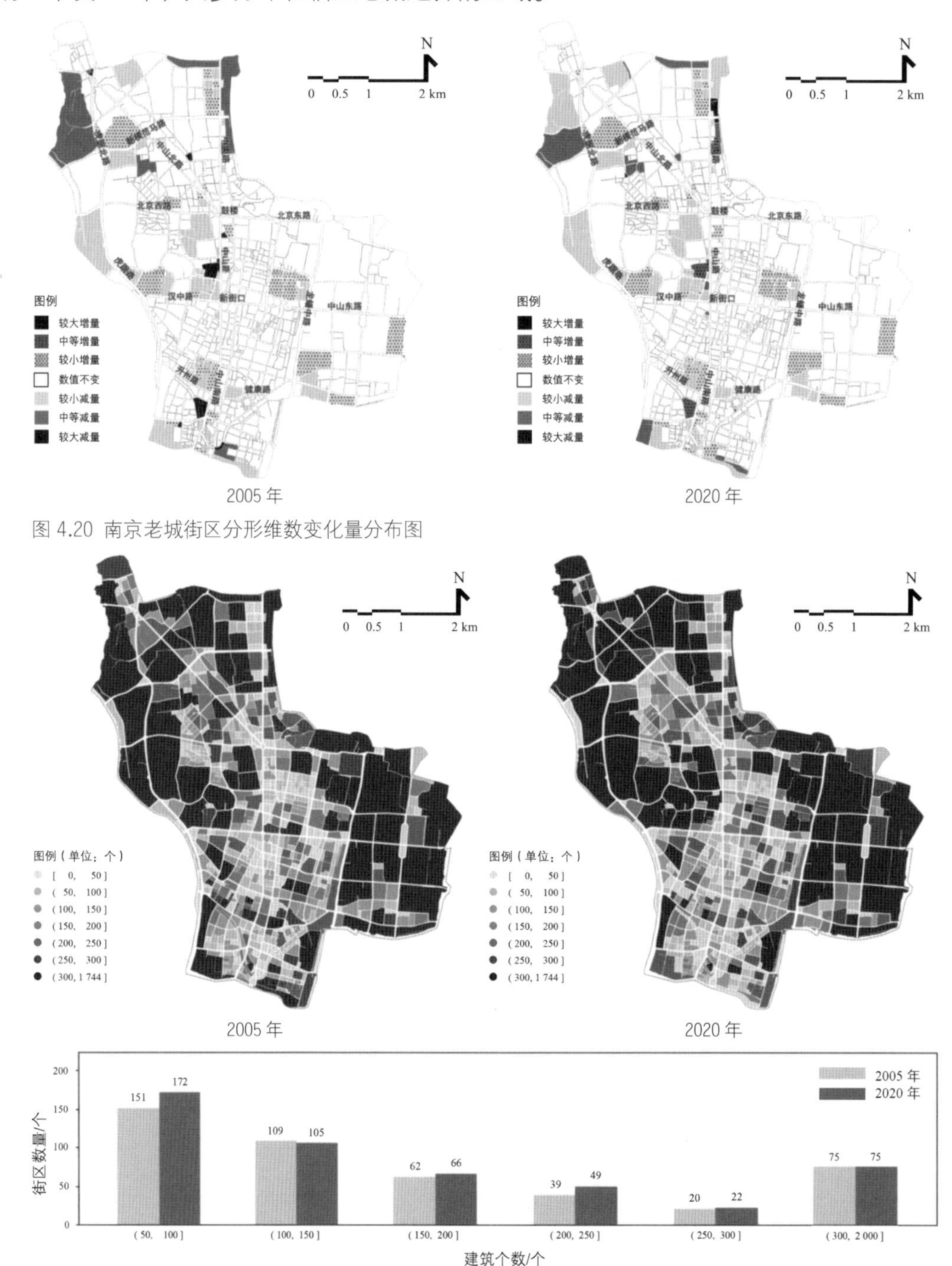

图 4.20 南京老城街区分形维数变化量分布图

图 4.21 南京老城街区建筑个数分布及统计图

（6）街区建筑个数

从街区建筑个数的分布来看，南京老城整体上呈现出“北高南低，外高内低”的特点，尤其在老城西北部及城东偏北部的区域出现较为集中的高值分布（图 4.21）。2005 年街区建筑个数的平均值为 127.4，而 2020 年街区建筑个数的平均值为 134.2，平均每个街区建筑个数增加 6.8 个。从区间分布来看，变化最大的是建筑个数在（50，100] 区间的街区，其数量由 2005 年的 151 个增加至 2020 年的 172 个，其余区间略有增减。2005 年，街区建筑个数最大值对应的街区编号为 60，位于老城西北角，其街区建筑个数为 1 744 个。到了 2020 年，该街区被划分成多个街区；虽然该街区面积减小，但街区内在 15 年间增加了一部分新建筑，最后街区建筑个数为 1739，同 2005 年的对应最大值相去无几。

通过南京老城街区建筑个数变化量分布图来进一步说明其形态演替特征（图 4.22）。从图中可以看出，绝大部分街区建筑个数发生了变化。具体而言，总共有 41 个街区的建筑个数未发生变化，约占街区总数的 5.39%。从 2005 年到 2020 年，大部分街区建筑个数发生了较小增量，具体表现为建筑个数增量在（0，66] 区间中的街区共有 435 个，占街区总数的 57.2%。与此同时，也有部分街区建筑个数发生了较小减量，减量在 [−166，0）区间中的街区共有 185 个，占街区总数的 24.1%。建筑个数发生中等及较大减量的街区分别有 58 个和 37 个，一个较为明显的现象是它们在新模范马路以北区域、中山路与虎踞路之间区域、龙蟠中路沿线有较为集中的分布。

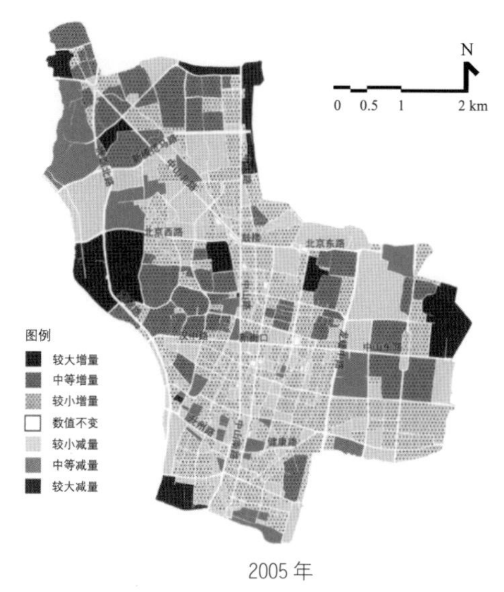

2005 年

2020 年

图 4.22 南京老城街区建筑个数变化量分布图

（7）街区建筑组数

从街区建筑组数的分布来看，南京老城整体上同样呈现出“北高南低，外高内低”的特点，在老城西北部及城东偏北部的区域出现较为集中的高值分布（图 4.23）。2005 年街区建筑组数的平均值为 40.3 组，而 2020 年街区建筑组数的平均值为 37.5 组，平均每个街区的建筑组数减少 2.8 组。从区间分布上来看，建筑组数在 5 组以内的街区数量在 15 年间显著增加，从 123 个增加至 157 个；而建筑组数在区间（5，10］的街区则在 15 年间有较为明显的减少，从 110 个减少至 96 个；其他建筑组数区间的街区数量分布略有增减，变化不大。2005 年，街区建筑组数最大值对应的街区编号为 60，位于老城西北角，其街区建筑组数达到 824 组；到了 2020 年，该街区被划分成多个街区，但其中街区建筑组数的最大值依然位于此处，在数值上减少为 628 组。2005 年及 2020 年均有建筑组数为 0 的街区，例如编号为 25、59、74、95、189、245 的街区等。

通过南京老城街区建筑组数变化量分布图来进一步说明其形态演替特征（图 4.24）。15 年间大部分街区的建筑组数发生了变化。具体而言，总共有 183 个街区的建筑组数未发生变化，约占街区总数的 23.8%。在老城中心区域，即中山路及中山南路沿线有较为明

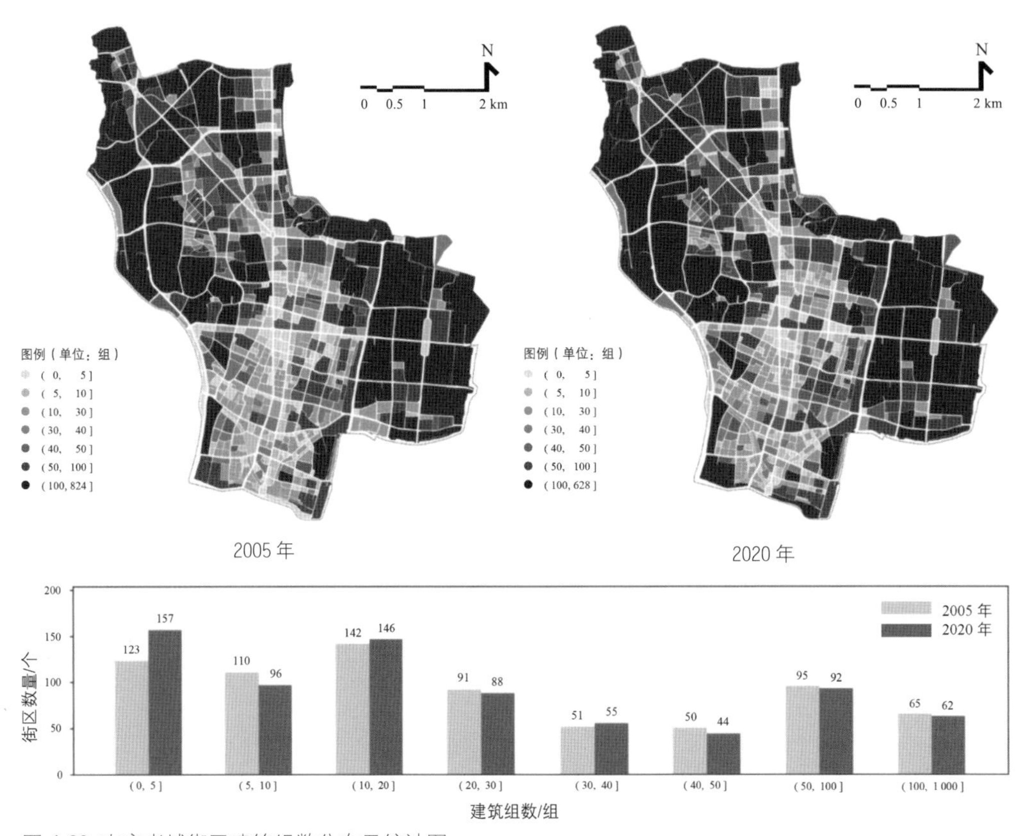

图 4.23 南京老城街区建筑组数分布及统计图

显的集中分布区域。从 2005 年到 2020 年，绝大部分街区建筑组数发生较小增减量。具体而言，建筑组数发生较小减量的街区达到 344 个，对应区间为 [−101，0)；而发生较小增量的街区共有 178 个，对应区间为 (0，10]；其他发生中等及较大增（减）量的街区

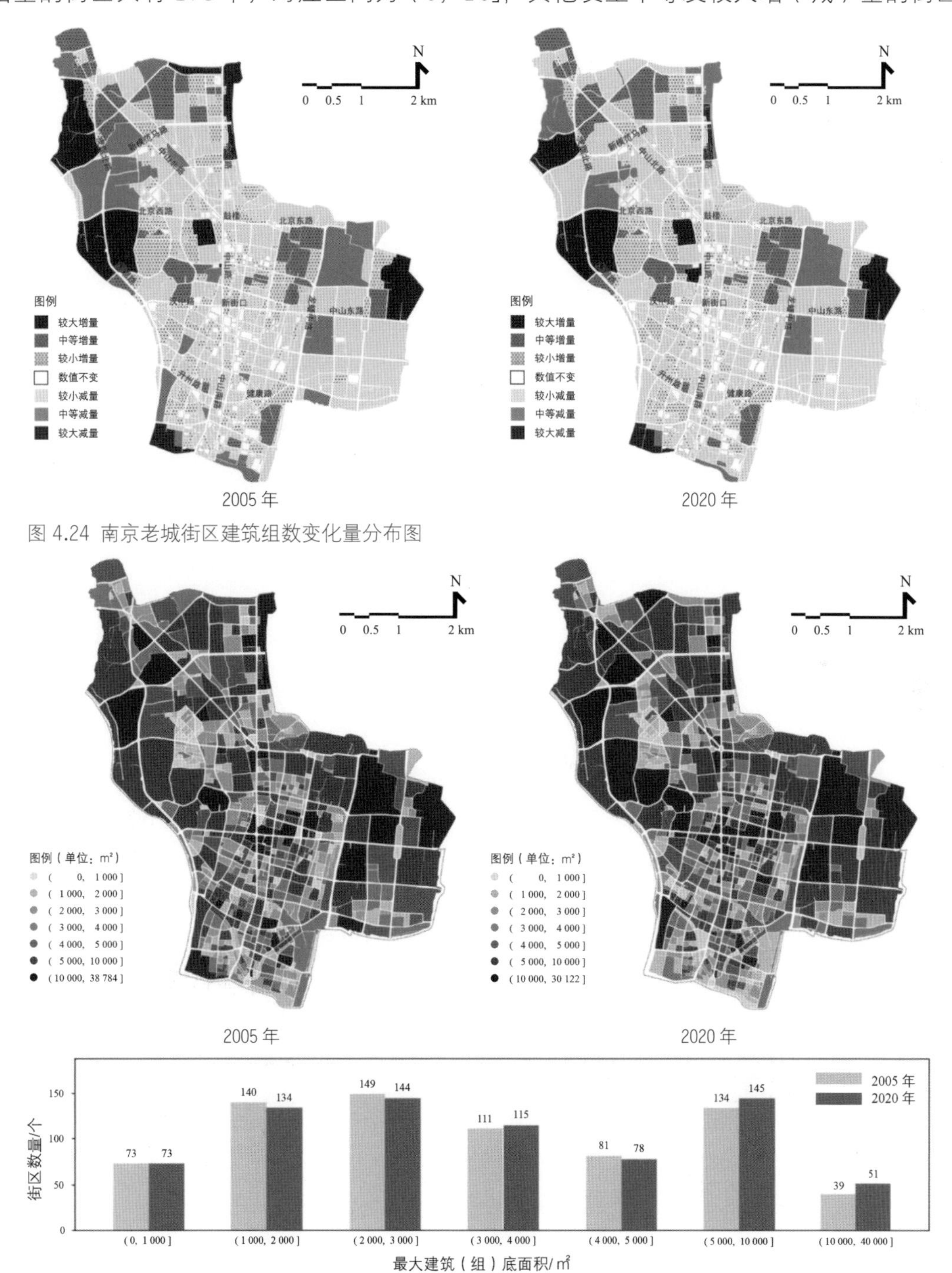

图 4.24 南京老城街区建筑组数变化量分布图

图 4.25 南京老城街区最大建筑（组）底面积分布及统计图

数量不多，在分布上也主要集中在汉中路及中山东路以北并靠近老城边界的区域。

（8）街区最大建筑（组）底面积

从街区最大建筑（组）底面积的分布来看，南京老城整体上呈现出“高值区域多片分布”的特点，尤其在老城中心区域及东西两翼有成片的高值分布（图 4.25）。2005 年街区最大建筑（组）底面积的平均值为 3778.9 ㎡，而 2020 年街区最大建筑（组）底面积的平均值变为 3971.6 ㎡，街区最大建筑（组）底面积的平均值增加了 192.7 ㎡。从区间分布上来看，在高值区域的区间中，街区数量在 15 年间有较为显著的增加，街区最大建筑（组）底面积（单位：㎡）在（5000，10000] 区间的街区数量增加了 11 个，在（10000，40000] 区间的街区数量增加了 12 个；其他区间范围内街区数量在 15 年间略有增减。2005 年，街区最大建筑（组）底面积的最大值为 38783.8 ㎡，其对应街区编号为 698，位于老城西南角；到了 2020 年，街区最大建筑（组）底面积的最大值为 30122.0 ㎡，其对应街区编号为 213，位于老城中心鼓楼区。

通过南京老城街区最大建筑（组）底面积变化量分布图来进一步说明其形态演替特征（图 4.26）。从图中可以看出，绝大部分街区最大建筑（组）底面积的数值发生了变化。具体而言，总共有 60 个街区的最大建筑（组）底面积未发生变化，约占街区总数的 7.9%。从 2005 年到 2020 年，增量区间在（0，1 943.2] 的街区数量达到 314 个，占街区总数的 41.3%；中等及较大增量区间的街区数量分别为 50 个和 9 个，普遍分布在中山东路、虎踞北路等高等级道路沿线。减量区间的数值分布范围更大，较小减量区间的范围达到 [−7 563.3，0），对应街区数量为 324 个，占街区总数的 41.3%；中等及较大减量区间的街区数量分别为 11 个和 2 个，大多分布在临近老城边界的地区。

（9）街区总建筑底面积

从街区总建筑底面积的分布来看，南京老城整体上呈现出“两极分化”的特点，在临近老城北部边界及向内渗透的部分区域有较为集中的高值分布，而这些高值区域再往内则数值骤减（图 4.27）。2005 年街区总建筑底面积的平均值为 22 547.3 ㎡，而 2020 年街区总建筑底面积的平均值为 21 548.9 ㎡，街区总建筑底面积的平均值有所减小。从区间分布上来看，不同区间内街区数量在 15 年间均为个位数的增减，其中相对变化最大的为（40000，50000] 区间，街区从 2005 年的 34 个减少至 2020 年的 26 个。2005 年，街区总建筑底面积最大值对应的街区编号为 60，位于老城西北角，其数值达到 345 426.3 ㎡；2020 年由于该街区被划分成多个街区，从而街区总建筑底面积最大值对应的街区编号变为 270，位于城东偏北，数值为 326 891.2 ㎡。

通过南京老城街区总建筑底面积变化量分布图来进一步说明其形态演替特征（图 4.28）。

图 4.26 南京老城街区最大建筑（组）底面积变化量分布图

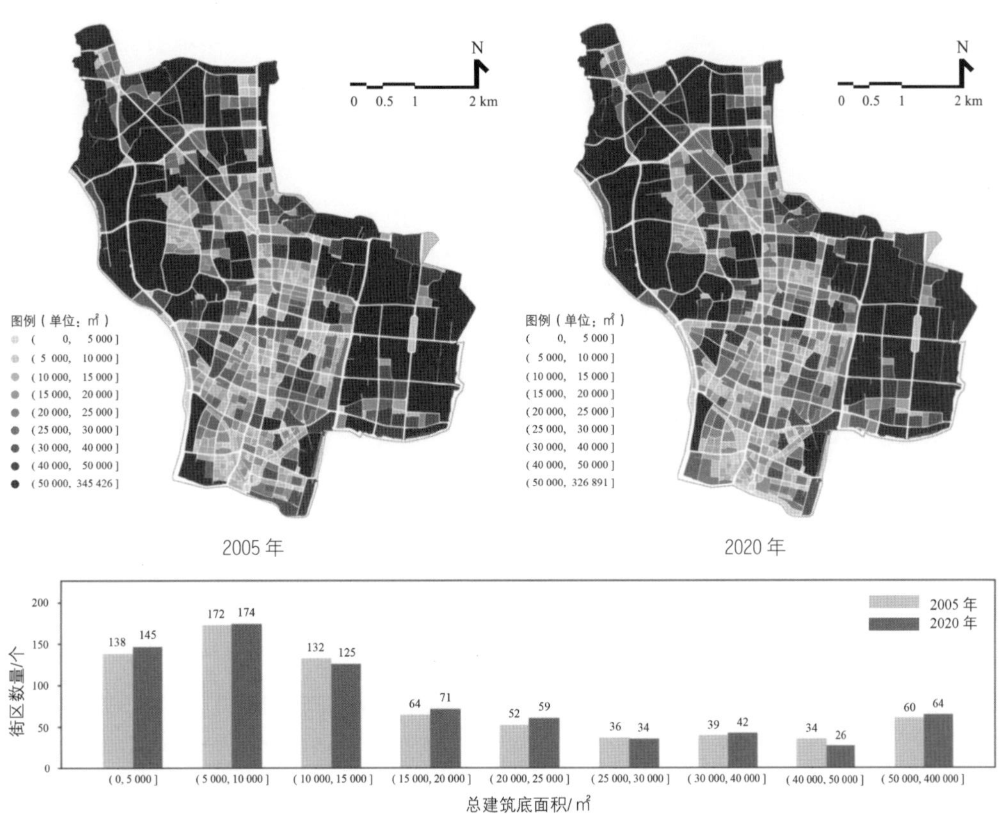

图 4.27 南京老城街区总建筑底面积分布及统计图

从图中可以看出，绝大部分街区总建筑底面积的数值发生了变化。具体而言，仅有 24 个街区的总建筑底面积未发生变化，约占街区总数的 3.1%。从 2005 年到 2020 年，增量区间在（0，4 231.8] 的街区数量达到 305 个，占街区总数的 40.0%；中等及较大增量区间的街区数量分别为 50 个和 4 个，在老城偏北部的区域分布明显多于南部区域。减量区间的数值分布范围更大，较小减量区间的范围达到 [-46 929.1，0]，对应街区数量为 366 个，占街区总数的 48.1%；中等及较大减量区间的街区数量分别为 12 个和 9 个，大多分布在临近老城边界的区域。

图 4.28 南京老城街区总建筑底面积变化量分布图

（10）街区最大建筑高度

从街区最大建筑高度的分布来看，南京老城整体上呈现出“沿中心区域的干道集中分布”的特点，尤其在中山北路、中山路、中山南路沿线有较为明显的线性分布趋势（图 4.29）。2005 年街区最大建筑高度的平均值为 37.4 m，而 2020 年街区最大建筑高度的平均值为 40.0 m，街区最大建筑高度在 15 年间平均增大了 2.6 m。从区间分布上来看，高值区间在 15 年间街区个数的增加较为明显，具体为最大建筑高度在（54，72] 区间的街区增加了 14 个，在（72，100] 区间的街区增加了 13 个，在（100，300] 区间的街区增加了 6 个。2005 年，街区最大建筑高度的最大值为 174 m，相当于 58 层的建筑层数，对应街区编号为 370，位于新街口区域；到了 2020 年，街区最大建筑高度的最大值为 267 m，相当于 89 层的建筑层数，对应街区编号为 173，位于鼓楼区。

通过南京老城街区最大建筑高度变化量分布图来进一步说明其形态演替特征（图 4.30）。

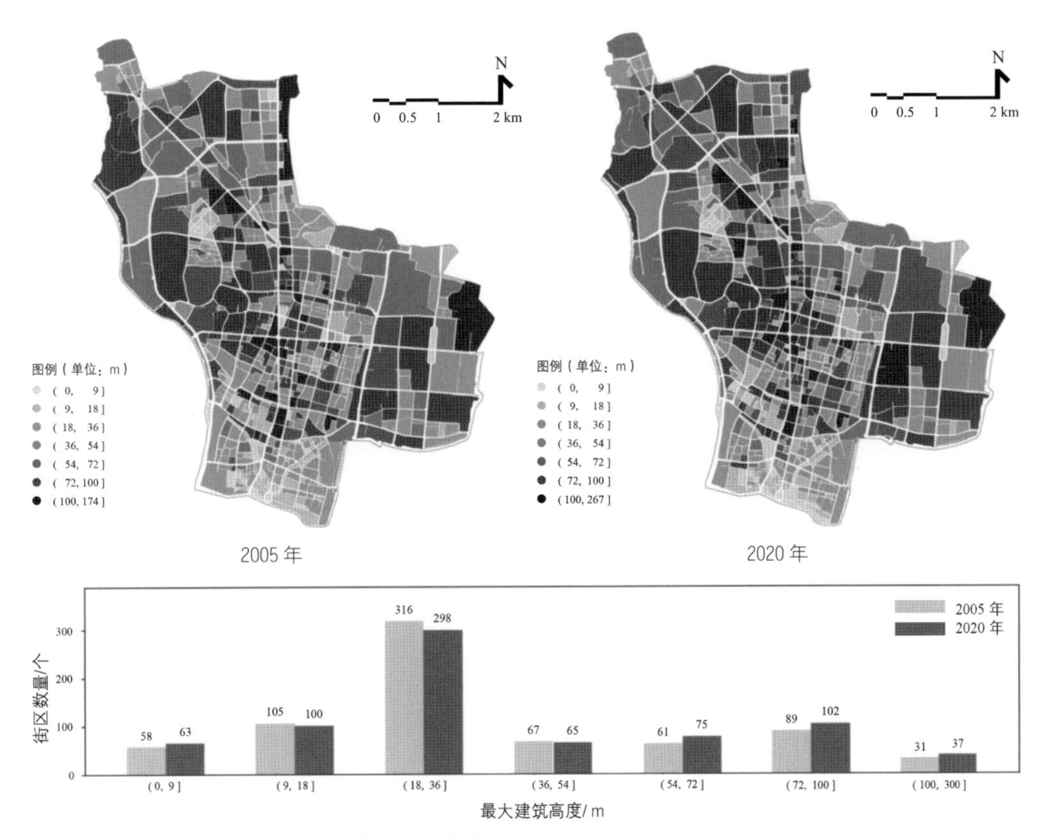

图 4.29 南京老城街区最大建筑高度分布及统计图

图 4.30 南京老城街区最大建筑高度变化量分布图

从图中可以看出，绝大部分街区最大建筑高度的数值并未发生改变。具体而言，总共有626个街区的最大建筑高度保持不变，约占街区总数的81.4%。从2005年到2020年，最大建筑高度增量在（0，36]区间的街区共有55个，占街区总数的7.2%，相当于增量不足12层；发生中等及较大增量的街区分别为24个及2个。最大建筑高度发生较小减量的区间为[-27，0），相当于减量不足9层，对应街区数量为47个，占街区总数的6.2%；发生中等及较大减量的街区分别为12个和4个。对于最大建筑高度变化量分布而言，一个较为明显的特点就是发生中等及以上增（减）量的街区普遍集中在老城偏北部的区域，也就是说，老城南部区域的街区最大高度变化相对缓和。

（11）街区平均建筑高度

从街区平均建筑高度的分布来看，南京老城整体上呈现出“由中心向边缘递减”的趋势，当然局部也有波动（图4.31）。2005年街区平均建筑高度的平均值为9.3m，而2020年街区平均建筑高度的平均值为9.8m，街区平均建筑高度在15年间平均增大了0.5m。从区间分布上来看，高值区间在15年间街区个数有一定程度的增加，最为明显的是平均建筑高度在（30，36]区间的街区从2005年的5个增加为2020年的15个，在（12，18]区间的街区从78个增加为94个；其他还包括在（24，30]区间的街区增加了4个，而在（36，100]区间的街区增加了3个。2005年，街区平均建筑高度的最大值为77.2m，相当于26层左右的建筑高度，对应街区编号为379，位于大行宫区域；到了2020年，街区平均建筑高度的最大值为80.0m，相当于27层左右的建筑高度，对应街区编号为336，位于新街口区域。

通过南京老城街区平均建筑高度的变化量分布图来进一步说明其形态演替特征（图4.32）。从图中可以看出，绝大部分街区平均建筑高度的数值发生了变化。具体而言，仅有38个街区的平均建筑高度保持不变，约占街区总数的4.9%。从2005年到2020年，平均建筑高度增量在（0，12.2]区间的街区共有310个，占街区总数的40.3%，大致相当于高度增量在4层及以内；发生中等及较大增量的街区分别为17个及2个。平均建筑高度发生较小减量的区间为[-2.3，0），相当于高度减量不足1层，对应街区数量为312个，占街区总数的40.6%；发生中等及较大量的街区分别为86个和5个。对于平均建筑高度变化量分布而言，发生中等及以上增（减）量的街区在中山路沿线的集聚最为明显，在其他区域的分布则较为零散。这一点和街区最大建筑高度的分布趋势有明显区别。

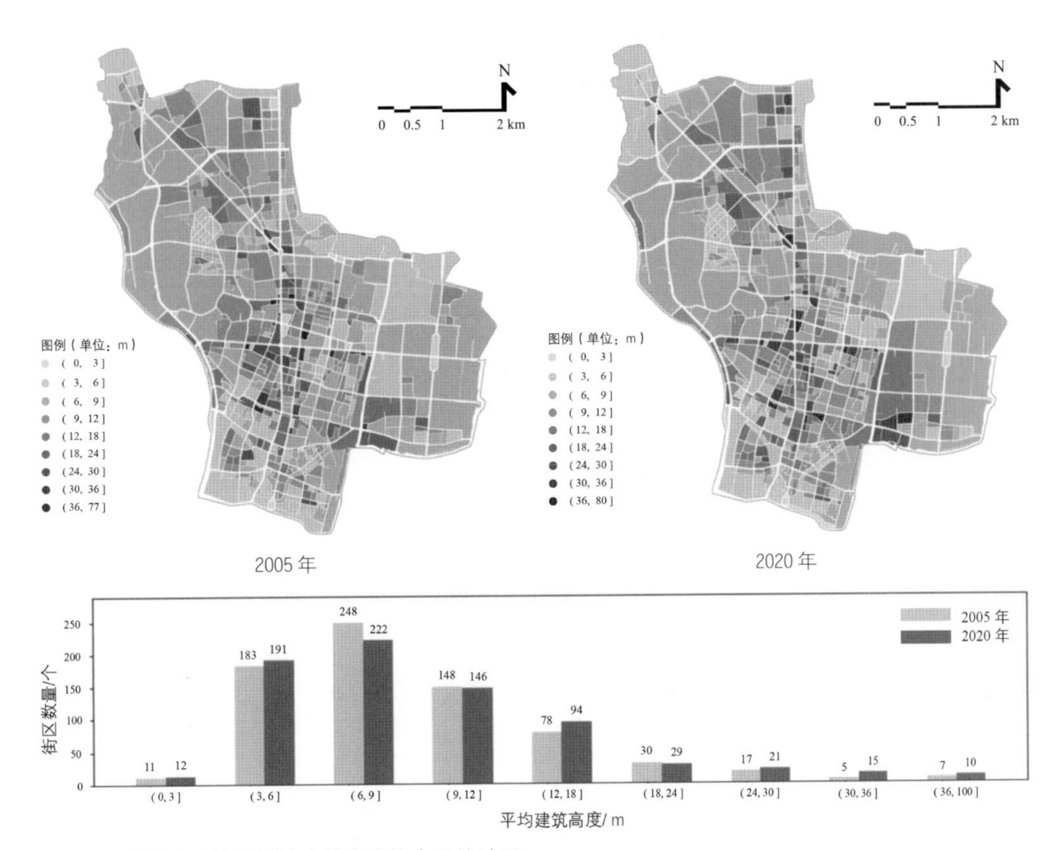

图 4.31 南京老城街区平均建筑高度分布及统计图

图 4.32 南京老城街区平均建筑高度变化量分布图

（12）街区建筑密度

从街区建筑密度的分布来看，南京老城整体上呈现出“南高北低”的特点，老城南部区域街区建筑密度普遍相对较高（图 4.33）。2005 年街区建筑密度的平均值为 0.431，而 2020 年街区建筑密度的平均值变为 0.426，街区建筑密度的平均值稍有减小。从区间分布上来看，变化较为明显的是建筑密度在（0.5，0.6]区间的街区，从 2005 年至 2020 年街区个数由 124 个增加至 143 个；而在其临近区间，15 年间对应的街区个数都有一定程度的减少，具体为在（0.3，0.4]区间的街区减少了 5 个，在（0.4，0.5]区间的街区减少了 3 个，在（0.6，0.7]区间的街区减少了 2 个，在（0.7，0.8]区间的街区减少了 3 个，在（0.8，0.9]区间的街区减少了 4 个。2005 年，街区建筑密度的最大值对应的街区编号为 615，位于夫子庙区域，其街区建筑密度达到 0.92；到了 2020 年，街区建筑密度的最大值对应的街区编号变更为 127，位于颐和路公馆区域，其街区建筑密度达到 0.98。

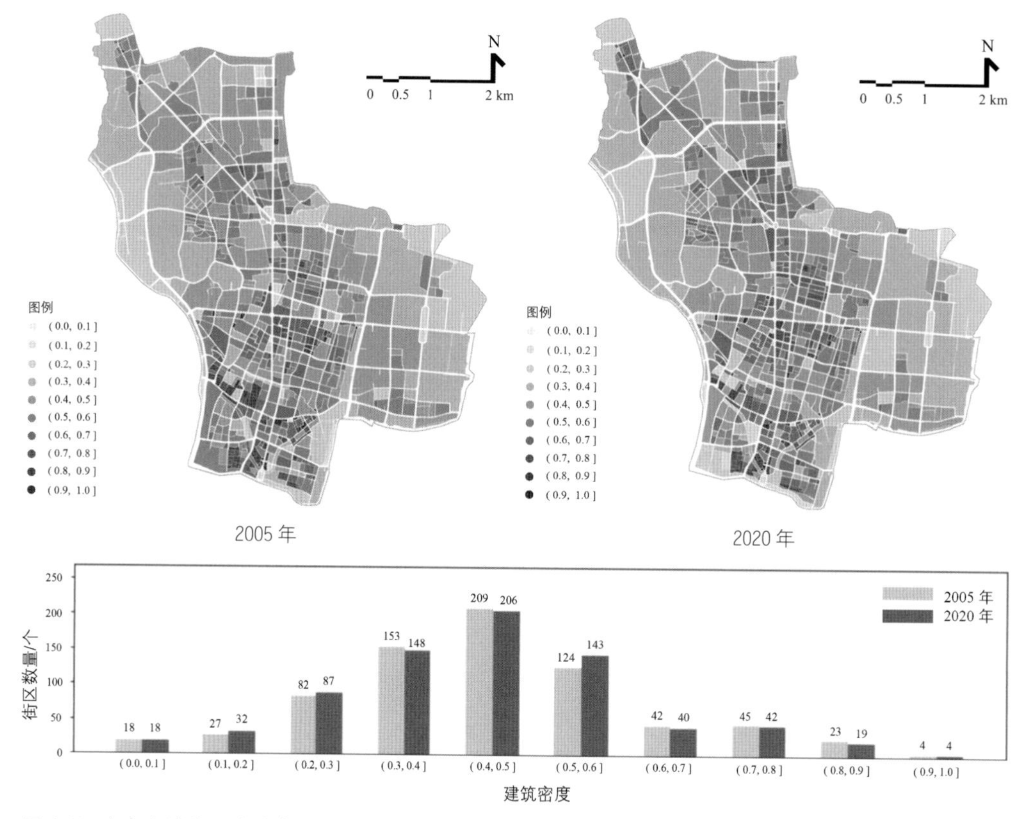

图 4.33 南京老城街区建筑密度分布及统计图

通过南京老城街区建筑密度变化量分布图来进一步说明其形态演替特征（图 4.34）。从图中可以看出，绝大部分街区建筑密度的数值发生了变化。具体而言，仅有 26 个街区的建筑密度未发生变化，约占街区总数的 3.4%。从 2005 年到 2020 年，建筑密度增量在（0，0.10] 区间中的街区共有 323 个，占街区总数的 42.0%；中等增量及较大增量的街区分别为 43 个和 9 个，对应的区间分别为（0.10，0.28] 和（0.28，0.67]。建筑密度发生较小减量的区间为 [−0.16，0），共有街区 322 个，占街区总数的 41.9%；中等减量及较大减量的街区分别为 40 个和 7 个，对应的区间分别为 [−0.51，−0.16）以及 [−0.73，−0.51）。从分布上来看，建筑密度发生中等及以上增（减）量的街区主要沿干道分布，例如中山北路、中央路、中山路、汉中路、升州路等；另一个有趣的特征是老城南部街区建筑密度的变化要明显多于北部，这一点与街区平均建筑高度的变化趋势恰好相反。

图 4.34 南京老城街区建筑密度变化量分布图

（13）街区建筑强度

从街区建筑强度的分布来看，南京老城整体上呈现出较为强烈的“中心向边缘递减”的特点，在老城中心新街口区域有较为明显的高值集聚（图 4.35）。2005 年街区建筑强度的平均值为 2.10，而 2020 年街区建筑强度的平均值变为 2.24，有较为明显的增加。从区间分布上来看，高值区间的街区个数倾向于增加，例如建筑密度在（1.5，2.0] 区间的街区在 15 年间增加了 11 个，在（2.0，2.5] 区间的街区增加了 10 个，在（2.5，3.0] 区间的街区增加了 7 个，在（3.5，4.0] 区间的街区增加了 11 个，在（4.0，4.5] 区间的街区增加了 7 个，在（5.0，20.0] 区间的街区增加了 7 个；相反，在低值区间街区个数呈现出减少的倾向，在（0.5，1.0] 区间的街区减少了 5 个，在（1.0，1.5] 区间的街区减少了 31 个。2005 年和 2020 年，街区建筑强度的最大值对应的街区编号均为 359，位于新街口以西的汉中门区域，其建筑强度数值在 2005 年为 13.5，至 2020 年增加至 19.9。

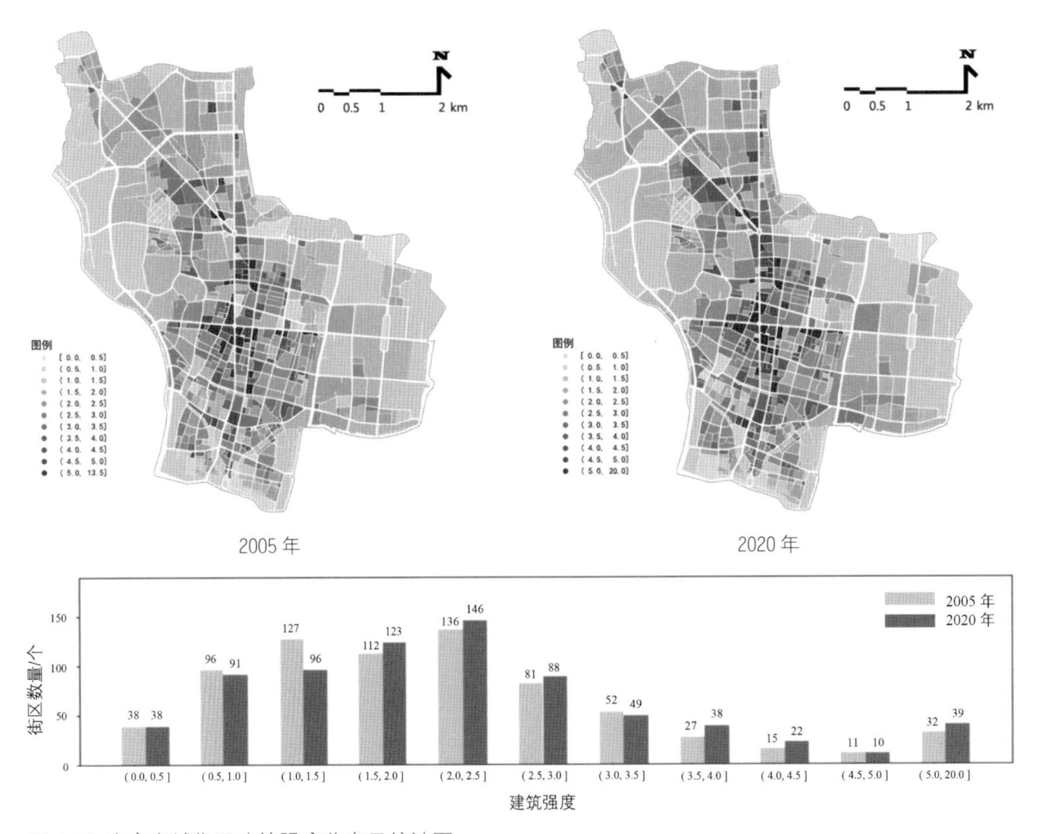

图 4.35 南京老城街区建筑强度分布及统计图

通过南京老城街区建筑强度变化量分布图来进一步说明其形态演替特征（图 4.36）。从图中可以看出，绝大部分街区建筑强度的数值发生了变化。具体而言，仅有 25 个街区的建筑强度未发生变化，约占街区总数的 3.3%。从 2005 年到 2020 年，建筑强度增量在（0，1.38] 区间中的街区共有 275 个，占街区总数的 35.8%；发生中等增量及较大增量的街区分别为 33 个和 6 个，对应的区间分别为 (1.38，4.86] 和（4.86，12.29]。建筑强度发生较小减量的区间为 [-0.69，0），共有街区 398 个，占街区总数的 51.8%；发生中等减量及较大减量的街区分别为 32 个和 1 个。从分布上来看，建筑强度发生中等及以上增（减）

量的街区呈现出较为明显的沿中央路—中山路—中山南路轴向分布的特征，尤其在中山路沿线及新街口地区呈集中分布的特点。

图 4.36 南京老城街区建筑强度变化量分布图

（14）街区建筑（组）底面积标准差

从街区建筑（组）底面积标准差的分布来看，南京老城整体上呈现出“高值区域多片分布”的特点（图 4.37）。2005 年街区建筑（组）底面积标准差的平均值为 956.1 m²，而 2020 年街区建筑（组）底面积标准差变为 1 013.1 m²，15 年间街区建筑（组）底面积标准差的平均值增加了 57.0 m²，表明同一街区内的建筑底面积差异性有所增大。从区间分布上来看，建筑（组）底面积标准差在（1 000，2 000] 区间的街区个数增加最为明显，从 2005 年的 164 个增加至 2020 年的 179 个；其他区间的街区个数均为个位数增减。2005 年，街区建筑（组）底面积标准差最大值对应的街区编号为 358，位于新街口以东的大行宫区域，其数值达到 10 043.8 m²；而到了 2020 年，街区建筑（组）底面积标准差最大值对应的街区编号为 400，位于新街口区域，其数值增大至 10 379.8 m²。

通过南京老城街区建筑（组）底面积标准差变化量分布图来进一步说明其形态演替特征（图 4.38）。从图中可以看出，绝大部分街区建筑（组）底面积标准差的数值发生了变化。具体而言，总共有 22 个街区的建筑（组）底面积标准差未发生变化，约占街区总数的 2.9%。从 2005 年到 2020 年，大部分街区建筑（组）底面积标准差发生了较小增量，具体表现为底面积标准差增量在（0，703.7] 区间中的街区共有 343 个，占街区总数的 44.6%。与此同时，也有部分街区建筑（组）底面积标准差发生了较小减量，表现为在 [−144.1，0）区

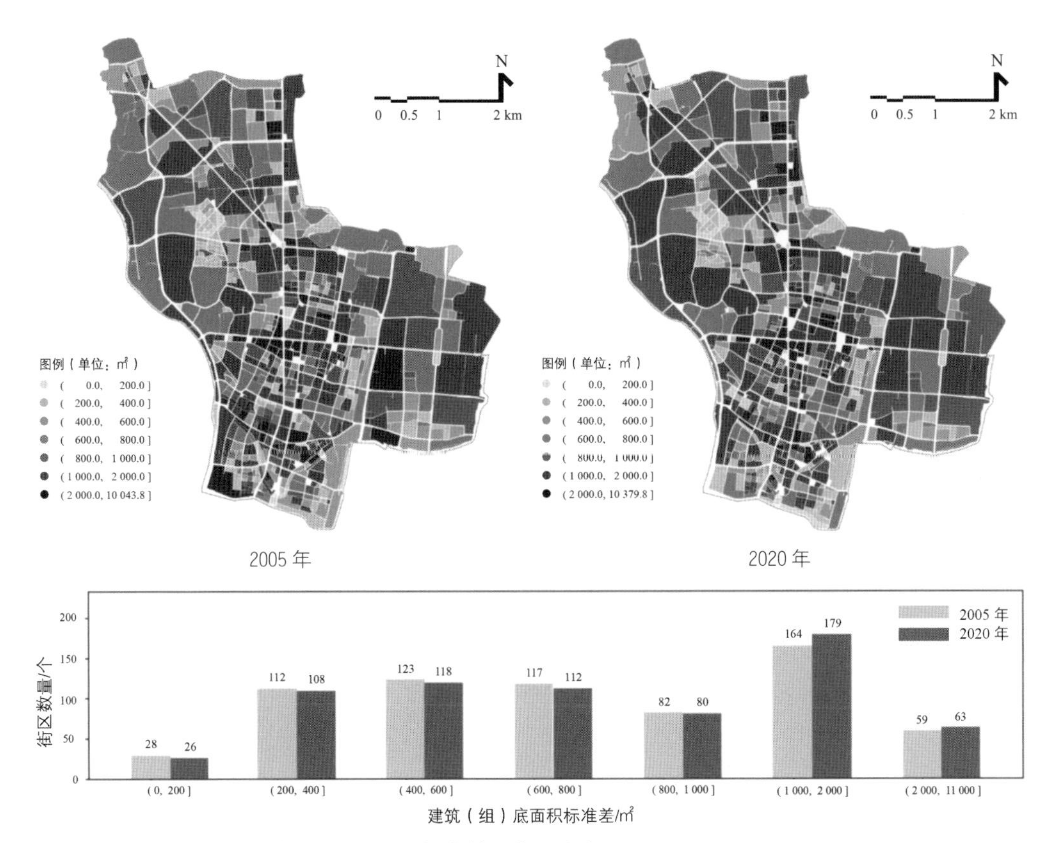

图 4.37 南京老城街区建筑（组）底面积标准差分布及统计图

图 4.38 南京老城街区建筑（组）底面积标准差变化量分布图

间中的街区共有 265 个，占街区总数的 34.8%。发生中等增量及中等减量的街区分别有 35 个和 42 个，一个较为明显的现象是它们在中央路、中山路、升州路和健康路沿线有较为集中的分布。

（15）街区建筑高度标准差

从街区建筑高度标准差的分布来看，南京老城整体上呈现出“中心向边缘递减”的趋势，局部有波动（图 4.39）。2005 年街区建筑高度标准差的平均值为 8.7 m，而 2020 年街区建筑高度标准差的平均值为 9.6 m，街区建筑高度标准差平均值在 15 年间增大了 0.9 m。从区间分布上来看，15 年间街区个数在高值区间的增加较为明显，具体为建筑高度标准差在（9，12] 区间的街区增加了 2 个，在（12，18] 区间的街区增加了 6 个，在（18，24] 区间的街区增加了 16 个，在（30，36] 区间的街区增加了 10 个，在（36，100] 区间的街区增加了 6 个；相反，低值区间的街区个数则倾向于减少。2005 年，街区建筑高度标准差为 55.5 m，相当于 18 层左右的建筑高度，对应街区编号为 269，位于新街口与鼓楼之间的珠江路区域；到了 2020 年，街区建筑高度标准差的最大值为 91.8 m，相当于 31 层左右的建筑高度，对应街区编号为 336，位于新街口区域。

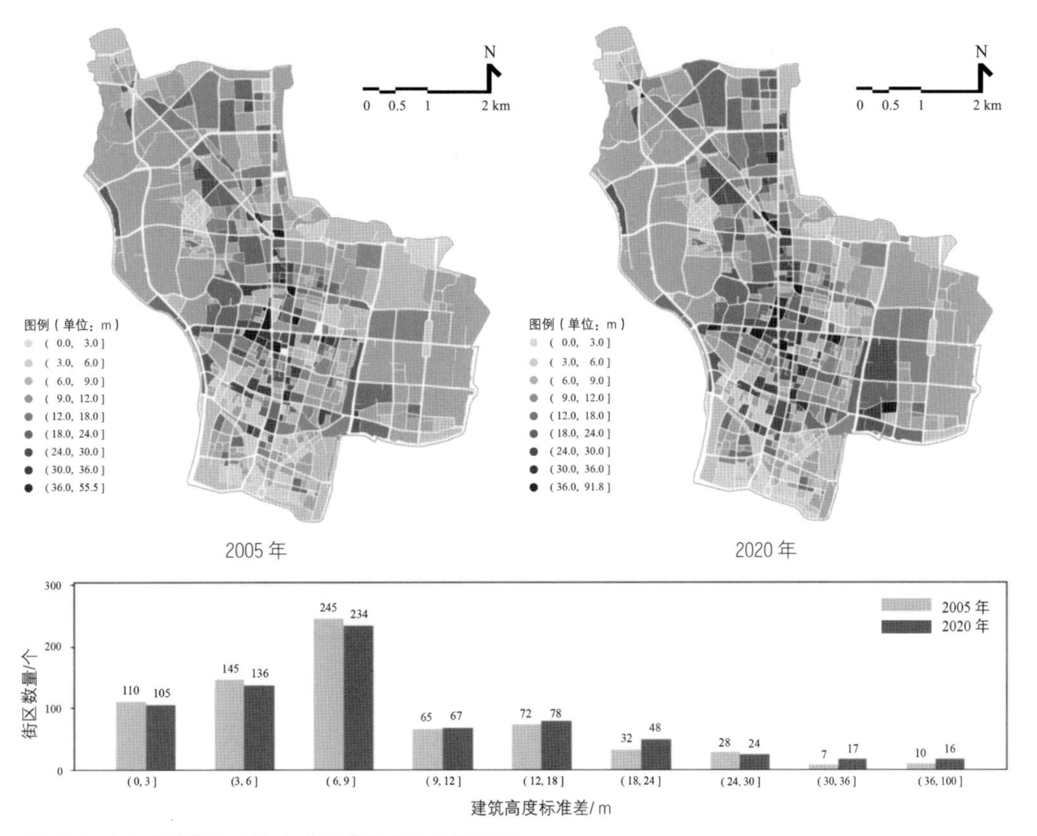

图 4.39 南京老城街区建筑高度标准差分布及统计图

通过南京老城街区建筑高度标准差变化量分布图来进一步说明其形态演替特征(图4.40)。从图中可以看出，大部分街区建筑高度标准差的数值未发生变化。具体而言，总共有512个街区的建筑高度标准差未发生变化，约占街区总数的66.6%。从2005年到2020年，建筑高度标准差发生较小增量及较小减量的街区数量是相当的，其中发生较小增量的街区有127个，对应区间为(0，14]，相当于不足4.5层的高度；而发生较小减量的街区有106个，对应区间为[−6，0)，相当于不足2层的高度。发生中等及以上增量和中等及以上减量的街区相对较少，分布也较为零散。

图4.40 南京老城街区建筑高度标准差变化量分布图

(16)街区沿街建筑比

从街区沿街建筑比的分布来看，南京老城整体上呈现出“南高北低”的特点，老城南部区域街区沿街建筑比相对于北部区域较高(图4.41)。2005年街区沿街建筑比的平均值为0.64，而2020年街区沿街建筑比的平均值变为0.63，街区沿街建筑比的平均值15年间稍有减小。从区间分布上来看，变化较为明显的是，沿街建筑比在(0.5，0.6]区间的街区从2005年的85个增加至2020年的99个，在(0.7，0.8]区间的街区在15年间增加了10个，而在(0.8，0.9]区间的街区减少了15个。对于2005年及2020年两个年份都有街区沿街建筑比数值达到1，即建筑都临街的街区，例如编号为31、73、84、708、712等的街区。

通过南京老城街区沿街建筑比变化量分布图来进一步说明其形态演替特征(图4.42)。从图中可以看出，绝大部分街区沿街建筑比的数值发生了变化。具体而言，总共有103个街区的沿街建筑比未发生变化，约占街区总数的 13.4%。从 2005 年到 2020 年，沿街建筑比发生较小增量的街区共有 291 个，其增量区间为（0，0.13]，占街区总数的 37.8%。与此

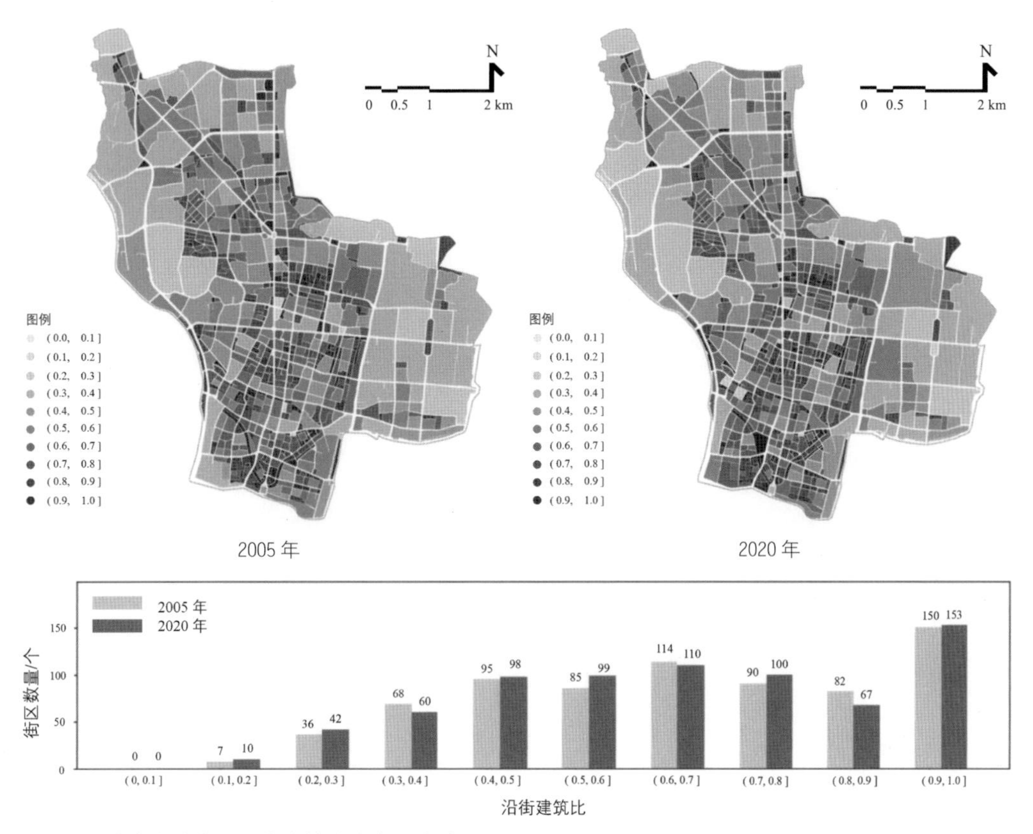

图 4.41 南京老城街区沿街建筑比分布及统计图

图 4.42 南京老城街区沿街建筑比变化量分布图

同时，也有部分街区沿街建筑比发生了较小减量，体现为在区间[-0.12，0)的街区共有270个，占街区总数的24.3%。沿街建筑比发生中等增量及中等减量的街区分别有49个和57个，一个较为明显的现象是它们大多沿干道分布，典型的有中央路、中山路、中山东路及升州路沿线。

（17）街区围合度

从街区围合度的分布来看，南京老城整体上呈现出“高值多片区分布”的特点，老城边缘的街区相对围合度较低，而老城南部区域街区围合度相对较高（图4.43）。2005年街区围合度的平均值为0.028，而2020年街区围合度的平均值变为0.003，15年间街区围合度的平均值稍有增加。从区间分布上来看，围合度大于0.003的街区在15年间增加了13个，其余区间增减量不大。对于2005年及2020年两个年份都有街区围合度数值达到1的强围合度街区，例如编号为321、388、725、735等的街区。

通过南京老城街区围合度变化量分布图来进一步说明其形态演替特征（图4.44）。从图中可以看出，绝大部分街区围合度的数值未发生变化。具体而言，总共有673个街区围合度未发生变化，约占街区总数的87.5%。从2005年到2020年，有部分街区围合度发生

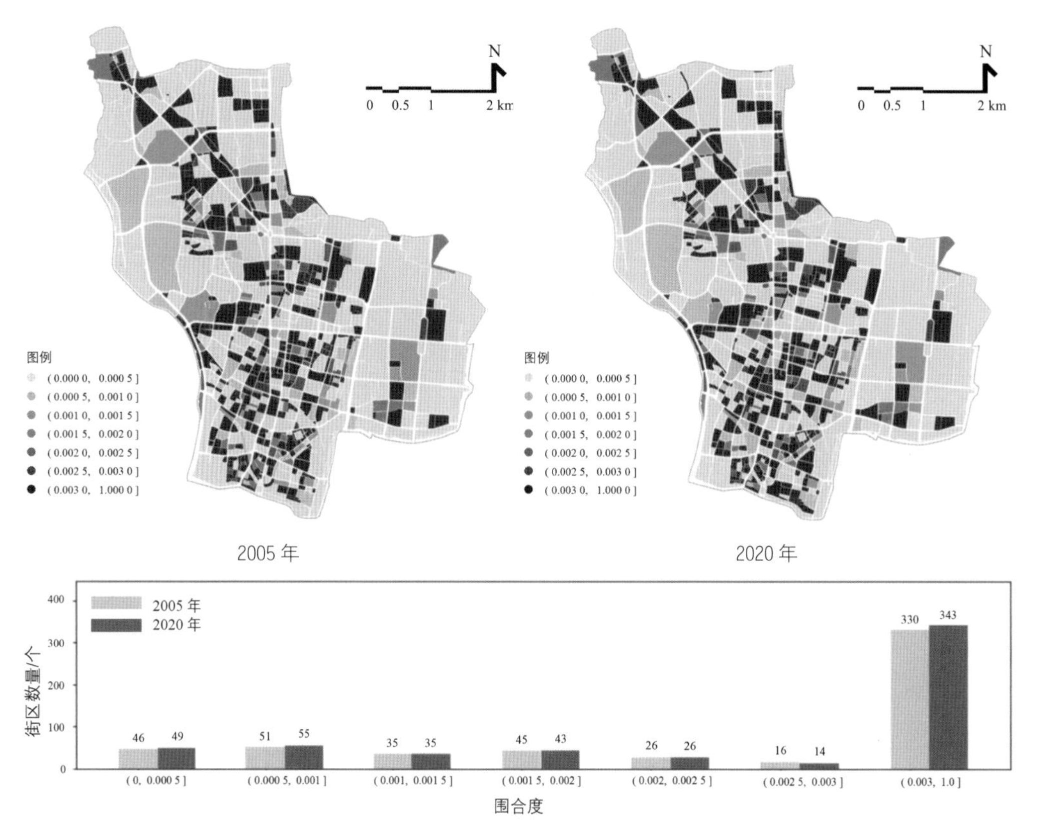

图4.43 南京老城街区围合度分布及统计图

较小增量，体现为在区间(0，0.05]的街区数量为63个，占街区总数的8.3%。与此同时，还有一小部分街区围合度发生了较小减量，体现为在区间[-0.01，0)的街区共有27个，占街区总数的3.5%。发生中等及以上增量和中等及以上减量的街区数量较少，分别为5个和2个，虎踞北路、中央路、汉中路以及中山南路沿线有集中分布的趋势。

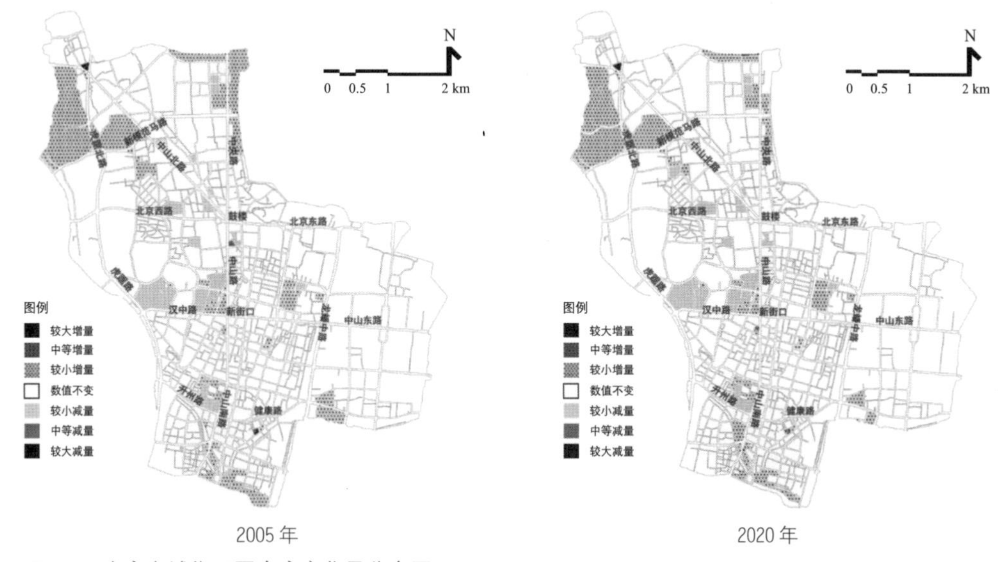

图4.44 南京老城街区围合度变化量分布图

4.3 南京老城街区类型构成及其演替

通过以上17个分项指标对南京老城街区形态的解析，从不同的侧面认知其分布及演替特征。这些分项形态指标同时也构成了对街区形态进行类型建构的基础。依据大尺度形态类型建模研究方法在类型建构阶段的数字化方法，进一步对街区形态的类型构成进行解析，并探索街区类型的分布及演替特征。

4.3.1 街区形态的模式划分

根据第3章大尺度形态类型建模研究方法中模式数字化划分的步骤，对于街区形态的模式划分共包含数据整理模块和矩阵聚类模块两个模块。详细的技术原理已在第3章中说明，这里仅呈现具体的运算结果及参数的选择。

(1)数据整理

首先是对1522个街区对象[①]和17个分项指标形成的1522×17的数据矩阵进行归一

① 2005年街区对象共计753个，2020年街区对象共计769个，将两个年份的所有对象看作合集，街区对象共计1 522个。

化运算，统一量纲，将不同单位、不同数量级的形态指标均映射至 0~1 的区间范围内进行计算。

随后，针对数据矩阵中由相关性而引起的冗余信息，运用自编码器对数据矩阵进行降维运算。如图 4.45 所示，在自编码器降维数 – 损失量的函数关系图中，横坐标对应数据缩减后的列数，即降至的维数，纵坐标为解码后的数据损失量。由于原始矩阵共 17 列，故横坐标取值范围为 2~16。能够看出，大体上数据缩减后的列数越少，损失量越大。随着横坐标的逐渐增大，函数曲线呈现出两个阶段：先是整体递减，对应横坐标取值范围为(2, 9]；随后小幅波动，对应横坐标的取值范围为 (9，16]。在横坐标参数取值时，研究中取

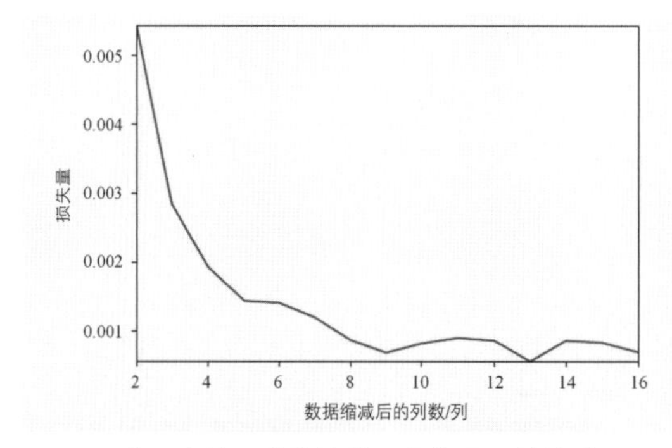

图 4.45 街区自编码器降维数 – 损失量函数关系

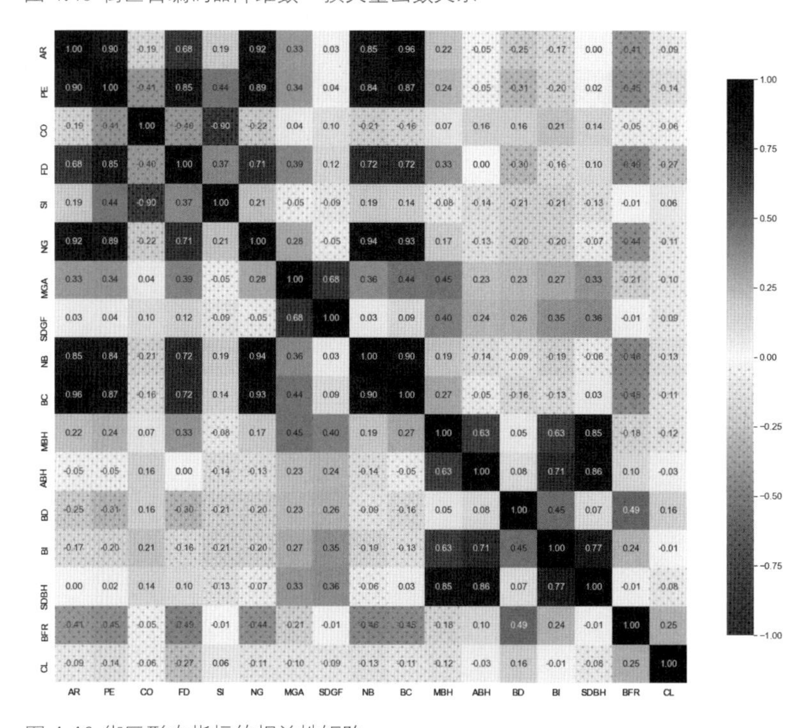

图 4.46 街区形态指标的相关性矩阵

两个阶段的临界点，即横坐标取值为 9 并将其作为自编码器运算缩减后的列数。此时的临界点意味着，当数据列数进一步缩减时，损失量由波动阶段转为上升阶段，数据矩阵开始损失自由度。

在街区形态类型的大尺度建模数字化流程中，在数据整理模块建构指标体系时并不能够避免各形态指标之间的相关性，这里补充形态指标之间的相关性矩阵，以及对各自形态指标相关性的解释。图 4.46 所示为街区形态指标的相关性矩阵。从矩阵中能够看出一些指标之间呈现出较强的相关性，例如：街区面积和街区周长之间的相关性为 0.90，街区面积与街区建筑组数的相关性为 0.92，街区面积与街区总建筑底面积之间的相关性为 0.96，街区紧凑度与街区形状指数之间的相关性为 -0.90，街区建筑个数与街区总建筑底面积之间的相关性为 0.90 等。也有一些指标之间的相关性较低，例如：街区平均建筑高度与街区分形维数的相关性为 0.00，街区最大建筑（组）底面积与街区紧凑度之间的相关性为 0.04，街区总建筑底面积与街区建筑高度标准差之间的相关性为 0.03 等。从图中能够看出，高度、强度相关的街区形态指标之间的相关性均不低。街区最大建筑高度与街区平均建筑高度之间的相关性为 0.63，街区最大建筑高度与街区建筑强度之间的相关性为 0.63，街区最大建筑高度与街区建筑高度标准差之间的相关性为 0.85，街区平均建筑高度与街区建筑强度之间的相关性为 0.71，街区平均建筑高度与街区建筑高度标准差之间的相关性为 0.86，街区建筑强度与街区建筑高度标准差之间的相关性为 0.77。

（2）矩阵聚类

将经由自编码器降维的新数据矩阵，即 1522×9 的数据矩阵，通过 AP 算法进行聚类。对于类别数的选择，是通过 CHS-DBI 双参数进行判定。已知 CHS 用来衡量类别之间的差异度，数值越大表征聚类性能越好；DBI 用来衡量每个类别中的最大相似度均值，数值越小表征聚类性能越好。巧合的是，两个参数的性能最优点均发生在 n=7 的横坐标取值时，故判定 AP 算法聚类的类别数为 7 类（图 4.47）。

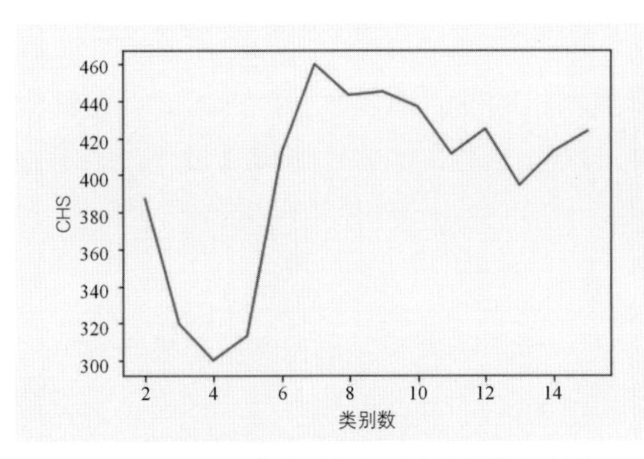

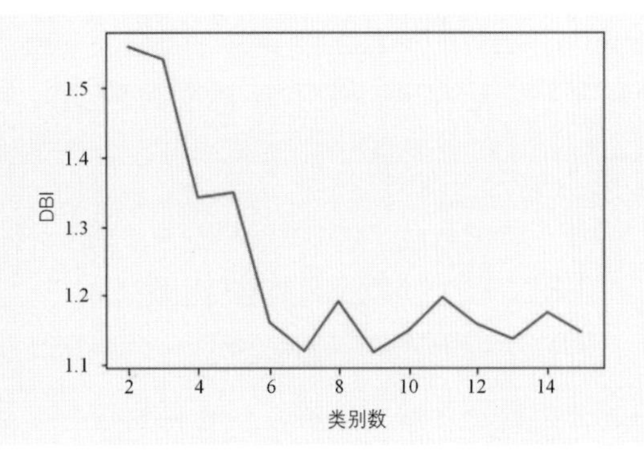

图 4.47 CHS-DBI 双参数对街区形态类别数的判定

图 4.48 南京老城街区形态模式划分图（2005 年）

将计算得到的类别数通过 1~7 的标签附至 1 522 个对象上，使得 2005 年的 753 个街区对象和 2020 年的 769 个街区对象均获得一个类别的标签。通过可视化的方式，为每个类别赋予不同的颜色，即得到两个年份的街区形态模式划分（图 4.48，图 4.49）。

4.3.2 街区形态的类型构成

在已然得到街区形态模式划分的基础之上，进一步通过大尺度形态类型建模研究方法中的类型数字化解释步骤，对各类别的模式进行形态解释，从而建构类型。类型数字化解释的步骤中具体包含形态统计模块和形态可视化模块。本书研究中在形态统计模块主要使

图 4.49 南京老城街区形态模式划分图（2020 年）

用箱线图进行统计分析，而在形态可视化模块使用二维切片图和三维轴测图进行分析。在综合形态统计和形态可视化的基础上，完成对街区类型的定义。

（1）形态统计

针对 7 个类型，分别基于 17 个分项形态指标作箱线图。通过图 4.50 能够较为直观地对比任一分项指标对应的 7 个类型街区形态对象的数值分布特征。例如，类型 6 对应的街区对象的面积和周长均显著大于其他类型的街区对象；类型 5 对应的街区对象的建筑强度相较而言更为突出。箱线图所提供的各类型形态指标统计将为类型的定义提供理性的基础。

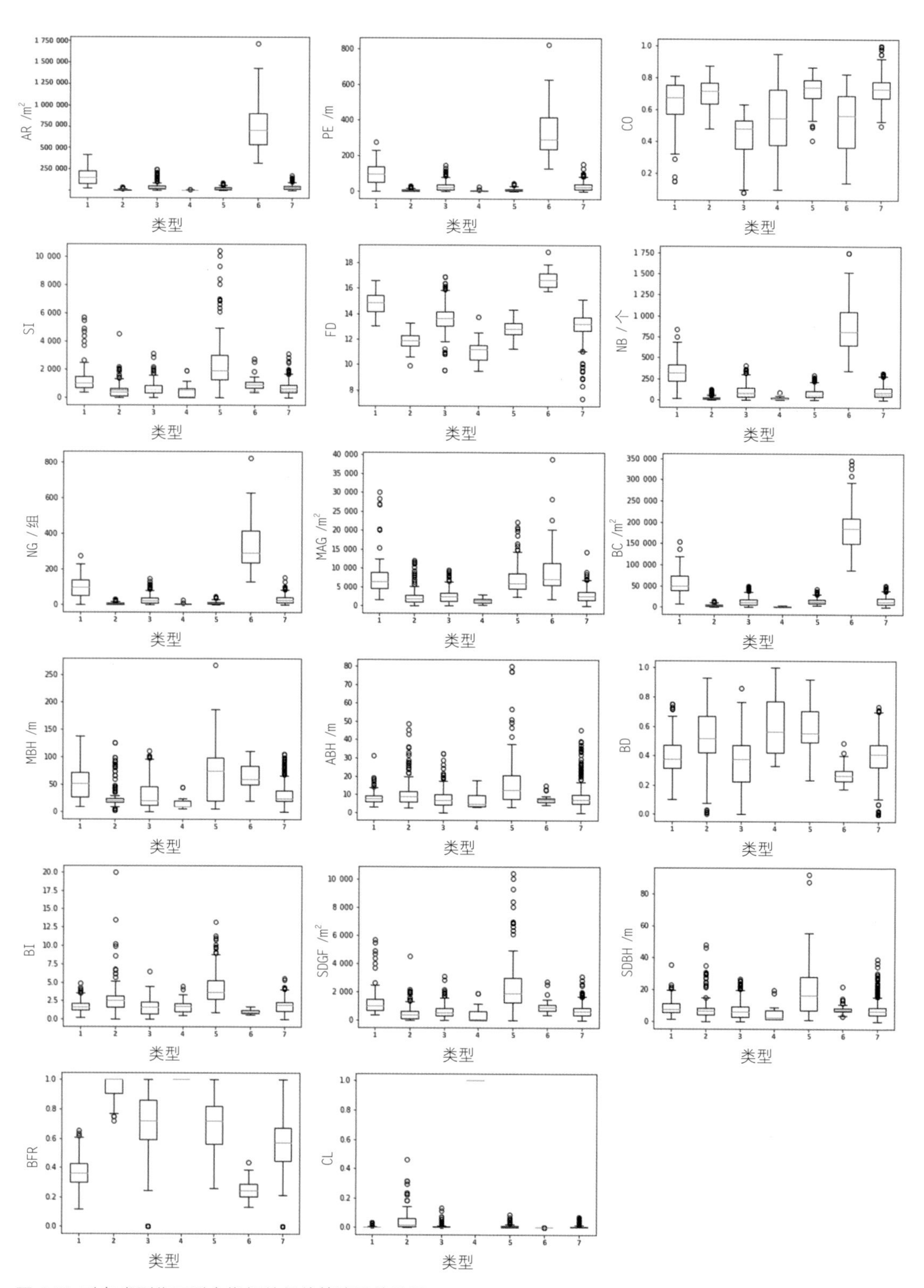

图 4.50 对各类型街区形态指标特征的箱线图的分析

在箱线图的基础之上，进一步对每个类型的各分项形态指标进行数值上的统计。主要计算平均值和标准差这两个指标，用这两个指标来反映每个类型中各分项指标的总体水平以及数据的离散程度（表 4.2）。

表 4.2 对各类型街区形态的指标统计[①]

指标	类型 1	类型 2	类型 3	类型 4	类型 5	类型 6	类型 7
AR	169 192.4	9 313.8	42 828.4	3 171.8	26 116.3	754 287.1	39 230.2
	105 206.4	5 678.0	45 864.7	1 969.3	16 808.0	316 654.4	28 640.7
PE	1795.0	394.7	1 075.2	285.7	645.9	4 629.0	781.0
	709.6	115.3	699.3	163.0	199.0	1 816.4	300.4
CO	0.644	0.699	0.435	0.550	0.721	0.510	0.724
	0.135	0.091	0.126	0.205	0.087	0.204	0.074
SI	14.834	11.870	13.638	11.076	12.850	16.760	13.143
	0.782	0.595	1.121	0.919	0.605	0.662	0.938
FD	1.134	1.067	1.414	1.286	1.050	1.353	1.046
	0.193	0.074	0.329	0.361	0.071	0.382	0.054
NB	331.8	26.4	96.1	18.2	79.4	878.4	102.2
	144.9	22.9	81.3	17.8	59.3	328.1	71.2
NG	98.4	6.2	28.6	3.1	11.2	335.4	29.9
	54.7	5.4	27.3	4.4	9.2	142.0	23.8
MGA	7 425.3	2 299.7	2 524.3	1 415.7	6 988.0	9 670.7	2 763.8
	4 570.6	2 086.3	1 825.1	847.0	3 601.2	6 738.3	1 709.6
BC	57 252.0	4 394.4	13 152.3	1 764.3	13 827.8	193 083.7	14 769.5
	26 535.6	2 525.2	10 798.4	942.7	7 214.2	60 439.5	10 171.6
MBH	52.5	24.0	31.8	14.9	72.1	65.0	31.9
	28.8	18.5	27.3	10.3	46.8	25.5	23.9
ABH	8.2	10.3	7.7	7.7	15.8	7.5	8.6
	3.4	6.9	5.1	4.8	12.5	2.0	6.1
BD	0.39	0.53	0.35	0.60	0.58	0.27	0.38
	0.12	0.21	0.19	0.19	0.14	0.07	0.15
BI	1.76	2.62	1.58	1.85	4.19	1.01	1.76
	0.80	1.95	1.08	0.99	2.41	0.26	0.93

① 表格中每个分项指标对应两行数据，第一行为该类别所有对象指标数值的平均数，第二行为该类别所有对象指标数值的标准差。各分项指标数据的单位均对应表 4.1 街区形态指标体系中的单位。同时，各分项指标数据的小数点保留位数不尽相同，是根据每个形态指标各自数据特征设定的。

续表

指标	类型 1	类型 2	类型 3	类型 4	类型 5	类型 6	类型 7
SDGF	1 240.6	480.9	619.8	374.8	2 386.8	1 013.4	671.5
	883.7	509.0	486.0	536.5	1769.5	461.3	452.9
SDBH	8.8	7.6	7.2	4.6	19.0	8.0	7.7
	4.9	6.6	6.0	4.6	14.9	3.2	6.1
BFR	0.363	0.949	0.684	1.000	0.695	0.251	0.541
	0.096	0.066	0.260	0.000	0.167	0.061	0.195
CL	0.003	0.042	0.006	1.000	0.009	0.000	0.006
	0.006	0.061	0.014	0.000	0.013	0.000	0.012

（2）形态可视化

为了更加直观地解释各类型的街区形态，对典型的街区形态进行可视化呈现。一个前置性的工作是对各类型中街区形态的“典型性程度”进行排序。由于本书中使用的 AP 聚类算法中每个类型的质心为既有数据点，因此直接将质心对应的数据点作为该类型中最典型的对象。计算类型中其余对象到质心的距离[①]。根据其余各对象至质心的距离，按从小到大依次进行排序，得到各类型中街区形态典型性程度的排序结果。在各类型典型街区形态二维切片图的呈现中，本书选择每个类型中典型性程度排名前 10 的街区对象进行制图；而在各类型典型街区形态三维轴测图的呈现中，本书选择每个类型中最为典型的街区对象进行制图。

二维切片图主要呈现街区形态的平面肌理（图 4.51）。从典型街区形态二维切片图中能够直观地看出各类型之间的街区形态差异较为明显，例如类型 1 与类型 6 的街区尺度显著大于其他类型。进一步，将每个类型中最为典型的对象通过三维轴测图进行呈现（图 4.52），从三维立体的角度进一步考察其形态特征。

① 这里的距离指 n 维向量之间的空间距离，例如街区形态指标体系中包含 17 个指标，故任意两个对象之间的距离视为两个 17 维向量之间的空间距离。

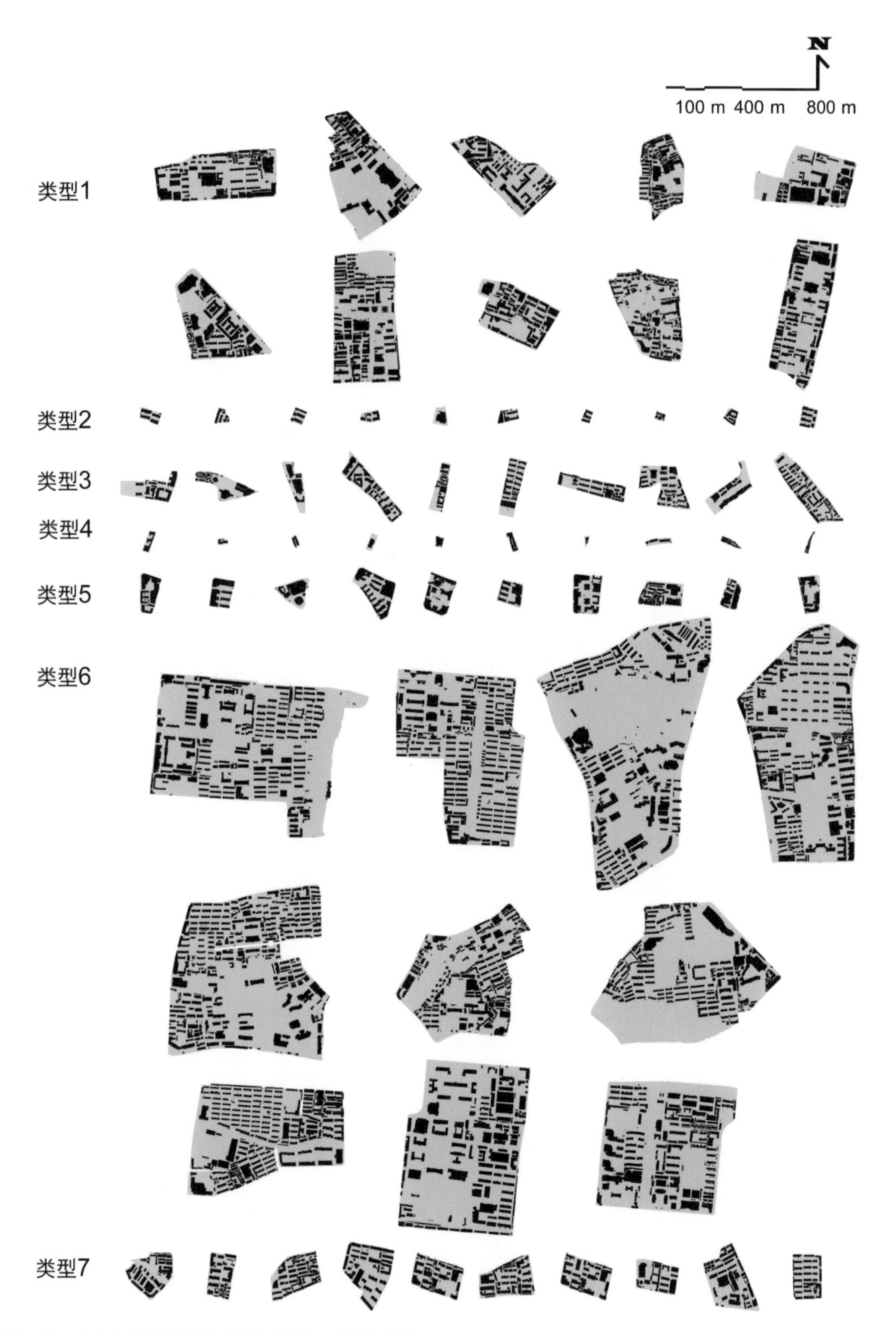

图 4.51 南京老城各类型典型街区形态二维切片图

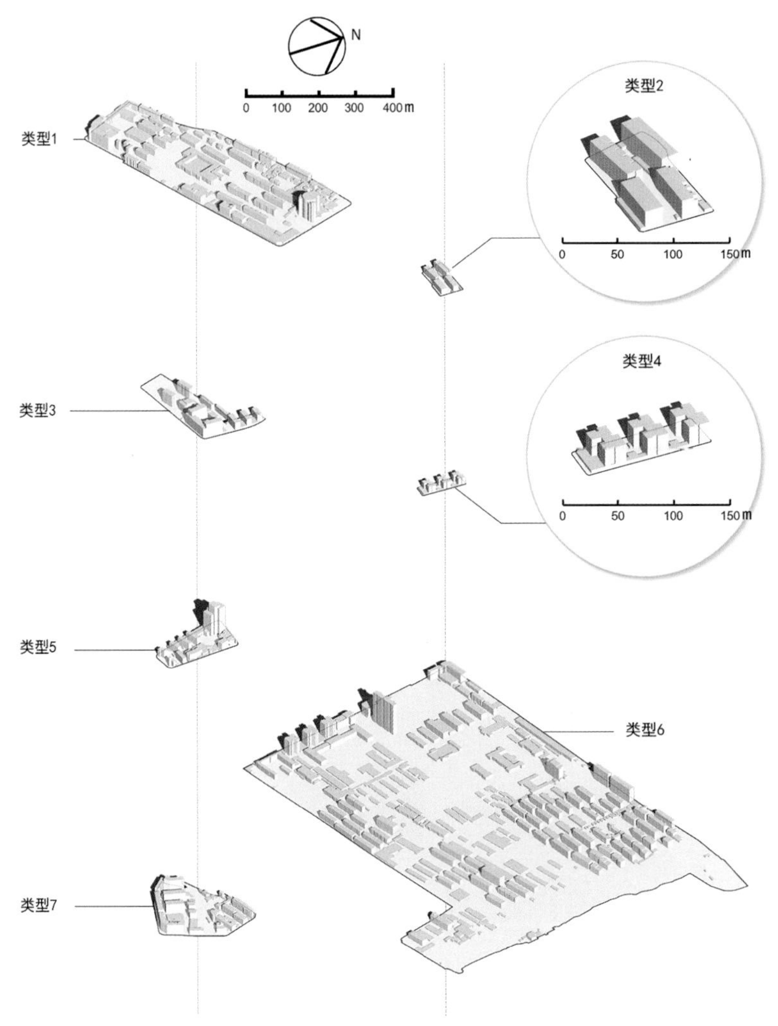

图 4.52 南京老城各类型典型街区形态三维轴测图

（3）对街区类型的定义

综合以上形态统计和形态可视化，对街区类型进行定义。将 7 个街区类型定义为大院型街区、岛型街区、条型街区、短窄型街区、簇核型街区、巨型街区以及基质型街区（表 4.3）。

表 4.3 街区类型的名称及主要特征

编号	类型名称	主要特征
类型 1	大院型街区	面积和周长均较大
类型 2	岛型街区	小而规整
类型 3	条型街区	形状狭长而不规则
类型 4	短窄型街区	既短又窄，通常建筑密度较大

续表

编号	类型名称	主要特征
类型 5	簇核型街区	建筑密度、建筑强度、最大建筑高度均较大
类型 6	巨型街区	尺寸巨大，远超过其他类型
类型 7	基质型街区	中等尺寸，形状规则

类型 1 为大院型街区。其显著特征是面积和周长均较大，其中面积平均值达到 169 192.4 m^2，而周长平均值达到 1 795 m，均仅次于类型 6 对应的数值。这里借用“大院”一词来形容其独特的形态特征。从形状类指标来看，大院型街区的紧凑度平均值为 0.644，在所有类型中处于中等水平，这意味着从近似圆的程度考虑，其处于中等水平；而大院型街区的形状指数平均值较高，达到 14.834，这意味着其形状近似方形的程度更加一般。平均每个大院型街区的建筑个数为 331.8 个，建筑组数为 98.4 组，最大建筑（组）底面积为 7 425.3 m^2，总建筑底面积为 57 252.0 m^2，在所有类型中均属于高值，均仅次于类型 6 对应的数值。从占有率类形态指标来看，大院型街区的建筑密度平均值为 0.39，处于中等水平；而建筑强度平均值为 1.76，相对较小。大院型街区内部建筑底面积及建筑高度的差异度较大，体现在建筑（组）底面积标准差平均值为 1240.6 m^2，而建筑高度标准差平均值为 8.8 m。大院型街区的沿街建筑比及围合度均较低。

类型 2 为岛型街区。岛型街区的面积和周长都较小，其中面积平均值仅为 9313.8 m^2，而周长平均值仅为 394.7 m。从形状类指标来看，岛型街区的紧凑度达到平均值 0.699，形状指数平均值为 11.870，分形指数平均值为 1.067，在所有类型街区中是较为规整的街区形态。从典型二维切片图上看，其形状就像一种“小而规整”的岛。平均每个岛型街区的建筑个数为 26.4 个，建筑组数为 6.2 组，最大建筑（组）底面积为 2 299.7 m^2，总建筑底面积为 4 394.4 m^2，最大建筑高度为 24.0 m，平均建筑高度为 10.3 m。从占有率类形态指标来看，岛型街区的建筑密度平均值为 0.53，在所有类型中相对较高；而建筑强度平均值为 2.62，仅次于类型 5 对应的数值。岛型街区内部建筑底面积及建筑高度的差异度较小，体现在建筑（组）底面积标准差平均值为 480.9 m^2，而建筑高度标准差平均值为 7.6 m。岛型街区的沿街建筑比平均值达到 0.949，仅次于类型 4 对应的数值。

类型 3 为条型街区。条型街区的面积平均值为 42 828.4 m^2，而周长平均值却高达 1 075.2 m，这是由其狭长的形状所致。从形状类指标来看，条型街区的紧凑度平均值为 0.435，在所有类型中处于最低，形状很不紧凑；岛型街区的形状指数平均值较高，达到 13.638，这意味着其形状近似方形的程度也较为一般；而其分形维数平均值高达 1.414，在所有类型中数值最高，这意味着其街区轮廓的形状相对最为复杂。平均每个条型街区的建筑个数为 96.1 个，建筑组数为 28.6 组，最大建筑（组）底面积为 2 524.3 m²，总建筑底面积为 13 152.3 m²，最大建筑高度为 31.8 m，平均建筑高度为 7.7 m，在所有街区类型中均处于中等水平。从占有率类形态指标来看，条型街区的建筑密度平均值为 0.35，建筑强度平均值为 1.58，在所有类型中均相对较低。条型街区建筑（组）底面积标准差平均值为 619.8 m²，建筑高度标准差平均值为 7.2 m，均处于中等水平。条型街区的沿街建筑比较高，平均值达到 0.684，而其围合度则相对较低。

类型 4 为短窄型街区。短窄型街区的尺寸极小，其面积平均值仅为 3 171.8 m²，周长平均值仅为 285.7 m。相较于同样尺度不大的岛型街区，短窄型街区的形状显得不太规整，其紧凑度平均值为 0.550，形状指数平均值为 11.076，分形维数平均值为 1.286。平均每个短窄型街区的建筑个数为 18.2 个，建筑组数为 3.1 组，最大建筑（组）底面积为 1 415.7 m²，总建筑底面积为 1 764.3 m²，最大建筑高度为 14.9 m，平均建筑高度为 7.7 m。从占有率类形态指标来看，短窄型街区的建筑密度平均值达到 0.60，为所有类型中最高；而其建筑强度平均值为 1.85，处于中等水平。短窄型街区内部建筑底面积及建筑高度的差异度较小，体现在建筑（组）底面积标准差平均值为 374.8 m²，而建筑高度标准差平均值为 4.6 m。短窄型街区的沿街建筑比及围合度均较高。

类型 5 为簇核型街区。簇核型街区在尺寸上并不太大，仅大于岛型街区和短窄型街区，具体面积平均值为 26 116.3 m²，周长平均值为 645.9 m。同时，簇核型街区在形状上较为规整，体现为紧凑度平均值为 0.721，形状指数平均值为 12.850，分形维数平均值为 1.050。平均每个簇核型街区的建筑个数为 79.4 个，建筑组数为 11.2 组，最大建筑（组）底面积为 6 988.0 m²，总建筑底面积为 13 827.8 m²，均处于中等水平。簇核型街区的显著特征体现在：最大建筑高度最大，平均达到 72.1 m；平均建筑高度最大，平均达到 15.8 m；建筑密度高达 0.58，仅次于短窄型街区；建筑强度平均达到 4.19，为所有类型中最大；建筑（组）底面积标准差最大，平均达到 2 386.8 m²；建筑高度标准差最大，平均达到 19.0 m。基于这样的形态特征，本书中用“簇核”一词概括其高密度、高强度且形态上高低错落的特征。同其他类型相比，簇核型街区在沿街建筑比和围合度上均处于中等水平。

类型 6 为巨型街区。巨型街区，顾名思义，其尺寸巨大，远超过其他类型。具体体现在，面积平均值达到 754 287.1 m²，而周长平均值达到 4 629.0 m。从形状上来看，巨型街区通常并不规整，紧凑度平均值为 0.510，形状指数平均值为 16.760，分形维数平均值为 1.353。平均每个巨型街区的建筑个数为 878.4 个，建筑组数为 328.1 组，最大建筑（组）底面积为 9 670.7 m²，总建筑底面积为 193 083.7 m²，在所有街区类型中均为最高。巨型街区的平均最大建筑高度为 65.0 m，仅次于簇核型街区；而其平均建筑高度为 7.5 m，在所有类型中为最低。巨型街区的建筑密度平均值为 0.27，建筑强度平均值为 1.01，在所有类型中均为最低。同样，巨型街区的沿街建筑比及围合度也均为最低。

类型 7 为基质型街区。基质型街区的尺寸中等，仅次于大院型街区及巨型街区，面积平均值为 39 230.2 m²，周长平均值为 781.0 m。但从形状上来看，其最为规整，体现在其紧凑度平均值为 0.724，形状指数平均值为 13.143，分形维数平均值为 1.046，在城市中分布最为普遍。平均每个基质型街区的建筑个数为 71.2 个，建筑组数为 23.8 组，最大建筑（组）底面积为 2 763.8 m²，总建筑底面积为 14 769.5 m²，最大建筑高度为 31.9 m，平均建筑高度为 8.6 m，在所有街区类型中均处于中等水平。基质型街区的建筑密度平均值为 0.38，建筑强度平均值为 1.76，同样在所有类型中处于中等水平。岛型街区内部建筑底面积及建筑高度的差异度不大，体现在建筑（组）底面积标准差平均值为 671.5 m²，而建筑高度标准差平均值为 7.7 m。同其他类型相比，基质型街区在沿街建筑比和围合度上均处于中等水平。

4.3.3 街区类型的分布及演替

依据建构的 7 个街区类型，进一步研究其在南京老城空间上的分布特征。同时，综合对比 2005 年和 2020 年两个时间切片，从而得到各类型街区在 15 年间的演替特征。

（1）大院型街区

从分布上来看，大院型街区在老城偏北部的分布要明显多于南部。这些大院型街区中包含不少实际的单位大院，例如南京大学、东南大学、南京医科大学、鼓楼医院、五台山体育中心等（图 4.53）。在汉中路、中山东路以北的区域，大院型街区呈现出明显的多组团集聚分布的特征，尤其在中山北路与中央路之间的区域有大面积的连续分布。相反，在汉中路、中山东路以南的区域，大院型街区的分布相对较为零散。自 2005 年至 2020 年，南京老城内的大院型街区数量由 2005 年的 82 个变化至 2020 年的 84 个，数量略有增加，主要体现在中山路以西及北京东路以南的区域分布集聚趋势更加显著；而在老城南部，则有一部分大院型街区数量减少。

（2）岛型街区

岛型街区的分布较为零散，相较而言在老城南部的分布更多（图 4.54）。典型的岛型街区如北京东路上的和平公园街区、唱经楼西街东北部街区等。从演替上看，自 2005 年至 2020 年，南京老城内的岛型街区数量由 2005 年的 129 个变化至 2020 年的 122 个，数量略有减少。典型的例子如鼓楼区域紫峰大厦所在的街区，其在 2005 年在类型上属于岛型街区，由于紫峰大厦的落成，街区类型发生了转变。

图 4.53 大院型街区演替分布图

图 4.54 岛型街区演替分布图

（3）条型街区

从分布上来看，条型街区有相当一部分分布在紧挨老城边界处，尤其是老城西侧边界及东南角边界有较为集中的分布（图 4.55）。另外，也有一部分条型街区呈现出沿路及沿河道分布的特征，具体体现在龙蟠中路沿线、建邺路沿线以及内秦淮河沿线。同时，在北京西路以南的武夷路区域，也有不少条型街区集聚。

从演替上来看，自 2005 年至 2020 年，南京老城内的条型街区数量由 2005 年的 147 个变化至 2020 年的 145 个，数量变化不大。在老城西南角有较为明显的类型变更。

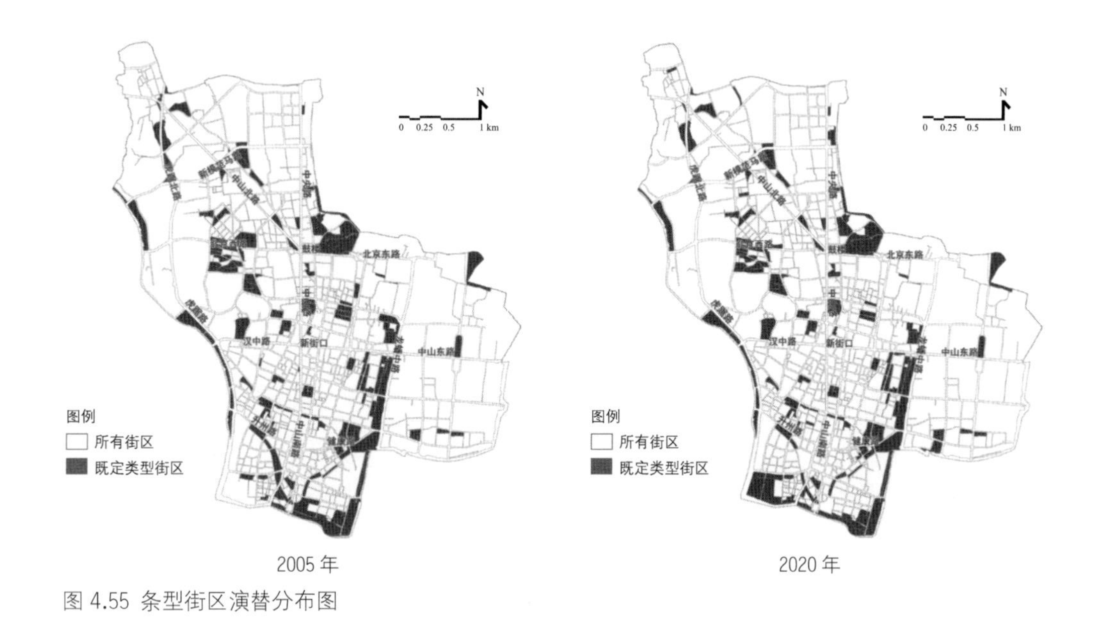

图 4.55 条型街区演替分布图

（4）短窄型街区

短窄型街区的数量相对于其他类型较少，在分布上也较为零散，在夫子庙、中华门附近有些许集聚（图 4.56）。自 2005 年至 2020 年，南京老城内的短窄型街区数量由 2005 年的 13 个变化至 2020 年的 16 个，数量略有增加。

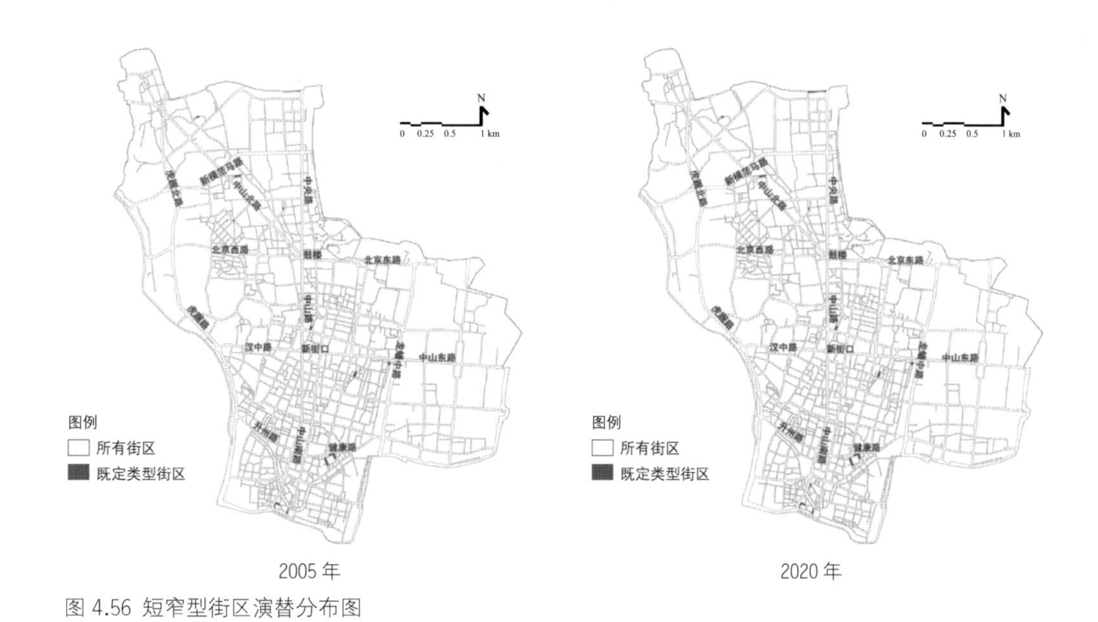

图 4.56 短窄型街区演替分布图

（5）簇核型街区

从分布上来看，簇核型街区在老城中心新街口地区有较为密集的分布，并向四个方向都有一定程度的延伸（图 4.57）。自 2005 年至 2020 年，南京老城内的簇核型街区数量由 2005 年的 96 个增加至 2020 年的 105 个，数量有所增加。主要体现在新街口地区簇核型街区得到进一步加强，并且向北沿中山路、中央路，向南沿中山南路的集聚趋势得到进一步加强。

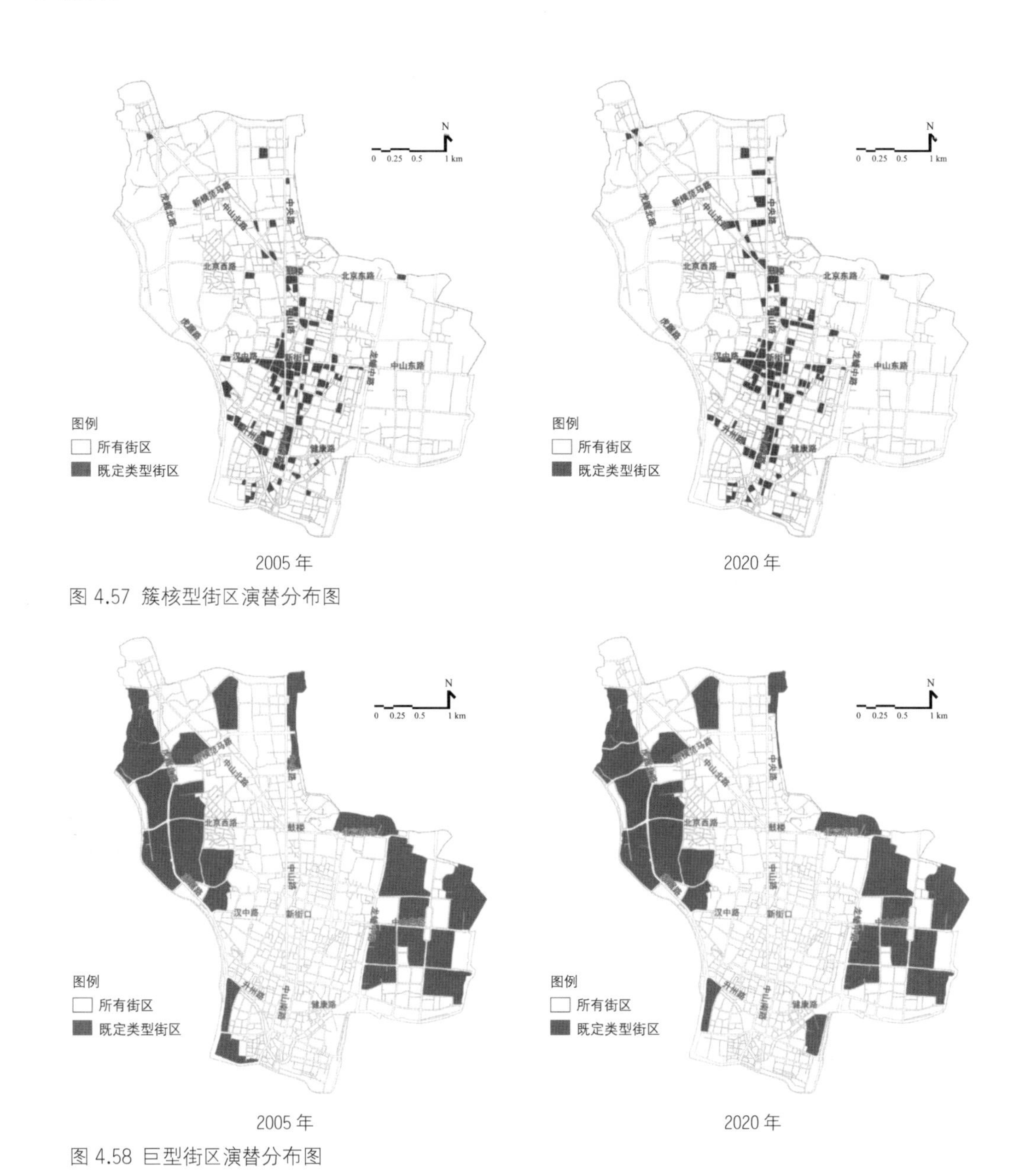

图 4.57 簇核型街区演替分布图

图 4.58 巨型街区演替分布图

（6）巨型街区

巨型街区大都分布在老城的边缘，尤其以老城西部虎踞北路沿线，以及老城东部龙蟠中路以东区域有集中成片的分布（图 4.58）。巨型街区在尺度上比大院型街区要大得多，经常可以在一个巨型街区中发现多个大型机关单位分布的现象，例如南京师范大学与江苏省人民医院所在的街区、河海大学及清凉山公园所在的街区、南京艺术学院与古林公园所在的街区等。自 2005 年至 2020 年，南京老城内的巨型街区数量由 2005 年的 21 个增加至 2020 年的 22 个，仅因为西北角编号为 60 的街区由一个分裂成两个巨型街区。这说明巨型街区在 15 年的演替中保持着相对稳定的状态。

（7）基质型街区

从分布上来看，基质型街区在老城偏南部的分布多于北部（图 4.59）。在老城南部基质型街区呈现出连绵成片的分布趋势，而在老城北部主要在鼓楼周边地区有一定的集聚。自 2005 年至 2020 年，南京老城内的基质型街区数量从 265 个增加至 2020 年的 276 个，数量略有增加。主要体现在升州路以北区域和中山北路沿线区域，基质型街区的集聚分布得到进一步加强。

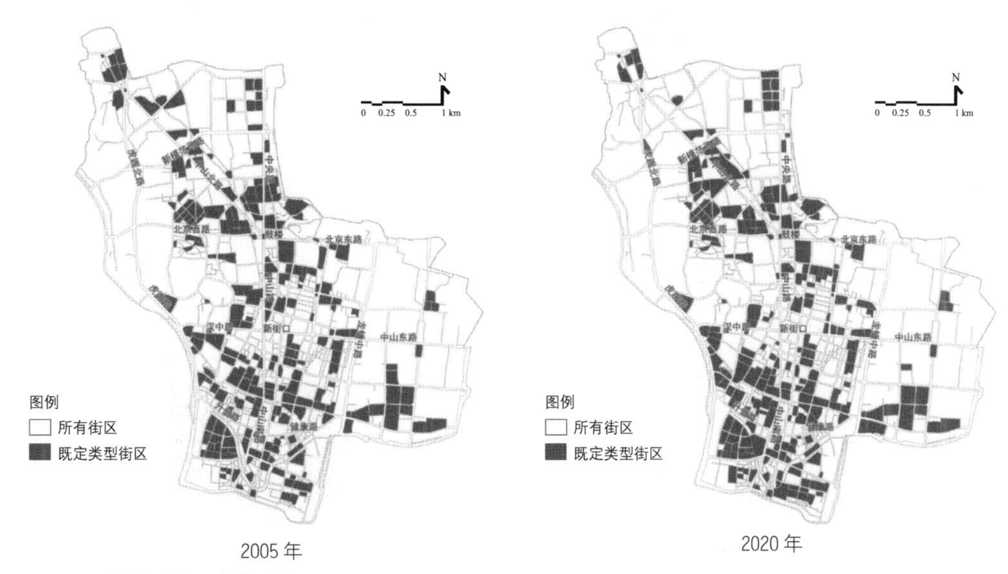

图 4.59 基质型街区演替分布图

城市街道形态类型的大尺度建模解析

区别于由面要素作为主要表征形式的街区，街道是典型的以线作为主要表征的城市形态要素对象。相较于街区、街口，对街道进行三维形态解析是最为复杂的，却也是技术方法层面对其他形态要素对象的大尺度形态类型建模最具借鉴意义的一例。本章从街道三维形态的视角切入，在对街道形态类型大尺度建模概述的基础上，以南京老城为例，从南京老城街道形态特征与类型构成两个维度进行解析，并挖掘其演替规律。

5.1 街道形态类型大尺度建模概述

作为城市空间的构成要素，街道对于城市的重要性不言而喻。在西方城镇化进程中，众多学者意识到街道不仅承载着交通通行的职能，更是城市生活发生的重要场所。雅各布斯（J. Jacobs）基于对《雅典宪章》所带来的现代主义城市的批判，认为街道是城市的血液而不仅仅是通道，借以唤起人们对城市街道的重新审视[1]；阿普尔亚德（D. Appleyard）等提出“街道的可居性”，对比不同类型街道上的生活性场景[2]；吉尔、林奇等学者在一系列经典著作中均强调街道是城市重要的公共空间[3-4]；西特（C. Sitte）、罗西（A. Rossi）、克里尔（R. Krier）等建筑师认为街道不是建筑剩余的消极空间，并在实践中通过界面勾勒和图底分析等方法塑造临街建筑与街道的关系，使得街道空间在形态学领域被重视[5-7]；诸如新城市主义等学派在内的城市设计实践中，也将街道作为重要的场所进行塑造。

在中国，伴随着城镇化下半场的到来，街道作为建成环境品质提升的重要抓手也愈发被重视。2017 年出台的《城市设计管理办法》中明确提到，重要街道是应当编制重点地区城市设计的区域，“提升街道特色和活力”。近年来，街道尺度的城市设计实践在全国范围内展开，并有以市为单位编制的街道层面的设计导则，如《上海市街道设计导则》《北京街道更新治理城市设计导则》等。不论在认识上还是在实践管控中，街道已不再被仅仅看作是红线内的部分，而是被当作由红线内空间及红线向两侧延伸的建成环境空间所构成的整体。

实践的需求激发了更多对街道空间的学术讨论。近几年，随着城市数据的获取和分析技术不断成熟，通过人群活动、业态 POI（关注点）、街景图片等多源异构数据解析街道空间属性与品质的研究成为热点[8-10]。这些研究在拓宽街道空间认知广度的同时，对于街道空间的形态学研究也提出了更高的要求：一方面，对于街道空间特征的精细化解析被视为进一步交叉研究的基础[11-15]；另一方面，通过研究揭示街道空间多维特征及内在机理的最终目的是将其落实到街道物质空间本体的设计中[16-17]。

在国际学术界，对街道三维形态的讨论由来已久，尽管在具体术语的措辞表述上未必一致（表 5.1），但自 20 世纪 70 年代以来有多部经典论著指向其三维空间本质。街道三维形态的语汇雏形可以追溯到库伦（G. Cullen）于 1971 年提出的“城镇景观”（townscape）的概念[18]，该概念指代由建筑、街道、广场所构成的连贯性城镇视觉景观，并提出在建筑群落的组合中需要遵循一定的原则从而实现和谐的视觉效果。由于街道是城镇最主要的公共空间，街道景观构成了城镇景观的基本面。“城镇景观”的概念同样被芦原义信(Y. Ashihara)在著作 *The Aesthetic Townscape* 中提到，其侧重以街道视觉秩序的创造作为建筑平面布局形成设计的出发点，并提出宽高比、面宽比等一系列重要的概念[19]，其中“城镇景观”的概念在很大程度上指代街道空间。在城市形态和城市微气候研究的交叉领域，一个常见的概念是“街道峡谷”（street canyon），用以指代街道及两侧的都市建成环境[20]。

不难看出，早期对街道三维形态的解析以定性分析为主，基于美学的角度提炼街道的形态元素，侧重对其视觉景观的分析。对于街道而言，重要的不仅仅是中间的“路面”，更为重要的是两侧的三维建成环境所构成的“关联空间”，这也是建筑学与交通工程在学科语境下的区别。事实上，在早期关注街道三维形态的代表性学者中，绝大多数本身就是建筑师或城市设计师，他们也在著作中明确地阐述街道两侧的建筑形态对于街道整体三维形态塑造的重要意义。在街道整体的建成环境中，区别于机动车道、人行道、道路绿化、铺地、城市家具等其他物质要素，由街道中间的开敞空间及两侧建筑物所构成的整体在认知街道空间中扮演着更为结构性的角色，本书将其定义为街道三维形态。对建筑本体及建筑之间开敞空间进行解析，不仅是形态学研究的经典分支之一，也一直是建筑类学科的核心线索[21-24]。

表 5.1 既有文献中和街道三维形态相关的概念辨析

相关概念	代表性学者	主要内容
城镇景观（townscape）	库伦	指由建筑、街道、广场所构成的连贯性城镇视觉景观，街道景观构成了城镇景观的基本面
	芦原义信	从美学角度，尤其对街道空间尺度进行研究，提出宽高比、面宽比等概念
街道峡谷（street canyon）	德保罗，谢赫	类似于自然峡谷的都市街道环境，此概念多出现在城市微气候研究中
街道边缘（street-edge）	库珀	提取街道两侧的连续建筑轮廓线，构成街道边缘
街道景观（streetscape）	巴德兰德	对街道建成环境的综合定义
	尤因	基于城市设计角度，对与城市设计相关的街道建成环境进行测度
街廓面（block-face）	维亚拉德	街廓（街区）中靠近外侧、临近街道的部分空间
街道景观骨架（streetscape skeleton 或 skeletal streetscape）	哈维	以街道两侧建筑物实体为要素构成的三维空间
	阿拉尔迪，弗斯科	基于行人视角的街道两侧建筑建成环境区域

进入 21 世纪，通过量化手段测度街道三维形态逐渐兴起，不少学者从街道三维形态在某个方面的指标入手进行研究。库珀提出“街道边缘”（street-edge）的概念，指代街道两侧的连续建筑轮廓线，并对其进行分形测度 [25]。2010 年以来，“街道景观”（streetscape）的概念被广泛讨论，其理论建构在库伦提出的“城镇景观”基础上，更加明确地指代街道建成环境。其中，代表性的学者包括巴德兰德（H. M. Badland）、尤因（R. Ewing）等 [26-27]。后者还基于城市设计的角度，提出了一套对与城市设计相关的街道建成环境进行测度的指标体系。

近年来，随着当代数字技术的更新迭代，运用数据科学手段研究街道三维形态进一步成为可能。维亚拉德（A. Vialard）提出“街廓面”（block-face）的概念，指代街区空间中临近街道的部分空间，对其形态特征进行量化解析 [28]。2015 年之后，依托 GIS 平台进行编程二次开发的数字化手段成为测度街道三维形态的重要方法，代表性的学者包括哈维等，阿拉尔迪和弗斯科。前者在“街道景观”概念的基础上，进一步提出“街道景观骨架”（streetscape skeleton 或 skeletal streetscape）并将其用于特指由街道两侧建筑物所限定的街道三维形态 [29]；后者在此基础上，在概念界定时还引入行人视角 [30]。

当前，在街道三维形态的量化测度愈发受到关注的同时，也存在一系列值得关注的难点问题。如何精细化界定街道三维形态的整体对象？相较于街区、地块等传统对象[31]的三维形态而言，街道在城镇平面中体现为一种“无形”要素[32]，不具备明确的空间边界，对其三维形态的整体界定存在较高的技术门槛[33-36]。面对真实城市空间中形态各异的街道，如何针对性地界定街道中间开敞空间及两侧“相关联的”建筑建成环境的空间范围？在大尺度的研究范围中测度街道三维形态，如何兼顾测度效率与精细化程度的矛盾？

针对以上的共性难点，本章运用大尺度形态类型建模的数字化方法流程，通过形态对象的数字化界定、形态特征的数字化提取、形态模式的数字化划分、形态类型的数字化解释等步骤对南京老城的街道三维形态进行解析。详细的技术路径与研究细节将在 5.2 节及 5.3 节中详细展示，以下扼要阐述其中的关键点。在要素生成模块，对既有的街区面域进行沃罗诺伊分割，界定街道中心线。2005 年和 2020 年两个年度的南京老城数据库共识别得到 4 260 个有效的街道要素对象。在三维建模模块，核心原理是运用基于“箱体模型”的街道三维形态建模。通过生成一个如“箱体”一样沿着街道线性延展的空间切割街道三维形态，来界定由街道中间开敞空间与两侧相关联建筑建成环境所构成的整体对象。在指标计算模块，遵循尺寸类、形状类、数量类、占有率类、多样性类、布局类这六大类的形态指标门类，共选择及定义了 26 个具有代表性的形态指标。值得一提的是，在布局类指标中，通过街道三维形态序列性的空间分析，引入街道建筑连续性、街道最大建筑高度变化频率、街道最大建筑高度变化幅度、街道整体高宽比变化频率、街道整体高宽比变化幅度等序列性形态指标。

在对六类 26 个分项形态指标进行充分解析的基础之上，划分得到南京老城的 12 种街道类型构成，分别为：瘦长型街道、东南型街道、垂行列型街道、都市峡谷型街道、横干型街道、矮巷型街道、匀短型街道、阔长型街道、纵干型街道、顺行列型街道、密实型街道、曲径型街道。

从分布上来看，中山北路、中央路、北京西路、北京东路、中山路、汉中路、中山东路、中山南路等一系列高等级干道在三维形态上也构成了南京老城的街道形态骨架。体现为其沿线街道相较而言，显著更宽、更直、包含的建筑个数更多、最大建筑（组）底面积和总建筑底面积普遍更大、建筑底面积差异性更大、开敞空间宽度更加参差不齐。另外，与街区形态分布相似，南京老城的中心区域的街道形态和边缘区域的街道形态也表现出明显差别。靠近老城边缘区域的街道普遍更长、建筑组数更多、平均整体高宽更小；而中心区域的街道则表现出最大建筑高度更大、建筑强度更大、建筑高度更加高低错落等特点。从街道类型的角度综合分析，构成骨架的街道类型主要为横干型街道、纵干型街道、阔长型街道以及都市峡谷型街道这四种，而其他的街道类型则在骨架型街道之间交错填补。

从中心边缘的角度来看，都市峡谷型街道集聚在老城最为中心的区域，瘦长型街道、东南型街道、横干型街道、阔长型街道、纵干型街道则相对位于临街老城边缘的区域；而垂行列型街道、匀短型街道、顺行列型街道、密实型街道这四种街道类型则倾向于位于两者之间的区域。

从演替上来看，自2005年至2020年，在尺寸和形状上发生较为明显变化的街道不多，通常出现在临近老城边缘的区域。与此同时，临近老城边缘的区域有一部分街道的建筑个数、建筑组数有所增加。老城中心区域，尤其是中央路、中山路沿线的区域在总建筑底面积、最大建筑高度、平均建筑高度、建筑密度、建筑强度、平均整体高宽比等指标上呈现出增大的趋势；而在紧邻中心区域周边则出现了一部分街道建筑密度、建筑强度、平均界面高宽比连续性减小的趋势。从街道类型的角度综合分析，在老城中心区域，都市峡谷型街道显著增多，在新街口区域的集聚更加强烈，并向东南西北四个方向均有轴向延伸，尤其向北沿中山路延伸至鼓楼区域。临近老城边缘，较为明显的现象是瘦长型街道增多。而在介于两者之间的区域，垂行列型街道数量有一定的增加，顺行列型街道、密实型街道、曲径型街道的数量则呈现出较为明显的减少的趋势。

5.2 南京老城街道形态特征及其演替

5.2.1 街道形态的对象界定

本书中将相邻两个街口之间的街道段落（street segment）视为一个街道对象。依据本书第3章形态对象的数字化界定中提出的方法流程，对街道形态进行界定。界定分为两步：第一步，界定有效的街道中心线，即街道的“线”；第二步，界定街道的三维形态。

（1）街道数据的基本情况

首先运用要素生成模块的方法，界定街道中心线。通过对街区面域进行沃罗诺伊分割，得到街道网络，并基于南京老城的边界对其进行裁剪；通过拓扑生成街道网络的对应锚点，并判定其中分叉数为2的假锚点，对其进行融合，从而得到真锚点以及相邻真锚点之间的线段[①]。

然而，并不是将所有相邻真锚点之间的线段都作为街道对象。南京老城实证研究中，在对街区面域进行沃罗诺伊分割时，经常会出现在一个街口处存在不止一个真锚点的现

① 详细的方法流程见本书3.1.1节。

象[①]；这就使得如果将所有相邻真锚点之间的线段视为街道对象，则会出现很多位于街口附近长度极小的线段。这显然与本书对街道对象的定义不符。另外，也存在城市中相邻两个街口距离很近的现象，此时街口锚点间的线段应当算作一个街道对象。基于以上分析，需要对相邻真锚点之间的线段进行遴选，以区分较短的街道对象和沃罗诺伊分割产生的误差；同时，这样的区分也是对街口的区分，区分相邻真锚点是相邻的两个街口，还是由误差引起的同一街口的两个真锚点。

遴选的手段包含两个：考察相邻真锚点之间线段的长度数据分布，以及选取典型路口进行平面图比较。在相邻真锚点之间线段的长度数据分布中（图 5.1），观察到一个较为明显的现象，数据分布在 20 m 左右有一个较为明显的波动：小于 20 m 区段的线段分布显著更为密集，并呈现出递减趋势；而大于 20 m 之后的区段则变化相对平稳。为了能从一个更加直观的角度看待这个问题，进一步选择了四条接近 20 m 的线段样本进行平面图比较。从图 5.2 中不同长度线段样本的对比中可以看出，图 5.2（a）和图 5.2（d）中对应的街口更倾向于被理解成两个相邻的街口，而图 5.2（b）和图 5.2（c）中对应的街口则更倾向于被理解成同一个街口。参考四个样本中的线段长度，再结合长度数据分布图的趋势，本书选取 20 m 为阈值，作为区分相邻两个街口和同一街口处产生误差的标准，同时也是遴选线段作为街道对象的标准。

基于 20 m 阈值的标准，从数据中识别有效的线段作为街道对象的中心线。2005 年，总计有 2 108 个有效的街道中心线，对应 2 108 个街道对象；2020 年，总计有 2 152 个有效的街道中心线，对应 2 152 个街道对象。为了更好地解析和描述街区对象，对 2005 年和 2020 年中所有的街道对象进行编号。编号的原理与街区类似，但也有根据街道数据特点设计的独特处理方式。同样，先通过要素转点生成每个街道中心线对应的中点，并记录其几何坐标；依据几何坐标，对 2005 年的街道对象按照从上至下、从左至右的编号原则进行编号，具体为 FID_0 至

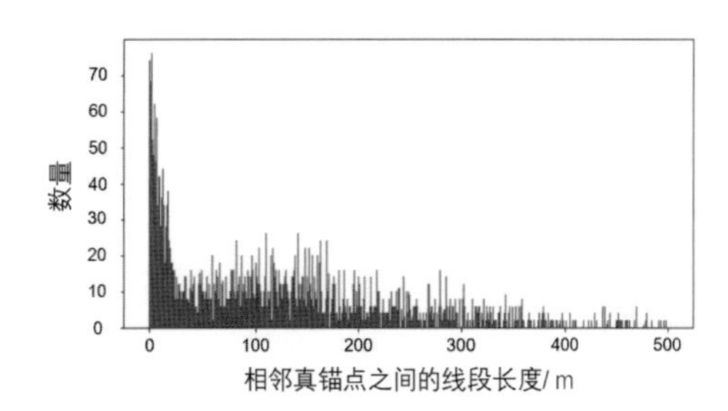

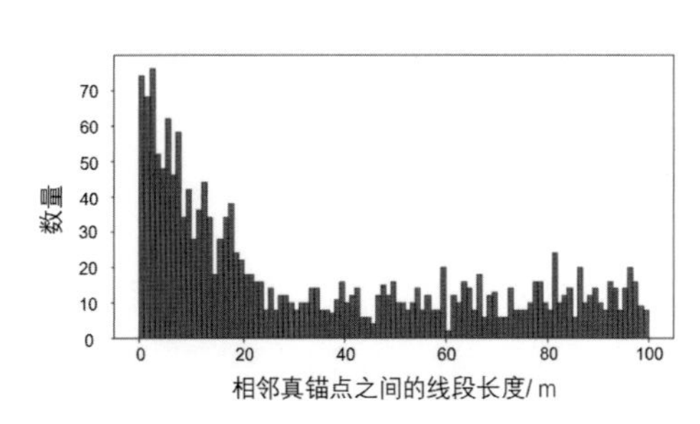

图 5.1 相邻真锚点之间的线段长度数据分布图

① 这种现象产生的原因：真实的城市空间区别于理想的城市肌理（例如方格网等大街区），街区形态较为有机，且时有凹凸变化，导致沃罗诺伊分割线的交点并非交汇于一点。

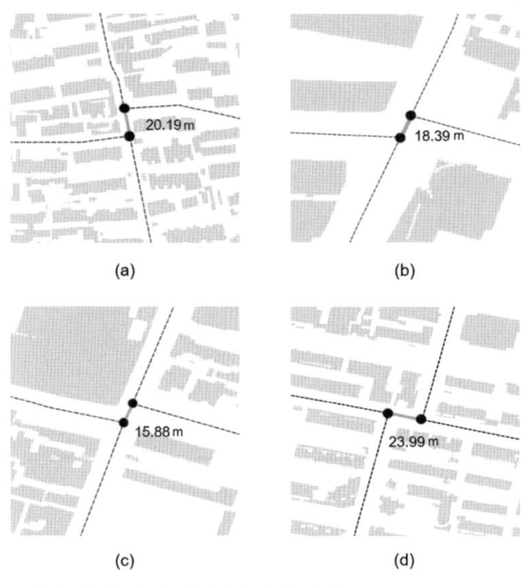

图 5.2 典型路口附近的短线段比较

FID_2107；随后基于重合度对 2020 年的街道对象进行判定。区别在于，由于街道数据是线段的形式，在基于重合度判定时，预先对每个街道中心线进行一个双边定值缓冲[①]，使其变成一个面域形状，从而在判定时比较面域之间的重合度。完整编号的两个年份的街道数据如图 5.3 和图 5.4 所示。

（2）街道三维形态建模

在得到街道对象对应的中心线数据的基础上，进一步通过“箱体模型”对街道三维形态进行建模。“箱体模型”的原理及操作方法在 3.1.2 节中已详细讨论，这里不再赘述，而是重点阐述在操作中几个关键参数的选择。

在街道平均开敞空间宽度的计算中，通常以 5 m 为间隔对每个街道中心线进行等距点取样。在本书中，将取样宽度设置为 3 m，主要考虑是通过加密取样点从而使每个街道获得更多的取样点数；尤其是对于中心线长度较短的街道，如果取样间距过大，则样本点的数量很少，有可能在计算中会产生较大误差；由于先前在街道中心线有效长度的阈值上，选择 20 m 为阈值，从而保证每个街道对象在平均开敞空间宽度的计算中均不少于 7 个采样点。[②]

在计算得到每个街道的平均开敞空间宽度之后，便可以基于街道平均开敞空间宽度计算街道箱体空间的宽度。本书中采用的基本假设是街道开敞空间两侧对应的建筑建成环境的宽度 W_{mass} 同街道平均开敞空间宽度 W_{void} 成正比关系，简单地说，即“街道越宽，其三维形态中包括的建筑建成环境也越宽”。表达式如下：

$$W_{\text{mass}} = kW_{\text{void}} \tag{5.1}$$

再结合箱体宽度的公式，可以进行进一步的公式变形：

① 本书选用的定值缓冲距离为 20 m。

② 当然，加密采样点也意味着运算工作量的增加，好在通过计算机编程的数字化手段，计算工作在计算机后台进行，而且能够使多项运算工作同步进行。

图 5.3 南京老城街道对象编号图（2005 年）

图 5.4 南京老城街道对象编号图（2020 年）

$$W = W_{\text{void}} + W_{\text{mass}} = (1 + k)W_{\text{void}} \tag{5.2}$$

因公式中 k 为常数，所以可以进一步简化为：

$$W = k\,W_{\text{void}} \tag{5.3}$$

即街道箱体空间的宽度与街道平均开敞空间的宽度成正比。

为验证这样的假设，同时确定正比例系数的参数，本书中引入问卷法。在数据库中随机选择六条宽度不一[①]、形态各异的街道，通过 SketchUp 软件对其进行三维建模。每一条街道分别呈现出不同 k 取值下计算得到的箱体空间宽度对应的三维形态（图 5.5）[②]。问卷旨在让相关专业的从业人员分别对每条街道不同 k 取值下的形态进行比较，并选择最能代表该街道三维形态的对象。最终，收集到来自不同高校、设计院的 20 位建筑及城市设计专业从业人员的问卷样本，样本中从业人员从业时间最长的达到 15 年，而从业时间最短的为 3 年。

对样本的结果进行统计分析。图 5.6 的结果显示，选择 k=2.0 对应的街道三维形态最具有代表性，并且颇为有趣的是，这个取值对全部六条街道均适用。这样的结果从一定意义上说明先前的假设具有合理性，即“箱体模型”下的街道三维形态对应的宽度同街道平均开敞空间宽度成正比，并且 2.0 是正比例系数的推荐值。另外，从 2.0 的正比例系数对应的实际意义来看，也意味着街道开敞空间两侧对应的建筑建成环境的宽度 W_{mass} 同街道平均开敞空间宽度 W_{void} 恰好相等；从某个角度说，实空间和虚空间被等量齐观地对待。

---

① 在数据库中提取其平均开敞空间宽度，分别为 18.1 m、23.0 m、24.1 m、43.7 m、65.8 m、85.5 m。

② 问卷中提供的 k 的取值分别为 1.4、1.7、2.0、2.3、2.6 以及大于 2.6。一个先验的逻辑推导是，k 的取值既不能太小也不能太大。若太小，则街道三维形态接近于“沿街一层皮”或街道界面的概念；若太大，则街道作为一个线性空间的重要特征逐渐变弱。

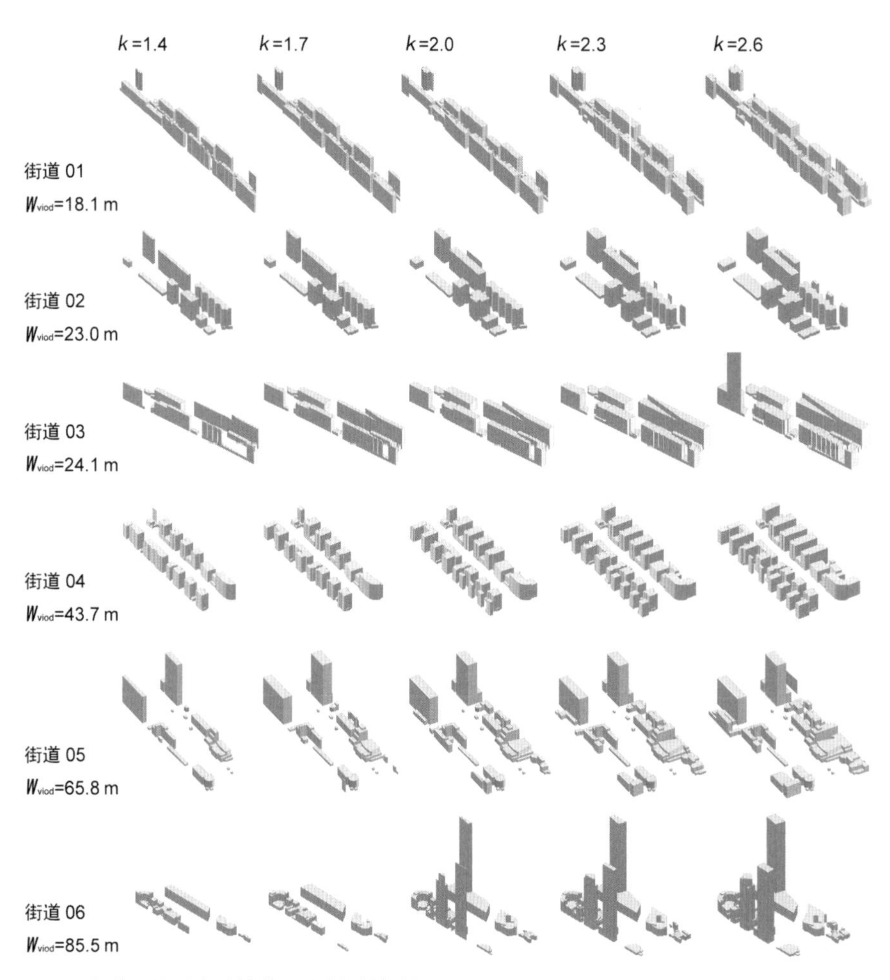

图 5.5 街道三维形态建模的正比例系数选择

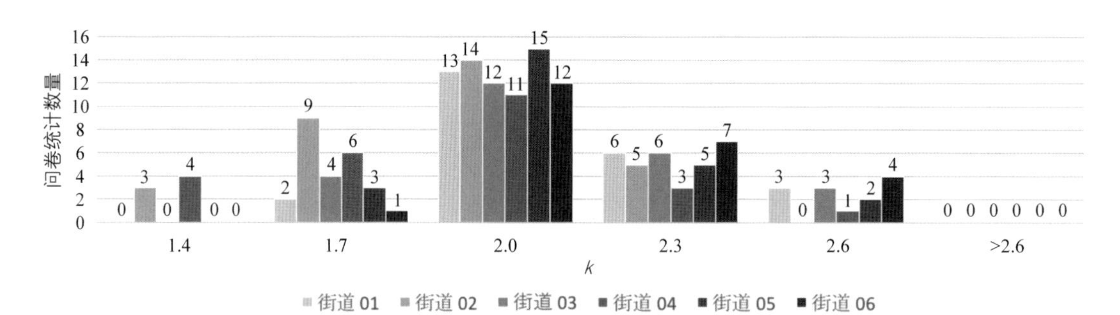

图 5.6 关于街道箱体空间宽度计算中 k 取值的问卷统计结果条形图

5.2.2 街道形态的指标体系

依据大尺度形态类型建模理论框架的论述，在街道形态指标体系的建构中，遵循尺寸类、形状类、数量类、占有率类、多样性类、布局类这六大类的形态指标门类，共选择及定义了 26 个具有代表性的形态指标（表 5.2），用以描述街道形态的特征。

表 5.2　街道形态的指标体系汇总表

类别	指标名称	代码	解释	单位
尺寸	长度 length	LE	街道对应中心线的长度	米（m）
	平均开敞空间宽度 average width	AW	街道两侧建筑界面之间的平均开敞空间宽度	米（m）
形状	街道朝向 orientation	OR	街道对应中心线最主要的空间朝向	度（°）
	街道曲折度 windingness	WI	描述街道对应中心线的曲折程度	
数量	建筑个数 number of buildings	NB	街道箱体内建筑体块的数量	个
	建筑组数 number of building groups	NG	街道箱体内建筑组合的数量（在空间上连接在一起的建筑算作一组建筑）	组
	最大建筑（组）底面积 maximum building group area	MGA	街道箱体内所有建筑组合中底面积最大的所对应的底面积数值	平方米（m^2）
	总建筑底面积 building coverage	BC	街道箱体内建筑底面积之和	平方米（m^2）
	最大建筑高度 maximum building height	MBH	街道箱体内所有建筑中高度最大的所对应的高度数值	米（m）
	平均建筑高度 average building height	ABH	街道箱体内所有建筑对应高度数值的算数平均数	米（m）
占有率	建筑密度 building density	BD	街道箱体内总建筑底面积 / 街道箱体底面积	
	建筑强度 building intensity	BI	街道箱体内总建筑面积 / 街道箱体底面积	
	平均整体高宽比 average height to width ratio	HWR	取样截面序列中街道整体高宽比的算数平均数	
	平均界面高宽比 average surface height to width ratio	SHWR	取样截面序列中街道界面高宽比的算数平均数	

续表

类别	指标名称	代码	解释	单位
多样性	建筑（组）底面积标准差 standard deviation of building group footprint	SDGF	街道箱体内所有建筑组合的底面积数值的标准差	平方米（m^2）
	建筑高度标准差 standard deviation of building height	SDBH	街道箱体内所有建筑的高度数值的标准差	米（m）
	开敞空间宽度标准差 standard deviation of width	SDW	取样截面序列中街道开敞空间宽度数值的标准差	米（m）
布局	建筑连续性 continuity	CY	描述街道两侧建筑布局的连续性，以取样截面序列中是否包含建筑计算	
	最大建筑高度变化频率 frequency of MH	FMH	取样截面序列中最大建筑高度的变化频率	
	最大建筑高度变化幅度 latitude of MH	LMH	取样截面序列中最大建筑高度的变化幅度	米（m）
	整体高宽比变化频率 frequency of HWR	FHWR	取样截面序列中街道整体高宽比的变化频率	
	整体高宽比变化幅度 latitude of HWR	LHWR	取样截面序列中街道整体高宽比的变化幅度	
	界面高宽比变化频率 frequency of SHWR	FSHW	取样截面序列中街道界面高宽比的变化频率	
	界面高宽比变化幅度 latitude of SHWR	LSHW	取样截面序列中街道界面高宽比的变化幅度	
	进深方向密度均质化程度 density homogenization degree in depth direction	DHDD	街道箱体在进深方向上建筑密度的均质化程度，用取样数值的标准差表示	
	进深方向强度均质化程度 intensity homogenization degree in depth direction	IHDD	街道箱体在进深方向上建筑强度的均质化程度，用取样数值的标准差表示	

（1）尺寸类街道形态指标

尺寸类街道形态指标共包含两个（图 5.7）：街道长度（LE）及街道平均开敞空间宽度（AW）。街道长度通过对对应街道的中心线进行几何计算而得到。街道平均开敞空间宽度在对街道形态进行对象界定时就已经确定了。

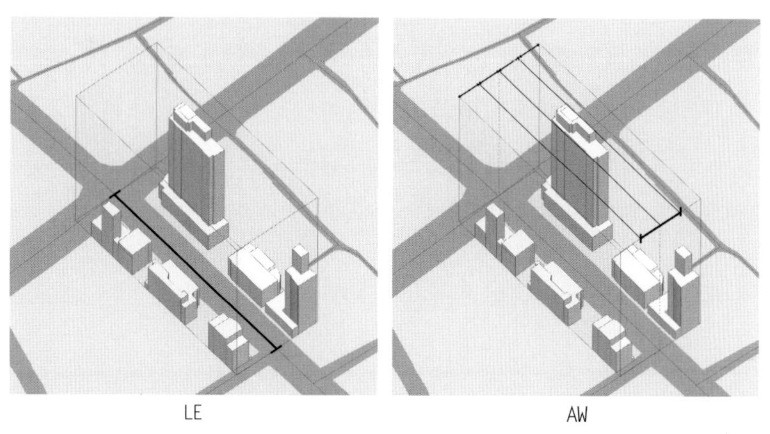

图 5.7 尺寸类街道形态指标图解

（2）形状类街道形态指标

形状类街道形态指标共包含两个（图 5.8）：街道朝向（OR）及街道曲折度（WI）。

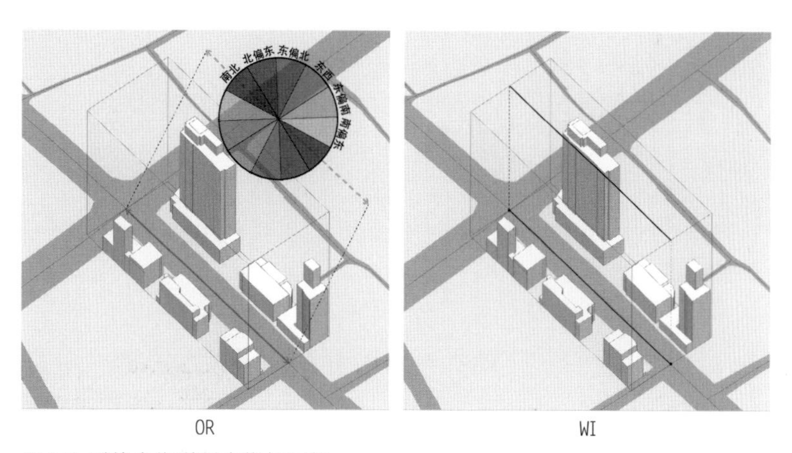

图 5.8 形状类街道形态指标图解

街道朝向指标被用来描述街道整体大致走向。在本书中，其计算方式为：将街道中心线对应的两个端点用线段进行连接，考察该线段对应的直线与正北方向的夹角。同时，为简化其数值分布，共设置六个区间：①与正北方向的夹角在 −15° 至 15° 之间的街道被定义为南北朝向；②与正北方向的夹角在（15°，45°］区间的街道被定义为北偏东朝向；③与正北方向的夹角在（45°，75°］区间的街道被定义为东偏北朝向；④与正北方向的夹角在（75°，105°］区间的街道被定义为东西朝向；⑤与正北方向的夹角在（105°，135°］区间的街道被定义为东偏南朝向；⑥与正北方向的夹角在（135°，165°］区间的街道则被定义为南偏东朝向。

街道曲折度，顾名思义，是用来描述街道曲折程度的形态指标。其计算方式为：假设街道中心线对应两个端点的坐标分别为（x_1，y_1）及（x_2，y_2），首先，计算这两个端点之间的欧氏距离；然后，用欧式距离除以街道中心线本身的长度，即 LE，得到比值；最后，用 1 减去上一步得到的比值，即得到街道曲折度对应的数值。从计算公式不难看出，街道中心线两个端点之间的欧式距离数值不会超过街道中心线本身的长度，所以两者的比值在(0,1]区间；也就是说，最终 WI 的取值在[0,1)区间。

$$\mathrm{WI} = 1 - \frac{\sqrt{(x_1-x_2)^2-(y_1-y_2)^2}}{\mathrm{LE}} \tag{5.4}$$

（3）数量类街道形态指标

数量类街道形态指标共包含六个（图 5.9）：街道建筑个数（NB）、街道建筑组数（NG）、街道最大建筑（组）底面积（MGA）、街道总建筑底面积（BC）、街道最大建筑高度（MBH）、街道平均建筑高度（ABH）。

街道建筑个数和街道建筑组数均为衡量街区建筑数量的指标，区别在于：由于数据集中空间上相连但标高不同的建筑呈现的数据形式是不同的多段面，因此为了区分，将街道中建筑多段面的数量定义为街区建筑个数，而将空间上相连的一个或多个建筑视为“一组”建筑，用建筑组数来反映街道内有多少组建筑。这一点和街区形态对应的指标体系是相同的。

记任一街道的箱体空间中有 i 个建筑多段面及 j 个建筑组，分别用 s 和 h 代表建筑的底面积及高度，则后四个指标的计算公式分别为：

$$\mathrm{MGA} = \max\ \{s_j\} \tag{5.5}$$

$$\mathrm{BC} = \Sigma\{s_i\} \tag{5.6}$$

$$\mathrm{MBH} = \max\ \{h_i\} \tag{5.7}$$

$$\mathrm{ABH} = \mathrm{ave}\ \{h_i\} \tag{5.8}$$

其中，街道最大建筑（组）底面积以建筑组为单元来计算，其余指标以单个建筑多段面为单元来计算。

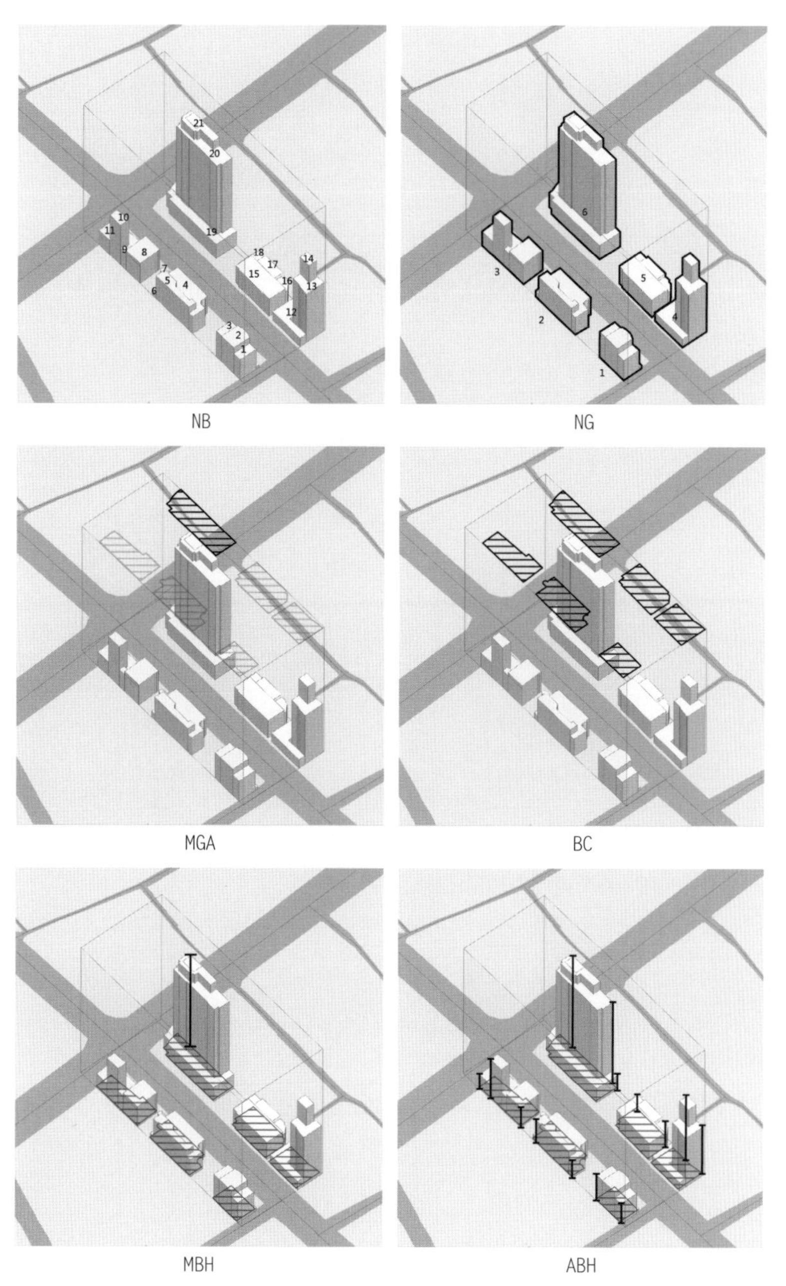

图 5.9 数量类街道形态指标图解

（4）占有率类街道形态指标

占有率类街道形态指标共包含四个（图 5.10）：街道建筑密度（BD）、街道建筑强度（BI）、街道平均整体高宽比（HWR）及街道平均界面高宽比（SHWR）。

街道建筑密度用以描述街道箱体空间内建筑的覆盖率，是用街道箱体空间内建筑的底

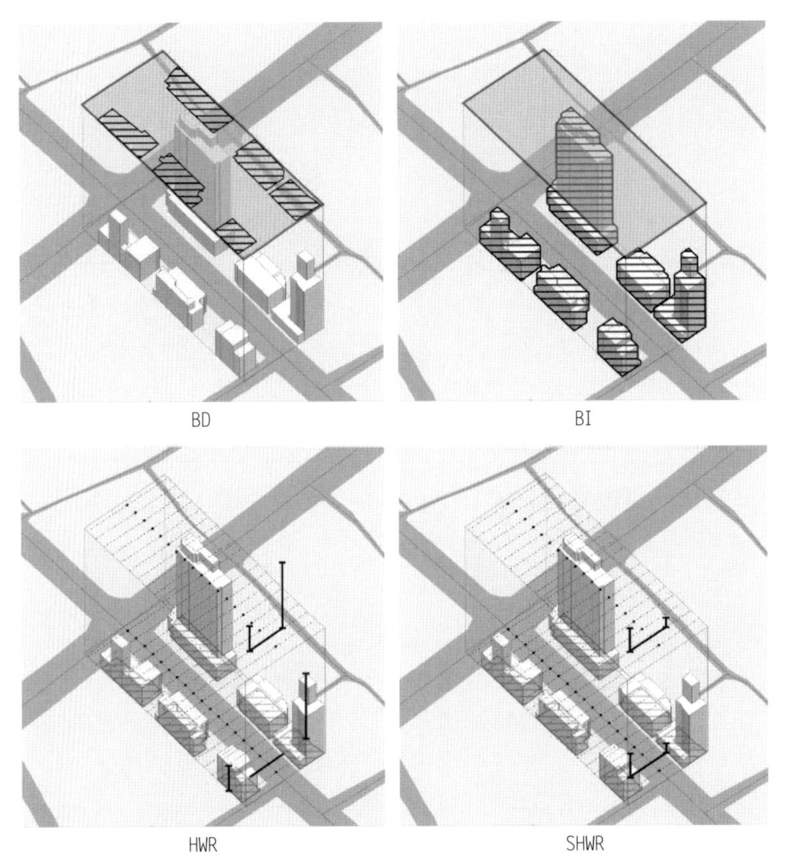

图 5.10 占有率类街道形态指标图解

面积之和除以街道箱体的底面积，其计算公式为：

$$\mathrm{BD}=\frac{\Sigma\{s_i\}}{\mathrm{LE}\cdot W} \quad (5.9)$$

公式中，LE 对应街道中心线的长度，W 对应街道箱体的宽度，街道建筑密度的取值在 0 到 1 之间，数值越大则代表街道内建筑覆盖率越高，相反则代表建筑覆盖率越低。

街道建筑强度相当于容积率的概念，使用街道建筑强度的指标名称是考虑到数据集中对于建筑面积的算法有所抽象。其计算公式为：

$$\mathrm{BI}=\frac{\Sigma\{s_i\cdot h_i\}}{\mathrm{LE}\cdot W} \quad (5.10)$$

公式中，LE 对应街道中心线的长度，W 对应街道箱体的宽度，计算结果中数值越大则代表街道建筑强度越高，相反则代表建筑强度越低。

街道平均整体高度比是通过计算取样截面序列中街道整体高宽比的算数平均数得到；同样，街道平均界面高宽比则是通过计算取样截面序列中街道界面高宽比的算数平均数得到。

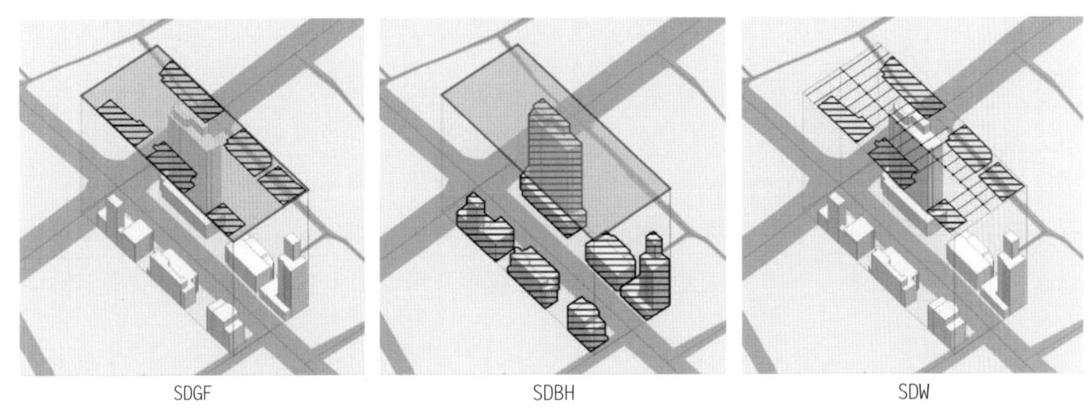

图 5.11 多样性类街道形态指标图解

(5) 多样性类街道形态指标

多样性类街道形态指标共包含三个(图 5.11):街道建筑(组)底面积标准差(SDGF)、街道建筑高度标准差(SDBH)以及街道开敞空间宽度标准差(SDW)。

正如指标名称所显示,前两个指标的计算公式分别为:

$$\text{SDGF} = \text{StdDev}\{s_j\} \tag{5.11}$$

$$\text{SDBH} = \text{StdDev}\{h_i\} \tag{5.12}$$

其中,街道建筑(组)底面积标准差是以建筑组为单元来计算,用以表征街道箱体内建筑组对应底面积的差异性程度。街道建筑高度标准差则是以单个建筑多段面来计算,用以表征街道内建筑高度差异性程度。

街道开敞空间宽度标准差则是以街道中心线上的取样点为单元计算。记任一街道中心线上共取样 m 个有效点,则每个取样点展开的垂直于街道中心线的剖面均会测得该取样点对应的开敞空间宽度,记为 w[①]。由此,街道开敞空间宽度标准差的计算公式为:

$$\text{SDW} = \text{StdDev}\{w_m\} \tag{5.13}$$

(6) 布局类街道形态指标

布局类街道形态指标共包含九个:街道建筑连续性(CY)、街道最大建筑高度变化频率(FMH)、街道最大建筑高度变化幅度(LMH)、街道整体高宽比变化频率(FHWR)、街道整体高宽比变化幅度(LHWR)、街道界面高宽比变化频率(FSHW)、街道界面高宽比变

① 每个采样点对应的开敞空间宽度在街道形态的对象界定中被计算过,是界定街道箱体空间宽度时的一个必要准备步骤。

化幅度（LSHW）、街道进深方向密度均质化程度（DHDD）以及街道进深方向强度均质化程度（IHDD）。

正如 3.2 节中对于街道形态的序列维度的阐述，本书在布局类街道形态指标中引入街道空间序列的视角。从指标选取上能够看出，对最大高度、整体高宽比以及界面高宽比这三个剖面指标在整条街道空间序列中的变化情况进行描述。描述时，主要从变化频率和变化幅度两个方面着手。以街道最大建筑高度变化频率及街道最大建筑高度变化幅度为例：

$$\mathrm{FMH}=\frac{\sum_{n=1}^{m}\operatorname{sgn}\left(|h\_\max_{n}-h\_\max_{n+1}|-T_{1}\right)}{m} \tag{5.14}$$

$$\operatorname{sgn}(x)=\begin{cases}1, & x>0\\ 0, & x\leqslant 0\end{cases}$$

从公式中可以看出，首先是对街道中心线相邻取样点对应的剖面最高高度进行相差运算，并取绝对值。公式中，T_1 为一个极小的常量值[①]，用来进行符号判定。而 $\operatorname{sgn}(x)$ 为符号函数，若括号内的差值大于 0，则判定为 1；若括号内的差值小于等于 0，则判定为 0。通过以上运算，可以模拟数据序列的变化频率，从而表征街道最大建筑高度变化频率。

$$\mathrm{LMH}=\frac{\sum_{n=1}^{m}|h\_\max_{n}-h\_\max_{n+1}|}{m} \tag{5.15}$$

在变化幅度的计算中则相对简化，仅对数据序列中相邻数据进行差值运算，并取绝对值。

同样地，对于街道整体高宽比变化频率及变化幅度，街道界面高宽比变化频率及变化幅度，其计算公式分别为：

$$\mathrm{FHWR}=\frac{\sum_{n=1}^{m}\operatorname{sgn}(|\mathrm{HWR}_{n}-\mathrm{HWR}_{n+1}|-T_{2})}{m} \tag{5.16}$$

$$\mathrm{LHWR}=\frac{\sum_{n=1}^{m}|\mathrm{HWR}_{n}-\mathrm{HWR}_{n+1}|}{m} \tag{5.17}$$

$$\mathrm{FSHW}=\frac{\sum_{n=1}^{m}\operatorname{sgn}(|\mathrm{SHWR}_{n}-\mathrm{SHWR}_{n+1}|-T_{3})}{m} \tag{5.18}$$

$$\mathrm{LSHW}=\frac{\sum_{n=1}^{m}|\mathrm{SHWR}_{n}-\mathrm{SHWR}_{n+1}|}{m} \tag{5.19}$$

① 数据科学中，通过引入极小常量值作为阈值（threshold）来辅助符号判定是一种常见的手法，本书中根据数据分布的特征，将 T_1 的值设定为 0.05。

其中，T_2 及 T_3 和上文 T_1 一样，均为极小常量值；同样，sgn(x) 为符号函数，其运算同式（5.14）对应。

以上六个指标均为对街道在其沿中心线展开的空间序列中形态布局的描述（图 5.12）。然而，街道形态布局除了具有沿街展开的维度，还具有垂直于街道的维度，即街道的进深方向。本书通过街道进深方向密度均质化程度以及街道进深方向强度均质化程度这两个形态指标，对其进深方向的布局进行描述（图 5.13）。

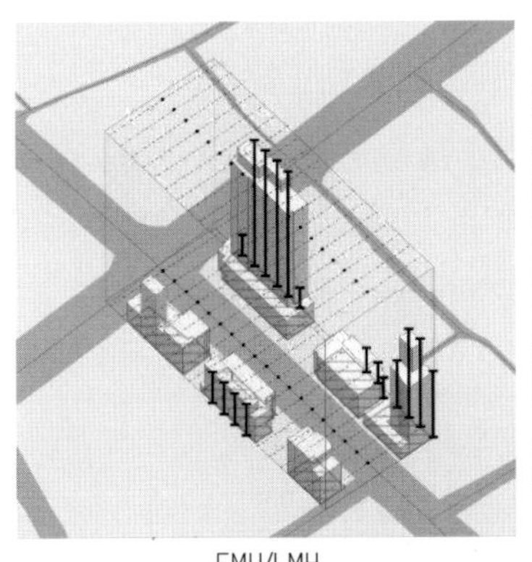

FMH/LMH

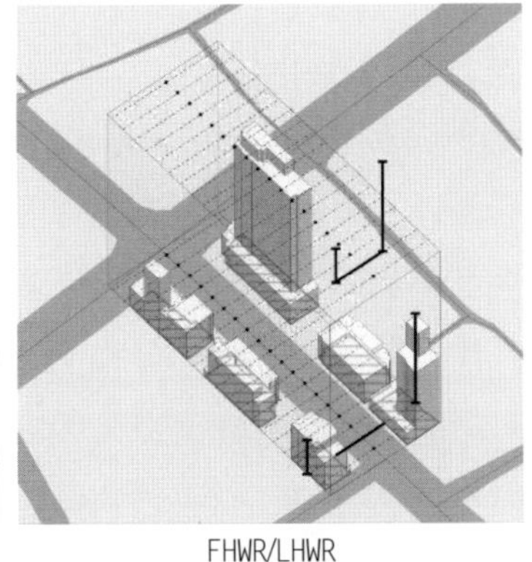

FHWR/LHWR

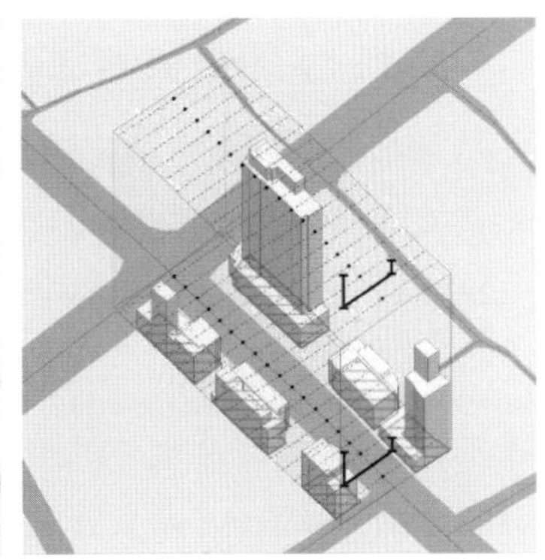

FSHW/LSHW

图 5.12 布局类街道形态指标图解（空间序列方向）

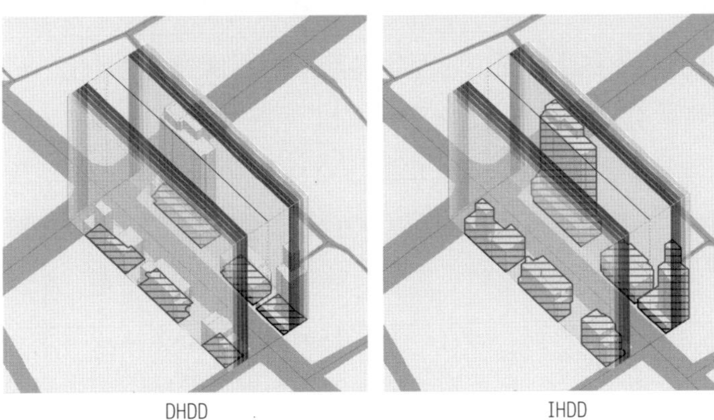

DHDD　　IHDD

图 5.13 布局类街道形态指标图解（进深方向）

从三维的视角来看，街道平均开敞空间宽度，即箱体宽度的一半对应的三维空间其实是街道形态的“空”，即街道开敞空间对应的虚空间；而在虚空间两侧的箱体空间所对应的为建筑建成环境。记箱体底面上任意点偏离街道中心线的距离为 d，分别将虚空间两侧从 d=1/2 AW 至 d=AW 之间的空间平均划分成五份，分别计算每份的建筑密度和建筑强度。由此得到的建筑密度共有五个值，分别记为 BD_1、BD_2、BD_3、BD_4 和 BD_5。同理，得到的建筑强度也有五个值，分别记为 BI_1、BI_2、BI_3、BI_4 和 BI_5。结合以上数据，两个指标的计算公式为：

$$\mathrm{DHDD} = \mathrm{StdDev}\{BD_1, BD_2, BD_3, BD_4, BD_5\} \tag{5.20}$$

$$\mathrm{IHDD} = \mathrm{StdDev}\{BI_1, BI_2, BI_3, BI_4, BI_5\} \tag{5.21}$$

公式中分别对建筑密度和建筑强度的五个值求标准差，以表征街道进深方向的密度均质化程度及强度均质化程度。

5.2.3 街道形态的分布及演替

依据上一节建立的街道形态的指标体系，分别从 26 个形态指标的角度，对南京老城街道形态的分布及演替特征进行阐述。分项街道形态指标在全面定量解析南京老城城市形态的同时，也是后续建构街道类型的基础。同时，针对街道要素的每个单项形态指标，引入“变化量分布”的系列图纸，作为单项形态指标分布图纸的补充。其目的是能够更加直观地呈现 2005 年至 2020 年的形态变化程度。其原理为，对于每个形态指标而言，用形态对象 2020 年的指标数值减去其对应编号对象 2005 年的指标数值，得到差值。对于差值为 0 的编号对象，意味着其 15 年间该形态指标保持不变；对于差值为正的编号对象，意味着其 15 年间该形态指标产生增量；对于差值为负的编号对象，意味着其 15 年间该形态指标产生减量。同时表达两个年份的底图是为了更好地呈现每个形态指标的演替特征：以 2005 年的形态对象为底图，试图表达在 2005 年形态指标的基础上，未来 15 年的“拟变化量”；以 2020 年的形态对象为底图，试图表达 2020 年形态指标相对于 15 年前“已发生的变化量”。对于两个年份，使用自然断裂点的区间划分方式，分别将增量的数值和减量的数值划分为三个区间。由此，在图例中共包含较大增量、中等增量、较小增量、数值不变、较小减量、中等减量、较大减量七个类别。另外，需要指出的是指标不对应情况，即 2005 年的某个编号的形态对象消失或 2020 年产生新的编号的形态对象的情况。研究中的处理方式是将其分别视为同等数值大小的减量及增量。

（1）街道长度

从街道长度的分布来看，南京老城整体上呈现出“靠近老城边缘区域街道长度相对较大，而内部街道的长度则相对较小”的特点，尤其在老城西北部及东部区域有较为明显的高值分布（图 5.14）。2005 年街道长度的平均值为 179.1 m，而 2020 年街道长度的平均值变为 179.0 m，15 年间街道长度平均值稍有减小。从区间分布上来看，高值区间的变化较为显著，长度大于 500 m 的街道数量从 2015 年的 74 个增加至 2020 年的 82 个。其他区间的变化相对缓和，整体上街道数量在 15 年间增加；而街道数量减少发生在长度在（300，

400] 的区间，其对应街道数量从 156 个减少至 151 个。2005 年，街道长度最大值对应的编号为 1670，位于虎踞路南侧，其数值为 1424.7 m；到了 2020 年，街道长度最大值依然为 1424.7 m，其对应街道编号保持不变。

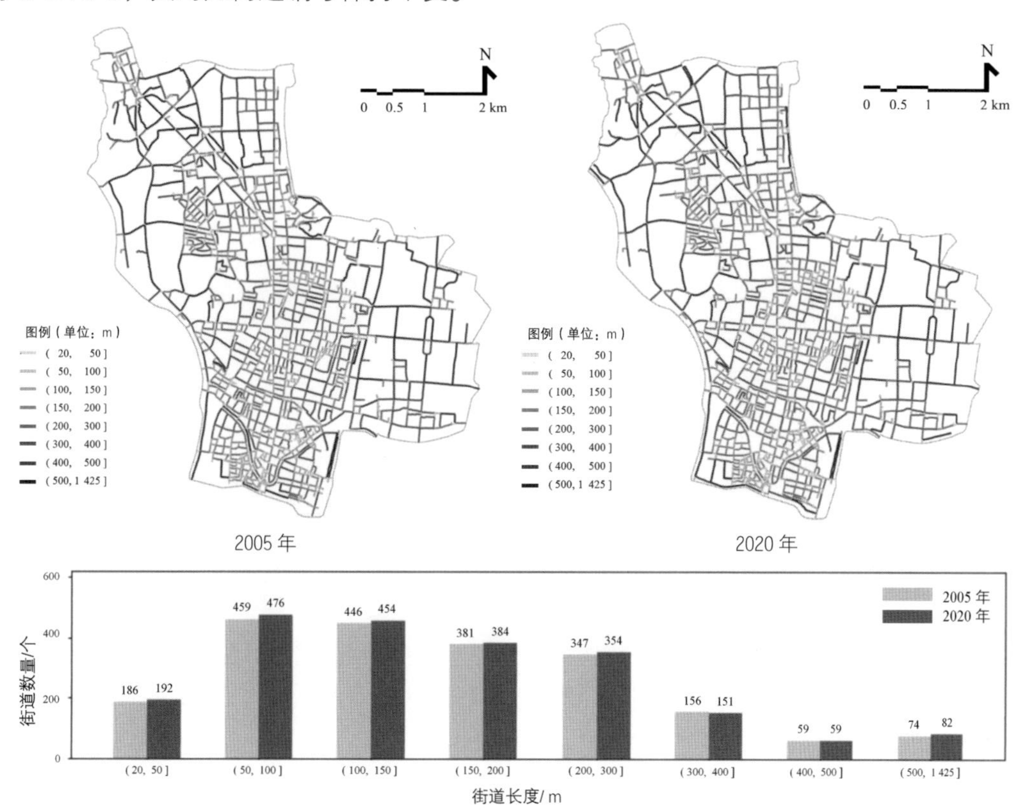

图 5.14 南京老城街道长度分布及统计图

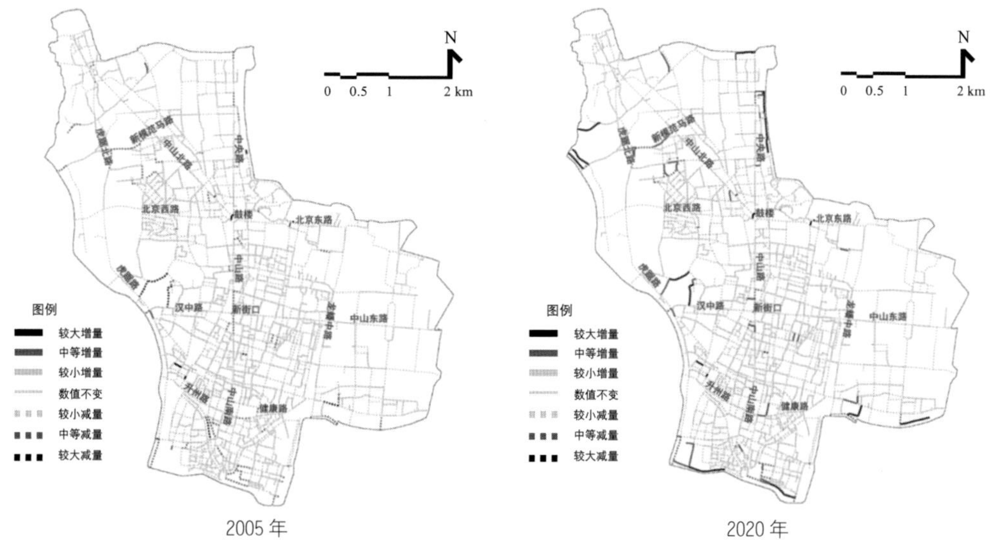

图 5.15 南京老城街道长度变化量分布图

通过南京老城街道长度变化量分布图来进一步说明其形态演替特征（图 5.15）。绝大多数街道的长度发生了非常微小的增（减）量，具体数量为 2043 个，占到街道总数的 94.9%。长度发生中等及较大增量的街道共有 64 个，主要分布在靠近老城边缘的区域；另有 42 个街道的长度发生中等及较大减量，分布较为零散，在中山路、新模范马路、临近虎踞路以及老城南侧边界处均有分布。

（2）街道平均开敞空间宽度

从街道平均开敞空间宽度的分布来看，南京老城整体上呈现出“干道普遍平均开敞空间宽度更大”的特点，这与日常对城市的基本认知吻合（图 5.16）。2005 年街道平均开敞空间宽度的平均值为 28.1 m，而 2020 年街道平均开敞空间宽度的平均值变为 29.4 m，街道平均开敞空间宽度的平均值在 15 年间增加了 1.3 m，总体上街道“变宽了”。从区间分布上来看，高值区间部分街道数量普遍增加：街道平均开敞空间宽度在（60，80] 区间的街道数量从 2005 年的 112 个增加至 2020 年的 133 个；在（80，100] 区间的街道数量从 32 个增加至 50 个；而平均开敞空间宽度在（100，193] 区间的街道则从 31 个增加至 34 个。相反，低值区间部分对应的街道数量发生了明显的下降：平均开敞空间宽度在（0，5] 区间的街道数量从 2005 年的 133 个减少至 2020 年的 122 个；而平均开敞空间宽度在（5，10] 区间的街道数量从 347 个减少至 312 个。2005 年，街道平均开敞空间宽度最大值对应的编号为 164，位于新模范马路，其数值为 193.1 m；到了 2020 年，街道平均开敞空间宽度最大值减小至 186.6 m，位于老城东北角，其对应编号为 508。

通过南京老城街道平均开敞空间宽度变化量分布图来进一步说明其形态演替特征（图 5.17）。总共有 10 个街道的平均开敞空间宽度未发生变化，约占街道总数的 0.5%。对于 2020 年而言，平均开敞空间宽度发生较小增量和较小减量的街道占据绝大多数，分别有 881 个和 1 073 个，共计占街道总数的 90.8%。平均开敞空间宽度发生中等及较大增量的街道共有 76 个，增量区间为（15.3，186.6]，在中山路、新模范马路等区域有多个对象分布；平均开敞空间宽度发生中等及较大减量的街道共有 66 个，分布相对较为零散。

（3）街道朝向

从街道朝向的分布来看，南京老城整体上呈现出“以东西向和南北向为主要街道朝向[①]”的特点（图 5.18）。南北朝向的街道，从 2005 年的 579 个增加至 2020 年的 596 个；而东西朝向的街道则从 553 个增加至 567 个。其他朝向的街道也略有增减：北偏东朝向，

---

① 5.2.2 节中将街道的南北朝向定义为正南北方向及其向两侧偏转 15° 的区间，而将街道的东西朝向定义为正东西方向及其向两侧偏转 15° 的区间。

即偏角度数在（15°，45°］区间的街道，数量从2005年的299个增加至2020年的302个；东偏北朝向，即偏角度数在（45°，75°］区间的街道，数量从167个增加至174个；东

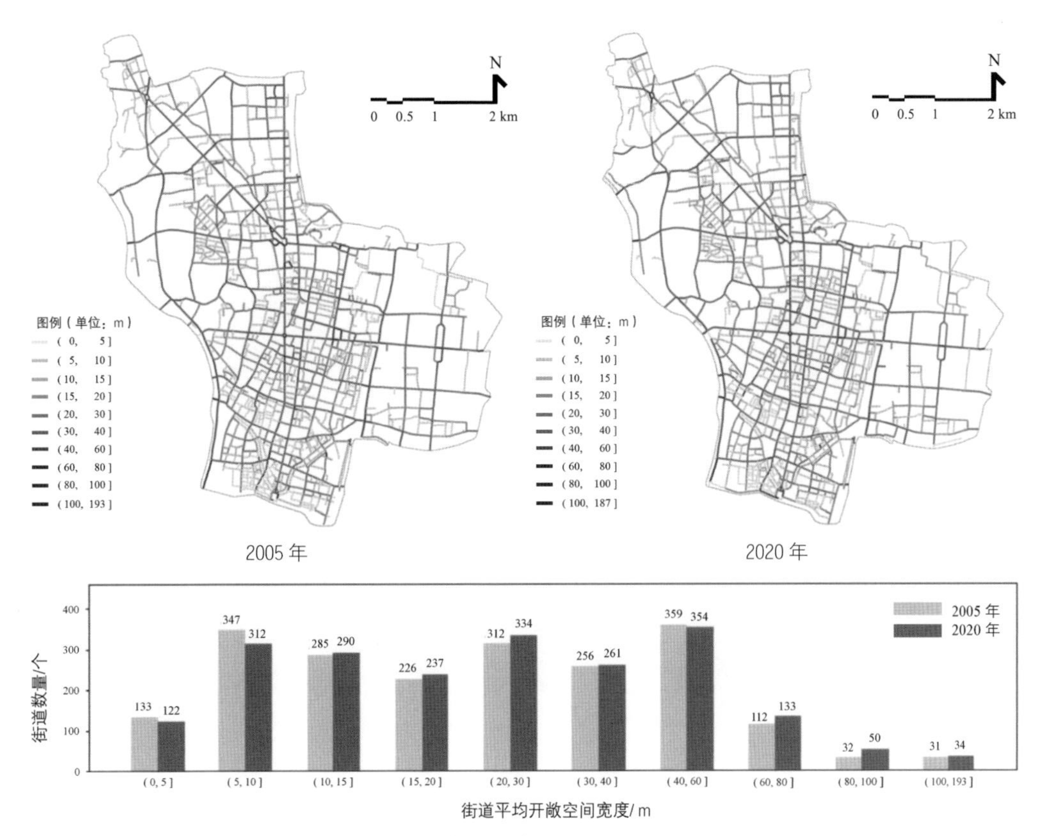

图5.16 南京老城街道平均开敞空间宽度分布及统计图

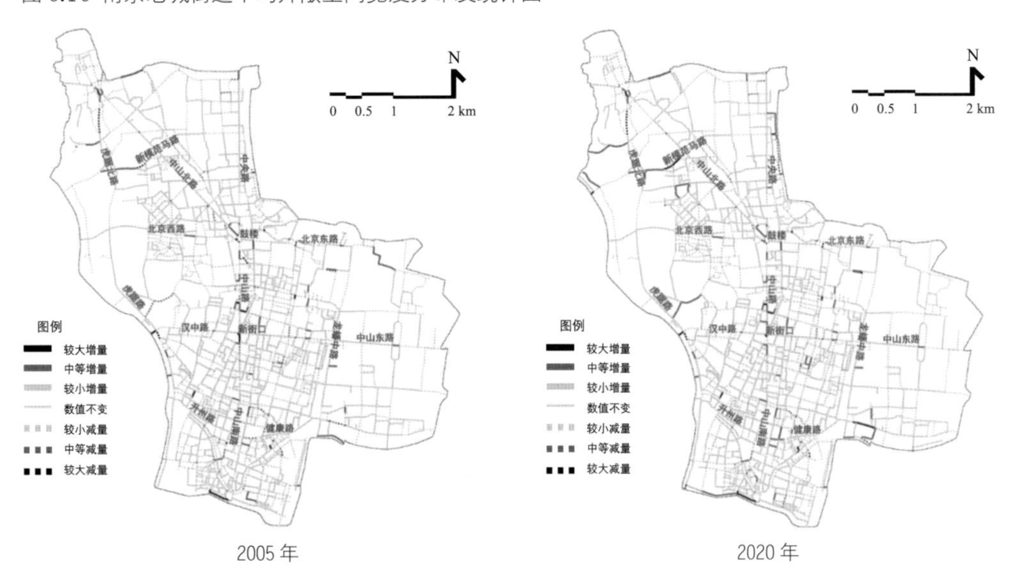

图5.17 南京老城街道平均开敞空间宽度变化量分布图

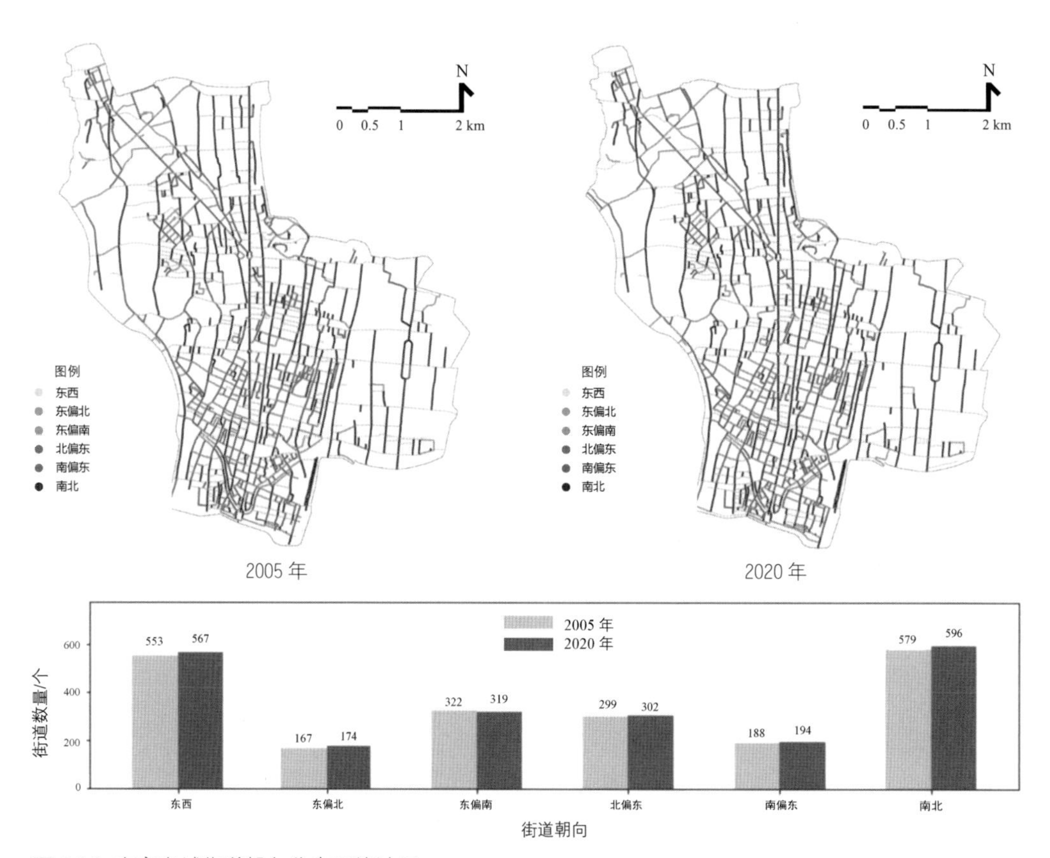

图 5.18 南京老城街道朝向分布及统计图

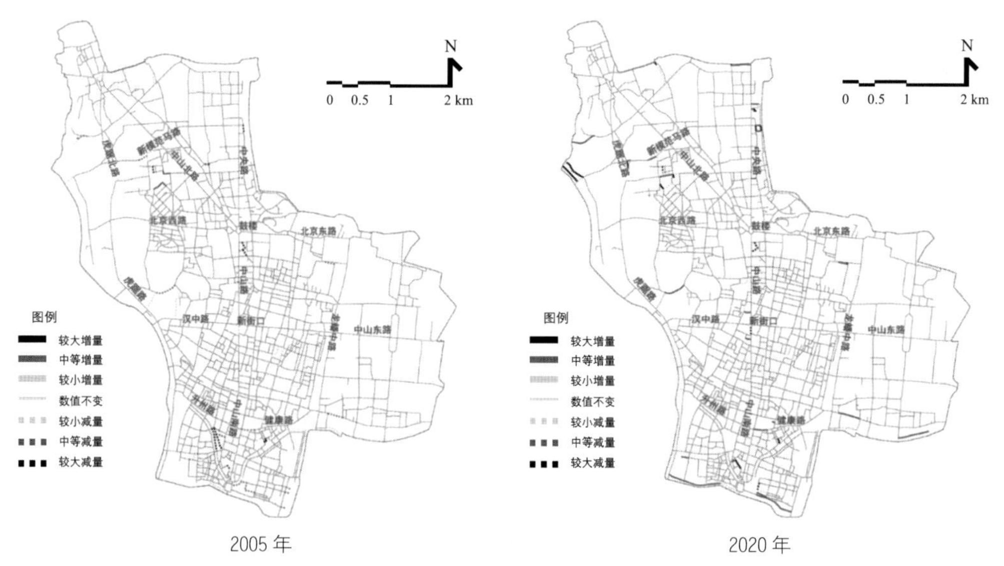

图 5.19 南京老城街道朝向变化量分布图
资料来源：作者自绘

偏南朝向，即偏角度数在（105°，135°］区间的街道，数量从322个减少至319个；而南偏东朝向的街道，即偏角度数在（135°，165°］区间的街道，数量从188个增加至194个。

街道朝向相对变化较为稳定，超过94.0%的街道在15年间朝向并未发生改变（图5.19）。发生变化的街道多为新增街道或局部线型发生变化的街道，在靠近老城边缘区域分布居多。

（4）街道曲折度

从街道曲折度的分布来看，南京老城整体上呈现出“整体笔直，局部较为曲折”的特点（图5.20）。2005年街道曲折度的平均值为0.979，而2020年街道曲折度的平均值变为0.980，街道曲折度的平均值在15年间略有增加，表明总体上街道“变直了”。从区间分布上来看，大多数区间街道曲折度变化较为平稳，其中有三个区间变化稍明显：曲折度在（0.980，0.990］区间的街道，数量从2005年的306个增加至2020年的318个；曲折度在（0.993，0.996］区间的街道，数量从2005年的377个增加至2020年的399个；曲折度在（0.996，0.999］区间的街道，数量从628个增加至635个。2005年和2020年，街道曲折度最大值均为1.0，对应多个街道，其编号分别为555、564、575及2106，位于北京东

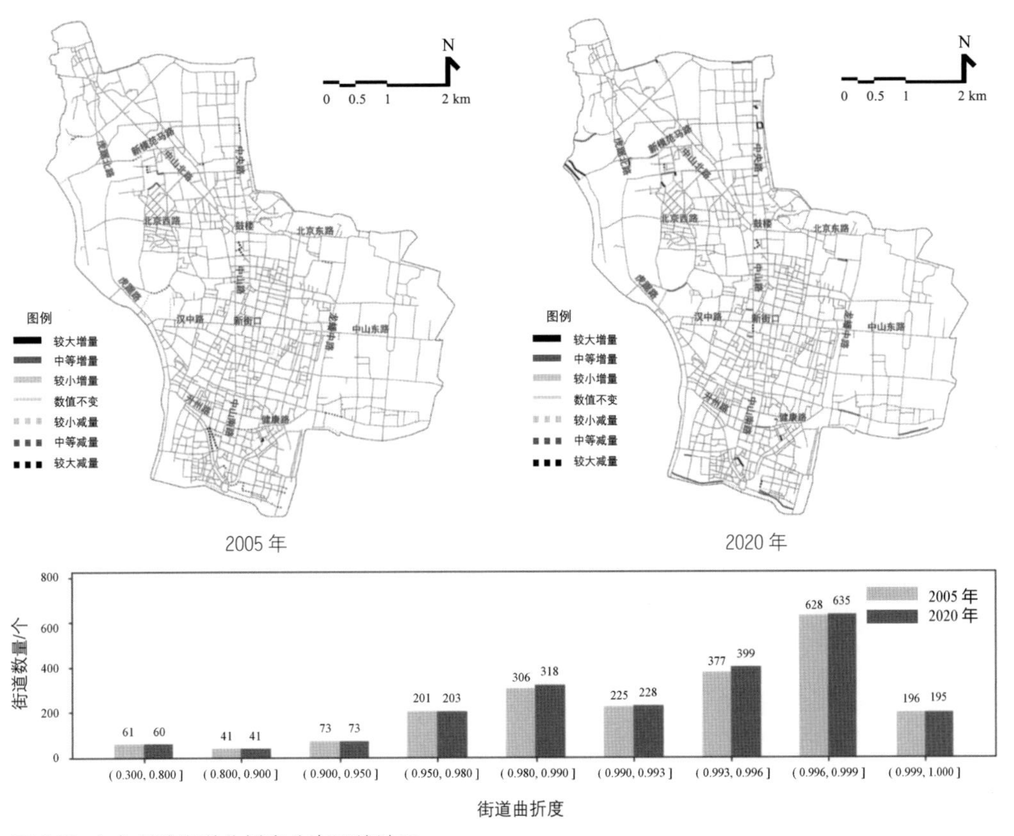

图5.20 南京老城街道曲折度分布及统计图

路沿线以及老城东南角。同样，两个年份街道曲折度最小值也相同，数值为 0.31，对应街道编号为 1504，位于老城南部近升州路区域。

通过南京老城街道曲折度变化量分布图来进一步说明其形态演替特征（图 5.21）。绝大多数街道的曲折度几乎没有发生变化，具体数量达到 2042 个，约占街道总数的 94.9%。发生变化的街道多为新增街道或局部线型发生变化的街道，在靠近老城边缘区域分布居多。

图 5.21 南京老城街道曲折度变化量分布图

（5）街道建筑个数

从街道建筑个数的分布来看，南京老城整体上呈现出“干道包含的建筑个数相对较多”的特点（图 5.22）。2005 年街道建筑个数的平均值为 38.3 个，而 2020 年街道建筑个数的平均值变为 42.3 个，街道建筑个数的平均值在 15 年间增加了 4.0 个。从区间分布上来看，高值区间对应的街道数量普遍增加：建筑个数在（40，50] 区间的街道，数量从 2005 年的 183 个增加至 2020 年的 226 个；建筑个数在（50，75] 区间的街道，数量从 257 个增加至 288 个；建筑个数在（75，100] 区间的街道从 123 个增加至 137 个；建筑个数在（100，367] 区间的街道从 123 个增加至 158 个。相反，低值区间对应的街道数量大都发生了减少：建筑个数不足 10 个的街道，数量从 2005 年的 265 个减少到 2020 年的 219 个；建筑个数在（10，20] 区间的街道，数量从 464 个减少至 417 个。2005 年，街道建筑个数最大值为 279 个，对应街道编号为 1824，位于中山南路上；到了 2020 年，街道建筑个数最大值变为 367 个，位于虎踞北路上，对应街道编号为 183。

通过南京老城街道建筑个数变化量分布图来进一步说明其形态演替特征（图 5.23）。

总共有 145 个街道的建筑个数未发生变化，约占街道总数的 6.7%。2020 年，有较多街道的建筑个数发生了较小增量，具体数量为 1 086 个，占街道总数的 50.5%，对应增量区间

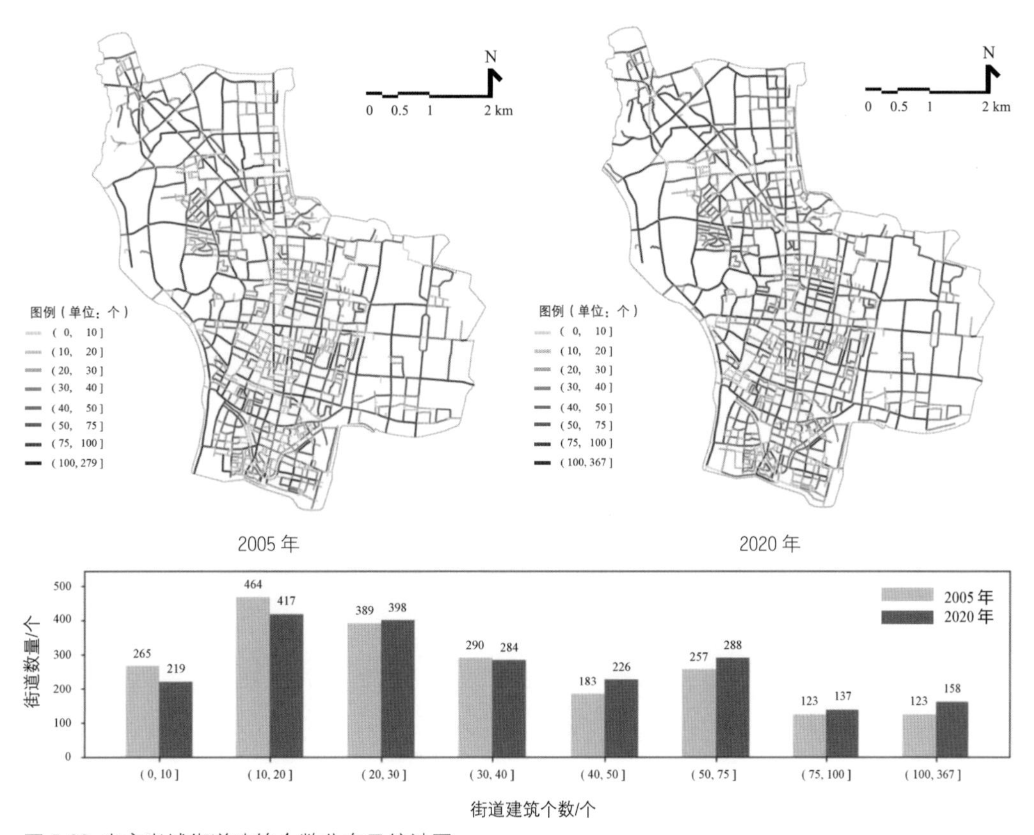

图 5.22 南京老城街道建筑个数分布及统计图

图 5.23 南京老城街道建筑个数变化量分布图

为（0，24]个；同时，也有556个街道建筑个数发生了较小减量，占街道总数的25.8%，对应减量区间为[-30，0）。建筑个数发生中等及较大增量的街道共计207个，多分布在老城中部及北部区域；而发生中等及较大减量的街道共计112个，多分布在老城南部区域。

（6）街道建筑组数

从街道建筑组数的分布来看，南京老城整体上呈现出“中心区域的街道建筑组数较少”的特点，尤其以新街口周边区域及城南局部区域最为明显（图5.24）。2005年街道建筑组数的平均值为12.8组，而2020年街道建筑组数的平均值变为12.3组，街道建筑组数的平均值在15年间稍有减小。从区间分布上来看，高值区间对应的街道数量变化较为平稳，而低值区间对应的街道数量则有所波动，几个波动较为明显的区间包括：建筑组数不足5组的街道，数量从2005年的521个增加至2020年的579个；建筑组数在（10，15]区间的街道，数量从397个减少至383个；建筑组数在（15，20]区间的街道，数量从192个增加至218个；而建筑组数在（20，30]区间的街道，数量则从213个减少至175个。2005年，街道建筑组数最大值为108组，位于虎踞南路上，其对应街道编号为1670；而到了2020年，街道建筑组数最大值对应的街道编号仍为1670，其数值下降为100组。

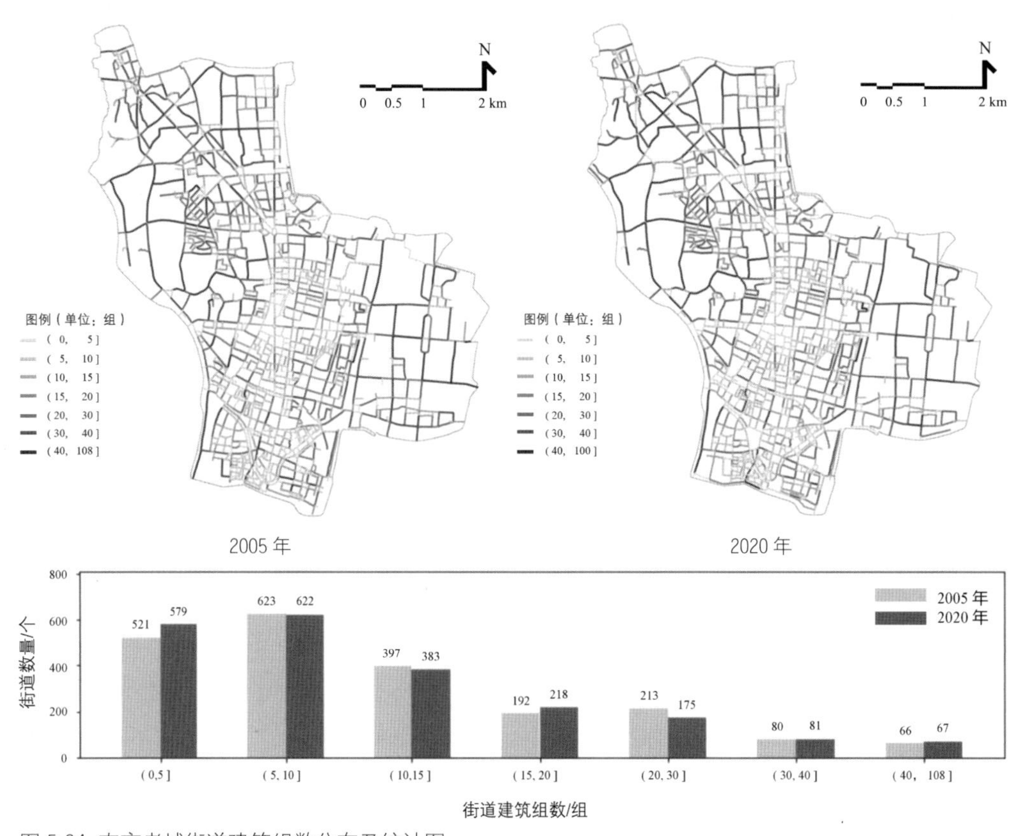

图5.24 南京老城街道建筑组数分布及统计图

通过南京老城街道建筑组数变化量分布图来进一步说明其形态演替特征（图 5.25）。总共有 613 个街道的建筑组数未发生变化，约占街道总数的 28.5%。2020 年，街道建筑组数发生较小增量的街道数量为 562 个，占街道总数的 26.1%，对应增量区间为（0，6]；同时，也有 711 个街道建筑组数发生了较小减量，占街道总数的 33.0%，对应减量区间为 [-8，0）。建筑组数发生中等及较大增量的街道共计 85 个，多分布在老城中部及北部区域，并靠近老城边界处；而发生中等及较大减量的街道共计 135 个，多分布在老城南部区域。

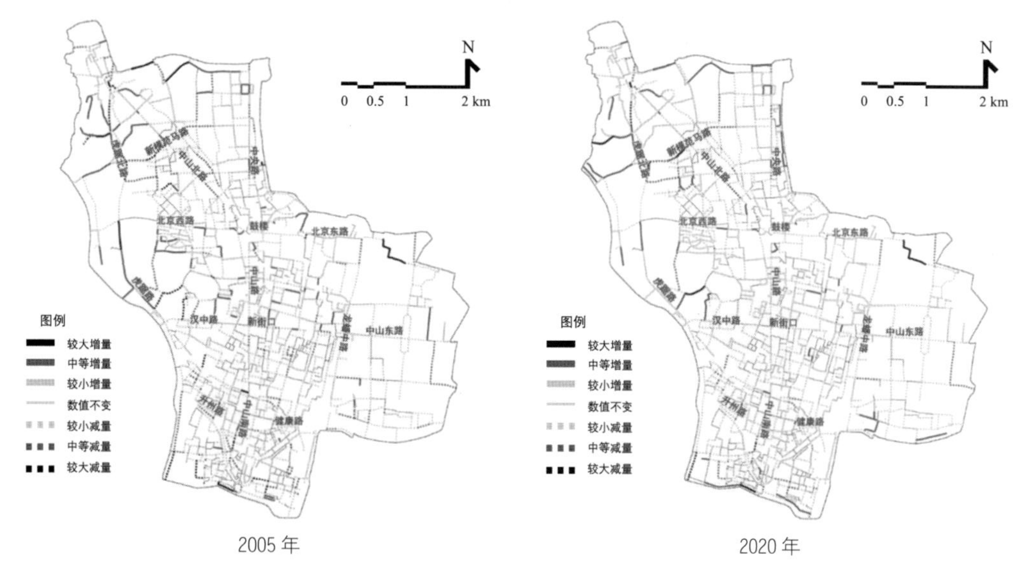

图 5.25 南京老城街道建筑组数变化量分布图

（7）街道最大建筑（组）底面积

从街道最大建筑（组）底面积的分布来看，南京老城整体上呈现出“干道对应的最大建筑（组）底面积普遍较大”的特点，这与日常对城市的基本认知吻合（图 5.26）。2005 年街道最大建筑（组）底面积的平均值为 1 640.1 m²，而 2020 年街道最大建筑（组）底面积的平均值变为 1 801.4 m²，街道最大建筑（组）底面积的平均值在 15 年间增加了 161.3 m²。从区间分布上来看，高值区间对应的街道数量有较为显著的增加：最大建筑（组）底面积在（3 000，4 000] 区间的街道，数量从 2005 年的 146 个增加至 2020 年的 163 个；在（4 000，21 856] 区间的街道，数量更是从 174 个增加至 229 个。相反，最大建筑（组）底面积不足 500 m² 的街道发生了较为明显的减少，从 2005 年的 490 个减少至 2020 年的 456 个。2005 年，街道最大建筑（组）底面积最大值为 14 432.6 m²，其对应街道编号为 1043 和 1056，均位于中山东路附近区域；而到了 2020 年，街道最大建筑（组）底面积最大值增大至 21 856.0 m²，其对应街道编号为 645，位于中山路上。

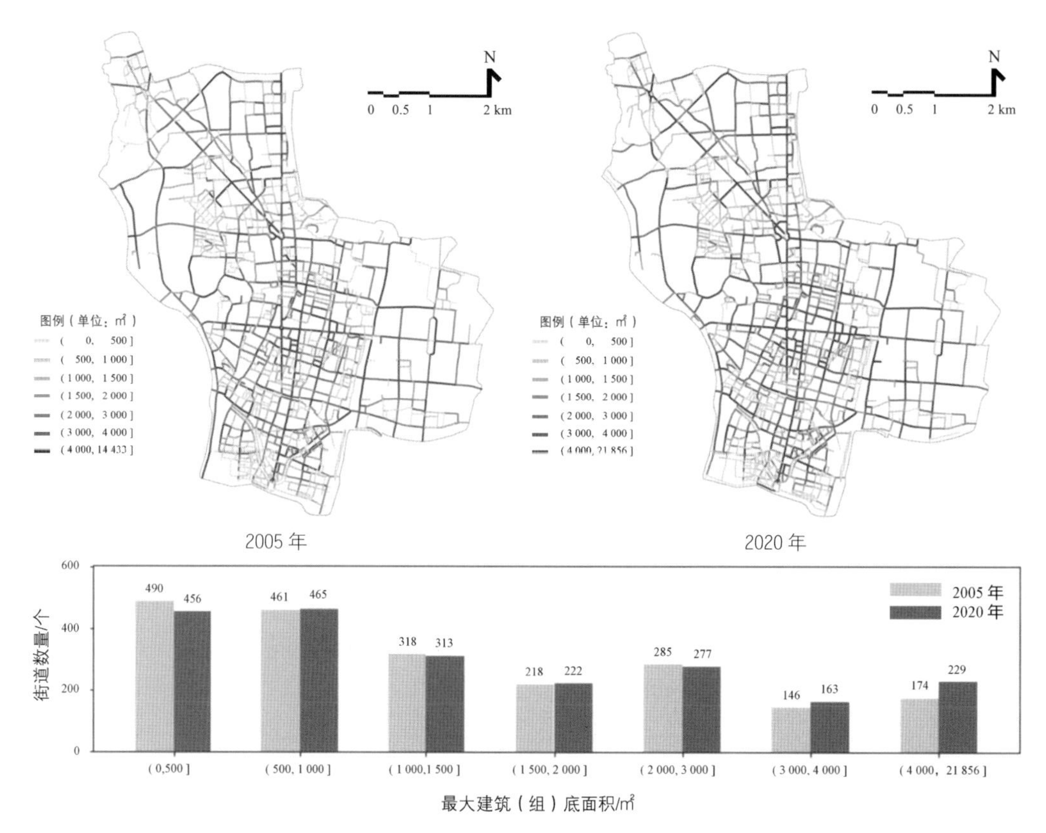

图 5.26 南京老城街道最大建筑（组）底面积分布及统计图

通过南京老城街道最大建筑（组）底面积变化量分布图来进一步说明其形态演替特征（图 5.27）。总共有 28 个街道的最大建筑（组）底面积未发生变化，约占街道总数的 1.3%。2020 年，街道最大建筑（组）底面积发生较小增量的街道数量为 1 019 个，占街道总数的 47.4%，对应增量区间为（0，1354.6]；同时，也有 884 个街道最大建筑（组）底面积发生了较小减量，占街道总数的 41.1%，对应减量区间为 [−1 181.8，0）。最大建筑（组）底面积发生中等及较大增量的街道共计 106 个，在中山北路、中山路、中山南路沿线均有较多分布；而发生中等及较大减量的街道共计 69 个，分布较为零散。

（8）街道总建筑底面积

从街道总建筑底面积的分布来看，南京老城整体上呈现出“干道对应的总建筑底面积普遍较大”的特点（图 5.28）。2005 年街道总建筑底面积的平均值为 5 222.1 m²，而 2020 年街道总建筑底面积的平均值变为 5 432.3 m²，街道总建筑底面积的平均值在 15 年间增加了 210.2 m²。从区间分布上来看，高值区间对应的街道数量均有一定程度的增加：总建筑底面积在（4 000，6 000] 区间的街道，数量从 2005 年的 314 个增加至 2020 年的 327 个；总建筑底面积在（6 000，8 000] 区间的街道，数量从 175 个增加至 193 个；总建筑底面积在（10 000，47 597］区间的街道，数量从 306 个增加至 333 个。2005 年，街道总建筑底面积最大值为 47 596.3 m²，其对应街道编号为 821，位于龙蟠路上；而到了 2020 年，街道

图 5.27 南京老城街道最大建筑（组）底面积变化量分布图

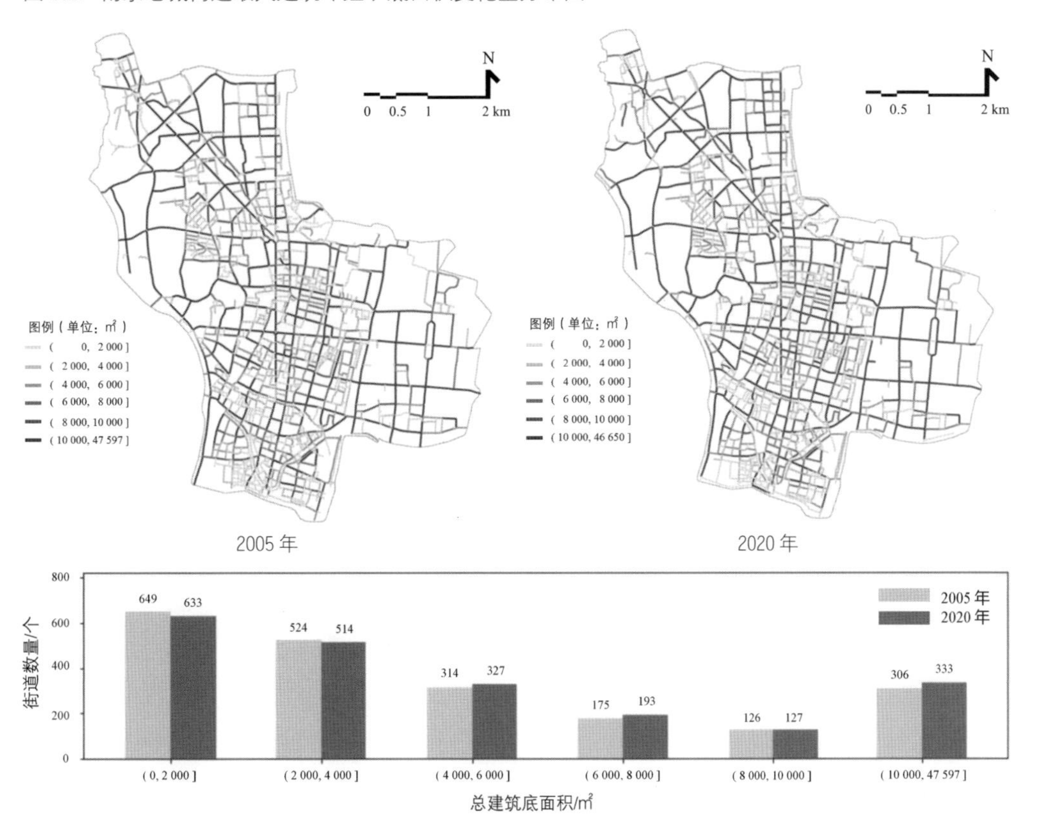

图 5.28 南京老城街道总建筑底面积分布及统计图

总建筑底面积最大值对应的编号仍为 821，其数值减小为 46 649.7 m²。

通过南京老城街道总建筑底面积变化量分布图来进一步说明其形态演替特征（图 5.29）。总共有 9 个街道的总建筑底面积未发生变化，约占街道总数的 0.4%。2020 年，街道总建筑底面积发生较小增量的街道数量为 957 个，占街道总数的 44.5%，对应增量区间为（0，2 541.5]；同时，也有 898 个街道总建筑底面积发生了较小减量，占街道总数的 41.7%，对应的减量区间为 [−3 066.1，0）。总建筑底面积发生中等及较大增量的街道共计 150 个，在新街口附近的城市中心区域有较为明显的聚集分布；而发生中等及较大减量的街道共计 92 个，分布较为零散。

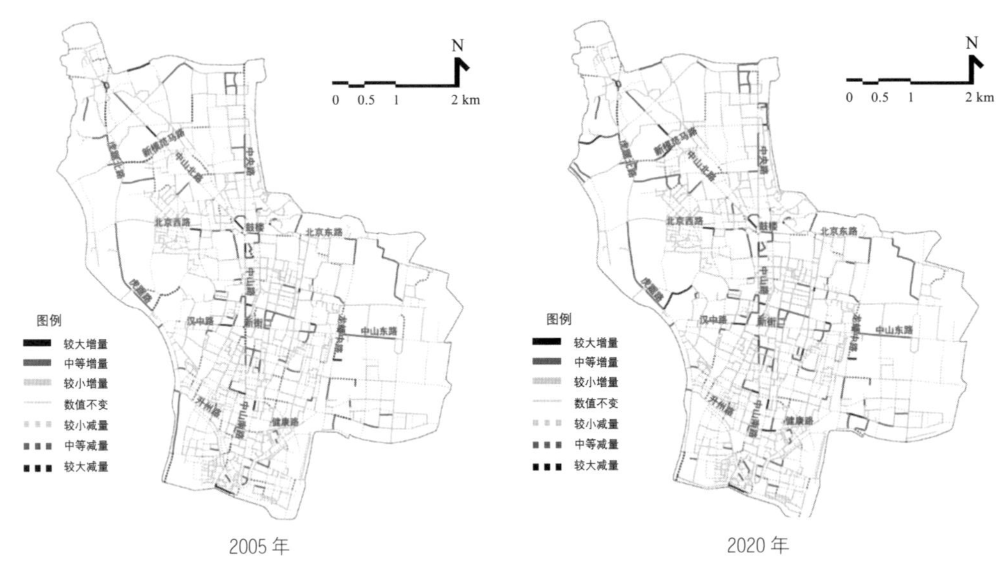

图 5.29 南京老城街道总建筑底面积变化量分布图

（9）街道最大建筑高度

从街道最大建筑高度的分布来看，南京老城整体上呈现出“由中心区域向边缘逐渐递减”的特点（图 5.30）。2005 年街道最大建筑高度的平均值为 34.7 m，而 2020 年街道最大建筑高度的平均值变为 38.0 m，街道最大建筑高度的平均值在 15 年间增加了 3.3 m。从区间分布上来看，在 (100，267] 区间，即最大建筑高度超过 33 层的街道数量发生了明显的增长，由 2005 年的 68 个增加至 2020 年的 92 个。此外，在（72，100] 区间，即最大建筑高度在 24 层至 33 层之间的街道数量从 206 个增加至 238 个；在（54，72] 区间，即最大建筑高度在 18 层至 24 层之间的街道数量从 141 个增加至 168 个；而在（36，54] 区间，即最大建筑高度在 12 层至 18 层之间的街道数量从 159 个增加至 177 个。相反，低值区间对应的街道数量普遍发生了减少，典型的有在（9，18] 区间，即最大建筑高度在 3

层至 6 层之间的街道数量从 313 个减少至 298 个；而在（18，36] 区间，即最大建筑高度在 6 层至 12 层之间的街道数量从 1018 个减少至 972 个。2005 年，街道最大建筑高度最

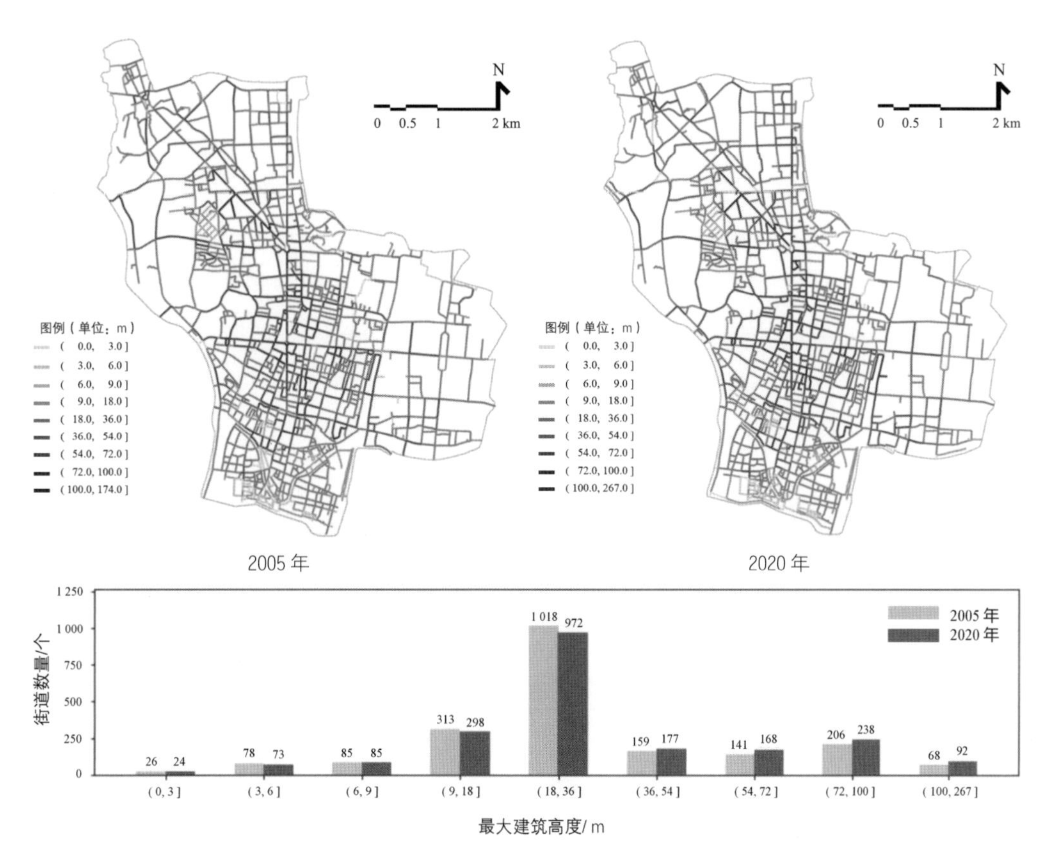

图 5.30 南京老城街道最大建筑高度分布及统计图

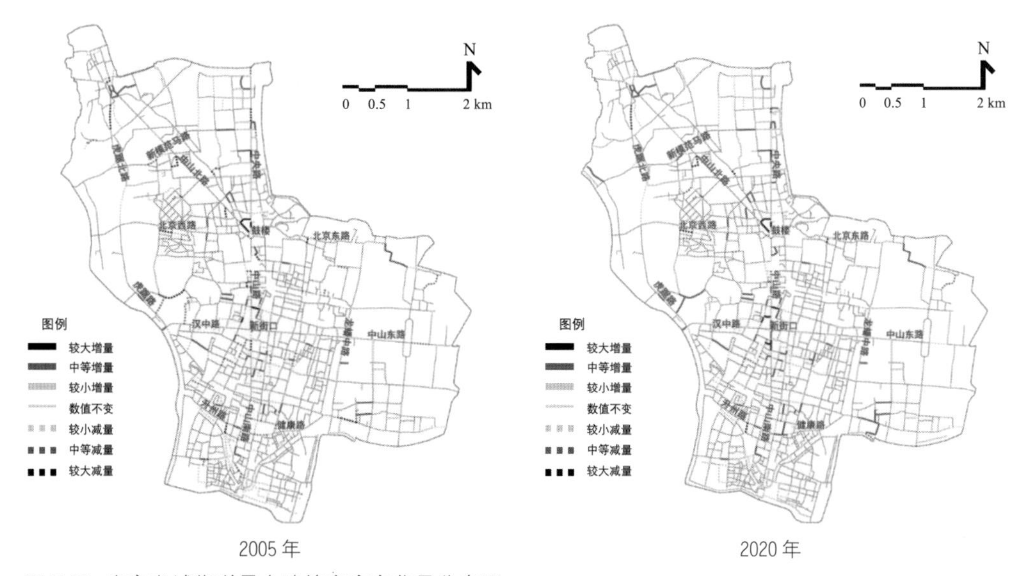

图 5.31 南京老城街道最大建筑高度变化量分布图

大值为 174 m，相当于 58 层的高度，其对应街道编号为 1046 和 1069，分别位于汉中路及其附近；而到了 2020 年，街道最大建筑高度最大值增至 267 m，相当于 89 层的高度，其对应街道编号分别为 493 和 511，位于鼓楼附近的中央路及中山北路。

通过南京老城街道最大建筑高度变化量分布图来进一步说明其形态演替特征（图 5.31）。绝大多数街道的最大建筑高度未发生变化，具体数量为 1 631 个，占街道总数的 75.8%。2020 年，最大建筑高度发生较小增量的街道数量为 161 个，对应增量区间为（0，30]；同时，也有 162 个街道的最大建筑高度发生了较小减量，对应减量区间为 [-30，0）。最大建筑高度发生中等及较大增量的街道共计 112 个，在新街口、鼓楼及部分靠近老城边界的区域有集中分布；而发生中等及较大减量的街道共计 40 个，分布较为零散。

（10）街道平均建筑高度

从街道平均建筑高度的分布来看，南京老城整体上呈现出“高值多片分布”的特点，尤其在新街口及其周边地区有较为集中的高值分布（图 5.32）。2005 年街道平均建筑高度的平均值为 10.0 m，而 2020 年街道平均建筑高度的平均值变为 10.4 m，街道平均建筑高度的平均值在 15 年间增加了 0.4 m。从区间分布上来看，高值区间对应的街道数量发生了较为明显的增长：平均建筑高度在（15，18] 区间，即 5 层至 6 层之间的街道数量从 2005 年的 89 个增加至 2020 年的 110 个；在（18，21] 区间，即 6 层至 7 层之间的街道数量从 53 个增加至 77 个；而平均建筑高度大于 21 m，即 7 层以上的街道数量从 129 个增加至 158 个。相反，低值区间对应的街道数量以减少为主，其中幅度较大的在（9，12] 区间，其街道数量从 2005 年的 489 个减少至 2020 年的 450 个。2005 年，街道平均建筑高度最大值为 72.3 m，相当于 24 层左右的高度，其对应街道编号为 1081，位于中山东路上；而到了 2020 年，该街道的平均建筑高度略有增加，数值为 72.8 m，仍为平均建筑高度的最大值。

通过南京老城街道平均建筑高度变化量分布图来进一步说明其形态演替特征（图 5.33）。总计有 98 个街道的平均建筑高度未发生变化，占街道总数的 4.6%。对于 2020 年而言，平均建筑高度发生较小增量的街道数量为 733 个，占街道总数的 34.1%，对应增量区间为（0，6.4]；同时，也有 991 个街道平均建筑高度发生了较小减量，占街道总数的 46.1%，对应减量区间为 [-4.1，0）。平均建筑高度发生中等及较大增量的街道共计 119 个，在中央路、新街口、鼓楼、老城东南边界等区域均有分布；而发生中等及较大减量的街道共计 165 个，在老城西北、北京东路及汉中路周边区域均有分布。

（11）街道建筑密度

从街道建筑密度的分布来看，南京老城整体上呈现出较为明显的“南高北低”的特点，

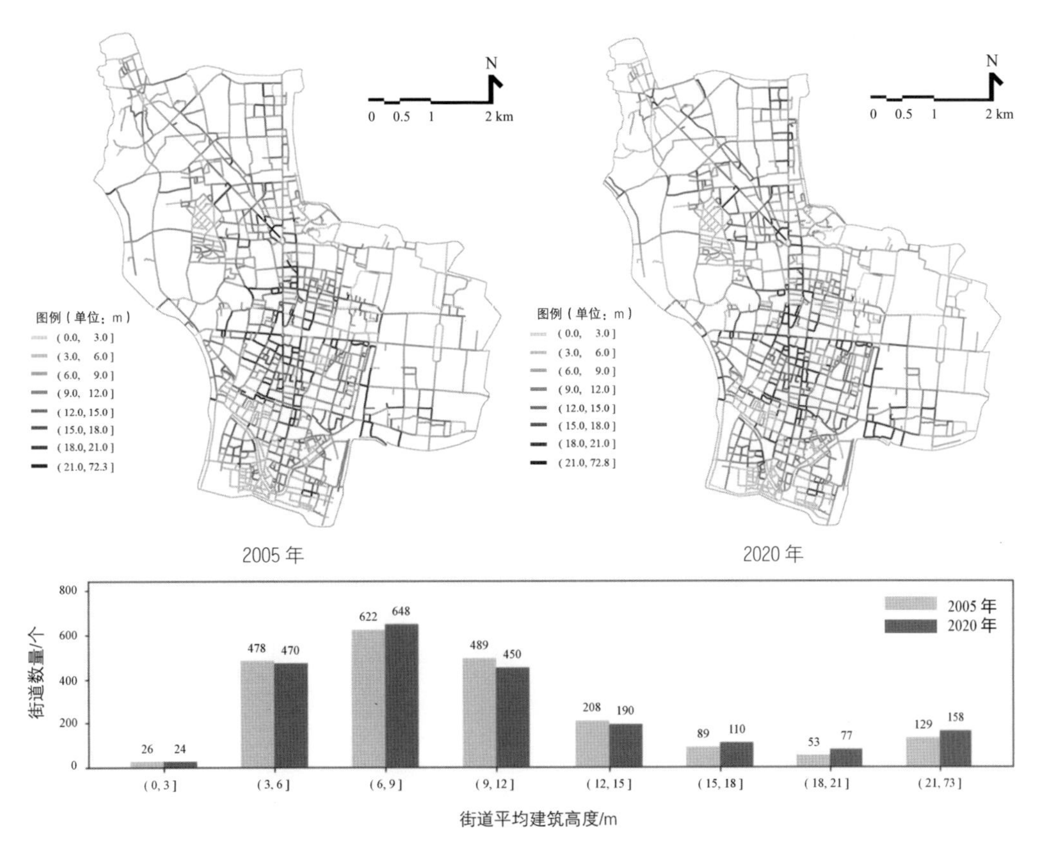

图 5.32 南京老城街道平均建筑高度分布及统计图

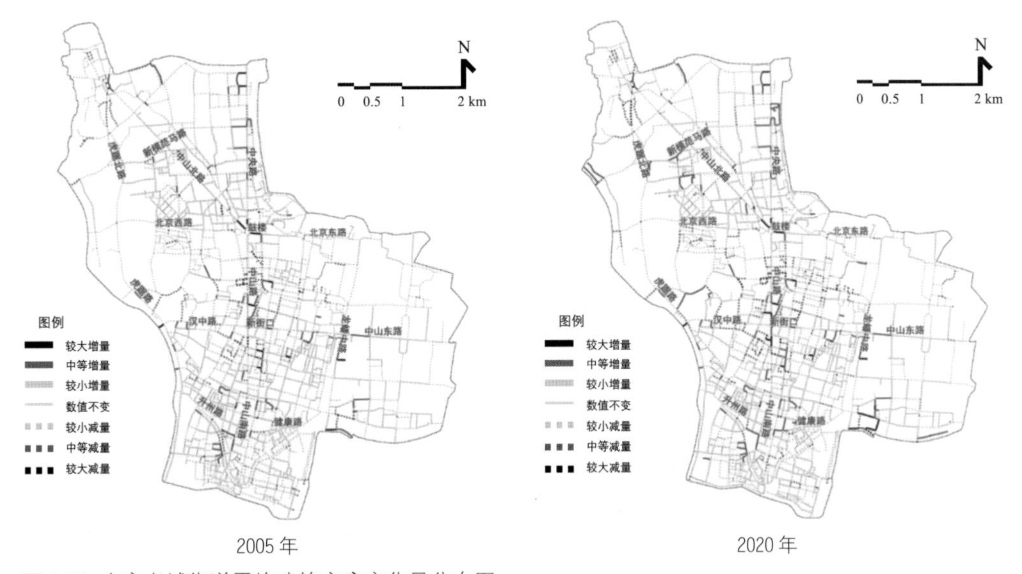

图 5.33 南京老城街道平均建筑高度变化量分布图

即老城南部地区的街道建筑密度相对较大（图 5.34）。2005 年街道建筑密度的平均值为 0.312，而 2020 年街道建筑密度的平均值变为 0.308，街道建筑密度的平均值在 15 年间略有减小。从区间分布上来看，建筑密度在 0.5 以上的街道数量发生了较为明显的减少，从 2005 年的 142 个减少至 2020 年的 127 个；与此同时，建筑密度在（0.35，0.40] 区间的街道数量发生了大幅度的增加，从 300 个增加至 339 个。对于 2005 年和 2020 年，街道建筑密度最大值对应的街口编号均为 1210，位于中山东路以南区域，其在 2005 年的建筑密度为 0.740，而到了 2020 年则略有减小，数值为 0.738。

通过南京老城街道建筑密度变化量分布图来进一步说明其形态演替特征（图 5.35）。仅 8 个街道的建筑密度未发生变化，占街道总数的 0.4%。对于 2020 年而言，大部分的街道建筑密度发生了较小增量或减量，具体为：发生较小增量的街道数量为 806 个，占街道总数的 37.5%，对应增量区间为（0，0.05]；发生较小减量的街道数量为 774 个，占街道总数的 36.0%，对应减量区间为 [−0.08，0）。建筑密度发生中等及较大增量的街道共计 262 个，多处均有分布，较为明显的是中央路及中山路沿线的区域；而发生中等及较大减量的街道共计 256 个，在老城南部地区分布较多。

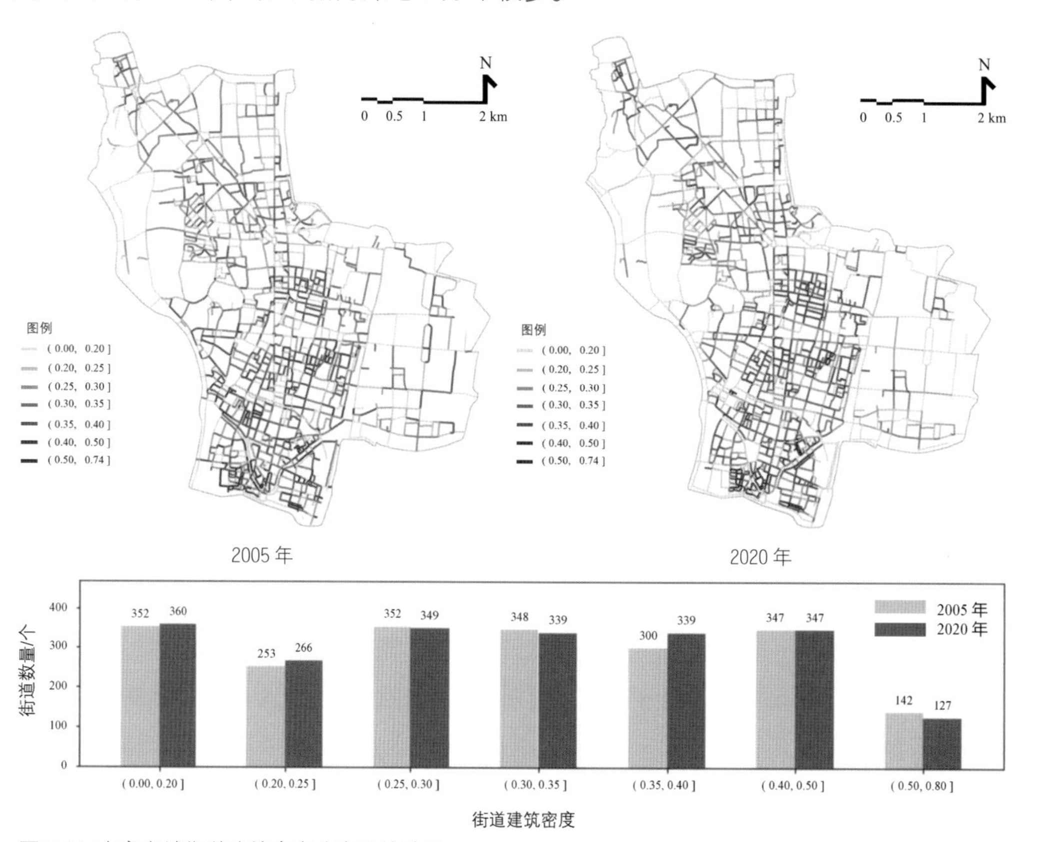

图 5.34 南京老城街道建筑密度分布及统计图

图 5.35 南京老城街道建筑密度变化量分布图

（12）街道建筑强度

从街道建筑强度的分布来看，南京老城整体上呈现出较为强烈的“从中心向边缘递减”的特点，局部也有波动（图 5.36）。2005 年街道建筑强度的平均值为 1.52，而 2020 年街道建筑强度的平均值变为 1.62，街道建筑强度平均值在 15 年间增大了 0.10。从区间分布上来看，高值区间对应的街道数量发生了较为显著的增加：建筑强度在（3.0，4.0] 区间的街道，数量从 2005 年的 73 个增加至 2020 年的 106 个；建筑强度在（4.0，13.0] 区间的街道，数量从 73 个增加至 101 个。相反，在一些低值区间对应的街道数量有较为明显的减少：建筑强度在（0.5，1.0] 区间的街道，数量从 2005 年的 464 个减少至 2020 年的 437 个；建筑强度在（1.0，1.5] 区间的街道，数量从 500 个减少至 484 个。2005 年，街道建筑强度最大值对应的街口编号为 406，位于中山北路与中央路之间的区域，其建筑强度达到 9.6；到了 2020 年，街道建筑强度最大值增加至 12.2，位于汉中路以南的区域，对应街口编号为 1070。

通过南京老城街道建筑强度变化量分布图来进一步说明其形态演替特征（图 5.37）。仅 8 个街道的建筑强度未发生变化，占街道总数的 0.4%。2020 年，大部分的街道建筑强度发生了较小增量或减量，具体为：发生较小增量的街道数量为 766 个，占街道总数的 35.6%，对应增量区间为（0，1.05]；发生较小减量的街道数量为 1 064 个，占街道总数的 49.4%，对应减量区间为 [−0.49，0）。建筑密度发生中等及较大增量的街道共计 108 个，在中央路及中山路沿线的区域有较为明显的集聚；而发生中等及较大减量的街道共计 160 个，分布相对零散。

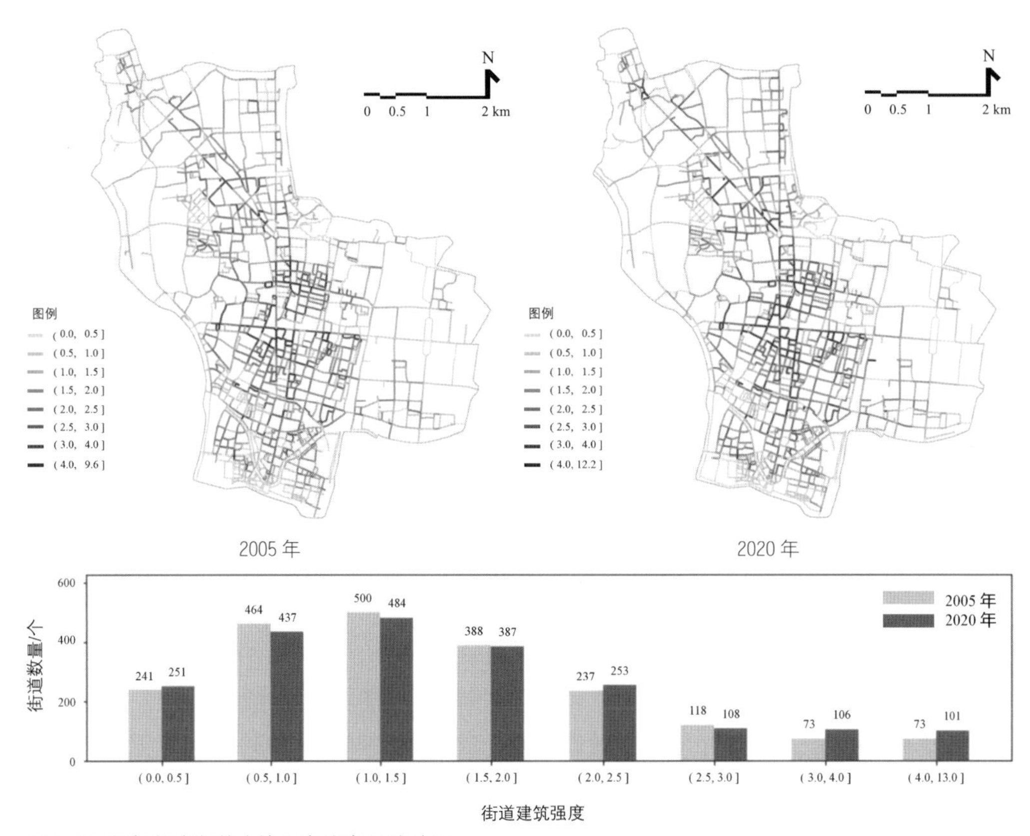

图 5.36 南京老城街道建筑强度分布及统计图

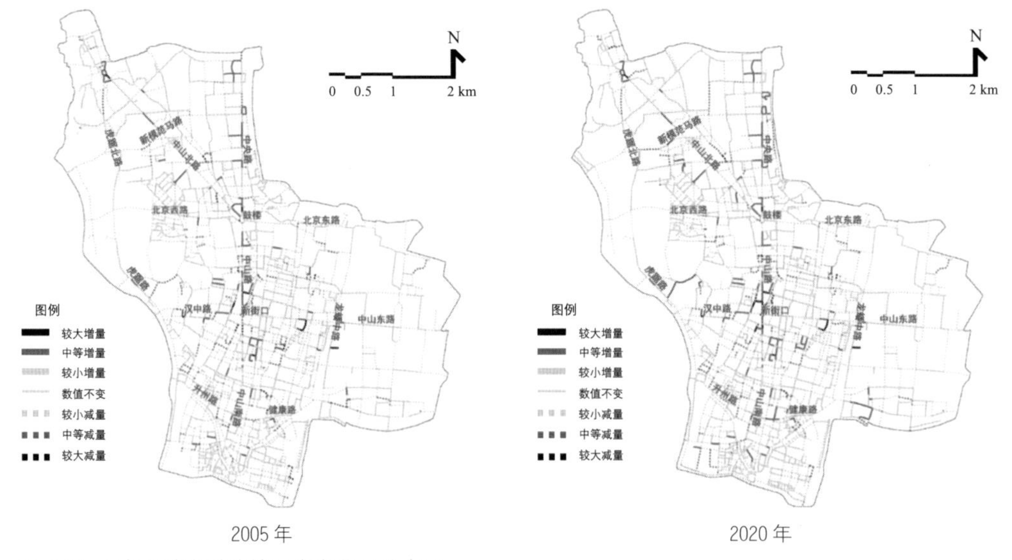

图 5.37 南京老城街道建筑强度变化量分布图

（13）街道平均整体高宽比

从街道平均整体高宽比的分布来看，南京老城整体上呈现出“靠近老城边缘的区域街道平均整体高宽比较小”的特点，尤其在东西两侧最为明显（图 5.38）。2005 年街道平均整体高宽比的平均值为 0.86，而 2020 年街道平均整体高宽比的平均值同样为 0.86。从区间分布上来看，平均整体高宽比在（0.5，1.0] 区间的街道数量变化较为明显，从 2005 年的 626 个增加至 2020 年的 694 个。其他区间对应的街道数量普遍略有减少。2005 年，街道平均整体高宽比最大值为 6.7，对应的街道编号为 281，位于中山北路附近的区域；到了 2020 年，街道平均整体高宽比最大值减小至 5.4，位于龙蟠中路附近的区域，其对应的街道编号为 840。

通过南京老城街道平均整体高宽比变化量分布图来进一步说明其形态演替特征（图 5.39）。仅 32 个街道的平均整体高宽比未发生变化，占街道总数的 1.5%。2020 年，大部分的街道平均整体高宽比发生了较小增量或减量，具体为：发生较小增量的街道数量为 866 个，占街道总数的 40.2%，对应增量区间为（0，0.34]；发生较小减量的街道数量为 884 个，占街道总数的 41.1%，对应减量区间为 [−0.22，0）。平均整体高宽比发生中等及较大增量的街道共计 167 个，在中央路、中山路及中山南路沿线的区域有较为明显的集聚；而发生中等及较大减量的街道共计 193 个，在老城南部地区分布较多。

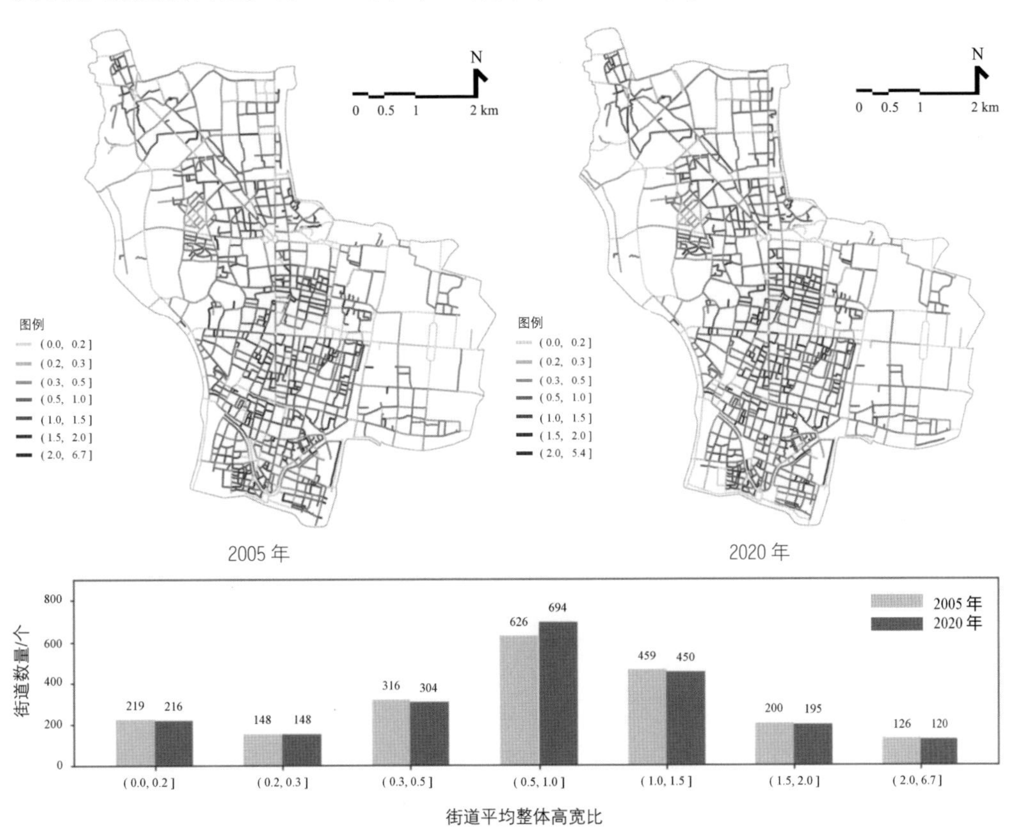

图 5.38 南京老城街道平均整体高宽比分布及统计图

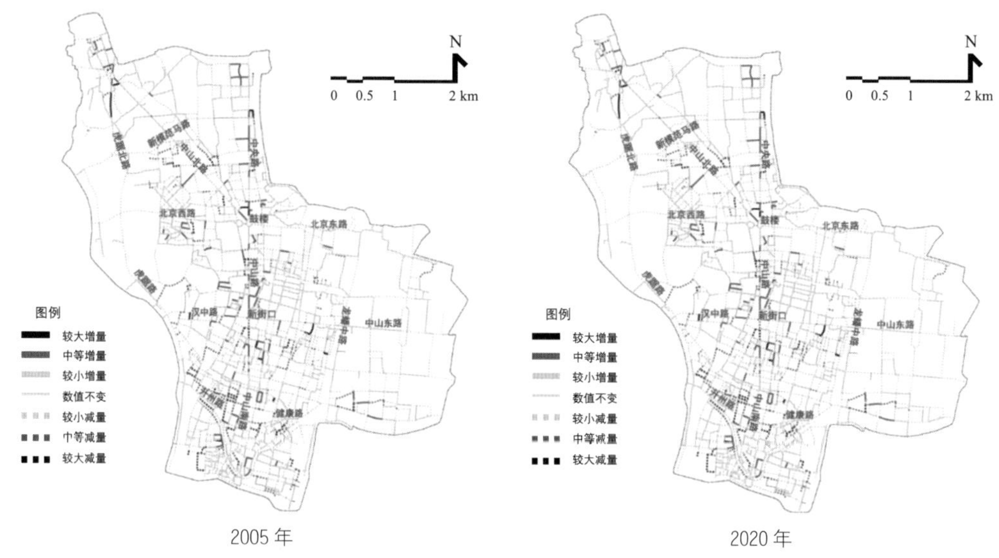

2005 年　　2020 年

图 5.39 南京老城街道平均整体高宽比变化量分布图

（14）街道平均界面高宽比

从街道平均界面高宽比的分布来看，南京老城整体上呈现出“高值多片分布”的特点，老城南部街道平均界面高宽比相对高于北部区域（图 5.40）。2005 年街道平均界面高宽比的平均值为 0.64，2020 年街道平均界面高宽比的平均值为 0.58，15 年间街道平均界面高宽比平均值减小了 0.06。从区间分布上来看，平均界面高宽比大于 0.6 的区间，对应街道数量有所减少，其中较为明显的包括：位于（0.8，1.0] 区间的街道，数量从 2005 年的 216 个减少至 2020 年的 187 个；位于（1.0，1.5] 区间的街道，数量从 315 个减少至 251 个。相反，平均界面高宽比小于 0.6 的区间，对应街道数量均有所增加：平均界面高宽比小于 0.2 的街道，数量从 2005 年的 366 个增加至 2020 年的 440 个；位于（0.2，0.4] 区间的街道，数量从 449 个增加至 491 个；位于（0.4，0.6] 区间的街道，数量从 329 个增加至 377 个。2005 年，街道平均界面高宽比最大值为 3.0，对应的街道编号为 1955，位于中山南路附近的区域；到了 2020 年，街道平均界面高宽比最大值增加至 5.4，位于龙蟠中路附近的区域，其对应的街道编号为 840。

通过南京老城街道平均界面高宽比变化量分布图来进一步说明其形态演替特征（图 5.41）。仅 32 个街道的平均界面高宽比未发生变化，占街道总数的 1.5%。2020 年，大部分的街道平均界面高宽比发生了较小增量或减量，具体为：发生较小增量的街道数量为 621 个，占街道总数的 28.9%，对应增量区间为（0，0.23]；发生较小减量的街道数量为 992 个，占街道总数的 46.1%，对应减量区间为 [-0.18，0）。平均界面高宽比发生中等及较大增量的街道共计 144 个，分布较为零散；而发生中等及较大减量的街道共计 353 个，在老城南部地区分布较多。

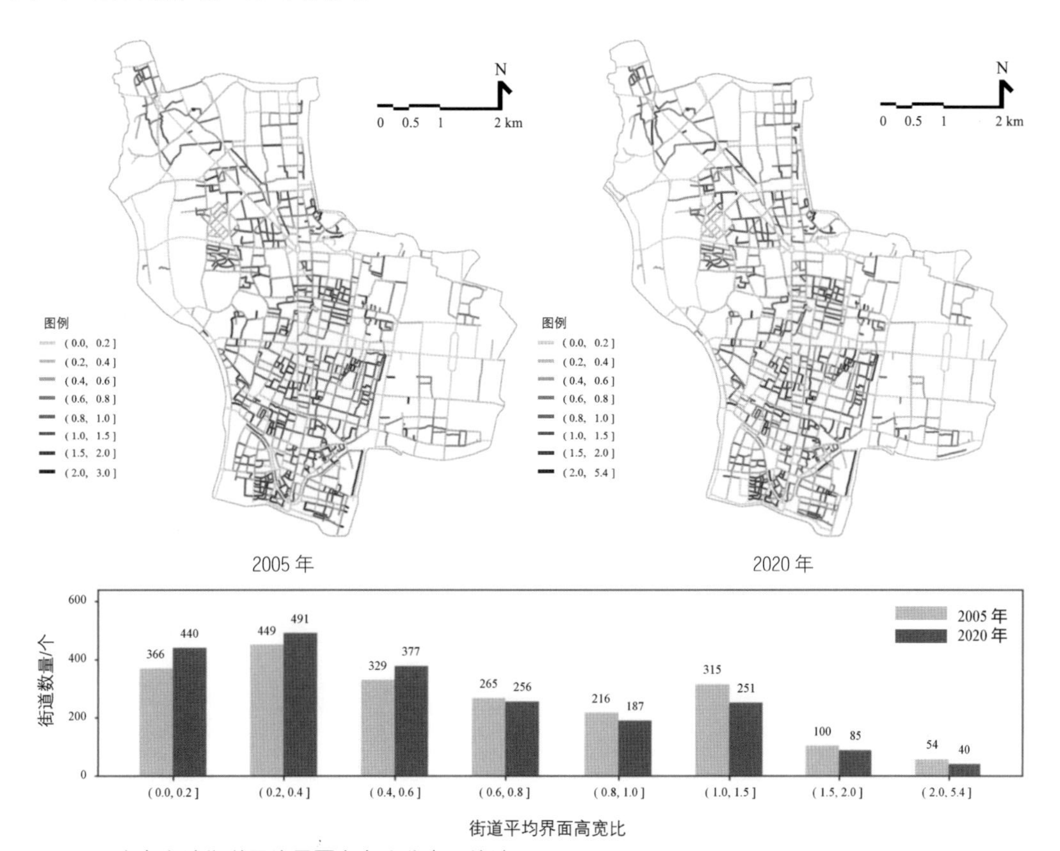

图 5.40 南京老城街道平均界面高宽比分布及统计图

图 5.41 南京老城街道平均界面高宽比变化量分布图

（15）街道建筑（组）底面积标准差

从街道建筑（组）底面积标准差的分布来看，南京老城整体上呈现出“干道对应的街道建筑（组）底面积标准差相对较大”的特点，尤其以中山北路、中央路、中山路、汉中路、中山东路、龙蟠中路、升州路较为明显（图 5.42）。2005 年街道建筑（组）底面积标准差的平均值为 524.9 m²，而 2020 年街道建筑（组）底面积标准差的平均值变为 589.1 m²，街道建筑（组）底面积标准差的平均值在 15 年间增大了 64.2 m²。从区间分布上来看，建筑（组）底面积标准差在（1 000，6 769] 区间的街道数量发生了显著增长，从 2005 年的 262 个增加至 2020 年的 334 个。相反，在一部分低值区间，对应的街道数量有所减少：街道建筑（组）底面积标准差不足 100 m² 的街道，数量从 257 个减少至 240 个；在（100，200] 区间的街道，数量从 339 个减少至 325 个；在（400，600] 区间的街道，数量从 338 个减少至 322 个。2005 年，街道建筑（组）底面积标准差最大值对应的街道编号为 1056，位于中山东路附近区域，其值为 6 740.4 m²；到了 2020 年，街道建筑（组）底面积标准差最大值增大至 6 768.4 m²，对应的街口编号变为 1081，位于中山东路上。

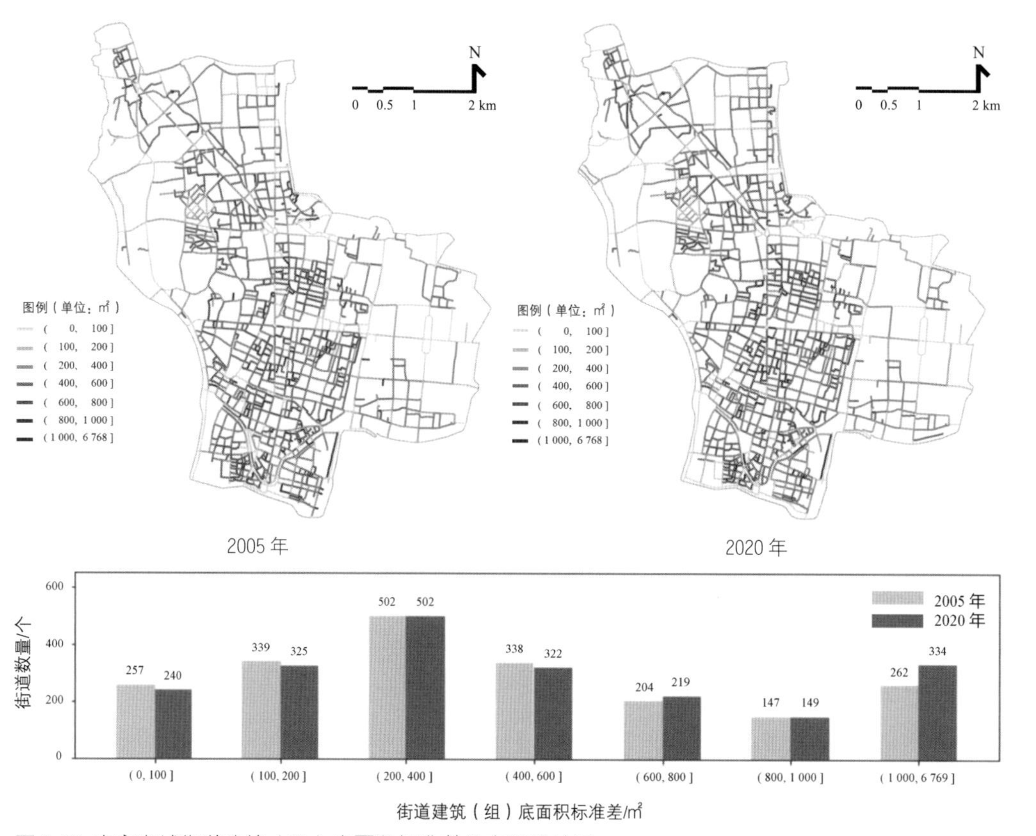

图 5.42 南京老城街道建筑（组）底面积标准差分布及统计图

通过南京老城街道建筑（组）底面积标准差变化量分布图来进一步说明其形态演替特征（图 5.43）。仅 10 个街道的建筑（组）底面积标准差未发生变化，占街道总数的 0.5%。对于 2020 年而言，大部分的街道建筑（组）底面积标准差均发生了较小增量或减量，具体为：发生较小增量的街道数量为 1089 个，占街道总数的 50.6%，对应增量区间为（0，623.5]；发生较小减量的街道数量为 818 个，占街道总数的 38.0%，对应减量区间为 [-266.6，0）。建筑（组）底面积发生中等及较大增量的街道共计 93 个，在鼓楼至新街口的中山路沿线区域有明显的集聚分布；而发生中等及较大减量的街道共计 84 个，分布较为零散。

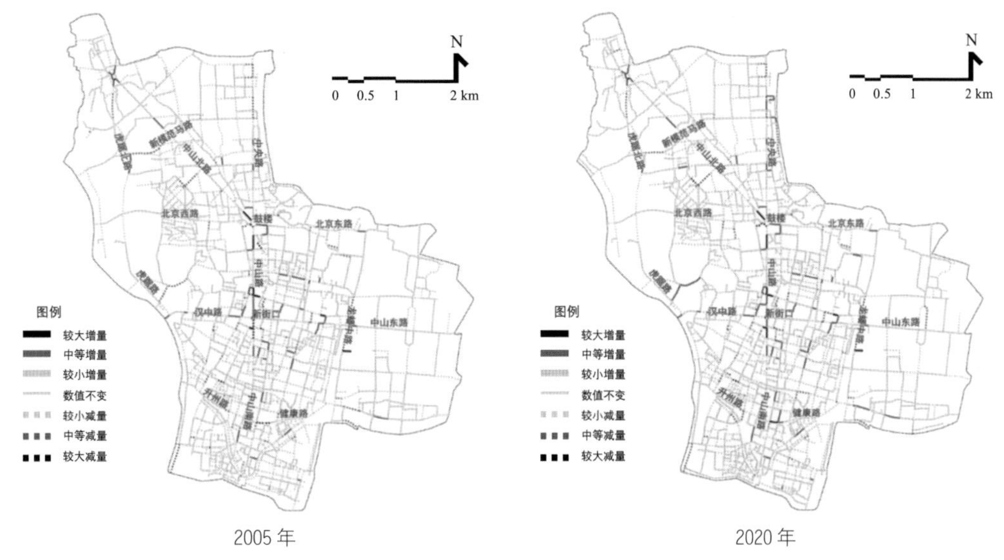

图 5.43 南京老城街道建筑（组）底面积标准差变化量分布图

（16）街道建筑高度标准差

从街道建筑高度标准差的分布来看，南京老城整体上呈现出“中心区域街道的建筑高度标准差较大”的特点，尤其在新街口及其周边地区有较为集中的高值分布（图 5.44）。也就是说，越是中心区域的街道越倾向于“高低错落”，这与日常对城市的认知是一致的。2005 年街道建筑高度标准差的平均值为 9.4 m，而 2020 年街道建筑高度标准差的平均值变为 10.3 m，街道建筑高度标准差的平均值在 15 年间增加了 0.9 m。从区间分布上来看，高值区间对应的街道数量均发生了增长，街道建筑高度标准差在（9，12] 区间的街道数量从 176 个增加至 198 个，在（12，15] 区间的街道数量从 119 个增加至 122 个，在（15，18] 区间的街道数量从 77 个增加至 87 个，在（18，21] 区间的街道数量从 60 个增加至 73 个。尤其是建筑高度标准差在（21，85] 区间的街道，其数量从 2005 年的 200 个增加至 2020 年的 257 个。相反，低值区间对应的街道数量普遍减少：街道建筑高度标准差不到 3 m 的街道数量从 245 个减少至 228 个，在（3，6] 区间的街道数量从 441 个减少至 431 个，在（6，9] 区间的街道数量从 746 个减少至 706 个。2005 年，街道建筑高度标准差最大值为 64.0 m，相当于 31 层左右的高度，其对应街道编号为 409，位于中山北路附近的区域；而

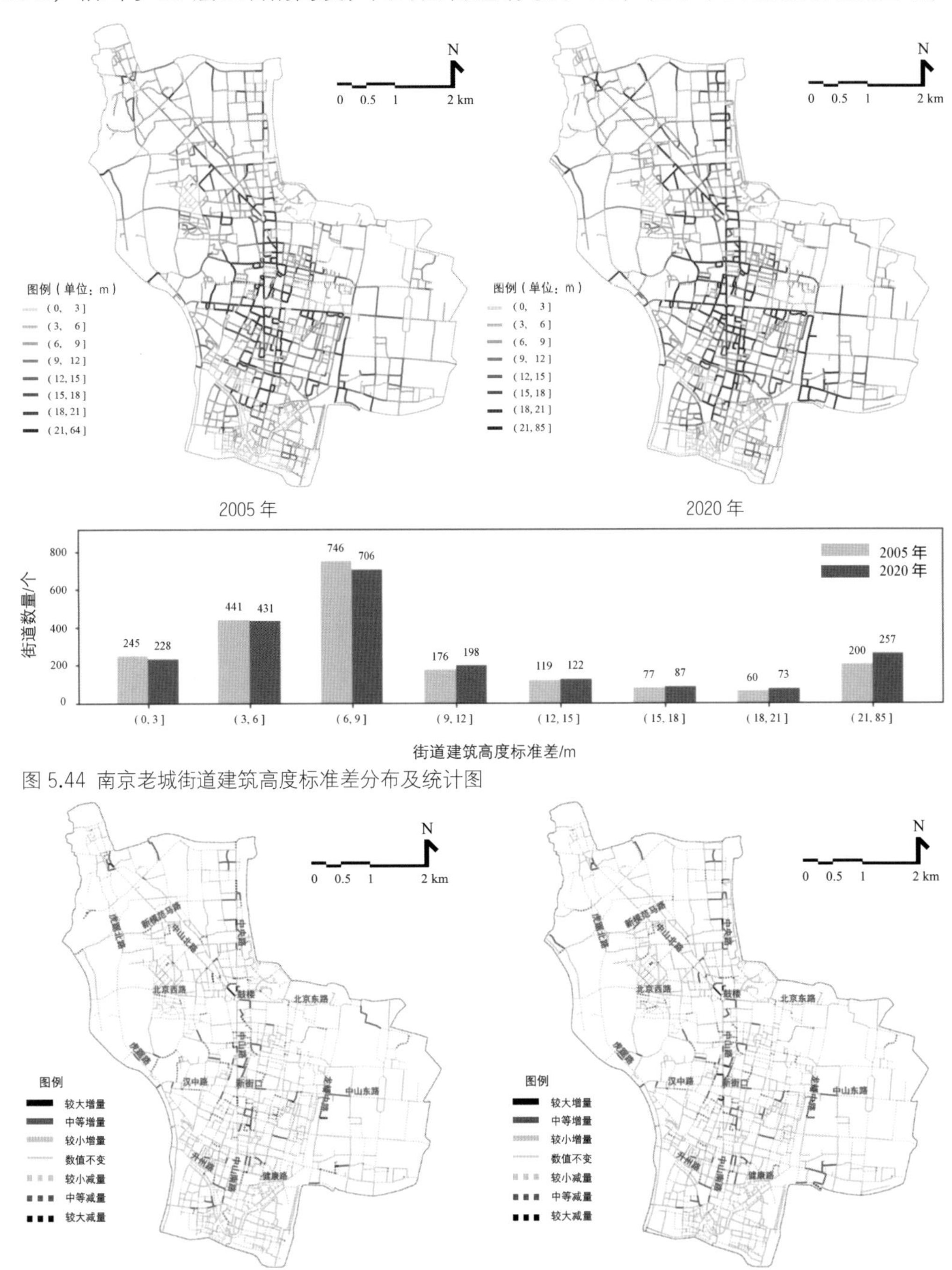

图 5.44 南京老城街道建筑高度标准差分布及统计图

图 5.45 南京老城街道建筑高度标准差变化量分布图

到了 2020 年，街道建筑高度标准差最大值增加至 84.8 m，位于中央路上，对应街道编号为 493。

通过南京老城街道建筑高度标准差变化量分布图来进一步说明其形态演替特征(图 5.45)。仅 94 个街道的建筑高度标准差未发生变化，占街道总数的 4.4%。2020 年，大部分的街道建筑高度标准差均发生了较小增量或减量，具体为：发生较小增量的街道数量为 936 个，占街道总数的 43.5%，对应增量区间为 (0，9.2]；发生较小减量的街道数量为 888 个，占街道总数的 41.3%，对应减量区间为 [-3.2，0) 。建筑高度标准差发生中等及较大增量的街道共计 115 个，在鼓楼至新街口的中山路沿线区域有明显的集聚分布；而发生中等及较大减量的街道共计 100 个，分布较为零散。

(17) 街道开敞空间宽度标准差

从街道开敞空间宽度标准差的分布来看，南京老城整体上呈现出“干道对应的开敞空间宽度标准差较大”的特点 (图 5.46) 。也就是说，干道相对街道而言开敞空间更倾向于“宽窄不一”，这与日常对城市的认知是一致的。2005 年街道开敞空间宽度标准差的平均值为 12.8 m，而 2020 年街道开敞空间宽度标准差的平均值变为 12.9 m，街道开敞空间宽度

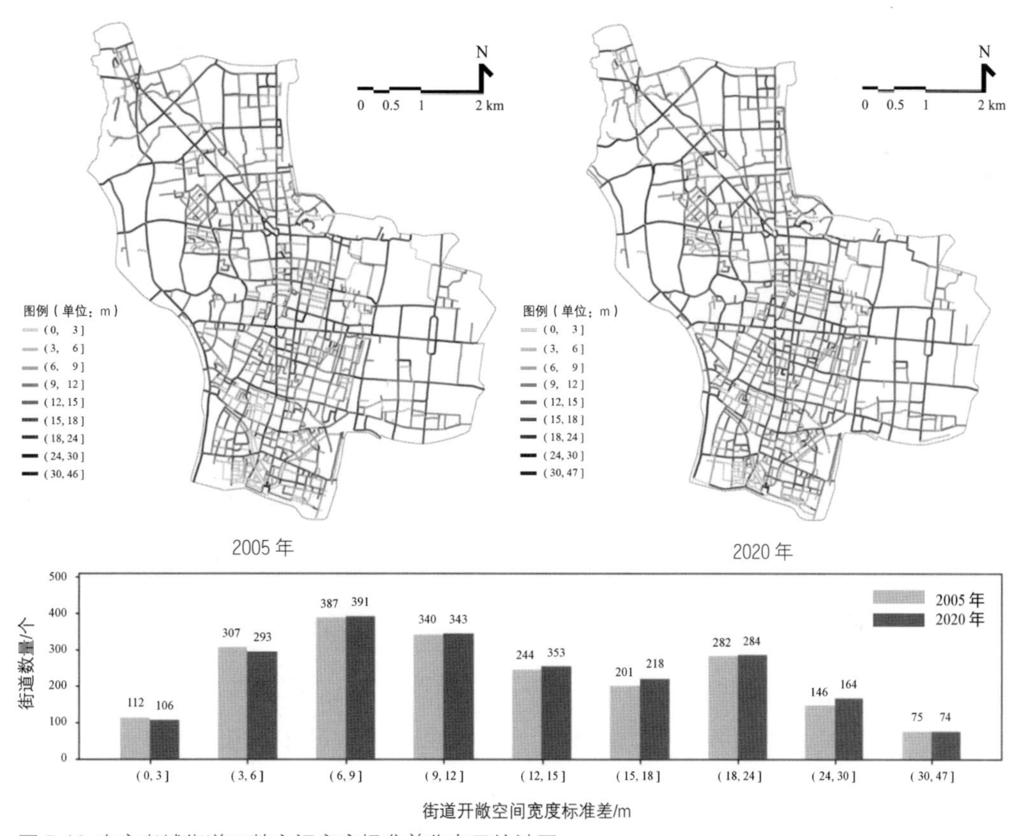

图 5.46 南京老城街道开敞空间宽度标准差分布及统计图

标准差的平均值在 15 年间略有增加。从区间分布上来看，整体较为缓和，有三个区间街道数量增减相对明显：街道开敞空间宽度标准差在（3，6] 区间的街道，数量从 2005 年的 307 个减少至 2020 年的 293 个；在（15，18] 区间的街道，数量从 201 个增加至 218 个；在（24，30] 区间的街道，数量从 146 个增加至 164 个。2005 年，街道开敞空间宽度标准差最大值为 45.5 m，其对应街道编号为 553，位于鼓楼附近的北京西路上；而到了 2020 年，街道开敞空间宽度标准差最大值增加至 46.6 m，位于北京东路以北的区域，对应街道编号为 508。

通过南京老城街道开敞空间宽度标准差变化量分布图来进一步说明其形态演替特征（图 5.47）。仅 11 个街道的开敞空间宽度标准差未发生变化，占街道总数的 0.5%。2020 年，大部分的街道开敞空间宽度标准差均发生了较小增量或减量，具体为：发生较小增量的街道数量为 866 个，占街道总数的 40.2%，对应增量区间为（0，4.6]；发生较小减量的街道数量为 824 个，占街道总数的 38.3%，对应减量区间为 [−3.7，0）。开敞空间宽度标准差发生中等及较大增量的街道共计 236 个，在新街口周边区域及临近老城边界的区域多有分布；而发生中等及较大减量的街道共计 212 个，在临近老城边界的区域分布较多。

图 5.47 南京老城街道开敞空间宽度标准差变化量分布图

（18）街道建筑连续性

从街道建筑连续性的分布来看，南京老城整体上呈现出“较为均质”的分布特点（图 5.48）。2005 年街道建筑连续性的平均值为 0.86，而 2020 年街道建筑连续性的平均值变为 0.85，建筑连续性的平均值在 15 年间略有减小。从区间分布上来看，总体较为平稳，其中有四个区间对应的街道数量的变化相对较为明显：建筑连续性在（0.6，0.8] 区间的街道，数量从 2005 年的 306 个增加至 2020 年的 338 个；在（0.85，0.90] 区间的街道，数量从 294 个增加至 326 个；在（0.9，0.93] 区间的街道，数量从 207 个减少至 182 个；而在（0.96，0.99] 区间的街道，数量从 229 个减少至 209 个。2005 年和 2020 年，有一部分街道的建筑连续性数值达到 1.0，其对应的街道编号有 3、18、61、74 等，在老城内多个片区内均有所分布。

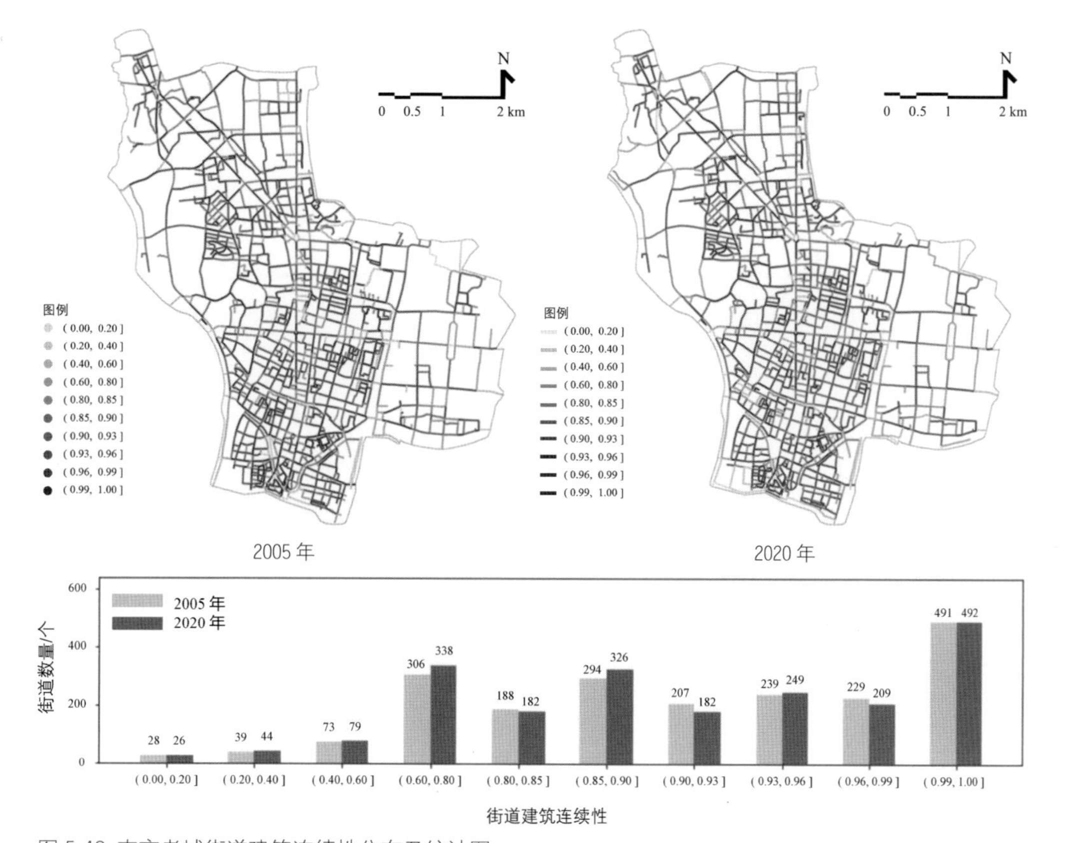

图 5.48 南京老城街道建筑连续性分布及统计图

通过南京老城街道建筑连续性变化量分布图来进一步说明其形态演替特征（图 5.49）。有相当一部分街道的建筑连续性未发生变化，具体数量为 779 个，占街道总数的 36.2%。2020 年，建筑连续性发生较小增量的街道数量为 485 个，占街道总数的 22.5%，对应增量区间为（0，0.11]；发生较小减量的街道数量为 610 个，占街道总数的 28.3%，对应减量区间为 [-0.15，0）。发生中等及较大增量的街道共计 89 个，在新街口周边区域及临近老城边界的区域多有分布；而发生中等及较大减量的街道共计 143 个，在临近老城边界的区域分布较多。

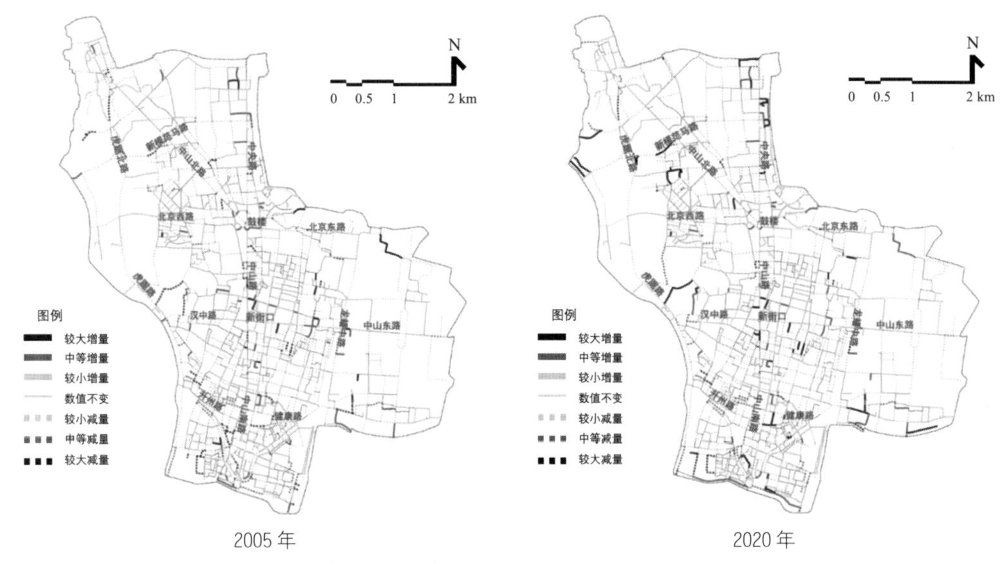

图 5.49 南京老城街道建筑连续性变化量分布图

（19）街道最大建筑高度变化频率

从街道最大建筑高度变化频率的分布来看，南京老城整体上呈现出“较为均质”的分布特点（图 5.50）。2005 年街道最大建筑高度变化频率的平均值为 0.166，而 2020 年街道最大建筑高度变化频率的平均值变为 0.167，街道最大建筑高度变化频率的平均值在 15 年间略有增加。从区间分布上来看，总体上变化较为平稳，除了最大建筑高度变化频率在（0.15，0.20] 区间的街道，数量从 2005 年的 499 个增加至 2020 年的 526 个。2005 年，街道最大建筑高度变化频率最大值为 0.63，对应街道编号为 1114，位于中山东路附近的区域；到了 2020 年，街道最大建筑高度变化频率最大值变为 0.56，位于中山南路附近的区域，对应街道编号为 1407。

通过南京老城街道最大建筑高度变化频率分布图来进一步说明其形态演替特征（图 5.51）。有相当一部分街道的最大建筑高度变化频率未发生变化，具体数量为 504 个，占街道总数的 23.4%。2020 年，最大建筑高度变化频率发生较小增量的街道数量为 664 个，占街道总数的 30.9%；有 610 个街道最大建筑高度变化频率发生了较小减量，占街道总数的 28.3%。发生中等及较大增量的街道共计 235 个，而发生中等及较大减量的街道共计 223 个，分布均较为零散。

（20）街道最大建筑高度变化幅度

从街道最大建筑高度变化幅度的分布来看，南京老城整体上呈现出“中心区域街道最大建筑高度变化幅度较大”的特点，尤其在新街口及其周边区域的街道有较为明显的高值

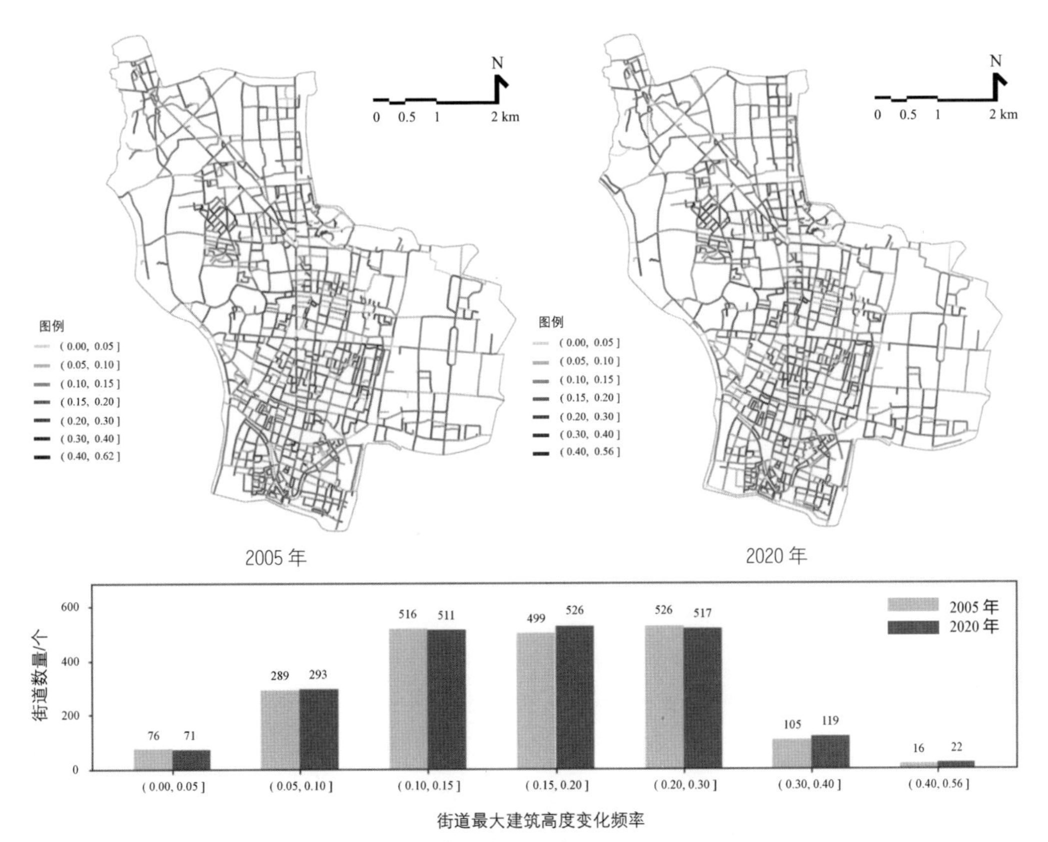

图 5.50 南京老城街道最大建筑高度变化频率分布及统计图

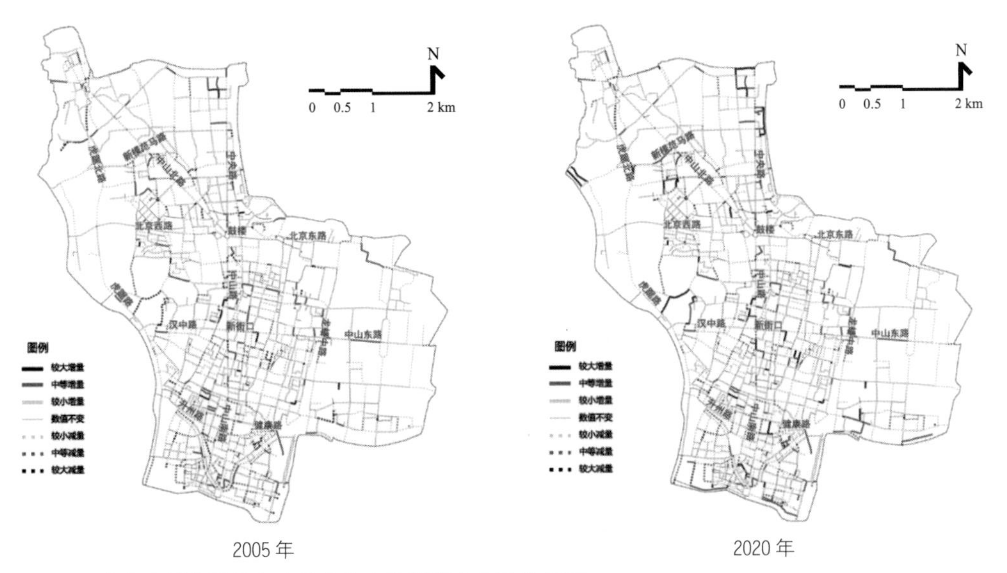

图 5.51 南京老城街道最大建筑高度变化频率变化量分布图

集聚（图 5.52）。2005 年街道最大建筑高度变化幅度的平均值为 2.03 m，而 2020 年街道最大建筑高度变化幅度的平均值变为 2.26 m，街道最大建筑高度变化幅度的平均值在 15 年间增加了 0.23 m。从区间分布上来看，高值区间对应的街道数量有显著的增长：最大建筑高度变化幅度在（2，3] 区间的街道，数量从 2005 年的 339 个增加至 2020 年的 373 个；在（3，4] 区间的街道，数量从 180 个增加至 199 个；在（4，6] 区间的街道，数量从 142 个增加至 162 个；在（6，8] 区间的街道，数量从 56 个增加至 81 个；在（8，60] 区间的街道，数量则从 37 个增加至 53 个。相反，低值区间对应的街道数量有所减少：最大建筑高度变化幅度不足 1 m 的街道，数量从 2005 年的 600 个减少至 2020 年的 551 个；而最大建筑高度变化幅度在（1，2] 区间的街道，数量则从 674 个下降至 640 个。2005 年，街道最大建筑高度变化幅度最大值为 20.7 m，对应街道编号为 281，位于中山北路附近的区域；到了 2020 年，街道最大建筑高度变化幅度最大值变为 59.6 m，位于新街口附近的区域，对应街道编号为 984。

通过南京老城街道最大建筑高度变化幅度分布图来进一步说明其形态演替特征（图 5.53）。有相当一部分街道的最大建筑高度变化幅度未发生变化，具体数量为 481 个，占

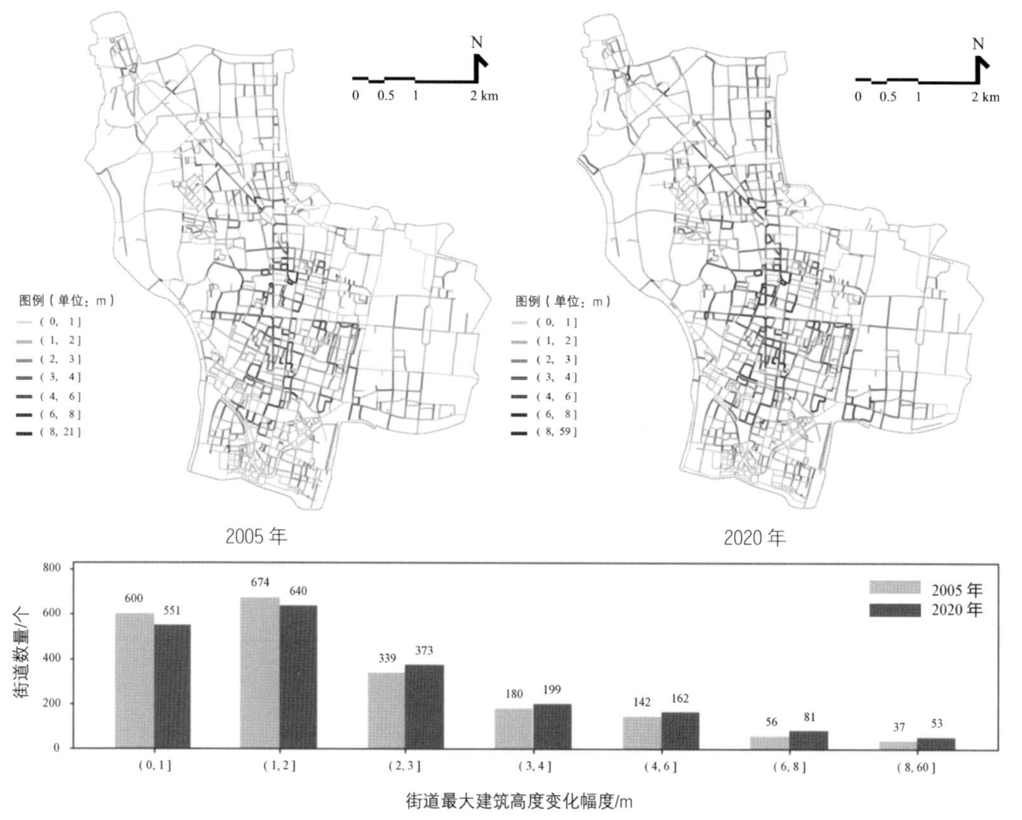

图 5.52 南京老城街道最大建筑高度变化幅度分布及统计图

街道总数的 22.4%。2020 年，最大建筑高度变化幅度发生较小增量的街道数量为 791 个，占街道总数的 36.8%；有 676 个街道最大建筑高度变化幅度发生了较小减量，占街道总数的 31.4%。发生中等及较大增量的街道共计 89 个，在鼓楼、新街口区域有较为明显的集聚分布；而发生中等及较大减量的街道共计 69 个，分布均较为零散。

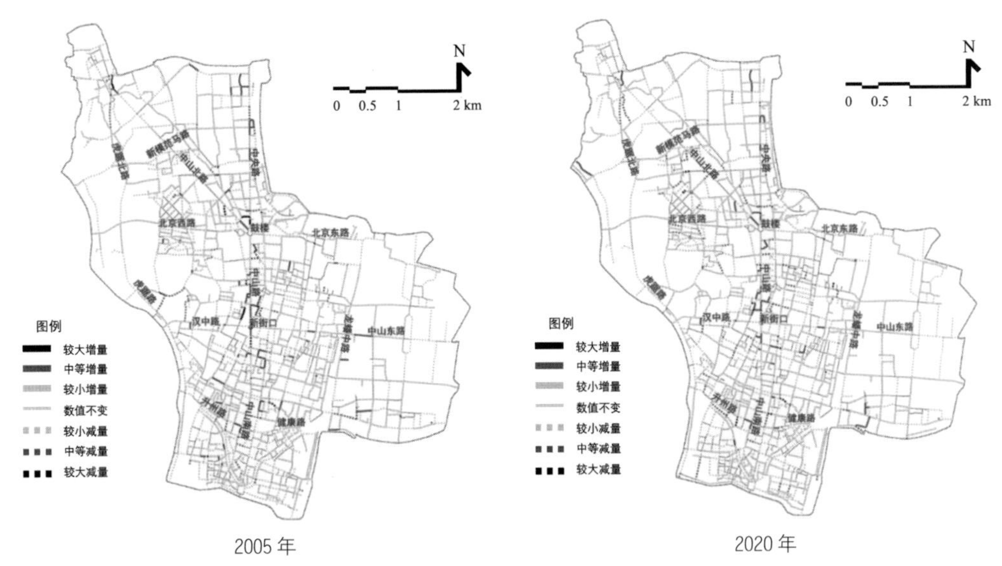

图 5.53 南京老城街道最大建筑高度变化幅度变化量分布图

（21）街道整体高宽比变化频率

从街道整体高宽比变化频率的分布来看，南京老城整体上呈现出“多片区高值分布”的特点（图 5.54）。2005 年街道整体高宽比变化频率的平均值为 0.47，而 2020 年街道整体高宽比变化频率的平均值变为 0.46，街道整体高宽比变化频率的平均值在 15 年间略有减小。从区间分布上来看，总体上高值区间对应的街道数量以减少为主，而低值区间对应的街道数量则以增加为主。其中，数量增减较为明显的区间包括：整体高宽比变化频率不足 0.2 的街道，数量从 2005 年的 175 个增加至 2020 年的 199 个；整体高宽比变化频率在（0.3，0.4] 区间的街道，数量从 320 个增加至 361 个；在（0.5，0.6] 区间的街道，数量从 376 个增加至 391 个；而位于（0.6，0.7] 区间的街道，数量则从 293 个减少至 262 个。2005 年和 2020 年，街道整体高宽比变化频率最大值对应街道编号均为 1687，位于健康路附近的区域，其对应数值均为 0.97。

通过南京老城街道整体高宽比变化频率变化量分布图来进一步说明其形态演替特征（图 5.55）。仅有 10 个街道的整体高宽比变化频率未发生变化，占街道总数的 0.5%。2020 年，绝大多数的街道整体高宽比变化频率发生了较小的增量或减量，具体为：发生较小增量的

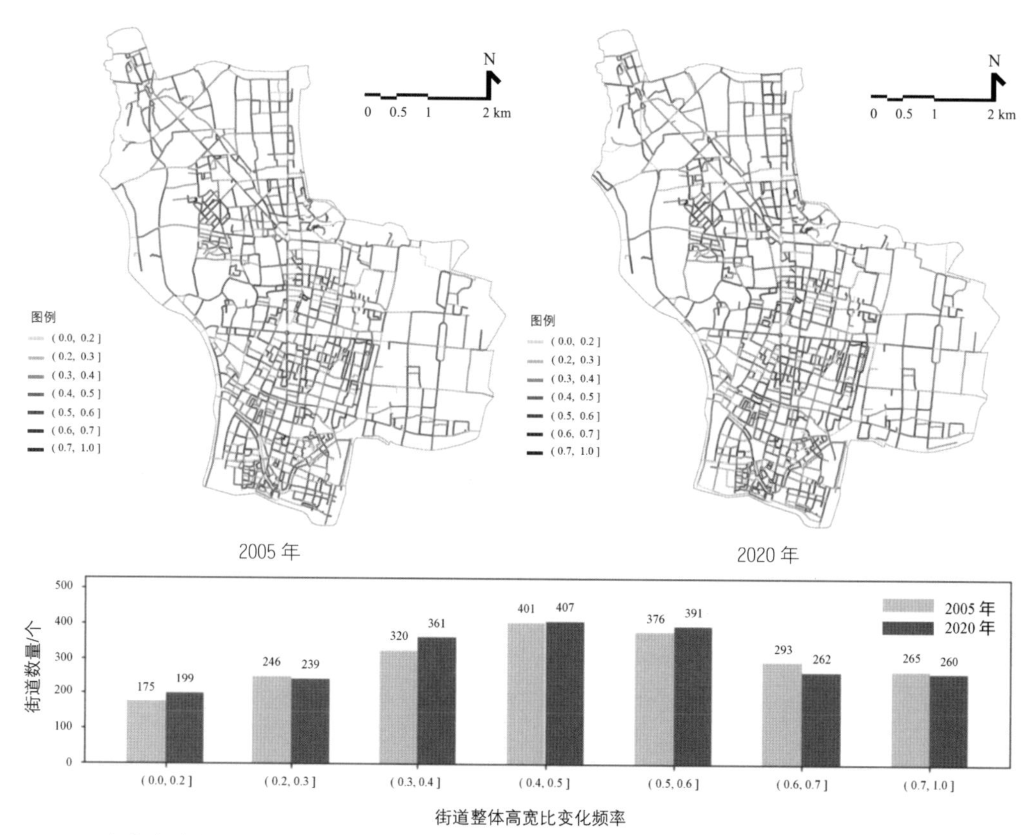

图 5.54 南京老城街道整体高宽比变化频率分布及统计图

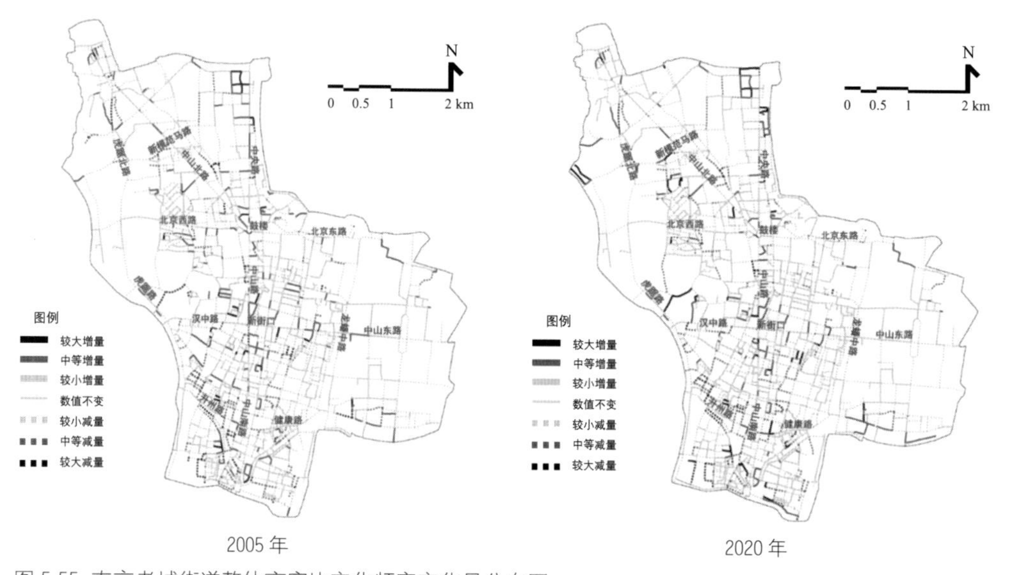

图 5.55 南京老城街道整体高宽比变化频率变化量分布图

街道数量为 728 个，占街道总数的 33.8%；发生较小减量的街道数量为 887 个，占街道总数的 41.2%。整体高宽比变化频率发生中等及较大增量的街道共计 235 个，在新街口区域有部分集聚；而发生中等及较大减量的街道共计 225 个，在升州路周边及临近老城南侧边界处有较为集中的分布。

（22）街道整体高宽比变化幅度

从街道整体高宽比变化幅度的分布来看，南京老城整体上呈现出“高值多片分布”的特点，老城南部高值分布相较于北部更多（图 5.56）。2005 年和 2020 年街道整体高宽比变化幅度的平均值均为 0.19。从区间分布上来看，有两个区间段对应的街道数量有所增加：其中较为显著的是整体高宽比变化幅度位于（0.1，0.2] 区间的街道，其数量从 2005 年的 521 个增加至 2020 年的 594 个；此外，位于（0.4，0.5] 区间的街道，数量从 98 个增加至 108 个。其他区间对应的街道数量均有一定程度的减少，其中较为显著的包括：位于（0.2，0.3] 区间的街道，数量从 2005 年的 337 个减少至 2020 年的 324 个；此外，整体高宽比变化幅度大于 0.5 的街道，数量从 150 个减少至 136 个。2005 年，街道整体高宽比变化幅度最大值为 6.7，对应的街道编号为 281，位于中山北路附近的区域；到了 2020 年，街道整体高宽比变化幅度最大值减小至 5.4，位于龙蟠中路附近的区域，其对应的街道编号为 840。

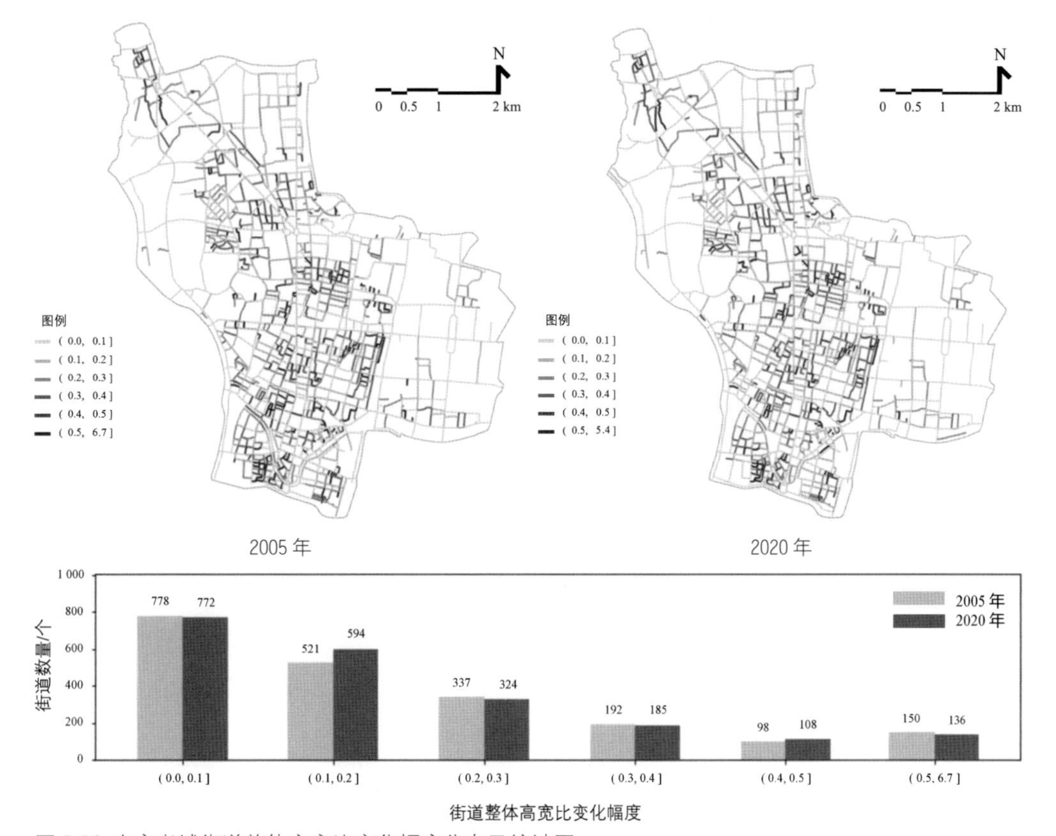

图 5.56 南京老城街道整体高宽比变化幅度分布及统计图

通过南京老城街道整体高宽比变化幅度变化量分布图来进一步说明其形态演替特征（图 5.57）。仅有 19 个街道的整体高宽比变化幅度未发生变化，占街道总数的 0.9%。2020 年，绝大多数的街道整体高宽比变化幅度发生了较小的增量或减量，具体为：发生较小增量的街道数量为 1025 个，占街道总数的 47.6%；发生较小减量的街道数量为 834 个，占街道总数的 38.8%。整体高宽比变化幅度发生中等及较大增量的街道共计 68 个，在中山路沿线附近有些许集聚；而发生中等及较大减量的街道共计 182 个，在升州路周边及临近老城南侧边界处有较为集中的分布。

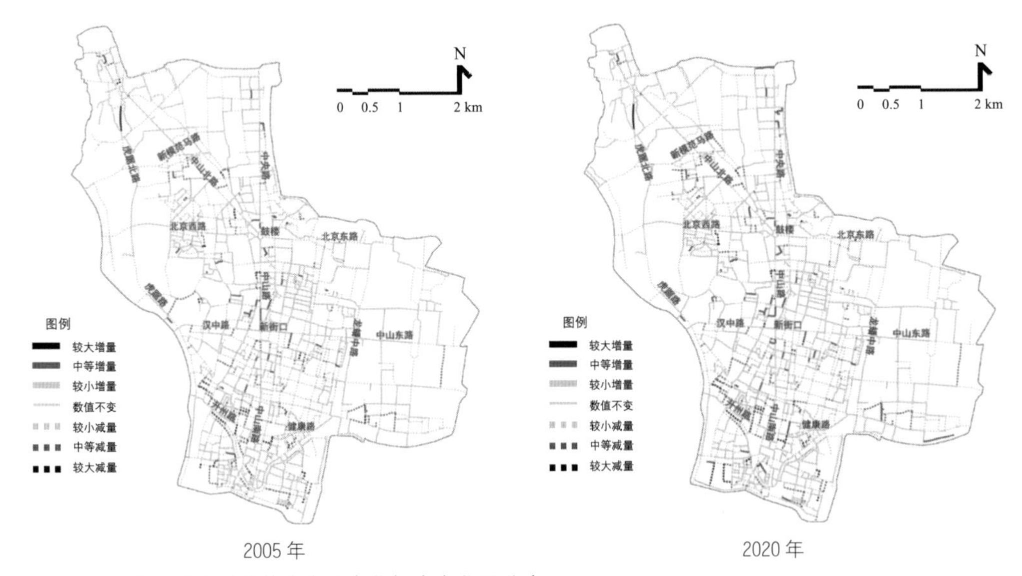

图 5.57 南京老城街道整体高宽比变化幅度变化量分布图

（23）街道界面高宽比变化频率

从街道界面高宽比变化频率的分布来看，南京老城整体上呈现出“多片区高值分布”的特点（图 5.58）。2005 年街道界面高宽比变化频率的平均值为 0.42，而 2020 年街道界面高宽比变化频率的平均值变为 0.40，街道界面高宽比变化频率的平均值在 15 年间略有减小。从区间分布上来看，总体上高值区间对应的街道数量以减少为主：界面高宽比变化频率在（0.5，0.6] 区间的街道，数量从 2005 年的 303 个减少至 2020 年的 296 个；在（0.6，0.7] 区间的街道，数量从 200 个减少至 170 个；在（0.7，1.0] 区间的街道，数量从 193 个减少至 168 个。相反，低值区间对应的街道数量则以增加为主：界面高宽比变化频率不足 0.2 的街道，数量从 2005 年的 274 个增加至 2020 年的 329 个，而位于（0.3，0.4] 区间的街道，数量从 365 个增加至 434 个。2005 年和 2020 年，街道界面高宽比变化频率最大值对应的街道编号均为 1687，位于健康路附近的区域，其对应数值均为 0.97。

通过南京老城街道界面高宽比变化频率变化量分布图来进一步说明其形态演替特征（图5.59）。仅有11个街道的界面高宽比变化频率未发生变化，占街道总数的0.5%。2020年，

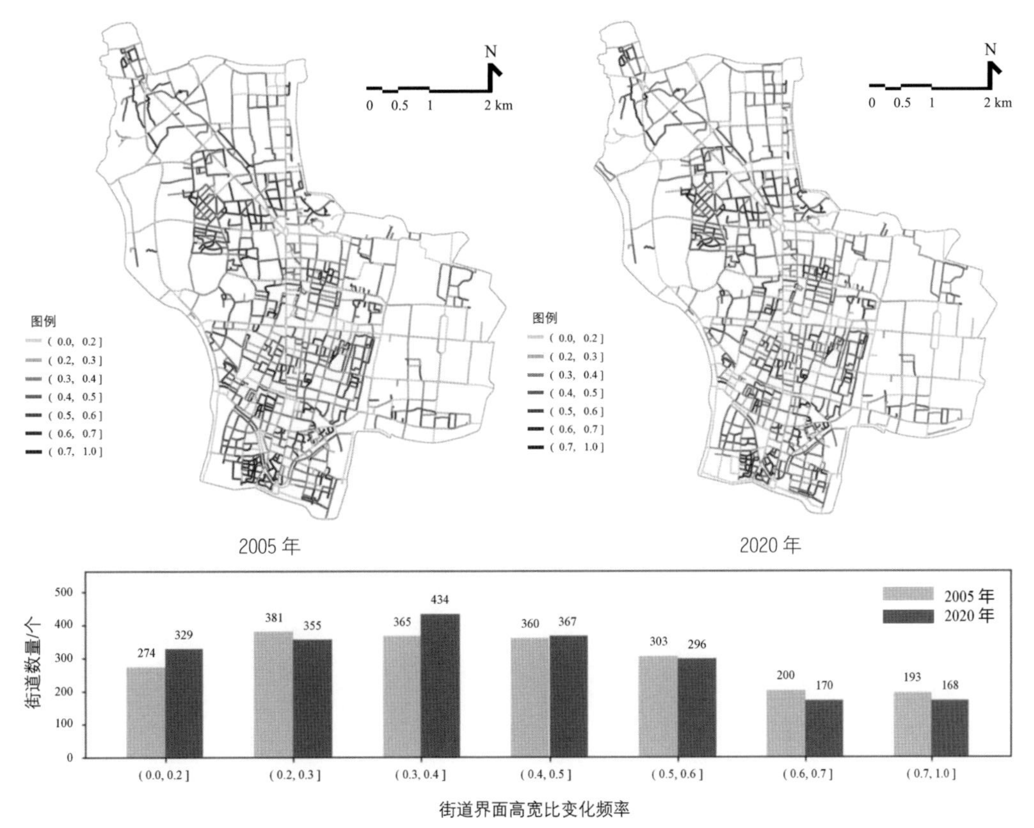

图5.58 南京老城街道界面高宽比变化频率分布及统计图

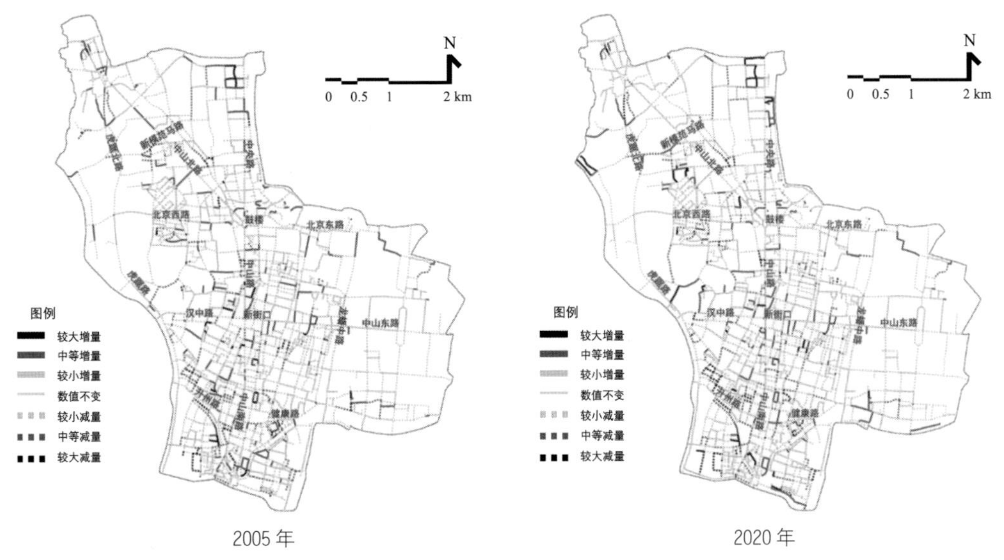

图5.59 南京老城街道界面高宽比变化频率变化量分布图

绝大多数的街道界面高宽比变化频率发生了较小的增量或减量，具体为：发生较小增量的街道数量为 738 个，占街道总数的 34.3%；发生较小减量的街道数量为 860 个，占街道总数的 40.0%。界面高宽比变化频率发生中等及较大增量的街道共计 227 个，在新街口区域、中央路及新模范马路周边区域有部分集聚；而发生中等及较大减量的街道共计 295 个，在升州路周边及临近老城南侧边界处有较为集中的分布。

（24）街道界面高宽比变化幅度

从街道界面高宽比变化幅度的分布来看，南京老城整体上呈现出“高值多片分布”的特点，老城南部街道界面高宽比变化幅度的高值区域多于北部（图 5.60）。2005 年街道界面高宽比变化幅度的平均值为 0.16，2020 年街道界面高宽比变化幅度的平均值为 0.15，15 年间街道界面高宽比变化幅度略有减小。从区间分布上来看，高值区间对应的街道数量大都有所减少：街道界面高宽比变化幅度位于（0.20，0.30] 区间的街道，数量从 2005 年的 284 个减少至 2020 年的 261 个；位于（0.30，0.40] 区间的街道，数量从 140 个减少至 126 个；而界面高宽比变化幅度大于 0.50 的街道，数量则从 98 个减少至 84 个。相反，低值区间对应的街道数量则大都有所增加：街道界面高宽比变化幅度位于（0.05，0.10]

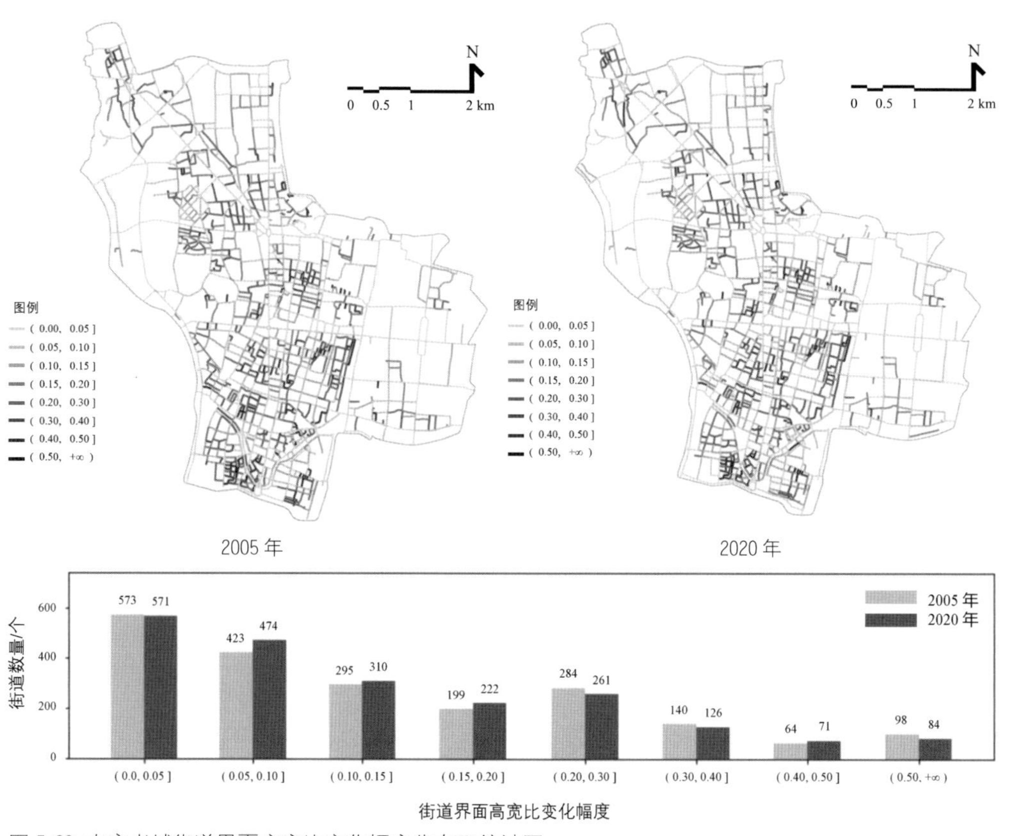

图 5.60 南京老城街道界面高宽比变化幅度分布及统计图

区间的街道，数量从 2005 年的 423 个增加至 2020 年的 474 个；位于（0.10，0.15] 区间的街道，数量从 295 个增加至 310 个；而位于（0.15，0.20] 区间的街道，数量从 199 个增加至 222 个。2005 年，街道界面高宽比变化幅度最大值为 1.27，对应的街道编号为 1954，位于中山南路附近的区域；到了 2020 年，街道界面高宽比变化幅度最大值增加至 4.22，位于龙蟠中路附近的区域，其对应的街道编号为 130。

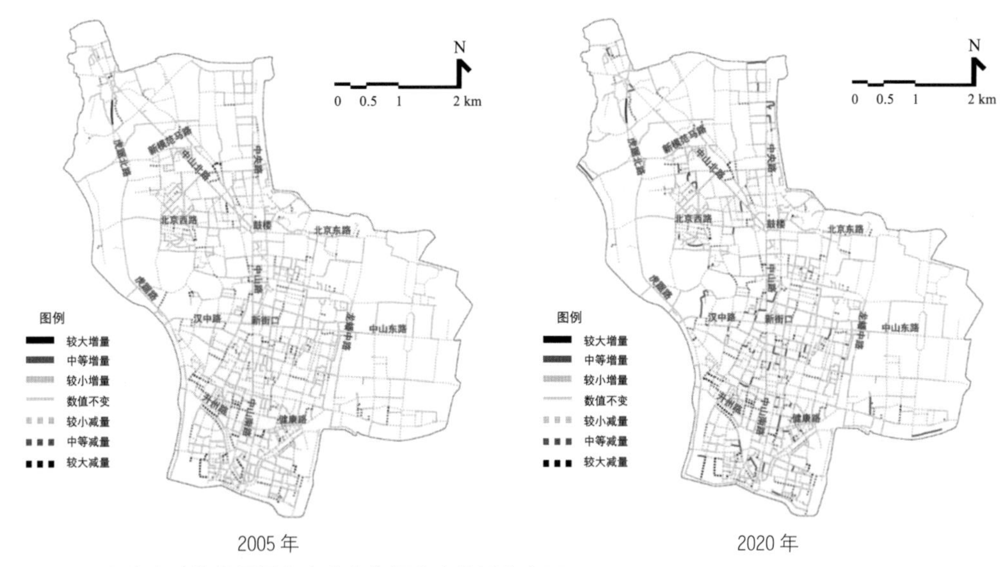

图 5.61 南京老城街道界面高宽比变化幅度变化量分布图

通过南京老城街道界面高宽比变化幅度变化量分布图来进一步说明其形态演替特征（图 5.61）。仅有 19 个街道的界面高宽比变化幅度未发生变化，占街道总数的 0.9%。2020 年，绝大多数的街道界面高宽比变化幅度发生了较小的增量或减量，具体为：发生较小增量的街道数量为 919 个，占街道总数的 42.7%；发生较小减量的街道数量为 896 个，占街道总数的 41.6%。界面高宽比变化幅度发生中等及较大增量的街道共计 84 个，分布相对较为零散；而发生中等及较大减量的街道共计 211 个，分布以老城中部及南部区域居多。

（25）街道进深方向密度均质化程度

从街道进深方向密度均质化程度的分布来看，南京老城整体上呈现出“南高北低”的特点，老城南部地区相对高值分布更多（图 5.62）。2005 年街道进深方向密度均质化程度的平均值为 0.103，而 2020 年街道进深方向密度均质化程度的平均值变为 0.099，街道进深方向密度均质化程度的平均值在 15 年间略有减少。从区间分布上来看，高值区间对应的街道数量有所减少，较为明显的有：进深方向密度均质化程度在（0.15，0.20] 区间的街道，数量从 2005 年的 289 个减少至 2020 年的 262 个；进深方向密度均质化程度在 0.20

以上的街道，数量从 179 个减少至 153 个。相反，低值区间对应的街道数量则出现了增大的情况，较为显著的是进深方向密度均质化程度在（0.05，0.10] 区间的街道，数量从 2005 年的 638 个增加至 2020 年的 713 个。2005 年，进深方向密度均质化程度最大值对应的街道编号为 2106，位于老城东南角，其数值达到 0.363；到了 2020 年，街道进深方向密度均质化程度最大值略有减小，数值为 0.358，对应街道编号为 1997，位于中山南路附近的区域。

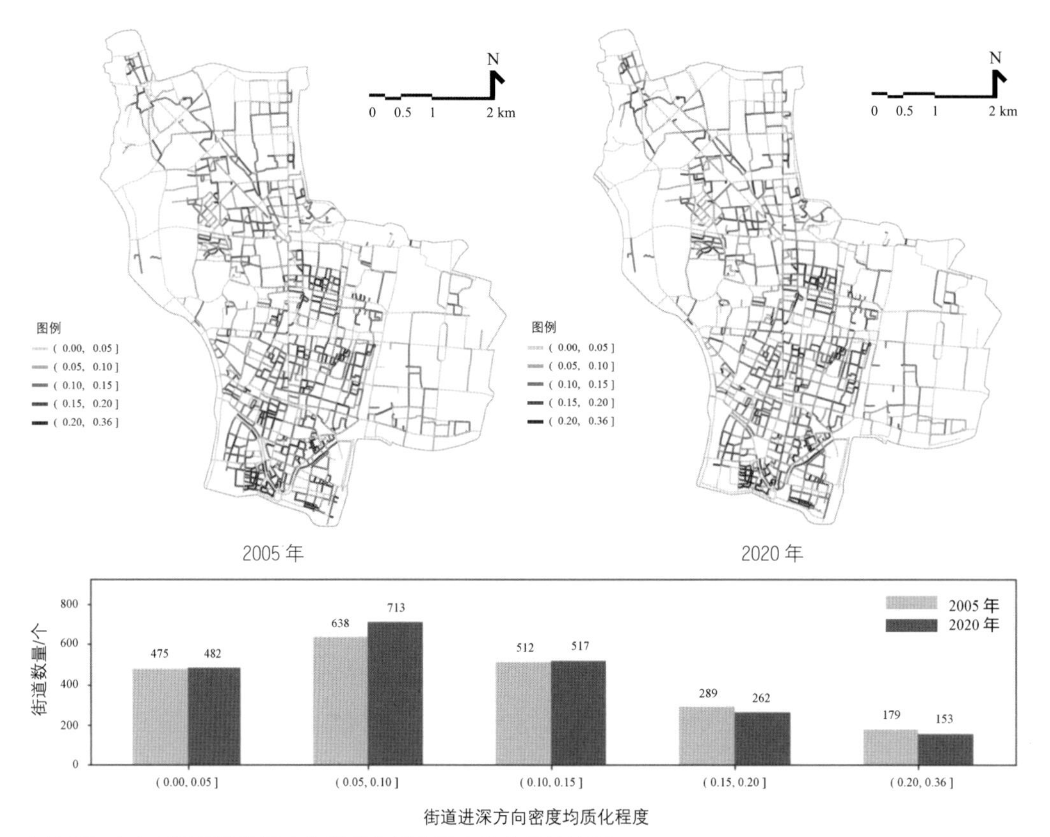

图 5.62 南京老城街道进深方向密度均质化程度分布及统计图

通过南京老城街道进深方向密度均质化程度变化量分布图来进一步说明其形态演替特征（图 5.63）。仅有 8 个街道的进深方向密度均质化程度未发生变化，占街道总数的 0.4%。2020 年，大多数的街道进深方向密度均质化程度发生了较小的增量或减量，具体为：发生较小增量的街道数量为 638 个，占街道总数的 29.6%；发生较小减量的街道数量为 924 个，占街道总数的 42.9%。进深方向密度均质化程度发生中等及较大增量的街道共计 230 个，在中央路、中山路沿线区域有较为明显的集聚分布；而发生中等及较大减量的街道共计 306 个，分布以老城中部及南部区域居多。

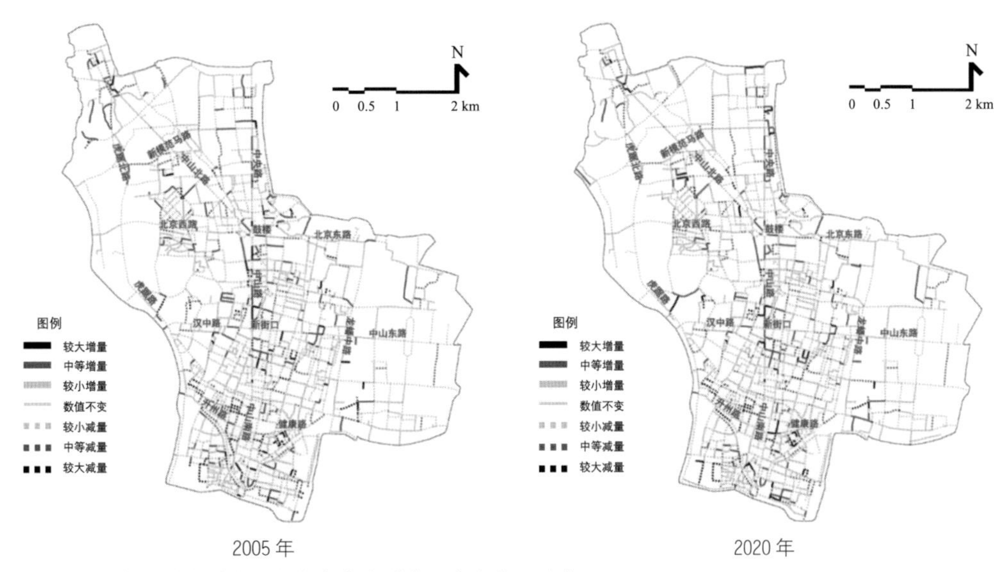

图 5.63 南京老城街道进深方向密度均质化程度变化量分布图

(26) 街道进深方向强度均质化程度

从街道进深方向强度均质化程度的分布来看，南京老城整体上呈现出“中心区域高值集聚”的特点，尤其在新街口周边区域有几片明显的高值集聚（图 5.64）。2005 年街道进深方向强度均质化程度的平均值为 0.557，而 2020 年街道进深方向强度均质化程度的平均值变为 0.576，街道进深方向强度均质化程度的平均值在 15 年间略有增加。从区间分布上来看，总体较为平稳，有三个区间对应的街道数量变化较为明显：进深方向强度均质化程度在（0.2，0.4] 区间的街道，数量从 2005 年的 482 个减少至 2020 年的 463 个；在（0.4，0.6] 区间的街道，数量从 416 个增加至 439 个；而进深方向强度均质化程度大于 1.0 的街道，数量则从 280 个增加至 302 个。2005 年，进深方向强度均质化程度最大值对应的街道编号为 406，位于中山北路和中央路之间的区域，其数值达到 4.49；到了 2020 年，街道进深方向密度均质化程度最大值增加至 6.52，对应街道编号为 493，位于中央路上。

通过南京老城街道进深方向强度均质化程度变化量分布图来进一步说明其形态演替特征（图 5.65）。仅有 8 个街道的进深方向强度均质化程度未发生变化，占街道总数的 0.4%。2020 年，大多数的街道进深方向强度均质化程度发生了较小的增量或减量，具体为：发生较小增量的街道数量为 780 个，占街道总数的 36.2%；发生较小减量的街道数量为 1 110 个，占街道总数的 51.6%。进深方向强度均质化程度发生中等及较大增量的街道共计 62 个，在中央路、中山路沿线区域有较为明显的集聚分布；而发生中等及较大减量的街道共计 146 个，分布相对较为零散。

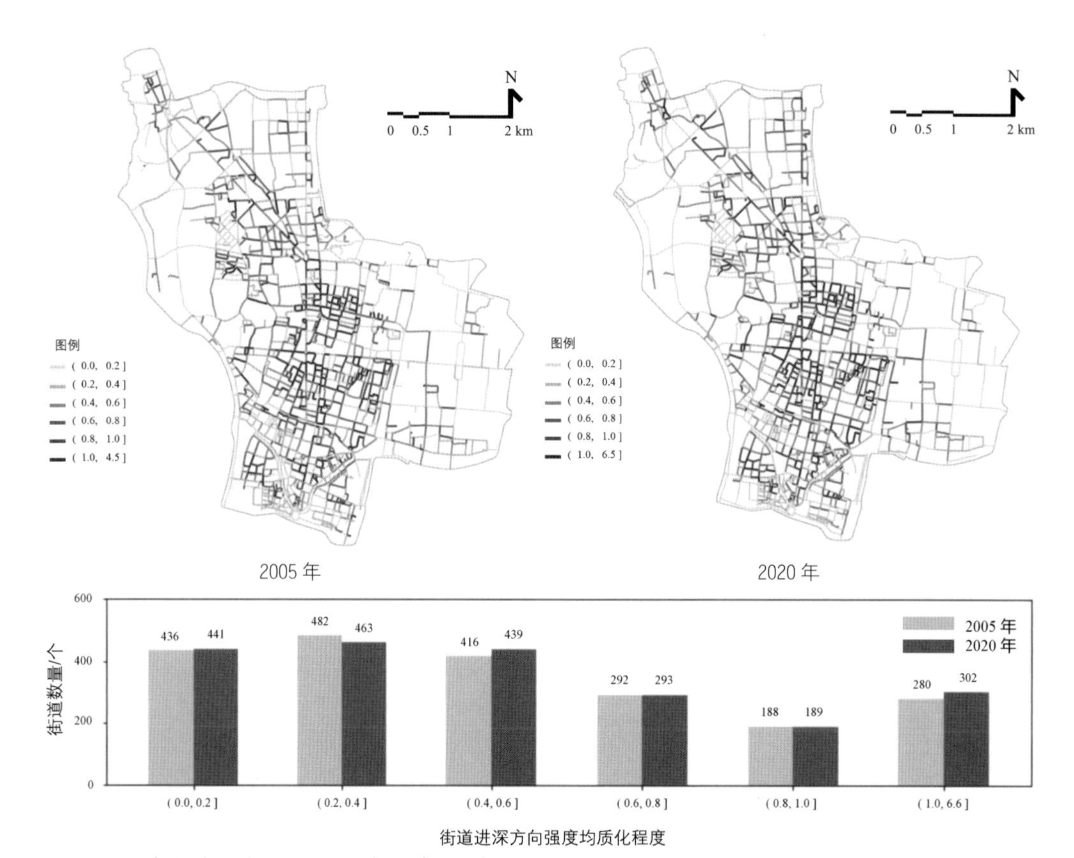

图 5.64 南京老城街道进深方向强度均质化程度分布及统计图

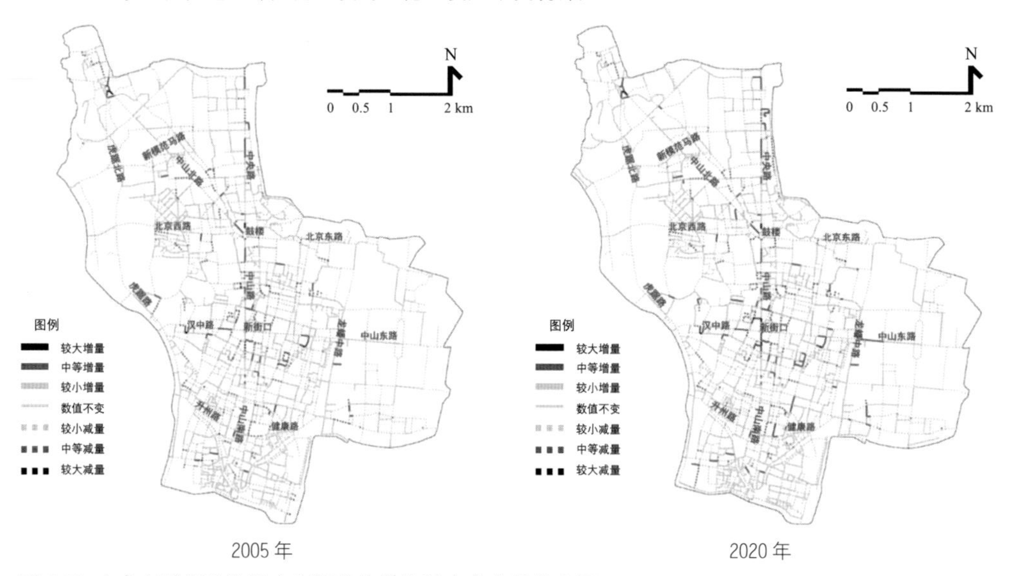

图 5.65 南京老城街道进深方向强度均质化程度变化量分布图

5.3 南京老城街道类型构成及其演替

5.3.1 街道形态的模式划分

根据第 3 章大尺度形态类型建模研究方法中模式数字化划分的步骤，对街道形态的模式划分共包含数据整理模块和矩阵聚类模块两个模块，详细的技术原理已在第 3 章中说明，这里仅呈现具体的运算结果及参数的选择。

（1）数据整理

首先是对 4 260 个街道对象[①] 和 26 个分项指标形成的 4 260×26 的数据矩阵进行归一化运算，统一量纲，将不同单位、不同数量级的形态指标均映射至（0，1] 区间进行计算。

随后，针对数据矩阵中由相关性引起的冗余信息，运用自编码器对数据矩阵进行降维运算。如图 5.66 所示，在自编码器降维数 - 损失量的函数关系图中，横坐标对应数据缩减后的列数，即降至的维数，纵坐标为解码后的数据损失量。由于原始矩阵共 26 列，故横坐标取值范围为 2 至 25。能够看出，大体上数据缩减后的列数越少，损失量越大。注意到，随着横坐标逐渐增大，函数曲线呈现出两个阶段：先是整体递减，对应横坐标取值范围为 2 至 13；随后小幅波动，对应横坐标的取值范围为 13 至 25。在横坐标参数取值时，研究中取两个阶段的临界点，即横坐标取值为 13，将其作为自编码器运算缩减后的列数。此时的临界点意味着，当数据列数进一步缩减时，损失量由波动阶段转为上升阶段，数据矩阵开始损失自由度。

在街道形态类型的大尺度建模数字化流程中，在数据整理模块建构指标体系时并不能够避免各形态指标之间的相关性，这里补充形态指标之间的相关性矩阵，以及对各自形态指标相关性的解释。图 5.67 所示为街道形态指标的相关性矩阵。从矩阵中能够看出一些指标之间呈现出较强的相关性，例如：街道建筑个数与街道建筑组数之间的相关性为 0.86，街道建筑个数与街道总建筑底面积之间的相关性为 0.85，街道进深方向强度均质化程度与街道建筑强度之间的相关性为 0.90，街道整体高宽比变化

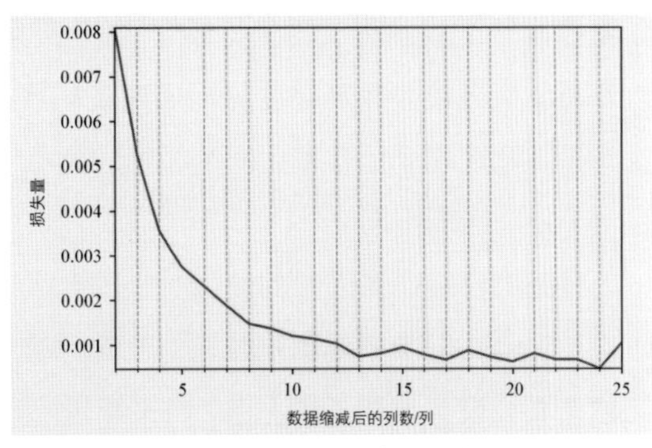

图 5.66 街道自编码器降维数 - 损失量函数关系

① 2005 年街道对象共计 2 108 个，2020 年街道对象共计 2 152 个，将两个年份的所有对象看作合集，共计街道对象 4 260 个。

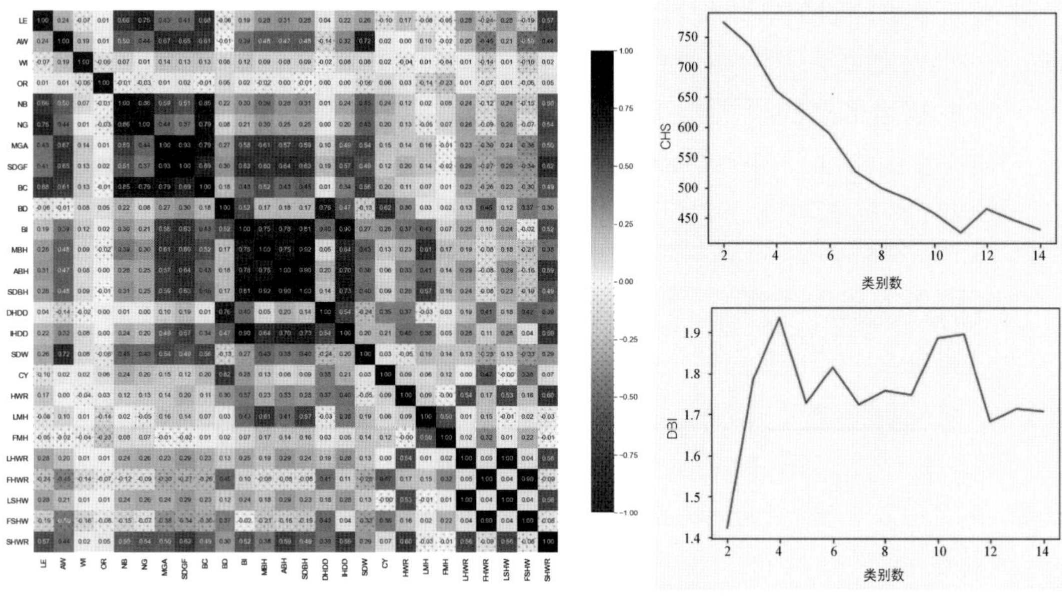

图 5.67 街道形态指标的相关性矩阵

图 5.68 CHS-DBI 双参数对街道形态类别数的判定

频率与街道界面高宽比变化频率之间的相关性为 0.90。也有一些指标之间的相关性较低，例如：街道长度与街道朝向之间的相关性为 0.01，街道长度与街道曲折度之间的相关性为 -0.07，街道最大建筑（组）底面积与街道朝向之间的相关性为 0.01，街道建筑密度与街道最大建筑高度变化频率之间的相关性为 0.02 等。从图中能够看出，高度、强度相关的街道形态指标之间的相关性均不低。街道建筑强度与街道最大建筑高度之间的相关性为 0.75，街道建筑强度与街道平均建筑高度之间的相关性为 0.78，街道建筑强度与街道建筑高度标准差之间的相关性为 0.81，街道最大建筑高度与街道平均建筑高度之间的相关性为 0.75，街道最大建筑高度与街道建筑高度标准差之间的相关性为 0.92，街道平均建筑高度与街道建筑高度标准差之间的相关性为 0.90。

（2）矩阵聚类

将经由自编码器降维的新数据矩阵，即 4 260×13 的数据矩阵，通过 AP 算法进行聚类。通过 CHS-DBI 双参数对类别数进行判定并选择。已知 CHS 用来衡量类别之间的差异度，数值越大表征聚类性能越好；DBI 用来衡量每个类别中的最大相似度均值，数值越小表征聚类性能越好。CHS 的函数曲线整体呈递减趋势，在类别数为 12 时有波动；DBI 函数曲线在横坐标为 2 至 4 的区间内递增，而后有较大波动，在波动区间中于横坐标取值为 12 时呈现出最小值。综合两个参数的性能表现，判定 AP 算法聚类的类别数为 12 类（图 5.68）。

将计算得到的类别数通过 1~12 的标签附至 4 260 个对象上，使得 2005 年的 2 108 个街道对象和 2020 年的 2 152 个街道对象均获得一个类别的标签。通过可视化的方式，给每个类别赋予不同的颜色，即得到两个年份的街道形态模式划分（图 5.69，图 5.70）。

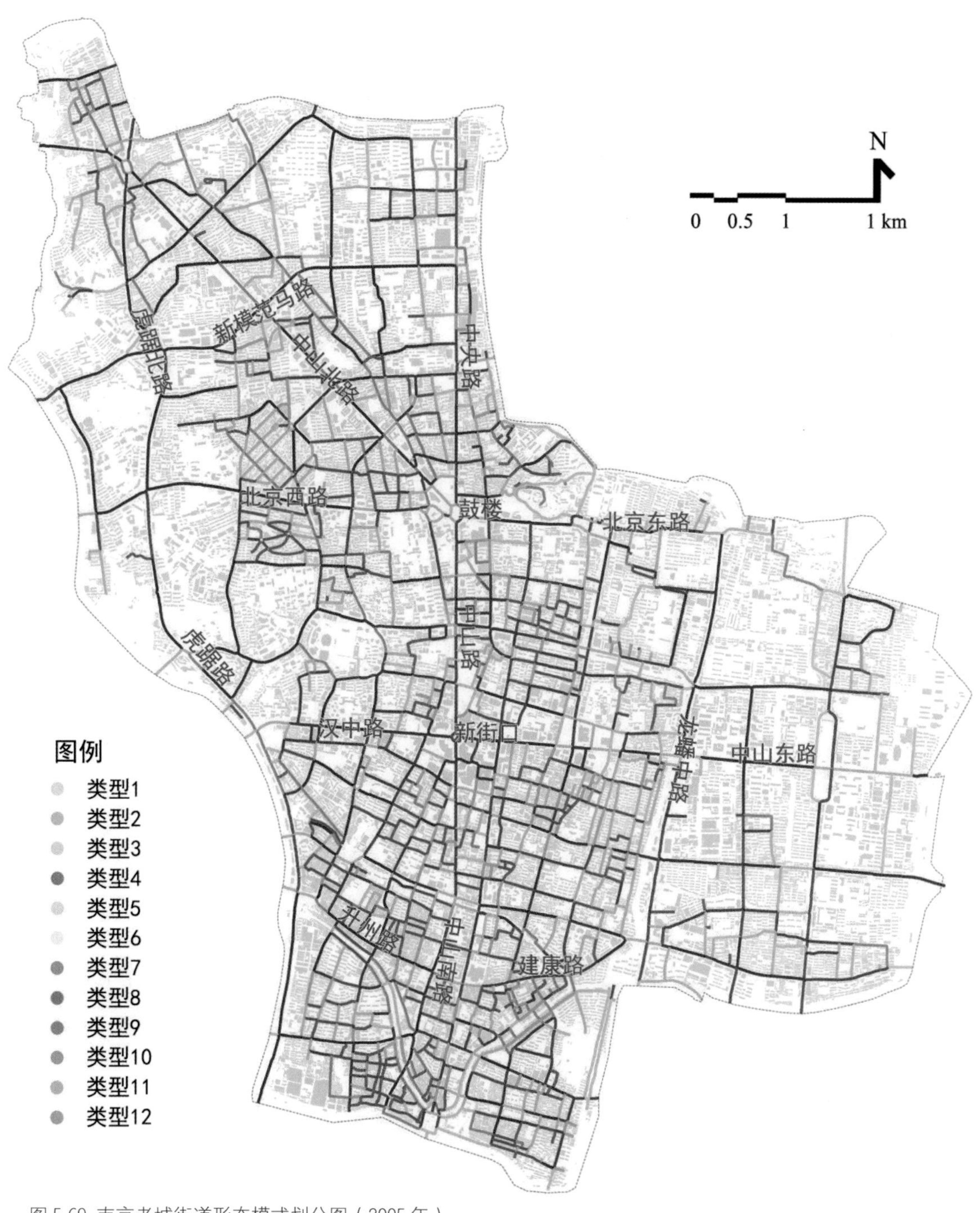

图 5.69 南京老城街道形态模式划分图（2005 年）

图 5.70 南京老城街道形态模式划分图（2020 年）

5.3.2 街道形态的类型构成

在得到街道形态模式划分的基础之上，进一步通过大尺度形态类型建模研究方法中的类型数字化解释步骤，对各类别的模式进行形态解释，从而建构类型。类型数字化解释的步骤中具体包含形态统计模块和形态可视化模块，本书在形态统计模块主要使用箱线图进行统计分析，而在形态可视化模块使用二维切片图和三维轴测图进行分析。在综合形态统计和形态可视化的基础上，完成对街道类型的定义。

（1）形态统计

针对 12 个类型，分别基于 26 个分项形态指标作箱线图。图 5.71 能够较为直观地对比任一分项指标对应的 12 个类型街道形态对象的数值分布特征。例如，类型 8 对应的街道对象的长度均显著大于其他类型的街道对象；类别 4 对应的街道对象的最大建筑高度相较而言更为突出。箱线图所提供的各类型形态指标统计将为类型的定义提供理性的基础。

在箱线图的基础之上，进一步对每个类别的各分项形态指标进行数值上的统计。主要计算平均值和标准差这两个指标，用这两个指标反映每个类别中各分项指标的总体水平以及数据的离散程度（表 5.3）。

表 5.3 对各类型街道形态的指标统计①

	类型 1	类型 2	类型 3	类型 4	类型 5	类型 6	类型 7	类型 8	类型 9	类型 10	类型 11	类型 12
LE	304.4	181.4	182.3	131.0	158.2	159.1	146.9	400.2	184.8	141.7	128.2	128.0
	272.7	144.4	108.7	72.1	97.0	76.8	95.3	230.5	117.3	81.8	68.9	69.5
AW	12.5	24.0	14.9	46.7	57.5	12.0	33.9	42.8	55.9	14.6	21.7	10.7
	11.4	20.0	10.3	23.6	27.9	9.8	20.5	16.8	27.2	10.8	13.7	7.5
OR	63.5	147.1	50.1	72.1	90.6	76.7	70.8	79.3	27.7	106.8	39.0	47.9
	51.3	12.6	56.4	48.3	25.1	47.1	39.6	43.9	52.0	13.4	45.1	46.2
WI	0.974	0.953	0.964	0.994	0.990	0.947	0.992	0.989	0.992	0.984	0.991	0.959
	0.052	0.082	0.079	0.008	0.021	0.098	0.016	0.022	0.021	0.031	0.019	0.070
NB	15.8	36.3	33.1	39.1	31.7	21.8	40.8	122.3	53.4	25.5	26.6	26.8
	17.9	27.7	21.3	25.2	22.3	19.8	26.8	54.8	32.2	16.8	19.2	16.0
NG	7.0	12.4	13.4	7.8	8.8	7.0	12.0	37.4	15.4	8.0	6.7	9.7
	8.0	9.4	8.4	5.7	6.2	3.8	7.1	17.4	9.7	5.0	4.5	6.2

① 表格中每个分项指标对应两行数据，第一行为该类别所有对象指标数值的平均数，第二行为该类别所有对象指标数值的标准差。各分项指标数据的单位均对应表 5.2 街道形态指标体系中的单位。同时，各分项指标数据的小数点保留位数不尽相同，是根据每个形态指标各自数据特征设定的。

续表

	类型 1	类型 2	类型 3	类型 4	类型 5	类型 6	类型 7	类型 8	类型 9	类型 10	类型 11	类型 12
MGA	519.7	1169.6	693.7	3774.2	2746.4	1030.1	1717.6	3173.2	3034.2	982.7	1888.5	591.7
	618.3	1005.5	533.8	2525.9	2423.8	958.7	1200.3	1723.1	2128.3	746.3	1337.4	455.7
BC	1458.0	3833.7	2692.2	7869.9	5983.7	2128.6	5110.4	17341.2	8956.3	2738.3	4271.4	1807.5
	1975.4	3533.3	2057.0	4985.2	4669.8	1905.5	3243.6	8253.5	5386.1	1924.4	2801.2	1307.1
MBH	14.0	25.7	29.8	106.0	36.8	17.3	26.1	46.8	54.2	26.3	31.8	20.6
	11.8	19.8	20.6	32.7	23.6	5.9	15.5	25.6	29.6	18.3	22.1	10.4
ABH	6.1	8.1	9.3	25.1	11.7	9.1	8.4	8.5	11.9	8.9	10.4	7.7
	4.5	3.7	4.4	10.8	7.1	4.7	3.5	3.4	5.9	4.0	4.5	3.1
BD	0.12	0.29	0.28	0.36	0.19	0.25	0.32	0.29	0.25	0.40	0.44	0.38
	0.09	0.11	0.08	0.10	0.09	0.15	0.10	0.08	0.09	0.10	0.09	0.10
BI	0.37	1.11	1.17	4.37	1.06	0.89	1.34	1.36	1.60	1.66	2.11	1.34
	0.39	0.70	0.59	1.73	0.71	0.57	0.61	0.64	0.81	0.73	0.81	0.59
HWR	0.32	0.56	0.94	1.36	0.29	0.12	0.41	0.36	0.43	1.33	1.22	1.42
	0.29	0.49	0.51	0.78	0.25	0.08	0.31	0.27	0.30	0.50	0.51	0.56
SHWR	0.19	0.39	0.72	0.58	0.18	0.09	0.29	0.23	0.27	1.02	0.96	1.17
	0.13	0.37	0.41	0.51	0.16	0.07	0.21	0.12	0.19	0.47	0.45	0.54
SDGF	171.1	353.9	216.0	1351.9	951.5	359.6	573.0	732.7	915.7	335.8	647.9	194.8
	237.2	332.3	169.9	1077.4	915.7	338.9	457.8	406.9	657.0	291.3	566.8	164.3
SDBH	4.1	6.8	8.2	31.0	10.4	4.8	7.1	9.3	13.2	7.5	9.1	6.0
	4.5	5.0	5.1	10.2	7.0	2.9	3.8	5.3	7.7	4.7	5.6	2.9
SDW	6.3	12.2	11.6	16.9	24.0	10.7	11.4	18.9	23.7	6.9	9.2	7.9
	5.0	7.6	5.4	6.9	7.8	8.3	5.1	6.0	6.9	4.1	4.5	4.1
CY	0.450	0.864	0.853	0.891	0.687	0.775	0.953	0.938	0.821	0.910	0.919	0.936
	0.283	0.169	0.107	0.122	0.217	0.339	0.062	0.070	0.178	0.093	0.092	0.068
FMH	0.11	0.17	0.25	0.20	0.15	0.17	0.12	0.16	0.19	0.14	0.16	0.17
	0.07	0.09	0.08	0.08	0.07	0.08	0.06	0.05	0.07	0.07	0.08	0.07
LMH	0.9	1.6	2.8	6.0	1.9	1.6	1.1	1.9	3.0	1.5	1.9	1.5
	0.8	1.4	1.8	4.5	1.5	1.0	1.0	1.3	2.0	1.4	1.7	1.0
FHWR	0.21	0.48	0.58	0.48	0.24	0.47	0.37	0.40	0.36	0.57	0.45	0.77
	0.14	0.21	0.10	0.17	0.12	0.28	0.14	0.12	0.15	0.15	0.16	0.09
LHWR	0.11	0.18	0.31	0.22	0.04	0.08	0.09	0.08	0.08	0.28	0.21	0.42
	0.30	0.17	0.19	0.21	0.04	0.07	0.07	0.05	0.06	0.16	0.15	0.25
FSHW	0.20	0.42	0.52	0.33	0.20	0.40	0.32	0.34	0.29	0.53	0.38	0.74
	0.14	0.21	0.11	0.16	0.11	0.26	0.13	0.11	0.13	0.15	0.15	0.10
LSHW	0.09	0.15	0.25	0.12	0.03	0.03	0.08	0.06	0.06	0.23	0.16	0.36
	0.27	0.14	0.17	0.14	0.03	0.02	0.06	0.04	0.05	0.15	0.14	0.22
DHDD	0.04	0.10	0.10	0.10	0.05	0.08	0.08	0.05	0.07	0.15	0.19	0.15
	0.04	0.06	0.05	0.05	0.03	0.06	0.03	0.03	0.04	0.06	0.05	0.06
IHDD	0.15	0.40	0.45	1.54	0.35	0.34	0.39	0.33	0.54	0.68	0.94	0.56
	0.18	0.30	0.28	0.93	0.27	0.25	0.24	0.24	0.35	0.34	0.40	0.28

资料来源：作者编制

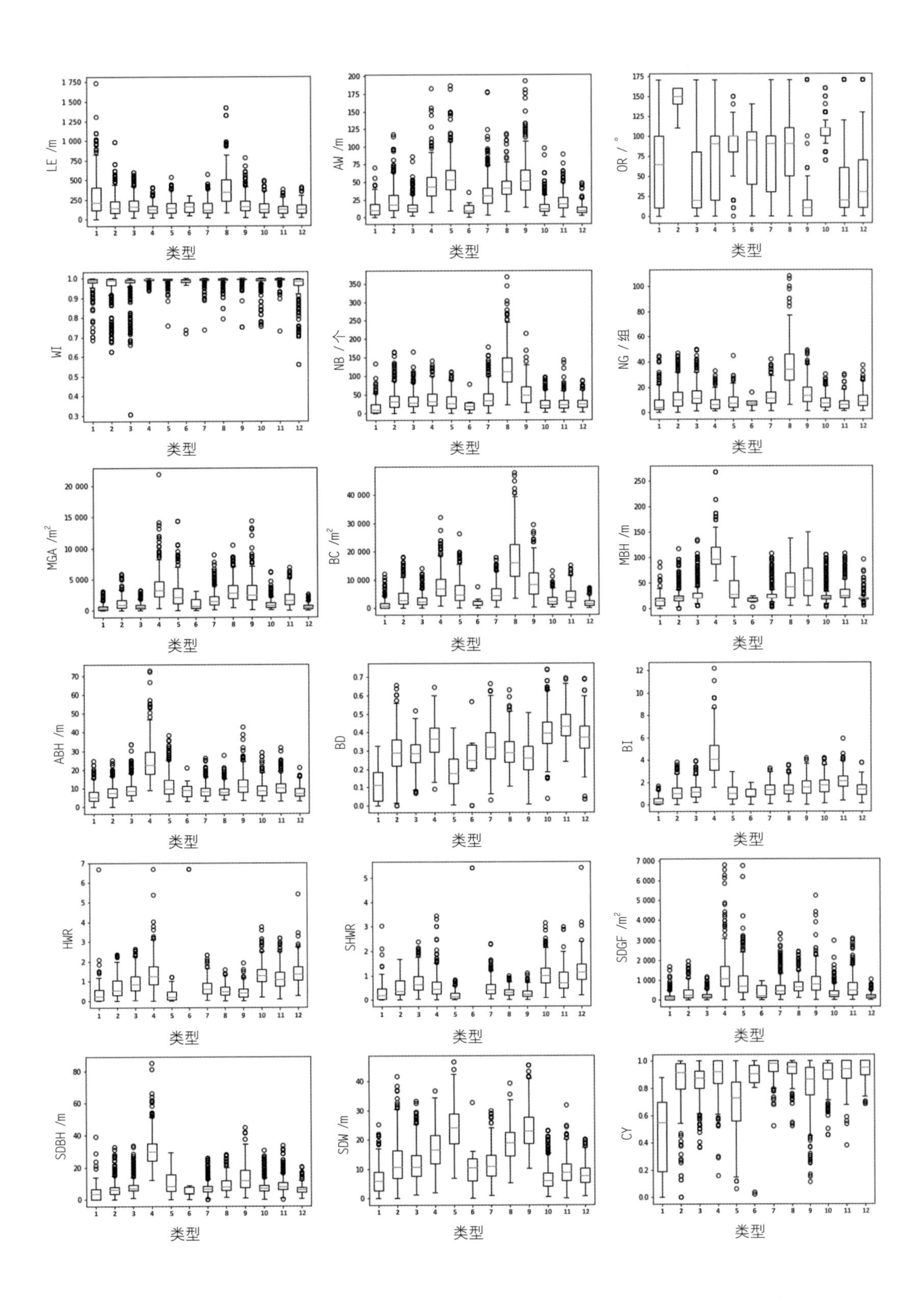
LE /m
类型
AW /m
类型
OR / °
类型
WI
类型
NB / 个
类型
NG / 组
类型
MGA /m²
类型
BC /m²
类型
MBH /m
类型
ABH /m
类型
BD
类型
BI
类型
HWR
类型
SHWR
类型
SDGF /m²
类型
SDBH /m
类型
SDW /m
类型
CY
类型

（接上图）

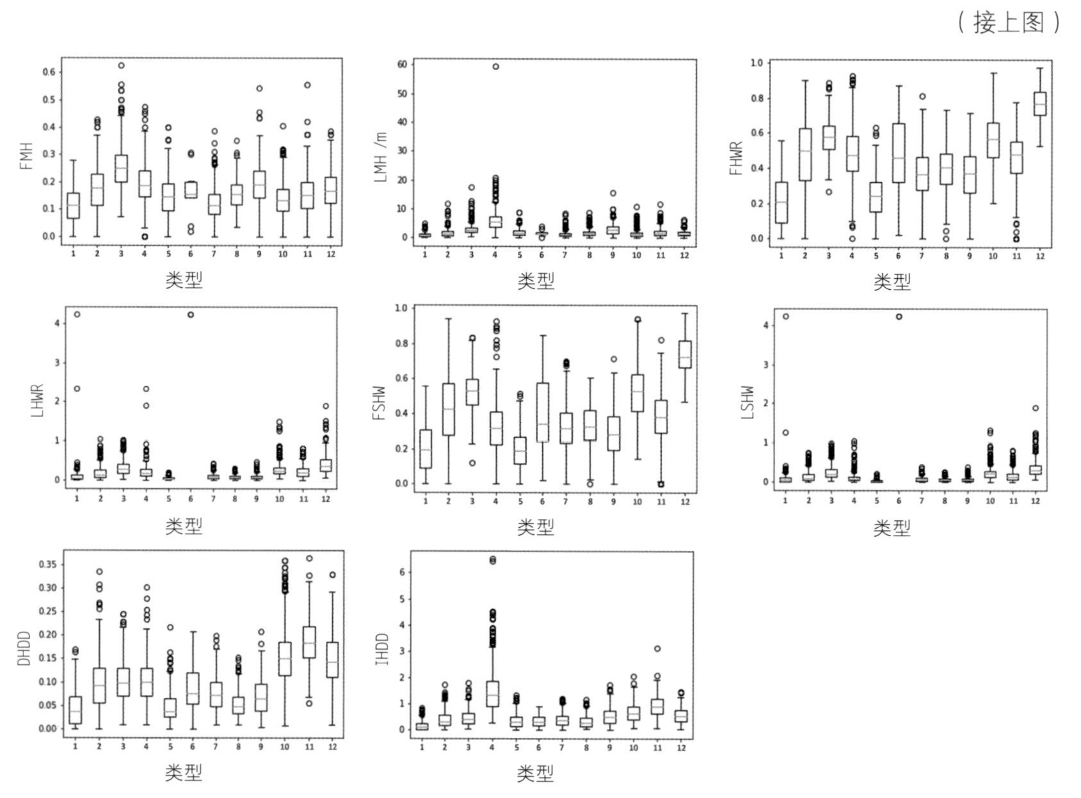

图 5.71　对各类型街道形态指标特征的箱线图的分析

（2）形态可视化

为了更加直观地解释各类型的街道形态，对典型的街道形态进行可视化呈现。一个前置性的工作是对各类型中街道形态的“典型性程度”进行排序。由于本书使用的 AP 聚类算法中每个类别的质心为既有数据点，因此直接将质心对应的数据点作为该类型中最典型的对象。计算类别中其余对象到质心的距离①。根据其余各对象至质心的距离，按从小到大依次进行排序，得到各类型中街道形态典型性程度的排序结果。在各类型典型街道形态二维切片图的呈现中，本书选择每个类型中典型性程度排名前 10 的街道对象进行制图；而在各类型典型街道形态三维轴测图的呈现中，本书选择每个类别中最为典型的街道对象进行制图。

① 这里的距离指 n 维向量之间的空间距离，例如街道形态指标体系中包含 26 个指标，故任意两个对象之间的距离视为两个 26 维向量之间的空间距离。

二维切片图主要呈现街道形态的平面肌理(图 5.72)。从典型街道形态二维切片图中，能够直观地看出各类型之间的街道形态差异较为明显，例如类型 8 街道的长度显著大于其他类型，而像类型 1、类型 3、类型 10、类型 12 对应的街道对象则相对较窄。进一步，将每个类型中最为典型的对象通过三维轴测图进行呈现(图 5.73)，从三维立体的角度进一步考察其形态特征。

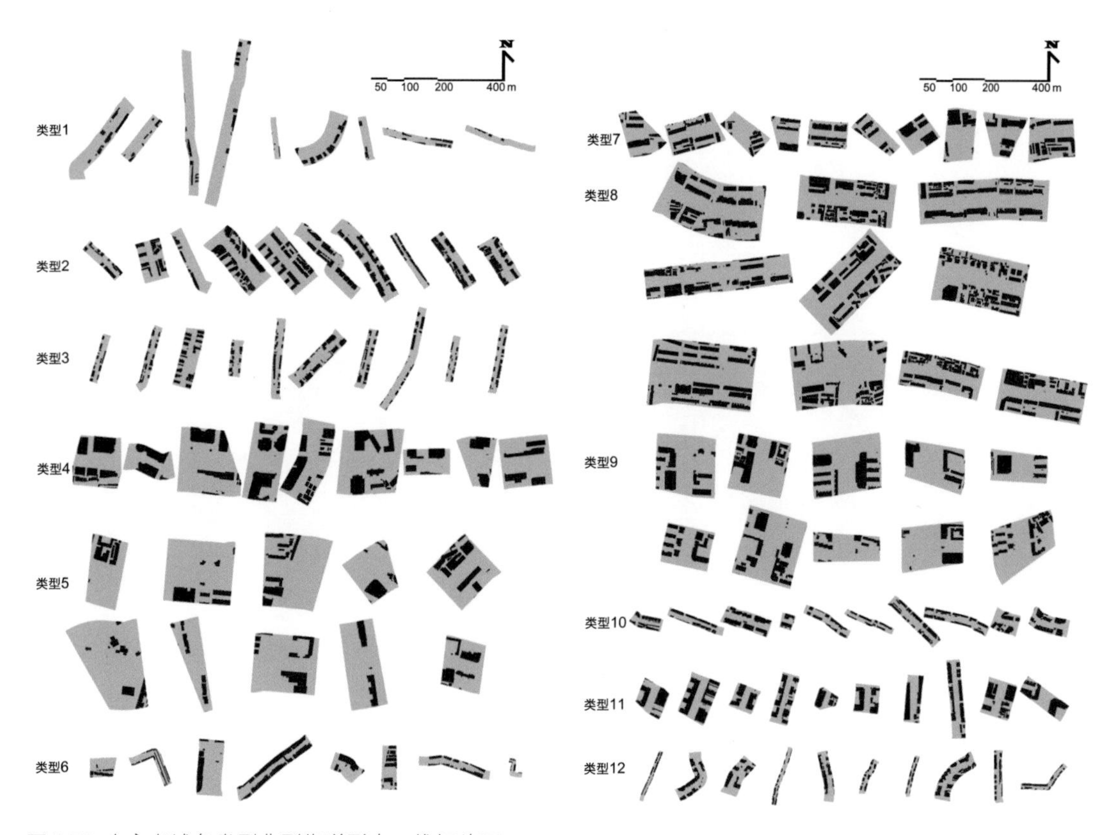

图 5.72 南京老城各类型典型街道形态二维切片图

(3)对街道类型的定义

综合形态统计和形态可视化，对街道类型进行定义。将总共 12 个街道类型定义为瘦长型街道、东南型街道、垂行列型街道、都市峡谷型街道、横干型街道、矮巷型街道、匀短型街道、阔长型街道、纵干型街道、顺行列型街道、密实型街道以及曲径型街道(表 5.4)。

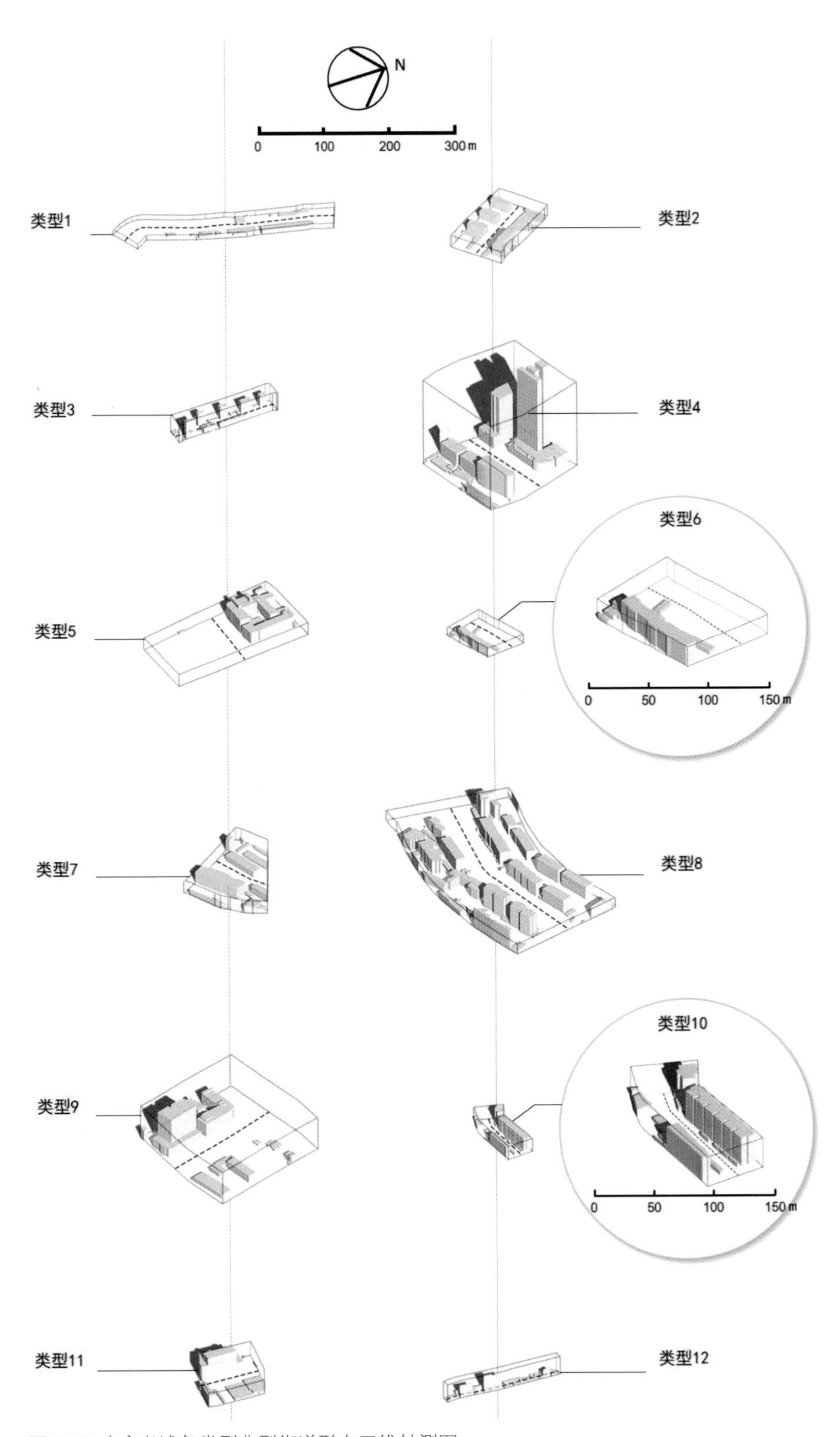

图 5.73 南京老城各类型典型街道形态三维轴测图

表 5.4 街道类型的名称及主要特征

编号	类型名称	主要特征
类型 1	瘦长型街道	长且窄
类型 2	东南型街道	基本呈现东南—西北走向
类型 3	垂行列型街道	以南北朝向为主，尺寸不大，沿空间序列方向的街道形态变化频率较大，呈现出垂直于行列式的肌理
类型 4	都市峡谷型街道	长度较小，宽度较大，建筑强度、建筑高度极大，界面高宽比明显小于整体高宽比
类型 5	横干型街道	以东西朝向为主，平均开敞空间宽度值较大的同时差异性也较大，宽窄不一，高度中等
类型 6	矮巷型街道	尺寸通常较小，建筑不多且较矮
类型 7	匀短型街道	长度较小，宽度中等，在空间序列上建筑连续且形态变化平稳
类型 8	阔长型街道	尺寸极大，既长又宽
类型 9	纵干型街道	以南北朝向为主，平均开敞空间宽度值较大的同时差异性也较大，宽窄不一，高度较大
类型 10	顺行列型街道	以东西朝向为主，尺寸不大，沿空间序列方向街道形态变化平稳，呈现出平行于行列式的肌理
类型 11	密实型街道	建筑密度、建筑强度及建筑连续性均较大，建筑相对较矮
类型 12	曲径型街道	宽度较小且通常伴随明显的曲折，整体高宽比呈波动式变化

资料来源：作者编制

类型 1 为瘦长型街道。瘦长型街道的特征是长且窄（图 5.74），其长度平均值达到 304.4 m，在所有类型中仅次于类型 8；同时，其平均开敞空间宽度平均值仅为 12.5 m，是最窄的几个街道类型之一。瘦长型街道的朝向并不固定，通常略带曲折。平均每个瘦长型街道的建筑个数为 15.8 个，建筑组数为 7.0 组，最大建筑（组）底面积为 519.7 m^2，总建筑底面积为 1458.0 m^2，最大建筑高度 14.0 m，平均建筑高度 6.1 m，在所有类型中几乎均为最低。从占有率类形态指标来看，瘦长型街道的建筑密度平均值为 0.12，建筑强度平均值为 0.37，同样均为最低。瘦长型街道建筑差异性较小，体现在建筑（组）底面积标准差平均值仅为 171.1 m^2，建筑高度标准差平均值为 4.1 m。从空间序列的角度，瘦长型街道开敞空间宽度变化不大，标准差平均值仅为 6.3 m；其最大高度、整体高宽比、界面高宽比的变化均较为平稳；建筑连续性也较低，仅为 0.450。进深方向上，瘦长型街道形态的变化也不大，体现在其密度均质化程度仅为 0.04，而强度均质化程度仅为 0.15。

类型 2 为东南型街道。顾名思义，该类型街道在朝向上几乎都呈东南—西北走向，即本书在街道形态指标体系中所谓的东偏南或南偏东朝向的街道（图 5.75）。东南型街道长度平均值为 181.4 m，平均开敞空间宽度平均值为 24.0 m，均为中等水平。从形状上来看，东南型街道也通常略带曲折。从数量类及占有率类形态指标来看，东南型街道均为中等水平，例如平均建筑个数为 27.7 个，平均建筑组数为 12.4 组，平均建筑密度为 0.29，平均建筑强度为 1.11。从空间序列的角度来看，东南型街道在建筑连续性、整体及界面高宽比上均处于中等水平。

类型 3 为垂行列型街道。垂行列型街道以南北朝向为主，尺寸不大，长度平均值为 182.3 m，宽度平均值为 14.9 m。垂行列型街道的显著特征是街道两侧形态变化频率较大，并呈现出垂直于行列式的肌理（图 5.76）。体现在指标上，最大建筑高度变化频率平均值达到 0.25，为所有类型中最大，而最大建筑高度变化幅度却一般，平均值仅为 2.8；整体高宽比变化频率平均值达到 0.58，界面高宽比变化频率平均值也达到 0.52，在所有类型中几近于最大。垂行列型街道通常并不高，其最大建筑高度平均值仅为 29.8 m，平均建筑高度平均值也仅为 9.3 m。其建筑密度和强度均为中等水平，具体建筑密度平均值为 0.28，建筑强度平均值为 1.17。

类型 4 为都市峡谷型街道。都市峡谷型街道长度较小，宽度较大，在形状上最为笔直。其显著特征是建筑强度、建筑高度极大，具体体现为建筑强度平均值达到 4.37，最大建筑高度平均值达到 106.0 m，平均建筑高度平均值也达到 25.1 m，均远超其他类型。此外，都市峡谷型街道界面高宽比明显小于整体高宽比，界面高宽比平均值为 0.58，整体高宽比平均值却高达 1.36，呈现出一种类似“峡谷”一样的跌落形态（图 5.77）。平均每个都市峡谷型街道中包含建筑 39.1 个，建筑组数却仅有 7.8 组，这说明街道两侧建筑大量成组出现。另外，都市峡谷型街道的建筑密度平均值为 0.36，建筑连续性平均值为 0.891，在所有类型中均位居前列。

类型 5 为横干型街道。横干型街道普遍以东西朝向为主，平均开敞空间宽度值较大的同时差异性也较大。具体而言，其平均开敞空间宽度平均值达到 57.5 m，在所有类型中最大；而其开敞空间宽度标准差高达 24.0 m，同样为最大，这说明横干型街道开敞空间序列宽窄不一（图 5.78）。同时横干型街道的建筑连续性也较小，平均值仅为 0.687，仅比瘦长型街道对应的数值稍大。相较于都市峡谷型街道，横干型街道并不高，其最大建筑高度平均值为 36.8 m，平均建筑高度平均值为 11.7 m。从占有率类形态指标上来看，横干型街道平均建筑密度为 0.19，平均建筑强度为 1.06，均处于较低水平。

类型 6 为矮巷型街道。矮巷型街道尺寸通常较小，其长度平均值为 159.1 m，开敞空间宽度平均值为 12.0 m。平均每个矮巷型街道的建筑个数为 21.8 个，建筑组数为 7.0

组，最大建筑（组）底面积为 1 030.1 m²，总建筑底面积为 2 128.6 m²，最大建筑高度为 17.3 m，平均建筑高度为 9.1 m，在所有类型中几乎均为最低。矮巷型街道不仅建筑数量不多，其形态也较为低矮（图 5.79）。矮巷型街道沿空间序列通常变化不大，开敞空间宽度标准差平均值仅为 10.7 m。

类型 7 为匀短型街道。匀短型街道长度较小，平均为 146.9 m；宽度中等，平均为 33.9 m，形状较为笔直。其显著特征是在空间序列上建筑连续且形态变化平稳（图 5.80）。平均每个匀短型街道建筑连续性高达 0.953，为所有类型中最高；开敞空间宽度标准差平均值为 11.4 m，最大建筑高度变化频率平均值仅为 0.12，整体高宽比变化频率平均值仅为 0.37，界面高宽比变化频率平均值仅为 0.32。另外，从进深方向上来看，匀短型街道密度均质化程度平均值为 0.08，强度均质化程度平均值为 0.39，均处于较低水平，更加说明其形态较为均质的特征。

类型 8 为阔长型街道。顾名思义，阔长型街道的显著特征是尺寸极大，既长又宽。其长度平均值达到 400.2 m，比瘦长型街道还要长近 100 m；同时，其宽度平均值为 42.8 m，在所有类型中也位居前列。阔长型街道沿线通常伴随标志性高层建筑，其最大建筑高度平均值为 46.8 m，仅次于都市峡谷型街道与纵干型街道；然而其平均建筑高度相对一般，平均值仅为 8.5 m，处于中等水平。相对而言，沿阔长型街道空间序列，开敞空间较为宽窄不一，其开敞空间宽度标准差平均值达到 18.9 m，仅次于横干型街道与纵干型街道。然而在宽度较大的街道类型中，阔长型街道两侧建筑较为连续，其建筑连续性平均值达到 0.938。

类型 9 为纵干型街道。纵干型街道普遍以南北朝向为主，平均开敞空间宽度值较大的同时差异性也较大。具体而言，其平均开敞空间宽度平均值达到 55.9 m，在所有类型中仅次于横干型街道；而其开敞空间宽度标准差平均值高达 23.7 m，这说明纵干型街道开敞空间序列宽窄不一。同时，纵干型街道的建筑连续性也一般，平均值仅为 0.821。相较于横干型街道，纵干型街道相对较高，其最大建筑高度平均值达到 54.2 m，平均建筑高度平均值达到 11.9 m，均仅次于都市峡谷型街道。从占有率类形态指标来看，纵干型街道平均建筑密度为 0.25，平均建筑强度为 1.60，均处于中等水平。

类型 10 为顺行列型街道。顺行列型街道以东西朝向为主，尺寸不大，长度平均值为 141.7 m，平均开敞空间宽度平均值为 14.6 m。顺行列型街道的显著特征是沿空间序列方向街道形态变化平稳，并呈现出平行于行列式的肌理（图 5.83）。体现在指标上，开敞空间宽度标准差平均值仅为 6.9 m，仅比瘦长型街道略大一些；最大建筑高度变化频率平均值为 0.14，相对较小。顺行列型街道的建筑密度通常较大，平均值达到 0.40，仅次于密实型街道；在建筑强度上，顺行列型街道的平均建筑强度达到 1.66，同样在所有类型中位居前列。

类型 11 为密实型街道。密实型街道的显著特征是建筑密度、建筑强度及建筑连续性均较大，同时建筑相对不高。具体而言，其建筑密度平均值达到 0.44，为所有类型中最大；而其建筑强度平均值也达到 2.11，是除去都市峡谷型街道外唯一建筑强度平均值大于 2.0 的街道类型。在建筑连续性上，密实型街道的建筑连续性平均值为 0.919，在所有街道类型中位居前列。然而另一方面，密实型街道相对不高，其最大建筑高度平均值为 31.8 m，而平均建筑高度平均值为 10.4 m，在所有类型中处于中等偏上的水平。

类型 12 为曲径型街道。曲径型街道宽度较小且通常伴随明显的曲折，其平均开敞空间宽度平均值仅为 10.7 m，为所有类型中最小；同时，从典型对象来看，其形状通常有一定的曲折（图 5.72）。平均每个曲径型街道的建筑个数为 26.8 个，建筑组数为 9.7 组，最大建筑（组）底面积为 591.7 m^2，总建筑底面积为 1 807.5 m^2，最大建筑高度为 20.6 m，平均建筑高度为 7.7 m，在所有类型中均为中等偏低水平。从占有率类形态指标来看，曲径型街道的建筑密度平均值为 0.38，建筑强度平均值为 1.34，处于中等水平。曲径型街道的整体高宽比平均值达到 0.77，为所有类型中最高，这意味着在沿街的空间序列中，整体高宽比呈较为明显的波动式变化。

5.3.3 街道类型的分布及演替

依据建构的 12 个街道类型，进一步研究其在南京老城空间上的分布特征。同时，综合对比 2005 年和 2020 年两个时间切片，从而得到各类型街道在 15 年间的演替规律。

（1）瘦长型街道

瘦长型街道在临近老城边界处分布居多，尤其在老城东半部分的边界处有明显的集聚分布，如神武路、昆仑路、武定门北巷等（图 5.74）。自 2005 年至 2020 年，南京老城内的瘦长型街道从 126 个变化至 2020 年的 144 个，数量上有一定的增加，在老城南部边界附近及升州路附近有较为明显的增加，典型的如西干路长巷、柳叶街等。

（2）东南型街道

东南型街道是南京老城非常有特色的一种街道类型。由于南京老城自古以来与自然地形结合形成不规则的城墙边界，并且在南京老城内有一条非常重要的高等级道路，即中山北路，使得相当一部分街道呈现出东南—西北的走向，通过大尺度形态类型建模研究方法也被划归至东南型街道的类型中。在分布上，老城偏北部区域在中山北路全线附近，产生了很多与之平行的东南型街道；而在老城南部，东南型街道主要围绕虎踞路及内秦淮河沿线分布（图 5.75）。自 2005 年至 2020 年，南京老城内的东南型街道从 187 个变化至

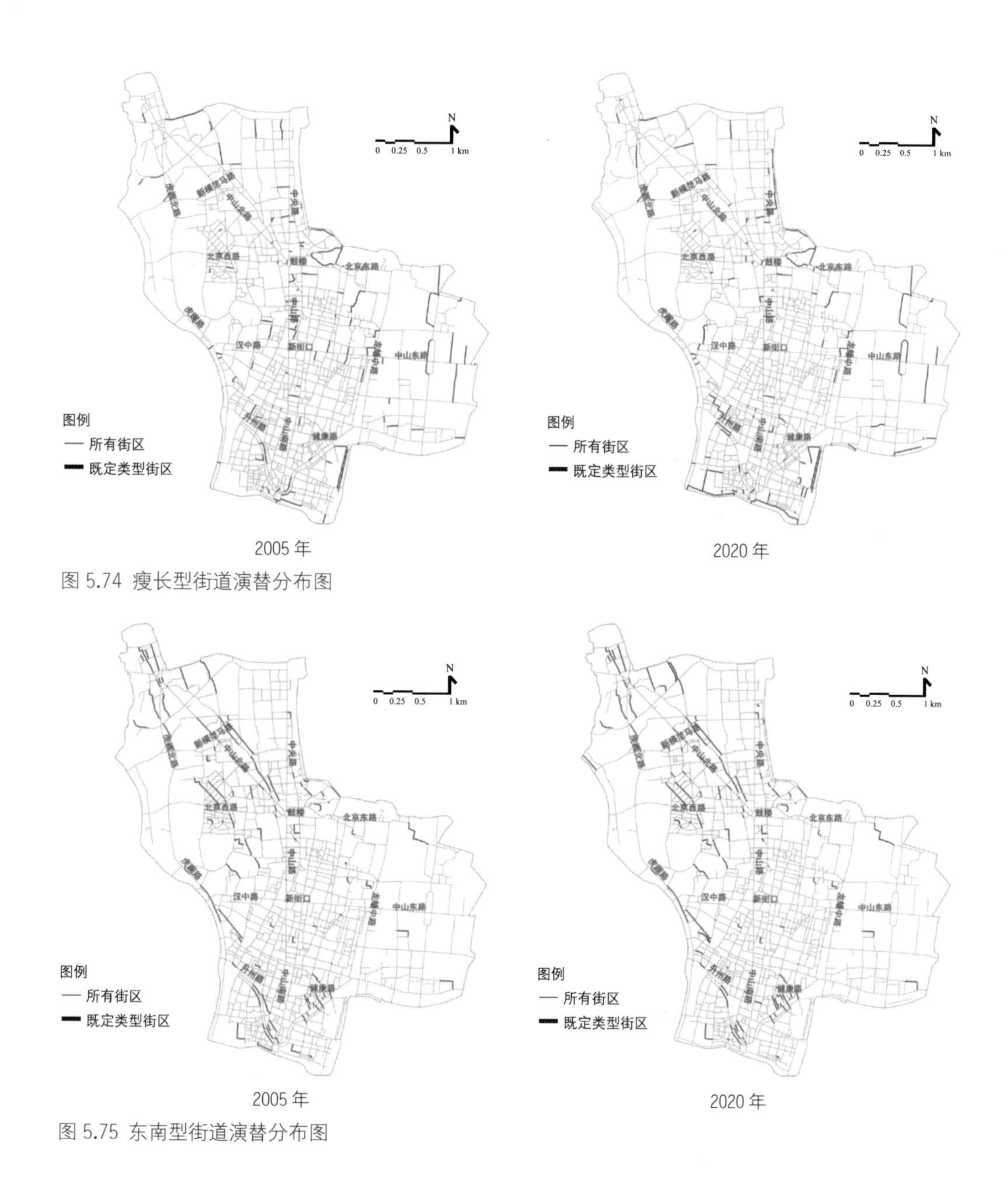

图 5.74 瘦长型街道演替分布图

图 5.75 东南型街道演替分布图

2020 年的 191 个，数量上变化不大。

（3）垂行列型街道

垂行列型街道的数量相对较多，在老城内的分布也相对较广。通常而言，垂行列型街道出现在等级不高的街道上。在中山北路与北京西路之间以及龙蟠中路与中山南路之间，有两片较为明显的集聚（图 5.76）。自 2005 年至 2020 年，南京老城内的垂行列型街道从 276 个变化至 291 个，数量上有一定的增加，在中央路沿线附近的区域有新增。

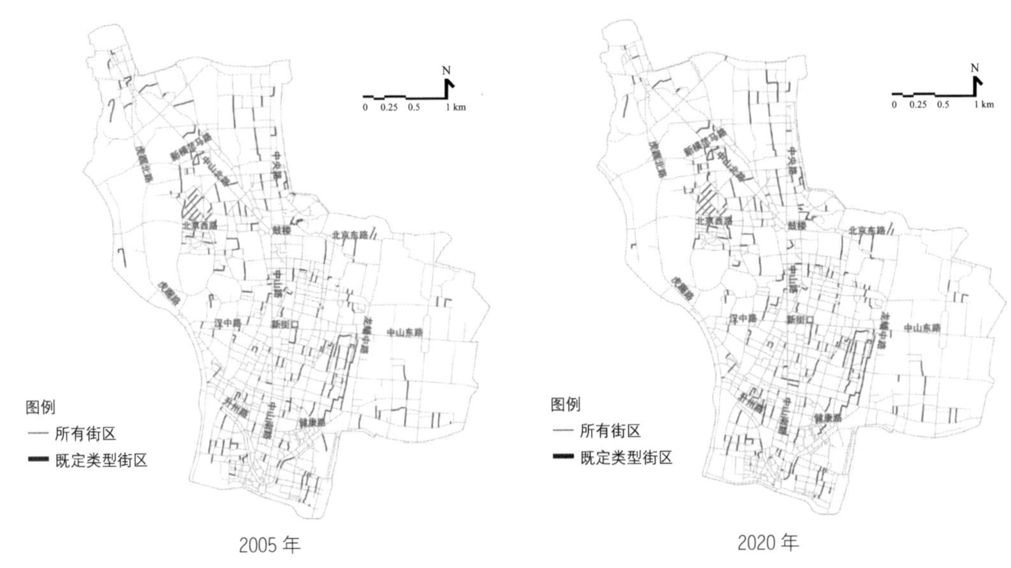

图 5.76 垂行列型街道演替分布图

（4）都市峡谷型街道

都市峡谷型街道分布在老城最为中心的区域。以新街口为核心，向四个方向均有一定的蔓延（图 5.77）。自 2005 年至 2020 年，南京老城内的都市峡谷型街道从 135 个变化至 189 个，数量上产生巨大的增量，可以说有相当一部分其他类型的街道转变或升级成为都市峡谷型街道。在空间分布上，以新街口为中心的集聚程度更加强烈，南北及东西方向的轴向集聚趋势更加明显。

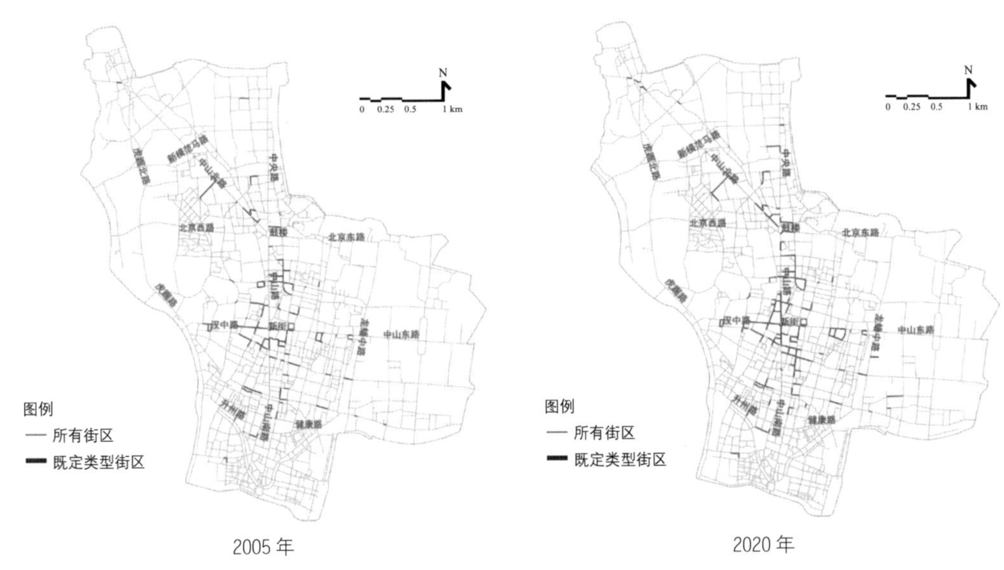

图 5.77 都市峡谷型街道演替分布图

（5）横干型街道

横干型街道的分布较为零散，大都出现在干道及其周边（图 5.78）。典型的如北京西路、北京东路、汉中路、中山东路局部，以及与中央路、中山路、中山南路方向垂直且相交的街道。自 2005 年至 2020 年，南京老城内的横干型街道从 118 个变化至 123 个，数量上略有增加。

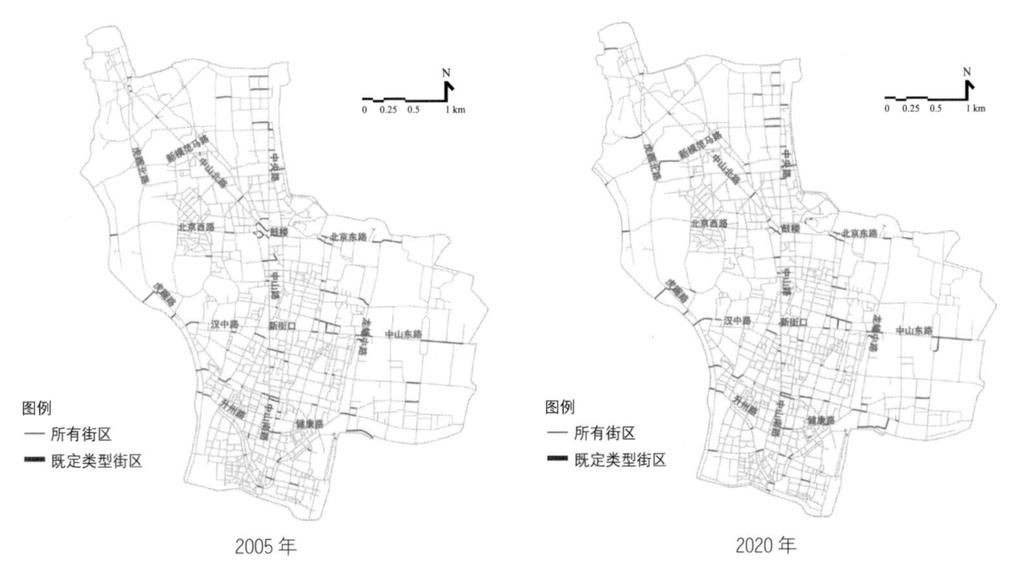

图 5.78 横干型街道演替分布图

（6）矮巷型街道

矮巷型街道属于较为小众的街道类型，其数量并不多（图 5.79）。对于 2005 年及 2020 年，

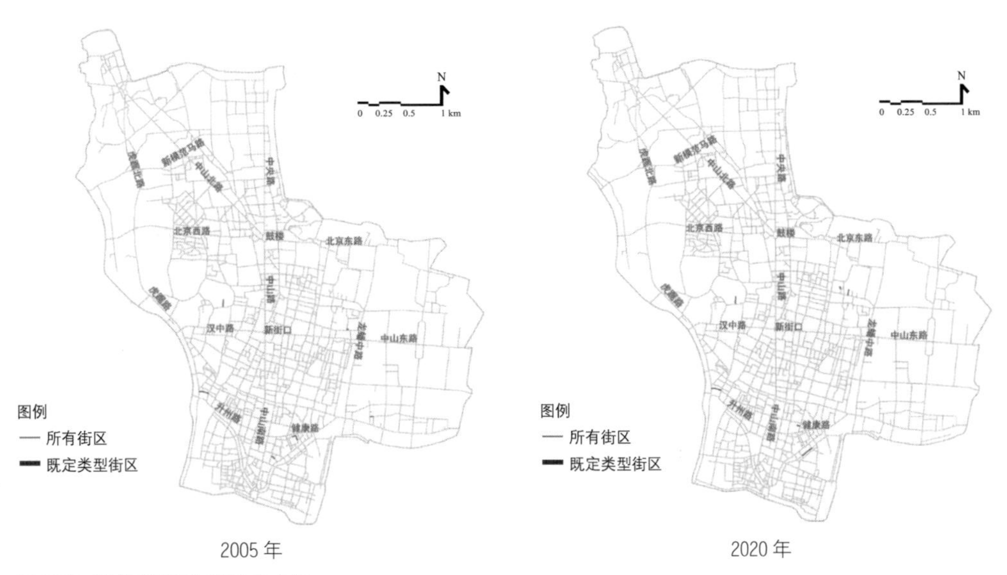

图 5.79 矮巷型街道演替分布图

南京老城内的矮巷型街道均只有 6 个。矮巷型街道的分布也较为零散，在临近内秦淮河局部有所分布。

（7）匀短型街道

匀短型街道在南京老城数量较多，在老城南部地区的分布相对于北部地区较多（图 5.80）。匀短型街道多出现在等级不高的街道，这与日常对城市的认知吻合。自 2005 年至 2020 年，南京老城内的匀短型街道从 309 个变化至 307 个，数量几乎保持不变。在老城各个片区，匀短型街道互有增减，但总体数量保持稳定。

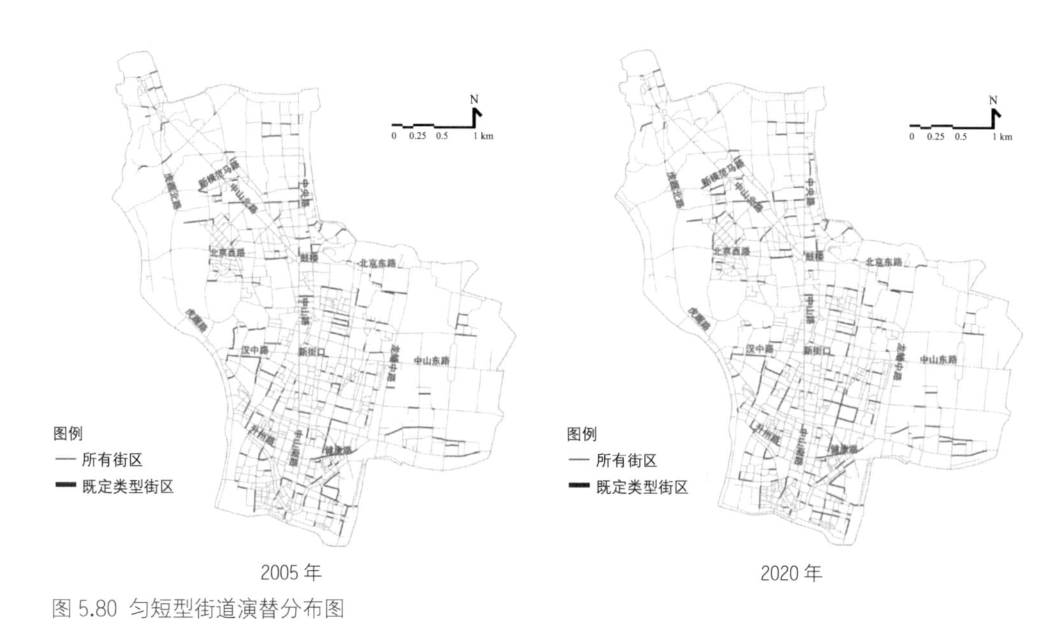

图 5.80 匀短型街道演替分布图

（8）阔长型街道

阔长型街道更倾向于分布在老城靠近边缘即非中心的区域，在老城西北部及城东区域有较为明显的集聚分布（图 5.81）。虎踞路、龙蟠中路、中山东路局部都是典型的阔长型街道。自 2005 年至 2020 年，南京老城内的阔长型街道从 162 个变化至 163 个，总量上几乎没有发生变化。

（9）纵干型街道

纵干型街道沿老城内几条南北方向的干道集聚分布，尤其在中央路、中山路、中山南路、进香河路、洪武北路、洪武路、太平北路、龙蟠中路都有连续的纵干型街道集聚（图 5.82）。自 2005 年至 2020 年，南京老城内的纵干型街道从 176 个变化至 174 个，数量上变化不大。在城东区域纵干型街道有一定的减少。

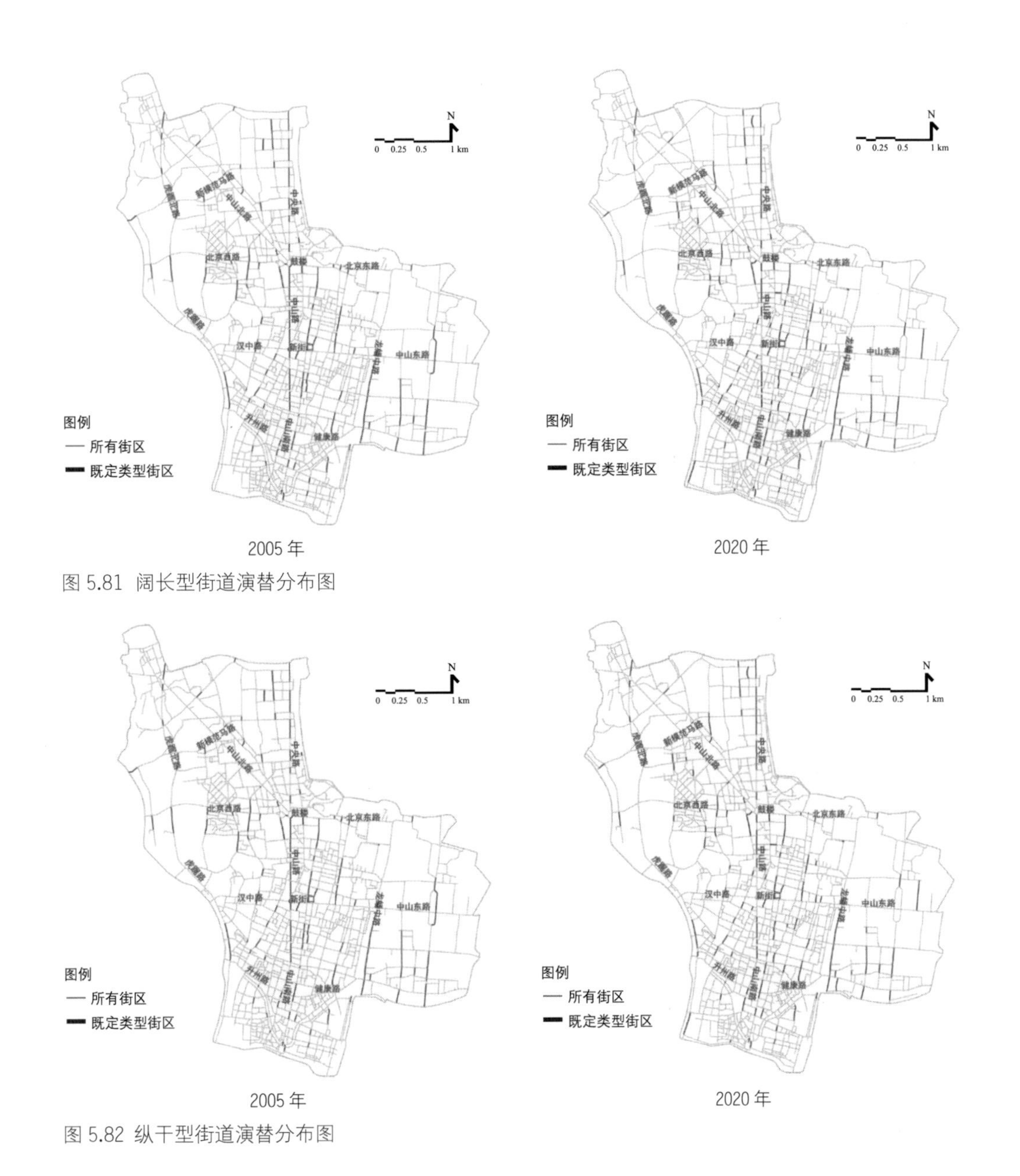

图 5.81 阔长型街道演替分布图

图 5.82 纵干型街道演替分布图

（10）顺行列型街道

顺行列型街道在老城南部区域的分布明显多于北部区域，尤其在升州路以北、中山路以东等区域有大量而密集的分布（图 5.83）。自 2005 年至 2020 年，南京老城内的顺行列型街道从 276 个变化至 258 个，数量上有明显的减少。在升州路以北区域顺行列型街道有明显减少。

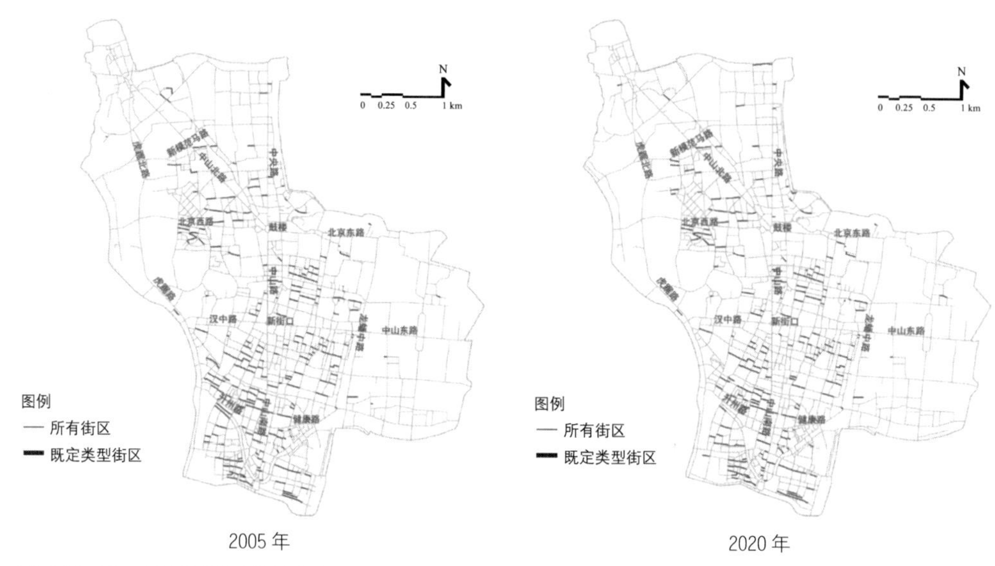

图 5.83 顺行列型街道演替分布图

（11）密实型街道

密实型街道大都分布在临近干道的周边区域，在中山路及中山南路沿线的周边区域有较多的密实型街道分布（图 5.84）。自 2005 年至 2020 年，南京老城内的密实型街道从 162 个变化至 150 个，数量上有一定程度的减少。

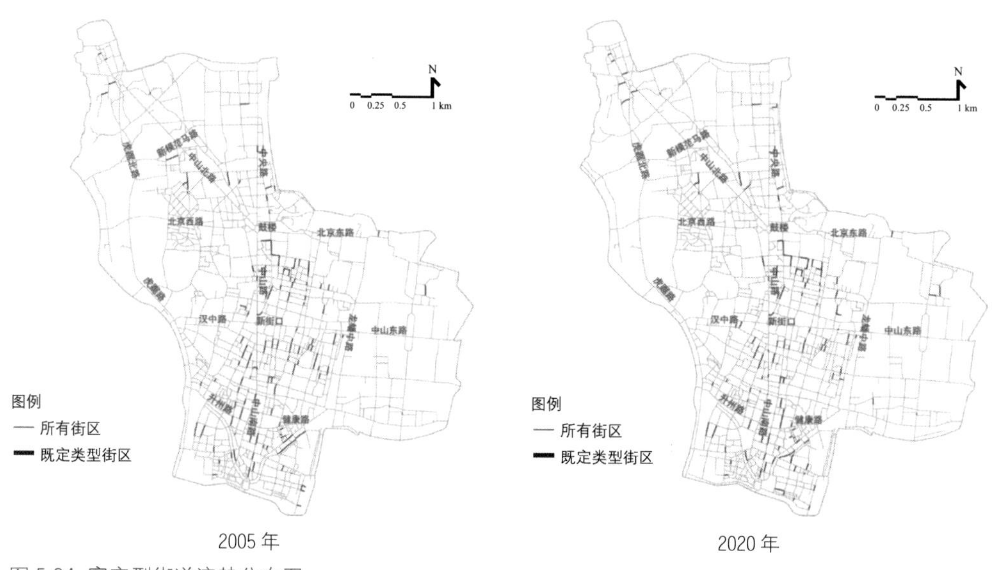

图 5.84 密实型街道演替分布图

（12）曲径型街道

曲径型街道在老城的分布较为零散，通常出现在等级不高的街道上，在城南中华门附近、北京西路以南区域有一定的集聚分布（图 5.85）。自 2005 年至 2020 年，南京老城内的曲径型街道从 175 个变化至 156 个，数量上有一定的减少。

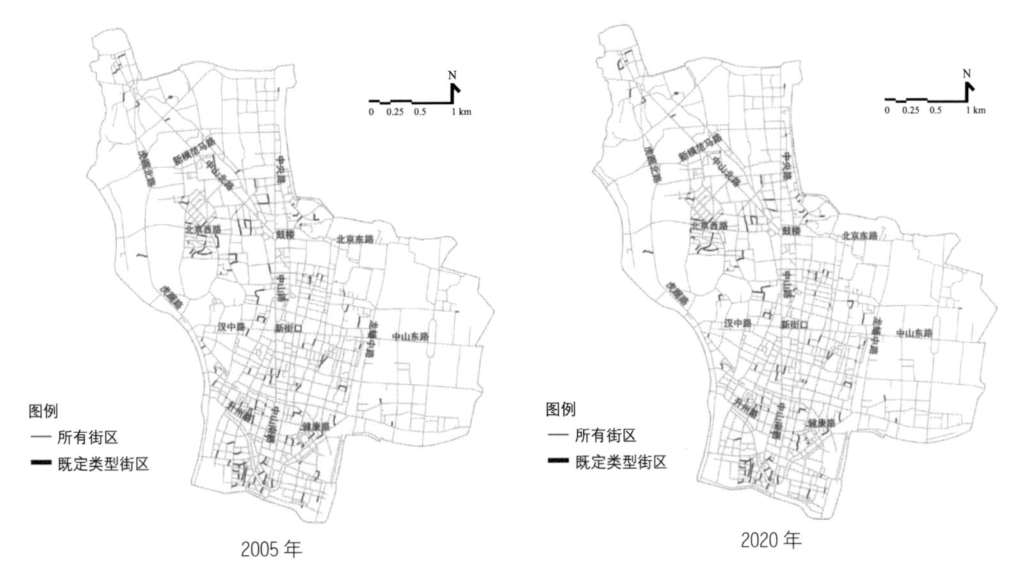

图 5.85 曲径型街道演替分布图

参考文献

[1] Jacobs J. The Death and life of great american cities[M]. New York: Random House, 1961.

[2] Appleyard D, Gerson M S, Lintell M. Livable streets[M]. Oakland: University of California Press, 1982.

[3] Gehl J. Life between buildings: Using public space[M]. New York: Island Press, 1971.

[4] Lynch K. Good city Form[M]. Cambridge: MIT press, 1984.

[5] Sitte C. The art of building cities: City building according to its artistic fundamentals[M]. Eastfort: Martino Fine Books Ravenio Books, 1979.

[6] Rossi A. The architecture of the city[M]. Cambridge: MIT press, 1984.

[7] Krier R, Rowe C. Urban space[M]. London: Academy editions, 1979.

[8] 龙瀛，赵健婷，李双金，等．中国主要城市街道步行指数的大规模测度[J]. 新建筑，2018(3):4-8.

[9] 叶宇，张昭希，张啸虎，等．人本尺度的街道空间品质测度：结合街景数据和新分析技术的大规模、高精度评价框架[J]. 国际城市规划，2019,34(1):18-27.

[10] 赵晓龙，赵茹玥，侯韫婧，等．基于多源开放数据的居住型街道空间特征与步行流量相关性研究[J]. 建筑学报，2020(S2):110-114.

[11] 唐莲，丁沃沃．沿街建筑立面标识与街道空间特征[J]. 建筑学报，2015(2):18-22.

[12] 周钰，耿旭初，甘伟．欧洲城市街道界面形态的历史演变探析：从古希腊时期到20世纪[J]. 建筑学报，2018(S1):168-173.

[13] 季惠敏，丁沃沃．基于量化的城市街廓空间形态分类研究[J]. 新建筑，2019(6):4-8.

[14] 金广君．总体城市设计：塑造城市特色的“适度设计”[J]. 上海城市规划，2018(5):1-7.

[15] 张大玉，凡来，刘洋．基于空间句法的北京市展览路街道公共空间使用评价及提升对策研究[J]. 城市发展研究，2021,28(11):38-44,173.

[16] 袁琦，陈泳．包容性城市设计：街道环境对认知衰退老年人休闲步行路径选择的影响研究[J]. 建筑学报，2022(S1):39-44.

[17] 柴培根，童英姿．城市更新语境下街道环境微更新的实践与思考[J]. 建筑学报，2022(3):37-43.

[18] Cullen G. Concise townscape[M]. New York: Routledge, 2012.

[19] Ashihara Y. The aesthetic townscape[J]. Cambridge: MIT Press, 1984.

[20] DePaul F T, Sheih C M. Measurements of wind velocities in a street canyon[J]. Atmospheric environment (1967), 1986, 20(3): 455-459.

[21] Hillier B, Hanson J. The social logic of space[M]. Cambridge: Cambridge University Press, 1989.

[22] Marshall S. Streets and patterns[M]. New York: Routledge, 2004.

[23] Kropf K. Bridging configurational and urban tissue analysis[C]//Proceedings of 11th Space Syntax Symposium, Lisbon: [S. n.], 2017: 165.1-165.13.

[24] 田银生 . 城市形态的管理单元：意义、构建和应用 [J]. 城市规划 ,2021,45(7):9-16.

[25] Cooper J. Assessing urban character: The use of fractal analysis of street edges[J]. Urban morphology, 2005, 9(2): 95-107.

[26] Badland H M, Opit S, Witten K, et al. Can virtual streetscape audits reliably replace physical streetscape audits?[J]. Journal of urban health, 2010, 87(6): 1007-1016.

[27] Ewing R, Hajrasouliha A, Neckerman K M, et al. Streetscape features related to pedestrian activity[J]. Journal of planning education and research, 2016, 36(1): 5-15.

[28] Vialard A. A typology of block-faces[M]. Atlanda: Georgia Institute of Technology, 2013.

[29] Harvey C, Aultman-Hall L, Hurley S E, et al. Effects of skeletal streetscape design on perceived safety[J]. Landscape and urban planning, 2015, 142: 18-28.

[30] Araldi A, Fusco G. From the street to the metropolitan region: Pedestrian perspective in urban fabric analysis[J]. Environment and planning B: urban analytics and city science, 2019, 46(7): 1243-1263.

[31] 李欣 , 程世丹 , 李昆澄 , 等 . 城市肌理的数据解析：以汉口沿江片区为例 [J]. 建筑学报 , 2017(S1):7-13.

[32] Conzen M R G. Alnwick, Northumberland: A study in town-plan analysis[J]. Transactions and papers (Institute of British Geographers), 1960 (27): iii-122.

[33] 高巍 , 贾梦涵 , 赵玫 , 等 . 街道空间研究进展与量化测度方法综述 [J]. 城市规划 , 2022,46(3):106-114.

[34] 曹俊 , 杨俊宴 . 面向精细化的尺度选择：城市形态微观要素界定中的非定值缓冲法 [J]. 国际城市规划 ,2022,37(2):18-24.

[35] Fleischmann M, Romice O, Porta S. Measuring urban Form: Overcoming terminological inconsistencies for a quantitative and comprehensive morphologic analysis of cities[J]. Environment and planning B: urban analytics and city science, 2021, 48(8): 2133-2150.

[36] 陈石 , 刘洪彬 , 张伶伶 . 形态参数视角下城市空间肌理特征解析 [J]. 建筑学报 , 2021(S2):106-111.

·6· 城市街口形态类型的大尺度建模解析

街口，一定程度上可以视为街道的一部分，与街道的相似之处在于其三维形态并没有被明确的边界线所限定，是一种典型的“不定形”形态要素，本书亦将其定义为场所单元。相对于街道是以线要素为主要表征形式，街口则是以点要素作为主要表征形式。本章在场所单元的视角下认知及阐述街口的形态对象，对街口形态类型进行大尺度建模概述，并以南京老城为例，从南京老城街口形态特征与类型构成两个维度进行解析，并挖掘其演替规律。

6.1 街口形态类型大尺度建模概述

在城市形态的基本构成要素中，既有一类像地块、街区这样由明确的实体边界线所限定形成的要素对象[1]，同时也存在一类由开敞空间场所主导所形成的要素对象，诸如街道、街口等，其三维形态并没有被明确的边界线所限定（表 6.1）[2]。针对后一类要素形成本章的研究对象——场所单元，场所单元可被定义为：在城市中开敞空间场所的主导下，由开敞空间及其周边关联的建筑建成环境共同构成的、没有明确实体边界限定的三维形态要素。从可被感知的程度来看，相比于地块、街区等形态要素，场所单元因开敞空间场所的存在而更为外显，能够直接地向感知者呈现场所及其关联的建成环境所形成的整体[3-4]，这一点尤其对于高密度城市形态的建成环境更为突出[5]；就形态管控而言，场所单元提供了一个从场所整体三维形态角度对城市肌理进行引导的视角[6-7]。

表 6.1 两种类型形态要素对象特征对比表

对比维度	由明确的实体边界线限定形成的形态要素对象	由开敞空间场所主导所形成的形态要素对象
典型对象	地块（plot）； 街区（block）； ……	街道（street）； 街口（intersection）； ……
可被感知的程度	可被感知的程度通常较弱，一般不太能够被整体感知	作为场所而被感知，可被感知的程度较强
对形态管控的作用	承接高度、密度、容积率等形态指标，并在用地上得到落实	从场所整体三维形态的角度对形态肌理进行引导

街道、街口等场所单元提供的更为外显和整体的视角，显然是对地块等传统视角的重要补充。高密度城市形态不仅是肌理复杂性和多样性集中体现的空间范畴，也是我国城市更新工作开展的重要阵地；相比于其他地区，市民对于高密度城市形态场所品质的诉求也更加强烈。此外，高密度城市形态经常面临由一系列相邻地块内的相关建成环境共同完成对街道、街口等场所单元的塑造，无疑增添了对其认知的复杂性。因此，欲塑造高品质的街道、街口等场所，在实践过程中应当将这些要素视为重要的研究对象，把握其肌理形态的内在逻辑，进而面向高质量的城市更新实践。

当前实践中对于场所单元形态肌理认知的不足，很大程度上是由于对场所单元三维形态的测度方法满足不了实践的需求。同地块、街区相对比，场所单元在形式呈现上的一个明显的区别在于没有明确的边界对其进行精准定义，即“不定形”。换句话说，其对象的三维形态具有一定的模糊性。在对场所单元进行肌理分析的流程中，对象界定作为初始步骤，具有“牵一发而动全身”的效应。那么，如何对异质性城市形态“不定形”的场所单元三维形态对象进行数字化模糊界定？

首先，对场所单元对象的模糊界定需要建立在对高密度城市形态异质性的认知前提下。高密度城市形态区别于低密度的郊区、乡村等地域概念，保证了场所单元的开敞空间和建筑建成环境之间关系较为紧密，使得模糊界定的语境不至于过于宽泛；同时，高密度城市形态是非均质的，通俗而言，城市空间中各条街道宽窄不一、各个街口尺度各异。常见的通过“定值缓冲区”（fixed value buffer）界定街口、街道形态，基于街道中心线或街口中心点以固定距离为参数进行缓冲区分析，是典型的对高密度城市形态异质性考虑不足的情形（图 6.1）。以街道为例，如果街道本身较宽，通过定值缓冲区分析界定下来两侧的建筑建成环境常常只有很少一部分被囊括进来，呈现出“两张皮”的状态，甚至接近于街道界面；相反，同样的定值缓冲区作用于较小尺度的街道，则两侧的建筑建成环境有相

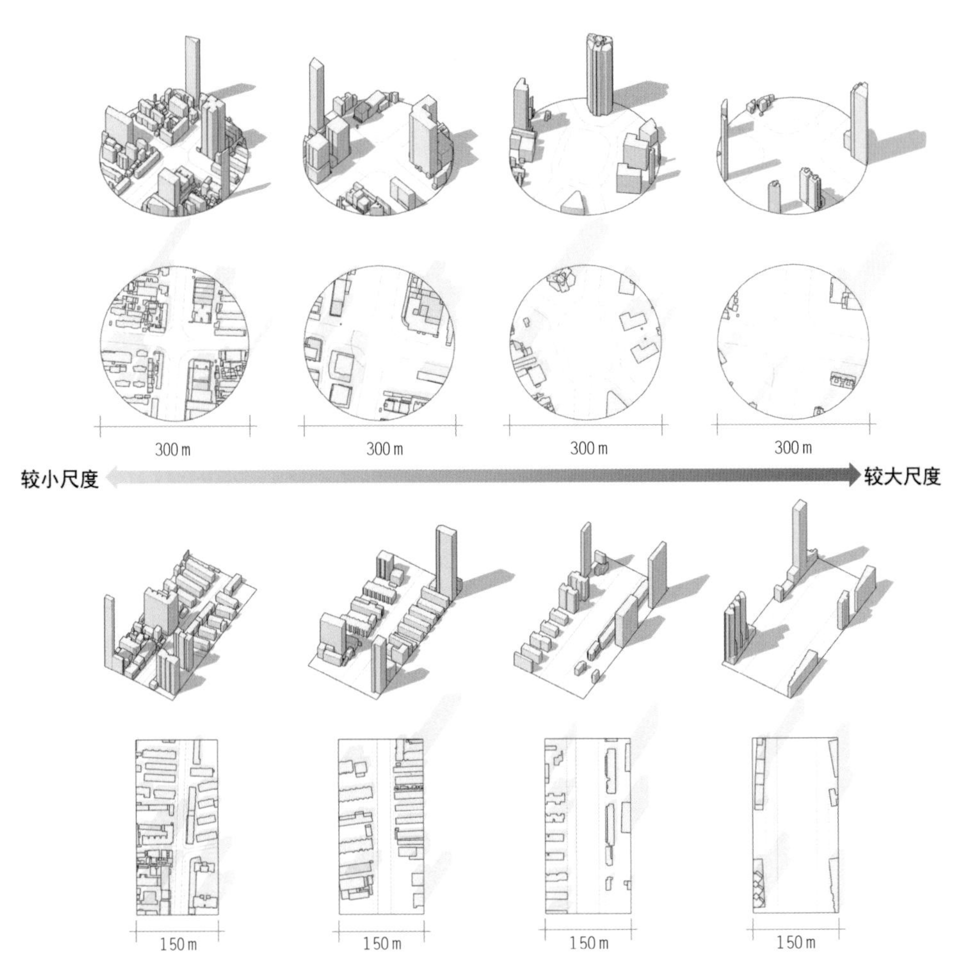

图 6.1 通过“定值缓冲区”界定街口、街道形态时产生的标准不一致现象
（图中上半部分为街口、下半部分为街道）

当一部分将体现在被界定的对象中。定值缓冲区分析在对象界定中所产生的标准不一致，会导致后续研究中不同场所单元之间的形态指标缺乏可比性。对高密度城市形态异质性的认知，要求能够为城市空间中尺度各异的场所单元提供“量体裁衣”式的精细化界定方案。其次，对场所单元的模糊界定不仅需要满足上述精细化的要求，同时还要能够通过数字化实现。在对场所单元进行对象界定时，往往面对的不是个体对象，而是高密度城市形态对应建成环境中的群体对象。场所单元肌理分析的重要应用场景是能够将跨地域的不同城市形态三维数据库联立在一起，探索不同城市样本在肌理类型和分布规律上的共性和差异，因而对于应对海量数据的大规模运算提出更高的要求。如何集成并转化城市建模的相关数字技术，形成模糊界定的数字化流程？如何在场所单元模糊界定的过程中，及时去除高密度城市形态数据库中的冗余信息，最大化地提升界定效率并为后续流程中的运算提供效率

保障？这些都需要大尺度形态类型建模中的数字化方法集群。

就形态特征的数字化提取而言，街口作为典型的场所单元区别于地块、街区等要素的一个独特性体现在其由开敞空间场所主导形成，这意味着更多能够体现“场所感”的形态指标是亟待被挖掘的，进而为场所单元提供更加完整、精细化的描述刻画。并且，这些指标的前提也是要可被计算。就形态模式的数字化划分而言，场所单元同地块、街区等产权单元相比存在明显的“先验经验”缺失。自康泽恩传统起，地块、街区等形态要素的模式与类型持续被讨论，尤其在典型地域积累了较为丰富的形态画像。相比之下，对于场所单元的先验经验相对匮乏，尤其对于高密度城市形态，在不断的更新发展中，不同时代、逻辑迥异的建成环境肌理相互拼贴，共同定义某一场所单元。

本章运用大尺度形态类型建模的数字化方法流程，对南京老城的街口形态进行解析。对于 2005 年和 2020 年两个年度的南京老城数据库，共识别得到 2 558 个有效的街口要素对象。在对六类 16 个分项形态指标进行充分解析的基础之上，划分得到南京老城的八种街口类型构成，分别为小稀型街口、微隙型街口、地标型街口、空旷型街口、都市型街口、传统型街口、紧凑型街口、多簇型街口。

从分布上来看，中山北路、中央路、北京西路、北京东路、中山路、汉中路、中山东路、中山南路等一系列高等级干道沿线的街口在多项形态指标上普遍较为突出，例如最小开敞空间半径、面积、建筑个数、最大建筑（组）底面积、总建筑底面积、建筑（组）底面积标准差相对较大，而建筑组数、建筑密度、建筑强度、围合度、径向密度均质化程度则相对较小。另外，与街区、街道形态分布相似，南京老城的街口形态也呈现出一定的中心区域至边缘区域的不平衡现象。中心区域街口的平均建筑高度、建筑高度标准差普遍较大。从街道类型的角度综合分析，都市型街口和多簇型街口在中心区域的分布居多；临近老城边缘以空旷型街口和小稀型街口居多；而在介于中心与边缘两者之间的区域，则以小稀型街口、微隙型街口、传统型街口、紧凑型街口这四种类型为主；地标型街口多处于高等级干道相互交汇处。

从演替上来看，自 2005 年至 2020 年，形态发生较大变化的街口通常位于骨架型街道沿线，15 年间这些街口在最小开敞空间半径、建筑个数、最大建筑（组）底面积、总建筑底面积、最大建筑高度、平均建筑高度、建筑密度、建筑强度、建筑（组）底面积标准差、建筑高度标准差、垂向密度变化率、围合度等诸多指标上均有所增大。另一个显著的现象是城南偏南部，即汉中路及中山东路以南区域，有相当一部分街口建筑密度呈现明显的下降趋势。从街口类型的角度来看，在老城中心区域，都市型街口数量变化不大，多簇型街口数量有明显增加，沿中央路、中山北路轴向集聚的趋势进一步加强。临近老城边缘区域，小稀型街口和地标型街口的数量均有所增多。而在介于两者之间的区域，传统型街口的数量显著减少，紧凑型街口的数量也有一定的减少。另外，在骨架型道路沿线，地标型街口的数量呈现较为明显的增加趋势。

6.2 南京老城街口形态特征及其演替

6.2.1 街口形态的对象界定

依据形态对象的数字化界定中提出的方法流程，对街口形态进行界定。界定分为两步：第一步，界定有效的街口中心点，即街口的“点”；第二步，界定街口的三维形态。

（1）街口数据的基本情况

有效街口中心点的界定和有效街道中心线的界定是同步的。本书第 5 章对街道中心线的界定选取 20m 为阈值，既是遴选线段作为街道对象的标准，同时也是区分相邻两个街口和同一街口处产生误差的标准。对于小于 20m 线段对应的两个端点，认为其属于同一个街口，是由于沃罗诺伊分割中产生的误差。消除误差的操作方式是，生成两个端点连线线段的中点，作为街口中心点，代替原有的两个端点。值得注意的是，在极少数情况下，在一个街口会出现多个小于 20m 线段相连的情况，即同一个街口有多于两个端点存在。此时，只需求得该街口所有端点 x、y 坐标的算数平均数作为街口中心点，代替原有所有端点即可。

基于 20m 阈值的标准，从数据中识别有效的线段作为街口对象的中心点。2005 年，总计有 1265 个有效的街口中心点，对应 1265 个街口对象；2020 年，总计有 1293 个有效的街口中心点，对应 1293 个街口对象。为了更好地解析和描述街口对象，对 2005 年和 2020 年中所有的街口对象进行编号。编号的原理与街区及街道类似，但也有根据街口数据特点设计的独特处理方式。同样，先记录每个街口中心点的几何坐标；依据几何坐标，对 2005 年的街口对象按照从上至下、从左至右的编号原则进行编号，具体为 FID_0 至 FID_1264；随后基于重合度对 2020 年的街口对象进行判定和变化。区别在于，由于街口数据是点的形式，在基于重合度判定时，预先对每个街口中心点进行一个定值缓冲①，使其变成一个圆形面域形状，从而在判定时比较面域之间的重合度。完整编号的两个年份的街口数据如图 6.2 和图 6.3 所示。

① 本书设定的缓冲距离为 20m。

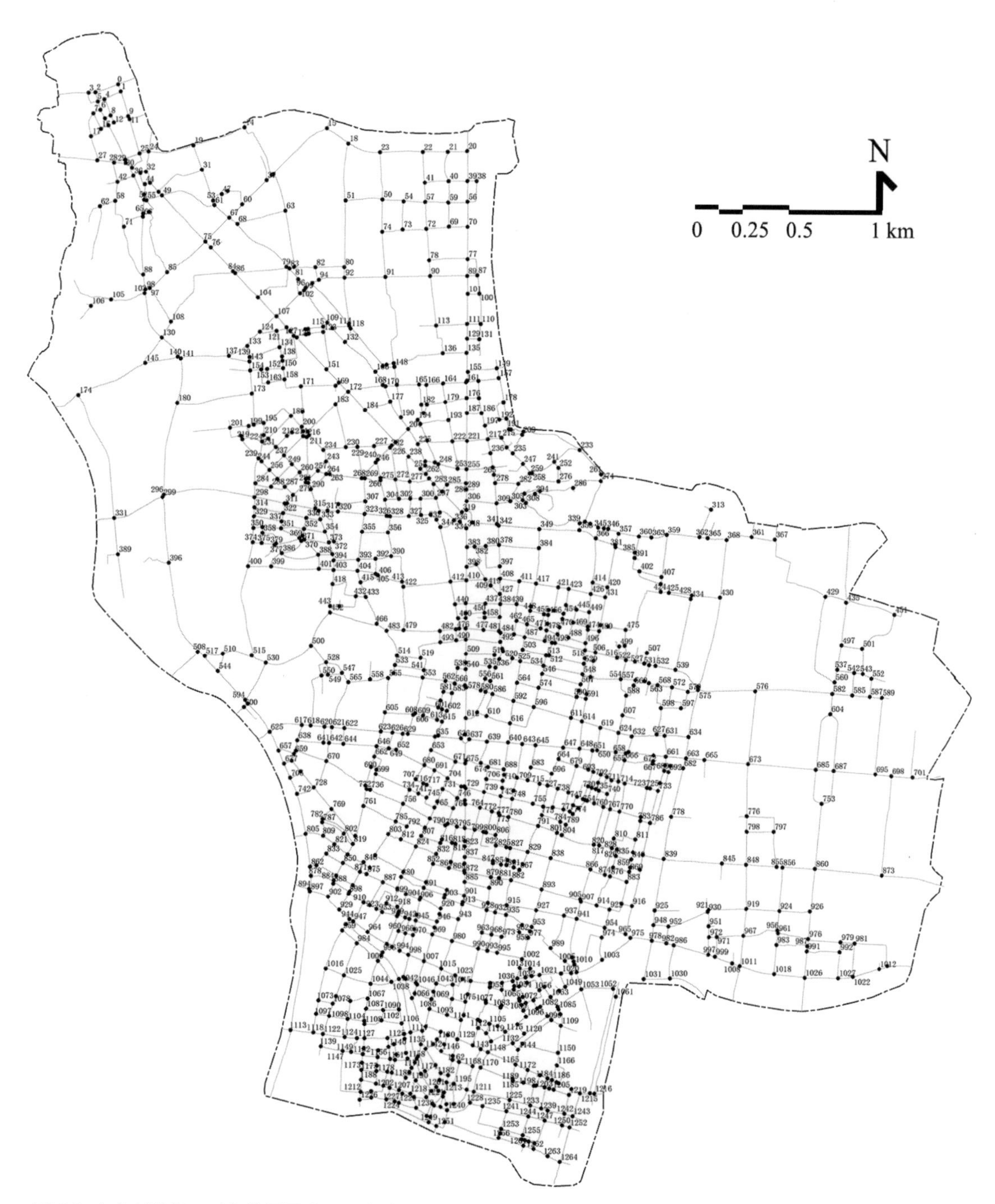

图 6.2 南京老城街口对象编号图（2005 年）

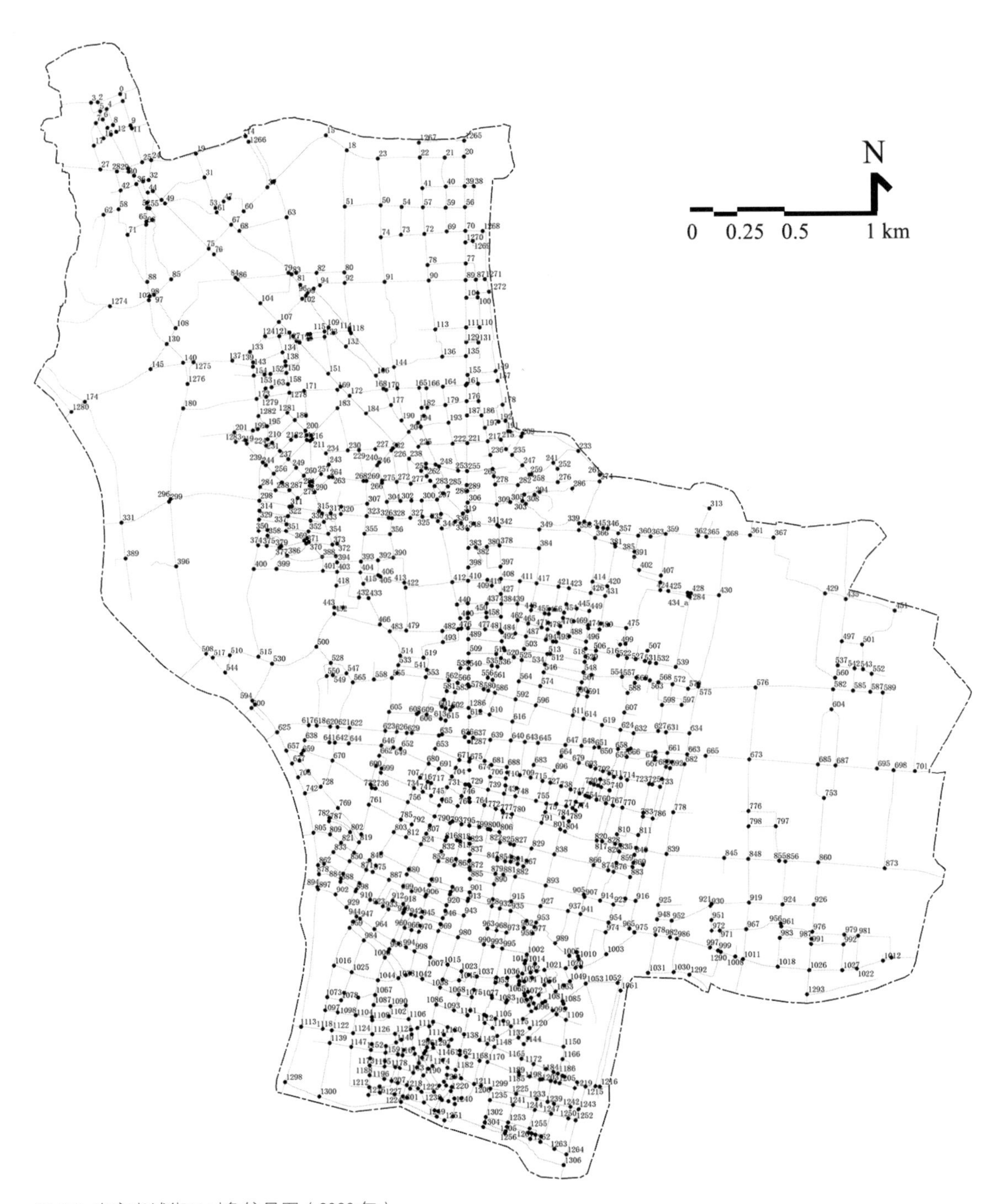

图 6.3 南京老城街口对象编号图（2020 年）

（2）街口三维形态建模

在得到街口对象对应的中心点数据的基础上，进一步通过柱体模型对街道三维形态进行建模。柱体模型的原理及操作方法在 3.1.2 节中已详细讨论，这里不再赘述，而重点阐述柱体底面半径计算时的参数选择。

在计算得到每个街口最小开敞空间半径之后，便可以基于街口最小开敞空间半径计算街口柱体空间的底面半径。同街道类似，本书采用的基本假设是街口开敞空间周围对应的建筑建成环境的尺度 R_{mass} 同街口开敞空间的尺度 R_{void} 成正比关系，简单地说，即“街口越宽，其三维形态中包括的建筑建成环境也越宽”。表达式如下：

$$R_{\text{mass}} = k\,R_{\text{void}} \tag{6.1}$$

再结合柱体底面半径的公式，可以进行进一步的公式变形：

$$R = R_{\text{void}} + R_{\text{mass}} = (1+k)R_{\text{void}} \tag{6.2}$$

因公式中 k 为常数，所以可以进一步简化为：

$$R = k\,R_{\text{void}} \tag{6.3}$$

即街口柱体空间的底面半径与街口最小开敞空间半径成正比。

为了验证这样的假设，同时确定正比例系数的参数，本书引入问卷法，与街道三维形态建模的思路类似。具体操作中，在数据库中随机选择五个尺度不一[①]、形态各异的街口，通过 SketchUp 软件对其进行三维建模（图 6.4）。对每一个街口，分别呈现不同 k 取值下计算得到的柱体底面半径对应的三维形态[②]。问卷旨在让相关专业的从业人员，分别对每个街口不同 k 取值下的形态进行比较，并选择最能代表该街口三维形态的对象。

对问卷样本的结果进行统计分析[③]。结果显示（图 6.5），有三个 k 取值对应的选择占据主导，并且彼此之间的数量旗鼓相当，分别是 k=1.6、k=1.8 以及 k=2.0。依据这样的结果，

---

① 在数据库中提取其最小开敞空间半径，分别为 15.3 m、34.8 m、54.6 m、73.9 m、95.7 m。

② 问卷中提供的 k 的取值分别为 1.2、1.4、1.6、1.8、2.0、2.2、2.4 以及大于 2.4。与街道三维形态类似的先验逻辑推导是，k 的取值既不能太小也不能太大。同时，注意到街道三维形态对应的问卷中 k 的取值以 0.3 为间隔，而此处街口三维形态对应的问卷中 k 的取值以 0.2 为间隔。本书对此的考虑是：街道三维形态通常对应开敞空间两侧的街区中的建筑建成环境，而街口三维形态通常对应周围四个对应街区中的建筑建成环境，其形态变化相对而言对关于 k 取值的变化更加敏感。

③ 该问卷采访的对象，与街道三维形态建模中提到的问卷采访对象相同，即来自不同高校、设计院的 20 位建筑及城市设计专业从业人员。

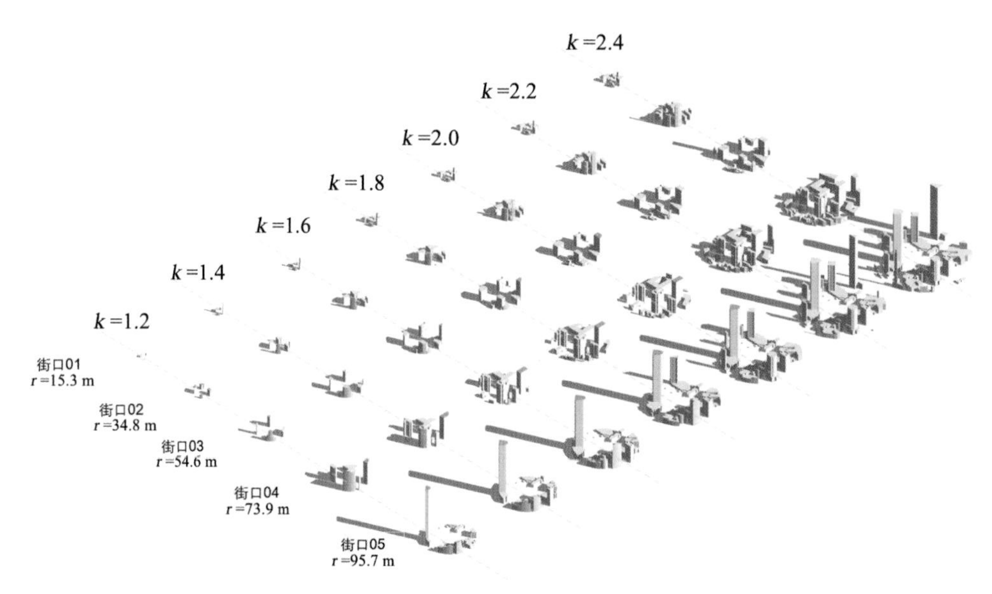

图 6.4 街口三维形态建模的正比例系数选择

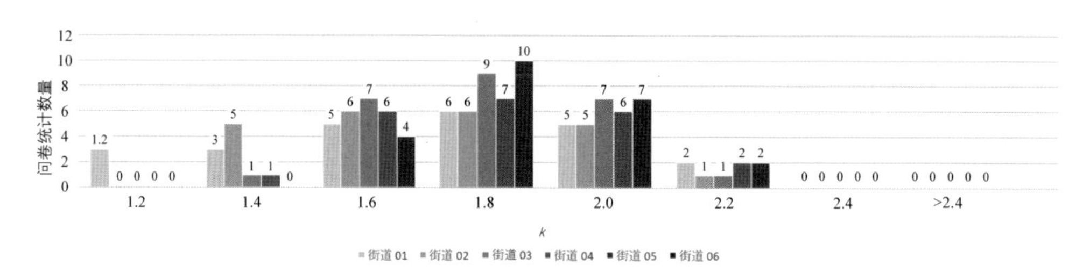

图 6.5 关于街口柱体底面半径计算中 k 取值的问卷统计结果条形图

一个较为直接的结论是，街口柱体空间的底面半径与街口最小开敞空间半径成正比的假设具有合理性，并且对应正比例系数的推荐值位于 1.6 至 2.0 之间。考虑先前研究中在界定街口中心点时，有一部分街口中心点由于沃罗诺伊分割的误差，是通过多个点坐标的算数平均数求得，这样的操作方式难免使得最终的街口中心点相对于理想情况下的街口中心点有所偏移[①]。虽然这个偏移量不会太大，但其引起的后果就是，研究中的街口中心点距离某个或某几个街口对应的街区更近，而导致有较大概率在最小街口开敞空间半径计算时数值会比理想情况下偏小。基于这样的考虑，本书在对正比例系数的选择中取推荐值区间中的高值，即 k=2.0。

① 理想情况下的街口中心点，与街口处的对应的各街区最小距离相同；而本书通过对多个点坐标的算数平均数，求得最终街口中心点，无法完全保证与街口处的对应的各街区最小距离相同，因此相对于理想情况下有一定的偏移。但考虑到本书以 20 m 为阈值，并且通过多个点坐标求算数平均数的算法，偏移量不会太大。

6.2.2 街口形态的指标体系

依据大尺度形态类型建模理论框架的论述，在街口形态指标体系的建构中，遵循尺寸类、形状类、数量类、占有率类、多样性类、布局类这六大类的形态指标门类，共选择及定义了 16 个具有代表性的形态指标（表 6.2），用以描述街口形态的特征。

表 6.2 街口形态的指标体系汇总表

类别	指标名称	代码	解释	单位
尺寸	最小开敞空间半径 minimum radius	MR	街口的最小开敞空间半径	米（m）
	面积 area	AR	街口柱体对应的底面积	平方米（m^2）
数量	建筑个数 number of buildings	NB	街口柱体内建筑体块的数量	个
	建筑组数 number of building groups	NG	街口柱体内建筑组合的数量（在空间上连接在一起的建筑算作一组建筑）	组
	最大建筑（组）底面积 maximum building group area	MGA	街口柱体内所有建筑组合中底面积最大的所对应的底面积数值	平方米（m^2）
	总建筑底面积 building coverage	BC	街口柱体内建筑底面积之和	平方米（m^2）
	最大建筑高度 maximum building height	MBH	街口柱体内所有建筑中高度最大的所对应的高度数值	米（m）
	平均建筑高度 average building height	ABH	街口柱体内所有建筑对应高度数值的算数平均数	米（m）
占有率	建筑密度 building density	BD	总建筑底面积 / 街口面积	
	建筑强度 building intensity	BI	总建筑面积 / 街口面积	
多样性	建筑（组）底面积标准差 standard deviation of building group footprint	SDGF	街口内所有建筑组合的底面积数值的标准差	平方米（m^2）
	建筑高度标准差 standard deviation of building height	SDBH	街口内所有建筑的高度数值的标准差	米（m）
布局	垂向密度变化率 vertical density changing rate	VDCR	不同标高街口横截面对应的建筑密度的变化程度	
	围合度 closeness	CL	街口空间在一周 360° 空间中的建筑占比程度	
	径向密度均质化程度 density homogenization degree in radial direction	DHDR	街口柱体在径向上建筑密度的均质化程度，用取样数值的标准差表示	
	径向强度均质化程度 intensity homogenization degree in radial direction	IHDR	街口柱体在径向上建筑强度的均质化程度，用取样数值的标准差表示	

（1）尺寸类街口形态指标

尺寸类街口形态指标共包含两个（图 6.6）：街口最小开敞空间半径（MR）及街口面积（AR）。街口最小开敞空间半径在街口形态对象界定时已经得到；街口面积通过对路口点对应的面域进行几何计算即可得到。

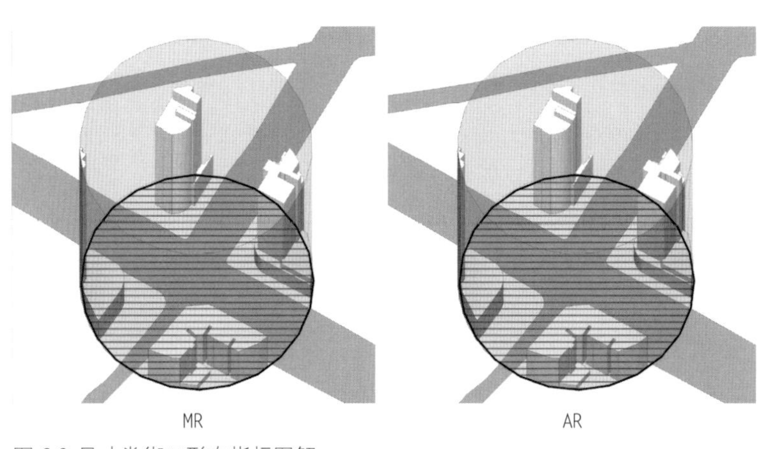

图 6.6 尺寸类街口形态指标图解

（2）形状类街口形态指标

由于本书是通过柱体模型界定街口，表征街口的面域是由起始的点（point）生成的圆形。在这一语境下，不同路口之间不能通过具有区分度的形状类指标进行区分，故而本书并未选取形状类街口形态指标。

（3）数量类街口形态指标

数量类街口形态指标共包含六个（图 6.7）：街口建筑个数（NB）、街口建筑组数（NG）、街口最大建筑（组）底面积（MGA）、街口总建筑底面积（BC）、街口最大建筑高度（MBH）、街口平均建筑高度（ABH）。

街口建筑个数和街口建筑组数均为衡量街口建筑数量的指标，区别在于：由于数据集中空间上相连但标高不同的建筑呈现的数据形式是不同的多段面，因此为了区分，将街口中建筑多段面的数量定义为街口建筑个数，而将空间上相连的一个或多个建筑视为“一组”建筑，用建筑组数来反映街口内有多少组建筑。

记任一街口中有 i 个建筑多段面及 j 个建筑组，分别用 s 和 h 代表建筑的底面积及高度，则后四个指标的计算公式分别为：

$$\mathrm{MAG}=\max\{s_j\} \tag{6.4}$$

$$\mathrm{BC}=\Sigma\{s_i\} \tag{6.5}$$

$$\mathrm{MBH} = \max \{h_i\} \tag{6.6}$$

$$\mathrm{ABH} = \mathrm{ave} \{h_i\} \tag{6.7}$$

其中，街口最大建筑（组）底面积以建筑组为单元来计算，其余指标以单个建筑多段面为单元来计算。

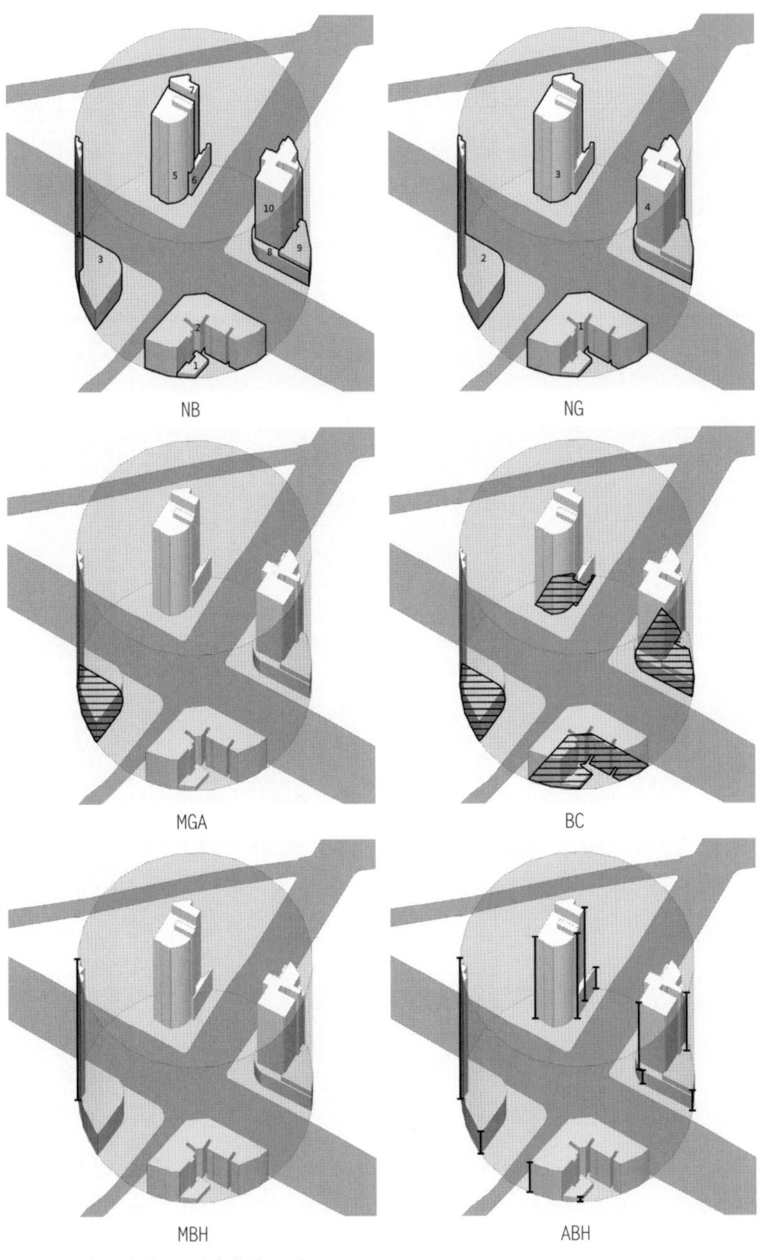

图 6.7 数量类街口形态指标图解

（4）占有率类街口形态指标

占有率类街口形态指标共包含两个(图6.8)：街口建筑密度(BD)及街口建筑强度(BI)。

街口建筑密度用以描述街口内建筑的覆盖率，是用街口内建筑的底面积之和除以街口面积，计算公式为：

$$\mathrm{BD}=\frac{\Sigma\{s_i\}}{\mathrm{AR}} \tag{6.8}$$

公式中，AR对应街口面积，街口建筑密度的取值在0到1之间，数值越大则代表街口内建筑覆盖率越高，相反则代表建筑覆盖率越低。

街口建筑强度相当于容积率的概念，同街道建筑强度一样，使用街口建筑强度的指标名称是考虑到数据集中对于建筑面积的算法有所抽象。其计算公式为：

$$\mathrm{BD}=\frac{\Sigma\{s_i\cdot h_i\}}{\mathrm{AR}} \tag{6.9}$$

公式中，AR对应街口面积，计算结果中数值越大则代表街口建筑强度越高，相反则代表建筑强度越低。

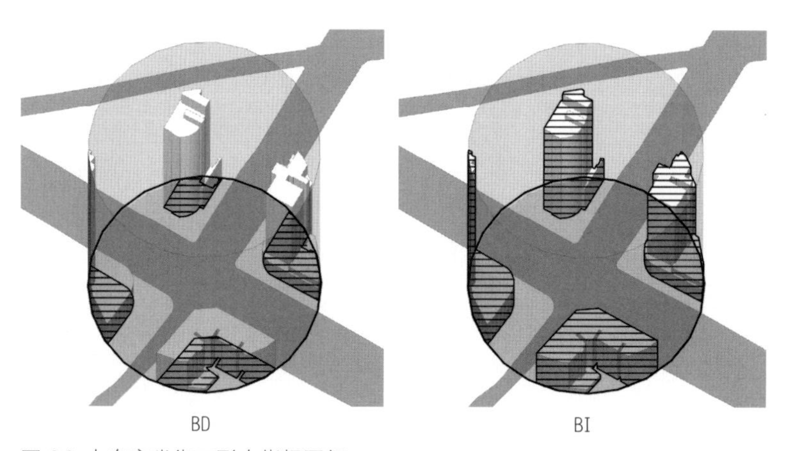

图6.8 占有率类街口形态指标图解

（5）多样性类街口形态指标

多样性类街口形态指标共包含两个（图6.9）：街口建筑（组）底面积标准差（SDGF）以及街口建筑高度标准差（SDBH）。

正如指标名称所显示，两个指标的计算公式分别为：

$$\text{SDGF} = \text{StdDev}\{s_j\} \tag{6.10}$$

$$\text{SDBH} = \text{StdDev}\{h\} \tag{6.11}$$

其中，街口建筑（组）底面积标准差是以建筑组为单元来计算，用以表征街口内建筑组对应底面积的差异性程度；而街口建筑高度标准差则是以单个建筑多段面来计算，用以表征街口内建筑高度差异性程度。

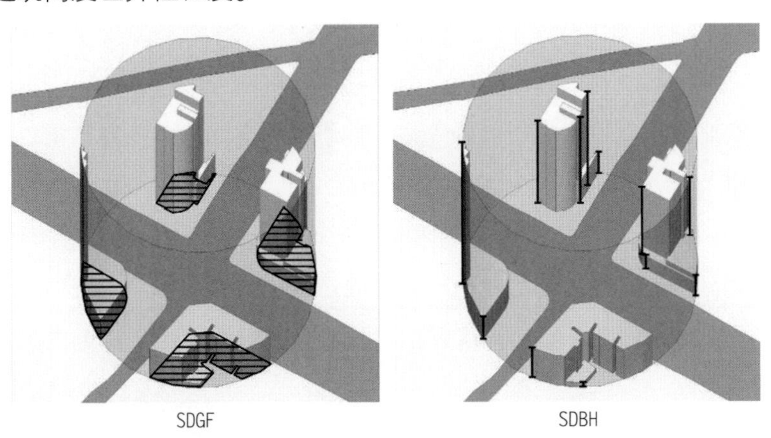

图 6.9 多样性类街口形态指标图解

（6）布局类街口形态指标

布局类街口形态指标共包含四个：街口垂向密度变化率（VDCR）、街口围合度（CL）、街口径向密度均质化程度（DHDR）、街口径向强度均质化程度（IHDR）。

街口垂向密度变化率用来描述街口在垂直方向上的形态变化程度。在计算原理上，按高度逐层截取街口三维形态的横截面，计算得到每个横截面与街口柱体底面的比率，作为横截面密度的序列 $\{d_i\}$。对横截面密度的序列作频率分析，计算方式类似于街道剖面序列的频率计算。具体为：

$$\text{VDCR} = \frac{\sum_{n=1}^{m} \text{sgn}\left(|d_n - d_{n+1}| - T_1\right)}{m}$$
$$\text{sgn}(x) = \begin{cases} 1, & x > 0 \\ 0, & x \leqslant 0 \end{cases} \tag{6.12}$$

从公式中可以看出，首先是对相邻横截面的最高高度进行相差运算，并取绝对值。公式中，T_1 为一个极小的常量值[①]，用来进行符号判定。而 $\text{sgn}(x)$ 则为符号函数，若括号内

① 与街道形态指标体系计算中一致，本书根据数据分布的特征，将 T_1 的值设定为 0.05。

的差值大于 0，则判定为 1；若括号内的差值小于等于 0，则判定为 0。通过以上运算，可以模拟数据序列的变化频率，从而表征街口横截面密度的变化频率。

街口围合度用来描述街口柱体内的形态在一周 360° 范围内对街口开敞空间的围合程度。在计算方式上，从街口中心点出发，每隔 15° 作射线，这样对于圆周 360° 范围共形成 24 条射线。记所有射线中有 n 条同柱体范围内的建筑底面产生相交，则：

$$\mathrm{CL} = \frac{n}{24} \tag{6.13}$$

街口径向密度均质化程度与街口径向强度均质化程度，均用来描述街口沿半径方向由内向外的形态变化情况。从三维的视角来看（图 6.10），从街口中心点出发，从 r=0 至 r=MR 之间的区域并不包含任何建筑建成环境，自 r=MR 起，至柱体底面半径之间的区域包含建筑建成环境。将包含建成环境的这部分区域沿半径方向平均分成五份，即形成五个同圆心的圆环，分别计算每个圆环对应区域的建筑密度和建筑强度。由此得到的建筑密度共有五个值，分别记为 BD_1、BD_2、BD_3、BD_4 和 BD_5。同理，得到的建筑强度也有五个值，分别记为 BI_1、BI_2、BI_3、BI_4 和 BI_5。结合以上数据，两个指标的计算公式为：

$$\mathrm{DHDR} = \mathrm{StdDve}\{BD_1, BD_2, BD_3, BD_4, BD_5\} \tag{6.14}$$

$$\mathrm{IHDR} = \mathrm{StdDve}\{BI_1, BI_2, BI_3, BI_4, BI_5\} \tag{6.15}$$

公式中分别对建筑密度和建筑强度的五个值求标准差，以表征街口径向密度均质化程度与街口径向强度均质化程度。

6.2.3 街口形态的分布及演替

依据上一节建立的街口形态的指标体系，分别从 16 个形态指标的角度，对南京老城街口形态的分布及演替特征进行阐述。分项街口形态指标在全面定量解析南京老城城市形态的同时，也是后续建构街口类型的基础。同时，针对街口要素的每个单项形态指标，引入“变化量分布”的系列图纸，作为单项形态指标分布图纸的补充。其目的是能够更加直观地呈现 2005 年至 2020 年的形态变化程度。其原理为，对于每个形态指标而言，用形态对象 2020 年的指标数值减去其对应编号对象 2005 年的指标数值，得到差值。对于差值为 0 的编号对象，意味着其 15 年间该形态指标保持不变；对于差值为正的编号对象，意味着其 15 年间该形态指标产生增量；对于差值为负的编号对象，意味着其 15 年间该形态

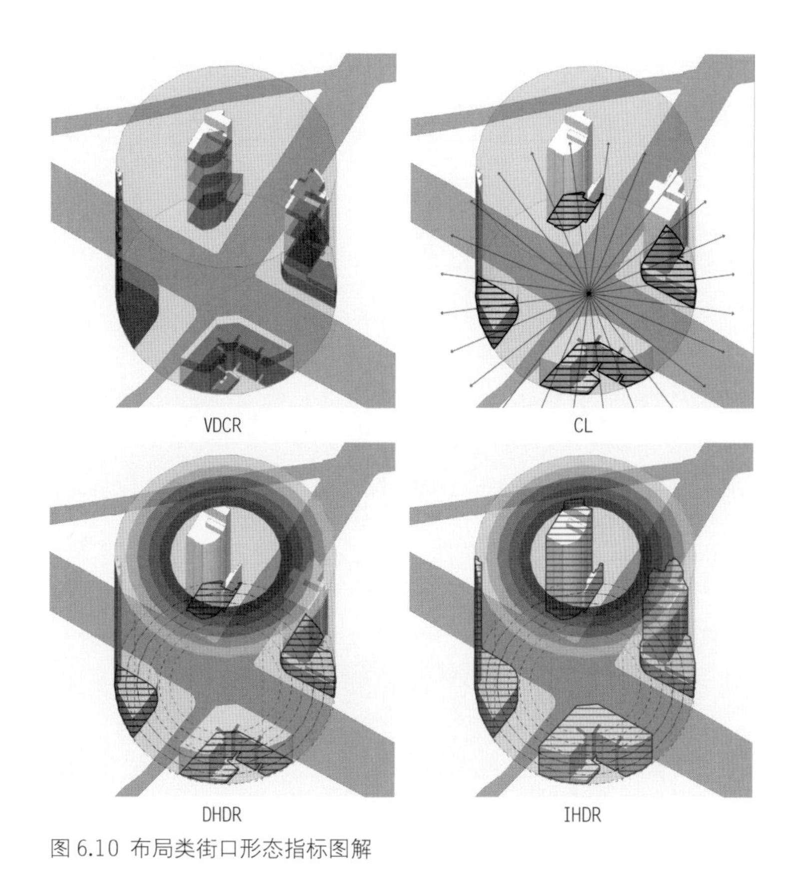

图 6.10 布局类街口形态指标图解

指标产生减量。同时表达两个年份的底图是为了更好地呈现每个形态指标的演替特征：以 2005 年的形态对象为底图，试图表达在 2005 年形态指标的基础上，未来 15 年的“拟变化量”；以 2020 年的形态对象为底图，试图表达 2020 年形态指标相对于 15 年前“已发生的变化量”。对于两个年份，使用自然断裂点的区间划分方式，分别将增量的数值和减量的数值划分为三个区间。由此，在图例中共包含较大增量、中等增量、较小增量、数值不变、较小减量、中等减量、较大增量七个类别。另外，需要指出的是指标不对应情况，即 2005 年的某个编号的形态对象消失或 2020 年产生新的编号的形态对象的情况。研究中的处理方式是将其分别视为同等数值大小的减量及增量。

（1）街口最小开敞空间半径

从街口最小开敞空间半径的分布来看，南京老城整体上呈现出“最小开敞空间半径较大的街口沿干道分布”的特点，这与日常对城市的认知是一致的（图 6.11）。2005 年街口最小开敞空间半径的平均值为 19.9 m，而 2020 年街口最小开敞空间半径的平均值变为 20.8 m，街口最小开敞空间半径的平均值在 15 年间增大了 0.9 m。从区间分布上来看，

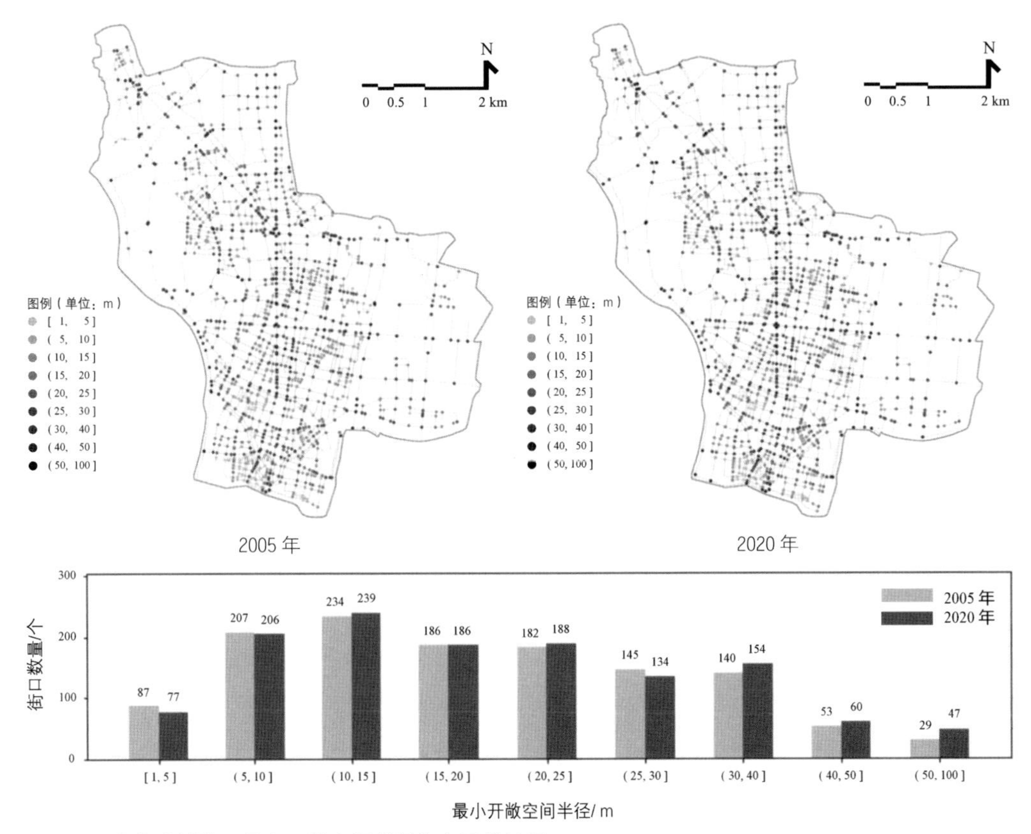

图 6.11 南京老城街口最小开敞空间半径分布及统计图

最小开敞空间半径超过 50 m 的街口数量变化最为剧烈，从 2005 年的 29 个增加至 2020 年的 47 个；其他区间 15 年间街口数量的增减较为缓和。对于 2005 年，街口最小开敞空间半径最大值对应的街口编号为 625 和 633，分别位于虎踞北路和汉中路交叉口，以及中山东路沿线，其半径为 100 m；到了 2020 年，街口最小开敞空间半径最大值保持不变，对应的街口编号变为 682，位于龙蟠中路近中山东路处。街口最小开敞空间半径最小值在 2005 年和 2020 年始终对应编号为 1176 的街口，其数值为 0.8 m，位于城南地区。

通过南京老城街口最小开敞空间半径变化量分布图来进一步说明其形态演替特征（图 6.12）。总共有 28 个街口的最小开敞空间半径未发生变化，约占街口总数的 2.2%。对于 2020 年而言，最小开敞空间半径发生较小增量的街口共有 645 个，约占街口总数的 49.9%，增量区间为（0，9.3]，分布较为分散；而发生中等及较大增量的街口共有 78 个，多分布在干道以及临近老城边界处。最小开敞空间半径发生较小减量的街口共有 517 个，约占街口总数的 40.0%，减量区间为 [−5.2，0），多分布在干道周边的区域；发生中等及较大减量的街口仅有 43 个，在中央路、中山路、中山东路等干道周边均有分布。

(2)街口面积

从街口面积的分布来看，南京老城整体上呈现出“面积较大的街口沿干道线性分布”的特点，这与日常对城市的认知一致(图 6.13)。2005 年街口面积的平均值为

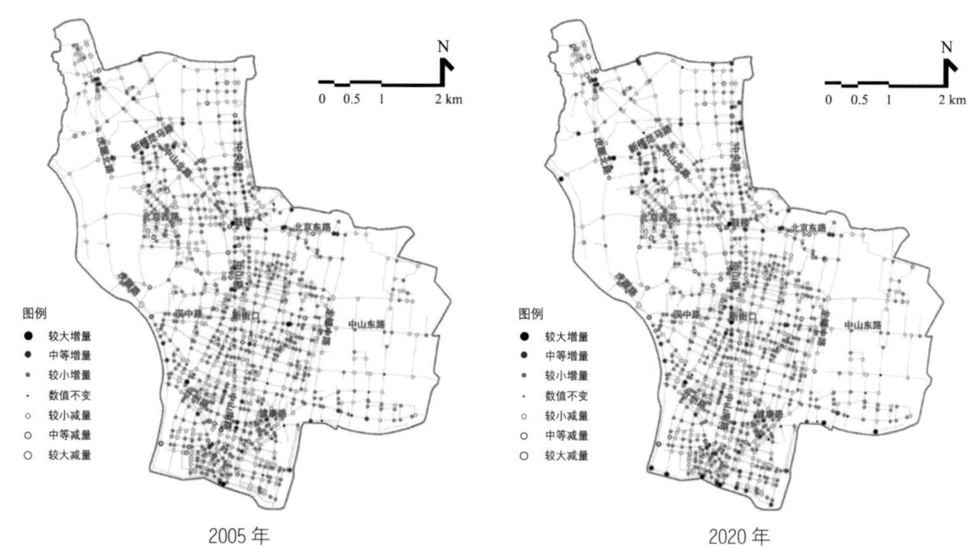

图 6.12 南京老城街口最小开敞空间半径变化量分布图

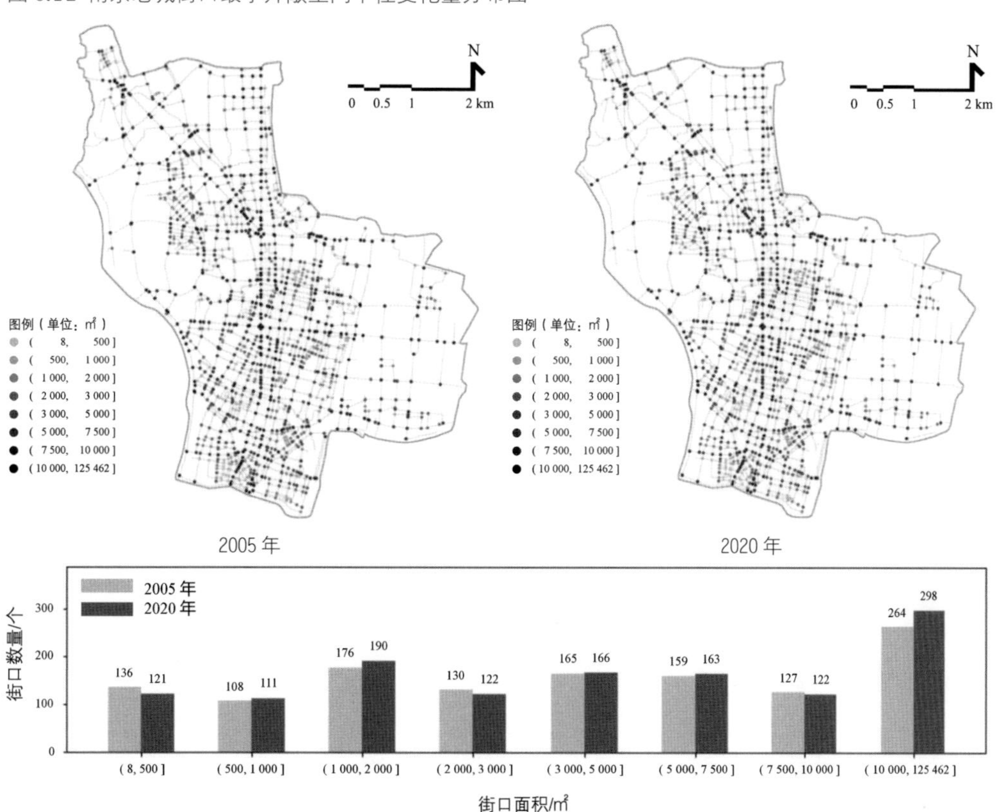

图 6.13 南京老城街口面积分布及统计图

7041.1 m²，而 2020 年街口面积的平均值变为 7824.7 m²，15 年间街口面积的平均值增大了 783.6 m²。从区间分布上来看，面积在 10000 m² 以上的街口数量变化最为显著，在 15 年间从 264 个增加至 298 个；另一个变化较为明显的就是面积不足 500 m² 的街口，数量从 136 个减少至 121 个。2005 年，街口面积最大值对应的街口编号为 625、633，分别位于虎踞北路和汉中路交叉口、中山东路沿线，其面积达到 125461.9 m²；到了 2020 年，街口面积最大值保持不变，对应的街口编号变为 682，位于龙蟠中路近中山东路处。街口面积最小值在 2005 年和 2020 年始终对应编号为 1176 的街口，其面积为 8.2 m²，位于城南地区。

通过南京老城街口面积变化量分布图来进一步说明其形态演替特征（图 6.14）。总共有 28 个街口的面积未发生变化，约占街口总数的 2.2%。2020 年，面积发生较小增量的街口共有 685 个，增量区间为（0，13121.6]，分布较为分散；而发生中等及较大增量的街口共有 31 个，多分布在干道以及临近老城边界处。面积发生较小减量的街口共有 530 个，减量区间为 [-6916.9，0），多分布在干道周边的区域；发生中等及较大减量的街口仅有 19 个，多分布在干道，如虎踞路、中央路、中山路、龙蟠中路等。

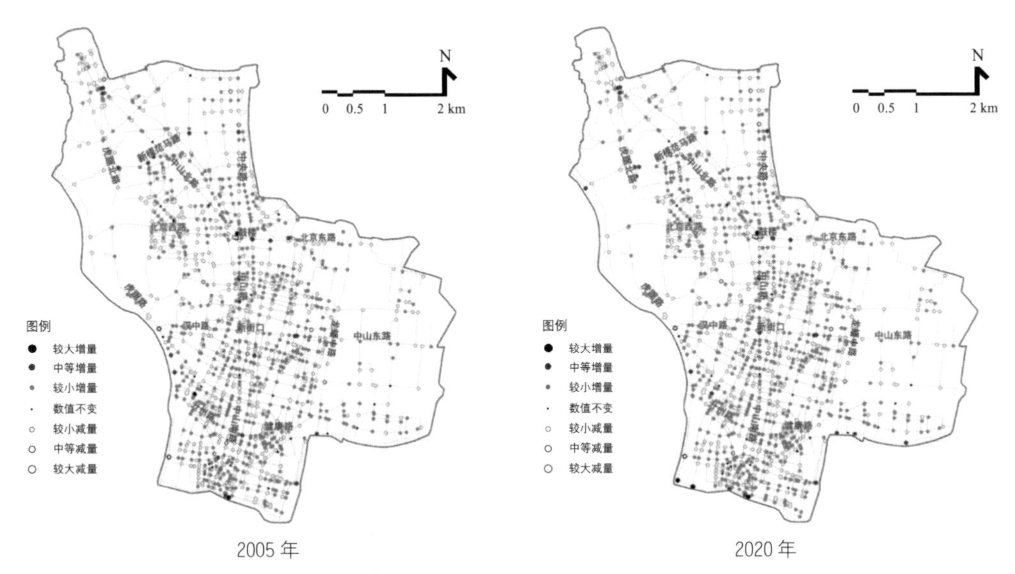

图 6.14 南京老城街口面积变化量分布图

（3）街口建筑个数

从街口建筑个数的分布来看，南京老城整体上呈现出较为均质的分布特点，干道街口对应的建筑个数相对较多（图 6.15）。2005 年街口建筑个数的平均值为 10.8 个，而 2020 年街口建筑个数的平均值变为 12.3 个，街口建筑个数在 15 年间平均增加了 1.5 个。从区间分布上来看，建筑个数的高值区间发生了较为明显的街口数量增加，建筑个数在（15，20]区间的街口数量从109个增加至136个，而建筑个数在（20，156]区间的街口数量更是从135个增加至189个；相反，建筑个数的低值区间则以街口数量减少为主。2005年，街口建筑个数最大值对应的街口编号为902，分别位于升州路近虎踞路，其建筑个数达到106个；到了2020年，街口建筑个数最大值增加至156个，对应的街口编号变为1301，位于临近老城南边界区域。

通过南京老城街口建筑个数变化量分布图来进一步说明其形态演替特征（图6.16）。具体而言，总共有256个街口的建筑个数未发生变化，约占街口总数的19.8%。从2005年到2020年，大部分街口建筑个数发生了较小增量，具体表现为建筑个数在（0，10]区间的街口共有607个，占街口总数的46.9%。与此同时，也有部分街口建筑个数发生了较小减量，表现为在[-10，0）区间的街口共有285个，占街口总数的22.0%。建筑个数发生中等及较大增量的街口共有95个，多分布在干道及其周边区域，如虎踞北路、中山路、中山南路、龙蟠中路等。建筑个数发生中等及较大减量的街口仅有50个，分布较为零散。

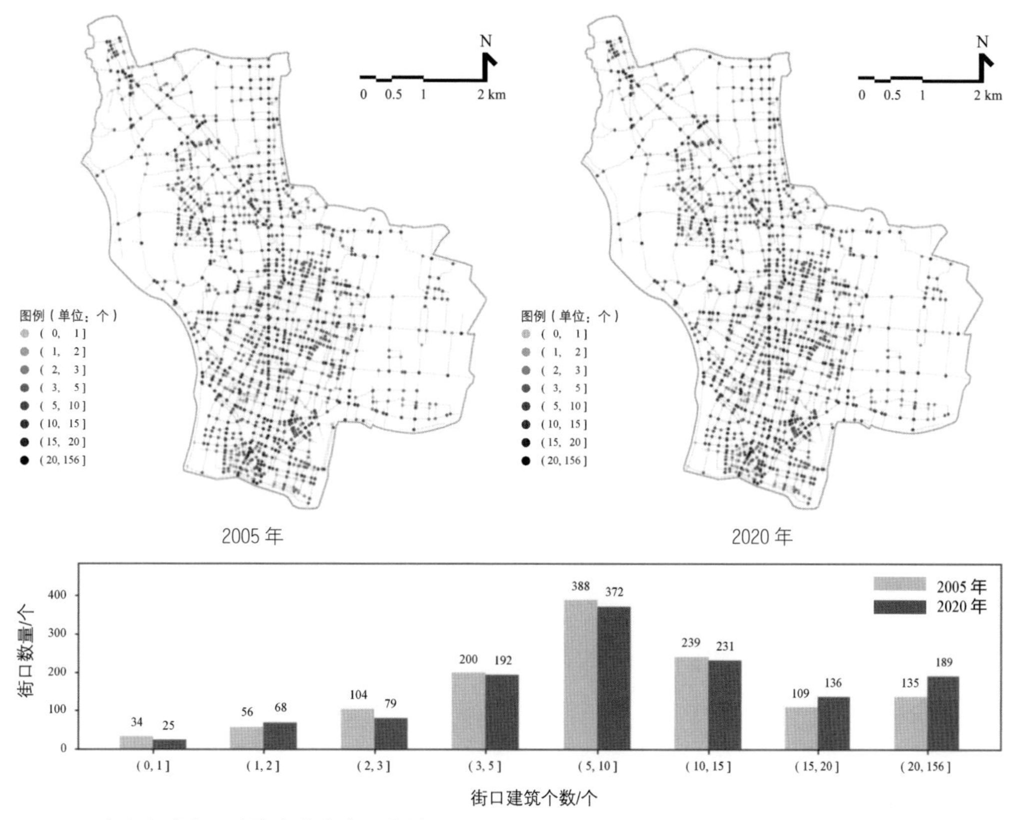

图6.15 南京老城街口建筑个数分布及统计图

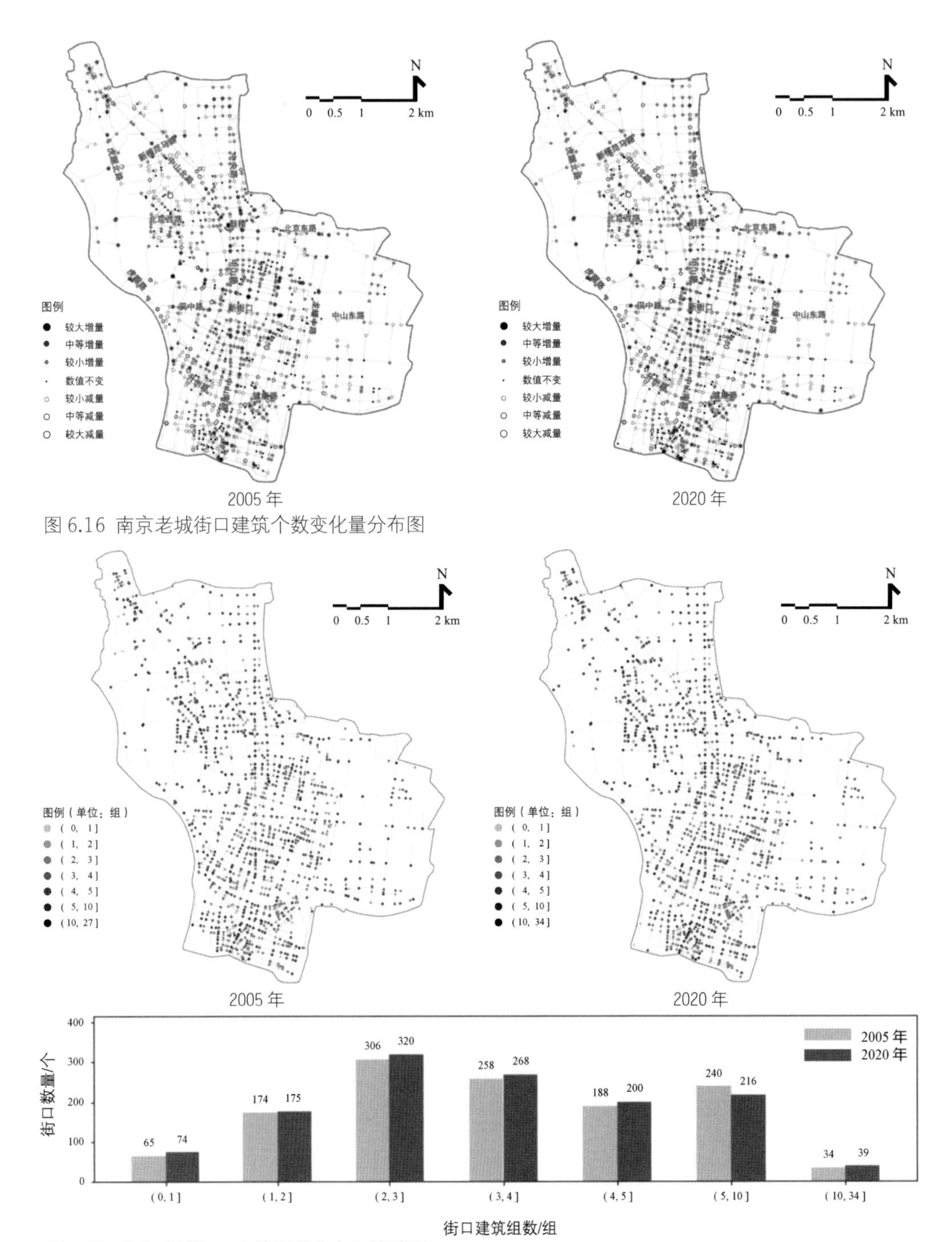

图 6.16 南京老城街口建筑个数变化量分布图

图 6.17 南京老城街口建筑组数分布及统计图

（4）街口建筑组数

从街口建筑组数的分布来看，南京老城整体上呈现出“高值多片分布”的特点，诸如汉中路、中山路、中山东路等干道反而为低值分布区域，与街口建筑个数的分布刚好相反（图 6.17）。2005 年街口建筑组数的平均值为 4.4 组，而 2020 年街口建筑组数的平均值变为 4.3 组，街口建筑组数在 15 年间平均减少了 0.1 组，和建筑个数的变化趋势刚好相反。从区间分布上来看，建筑组数在（5，10] 区间的街口数量减少得比较明显，从 2005 年的 240 个下降至 2020 年的 216 个；其他区间的街口数量均略有增加。2005 年，街口建筑组数最大值对应的街口编号为 1227，位于临近老城南边界区域，其建筑组数为 27 组；到了 2020 年，街口建筑组数最大值增加至 34，对应街口编号为 1301，同样位于临近老城南边界区域。

通过南京老城街口建筑组数变化量分布图来进一步说明其形态演替特征（图 6.18）。从图中可以看出，很大一部分街口的建筑组数并未发生变化。具体而言，总共有 629 个街口的建筑组数未发生变化，约占街口总数的 48.6%。建筑组数发生较小增量和较小减量的街口数量相当，分别为 289 个和 286 个。其余发生中等及较大增（减）量的街口数量相对较少，多分布在临近老城边界的位置。

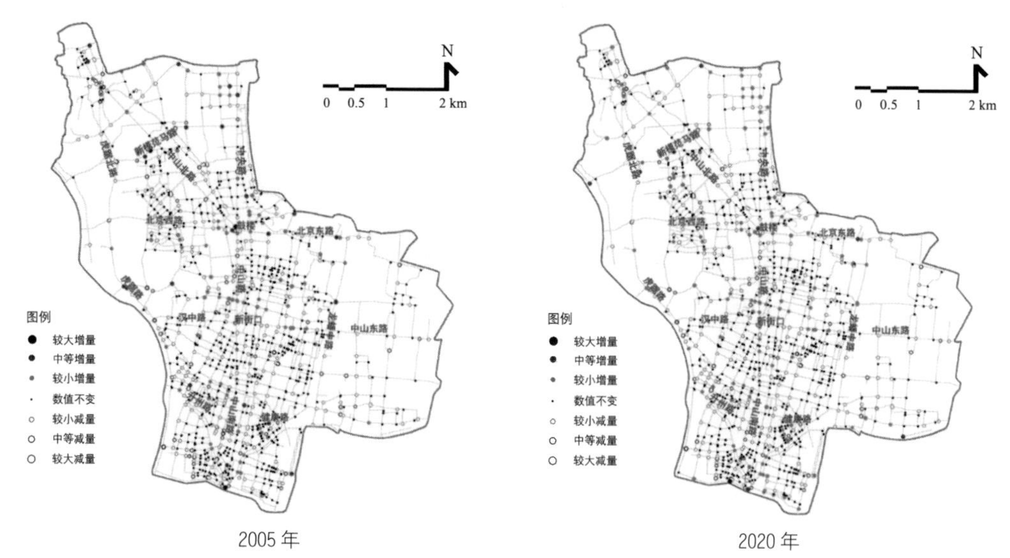

图 6.18 南京老城街口建筑组数变化量分布图

（5）街口最大建筑（组）底面积

从街口最大建筑（组）底面积的分布来看，南京老城整体上呈现出“最大建筑（组）底面积较大的街口沿干道线性分布”的特点，尤其是中山路、中山南路、汉中路、中山东路沿线有集中连续的高值分布（图 6.19）。2005 年街口最大建筑（组）底面积的平均值为 492.3 m^2，而 2020 年街口最大建筑（组）底面积的平均值增至 526.1 m^2，街口最大建筑（组）底面积的平均值在 15 年间增大了 33.8 m^2。从区间分布上来看，最大建筑（组）底面积在 [1 000，5 331] 区间的街口数量变化最为显著，在 15 年间从 155 个增加至 193 个；

最大建筑（组）底面积在（100，600] 区间的街口数量也有一定程度的增加，其余区间均为减少。2005 年，街口最大建筑（组）底面积最大值对应的街口编号为 172，位于中山北路上，其面积为 5 298.8 m²；到了 2020 年，街口最大建筑（组）底面积最大值略有增加，达到 5 330.1 m²，位于中山路上，对应街口编号为 398。

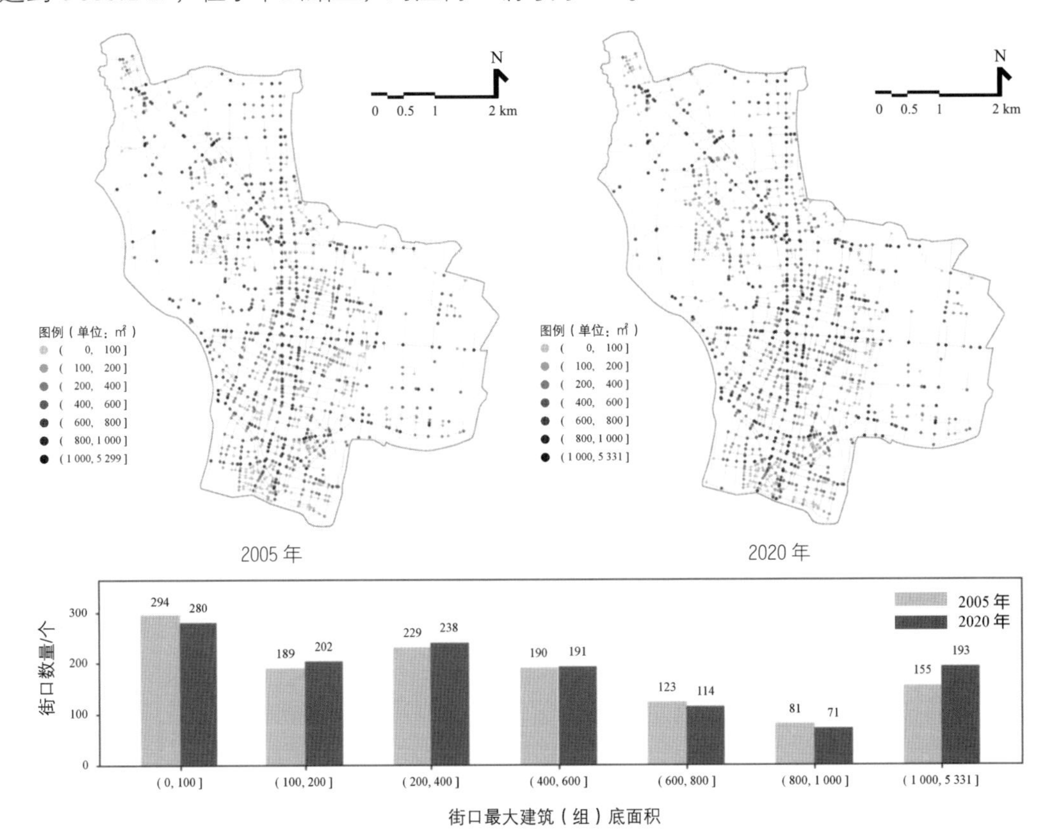

图 6.19 南京老城街口最大建筑（组）底面积分布及统计图

通过南京老城街口最大建筑（组）底面积变化量分布图来进一步说明其形态演替特征（图 6.20）。从图中可以看出，绝大多数街口的最大建筑（组）底面积发生了变化。具体而言，最大建筑（组）底面积未发生变化的街口仅有 8 个，约占街口总数的 0.6%。绝大多数街口最大建筑（组）底面积发生了较小增减：具体而言，最大建筑（组）底面积发生较小增量的街口有 672 个，约占街口总数的 52.0%，对应（0，580.0] 的区间；而最大建筑（组）底面积发生较小减量的街口有 536 个，约占街口总数的 41.5%，对应 [−421.9，0）的区间。2020 年，最大建筑（组）底面积发生中等及较大增量的街口共有 50 个，在北京东路、中山路、中山东路沿线有较为集中的分布。

（6）街口总建筑底面积

从街口总建筑底面积的分布来看，南京老城整体上呈现出“总建筑底面积较大的街口沿干道线性分布”的特点，这与日常对城市的认知一致（图 6.21）。2005 年街口总建筑底面积的平均值为 1 070.2 ㎡，而 2020 年街口总建筑底面积的平均值变为 1 123.2 ㎡，

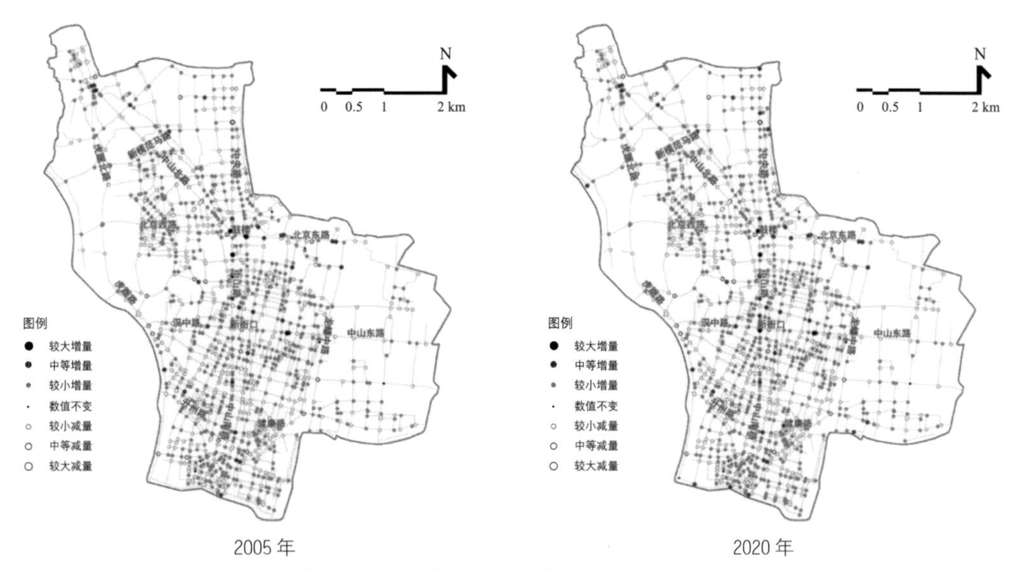

图 6.20 南京老城街口最大建筑（组）底面积变化量分布图

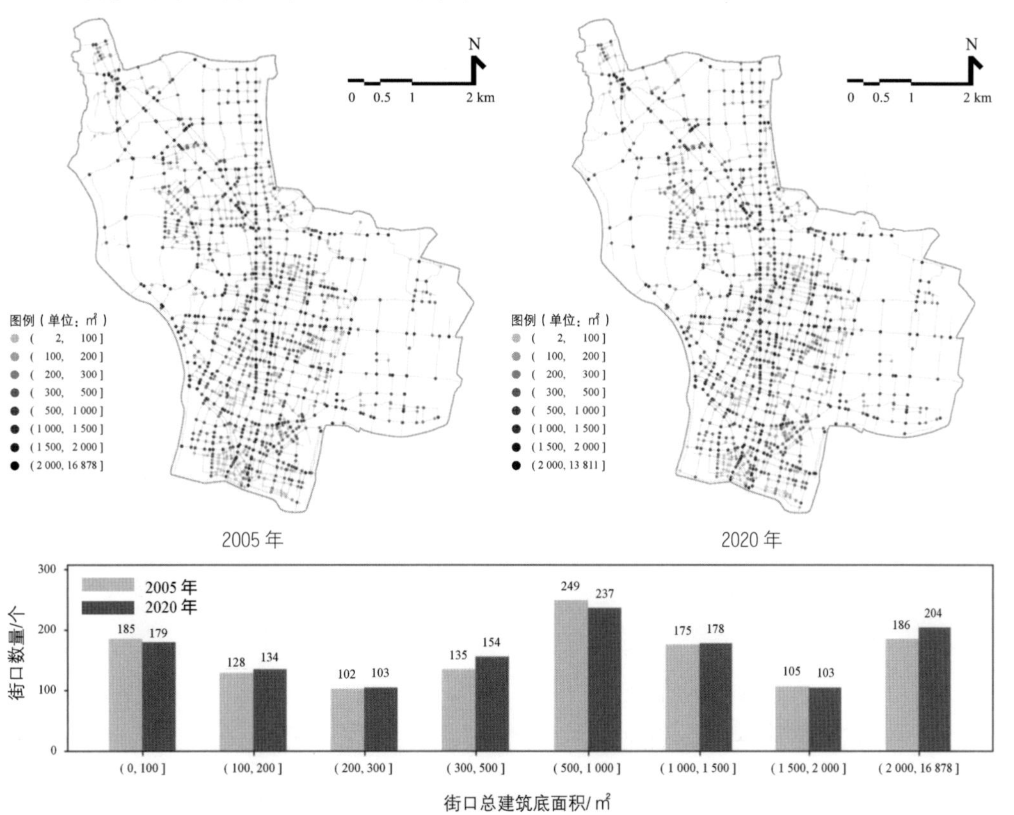

图 6.21 南京老城街口总建筑底面积分布及统计图

街口总建筑底面积的平均值在 15 年间增大了 53.0㎡。从区间分布来看，有三个区间的街口数量波动较为明显：总建筑底面积在（300，500］区间的街口数量从 2005 年的 135 个增加至 2020 年的 154 个，在（500，1 000］区间的街口数量从 249 个减少至 237 个；在（2 000，16 878］区间的街口数量从 186 个增加至 204 个。其余区间的增减相对缓和。2005 年，街口总建筑底面积最大值对应的街口编号为 172，位于中山北路上，其面积达到 16 878.0㎡；到了 2020 年，街口总建筑底面积最大值有所减小，数值为 13 811.2㎡，对应的街口编号变为 296，位于北京西路近虎踞路的区域。

通过南京老城街口总建筑底面积变化量分布图来进一步说明其形态演替特征（图 6.22）。从图中可以看出，近乎所有街口的总建筑底面积的数值发生了变化。对于 2020 年，街口总建筑底面积发生较小增量的街口共有 632 个，对应增量区间为（0，1 202］，约占街口总数的 48.9%；发生中等及较大增量的街口分别为 54 个和 8 个，具有较为明显的沿干道分布的特征。减量区间相对增量区间在数量上较少：其中较小减量区间为［−745.7，0），共有街口 546 个，约占街口总数的 42.2%；发生中等及较大减量的街口分别为 46 个和 5 个，同样以沿干道分布居多，例如虎踞路、中央路、北京东路等。

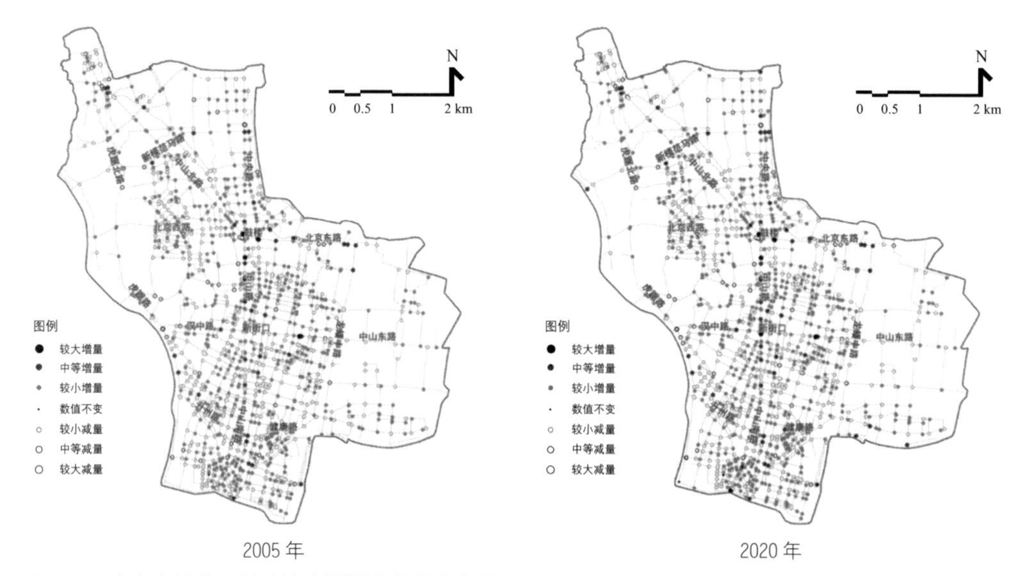

图 6.22 南京老城街口总建筑底面积变化量分布图

（7）街口最大建筑高度

从街口最大建筑高度的分布来看，南京老城整体上呈现出“由中心向边缘递减”的特点，局部也有波动（图 6.23）。2005 年街口最大建筑高度的平均值为 27.8 m，而 2020

年街口最大建筑高度的平均值变为 29.6 m，街口最大建筑高度的平均值在 15 年间增大了 1.8 m。从区间分布上来看，最大建筑高度在 72 m 以上的街口数量出现了较为明显的增加，从 2005 年的 96 个增加至 2020 年的 117 个。从条形图中还可以看出，大部分街口最大建筑高度位于 (9，36] 区间，其中位于 (9，18] 区间的街口数量从 263 个增加至 278 个，而位于 (18，36] 区间的街口数量从 545 个减少至 537 个。2005 年，街口最大建筑高度最大值对应的街口编号为 648、668 及 675，分别位于新街口及中山东路区域，其高度为 156 m，相当于 52 层的高度；到了 2020 年，街口最大建筑高度最大值增加至 267 m，相当于 89 层的高度，对应的街口编号变为 319，位于鼓楼。

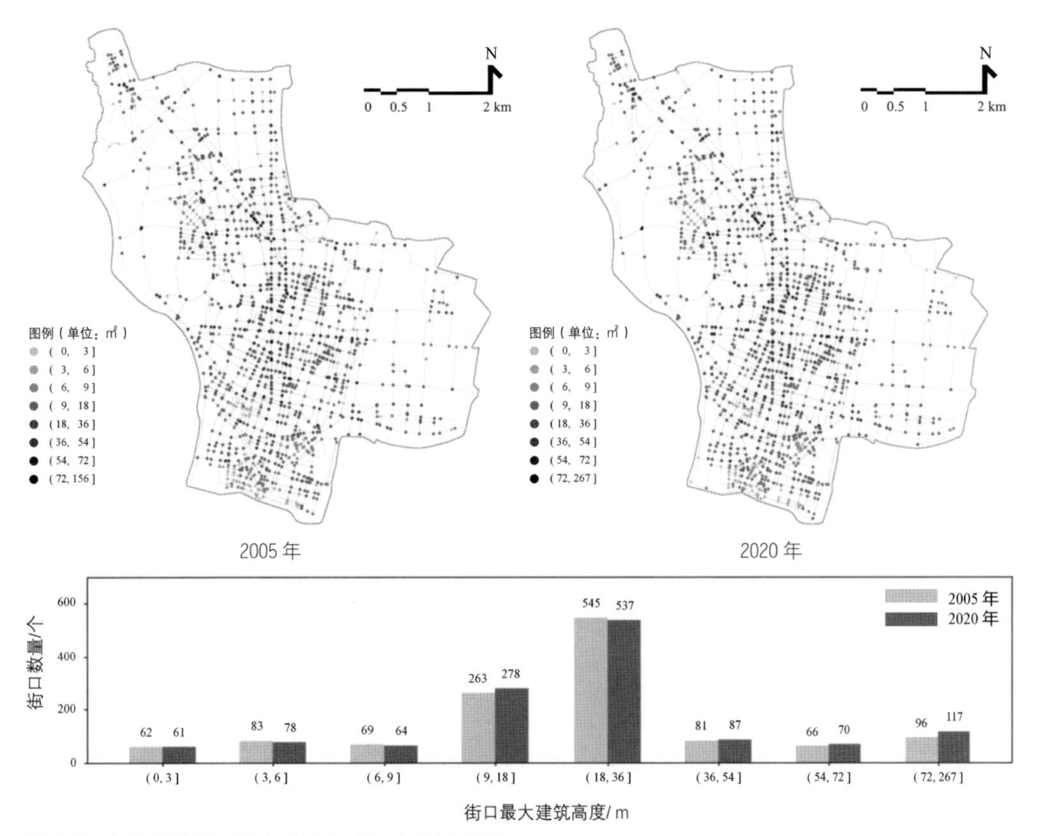

图 6.23 南京老城街口最大建筑高度分布及统计图

通过南京老城街口最大建筑高度变化量分布图来进一步说明其形态演替特征 (图 6.24)。从图中可以看出，绝大部分街口最大建筑高度的数值并未发生变化。具体而言，总共有 988 个街口的最大建筑高度保持不变，约占街口总数的 76.4%。在最大建筑高度发生变化的街口中，以发生较小增量的居多。从 2005 年到 2020 年，部分街口最大建筑高度发生较小增量，在（0，39]区间的街口共有 161 个，占街口总数的 12.5%，相当于不足 13 层的建筑高度；发生中等及较大增量的街口分别为 39 个及 3 个，在中山路、汉中路及中山东路有较为集中的分布。街口最大建筑高度发生较小减量的区间为 [-18，0），相当于不足 6 层的建筑高度，对应街口数量为 73 个，占街口总数的 5.6%；发生中等及较大减量的街口分别为 12 个和 4 个。

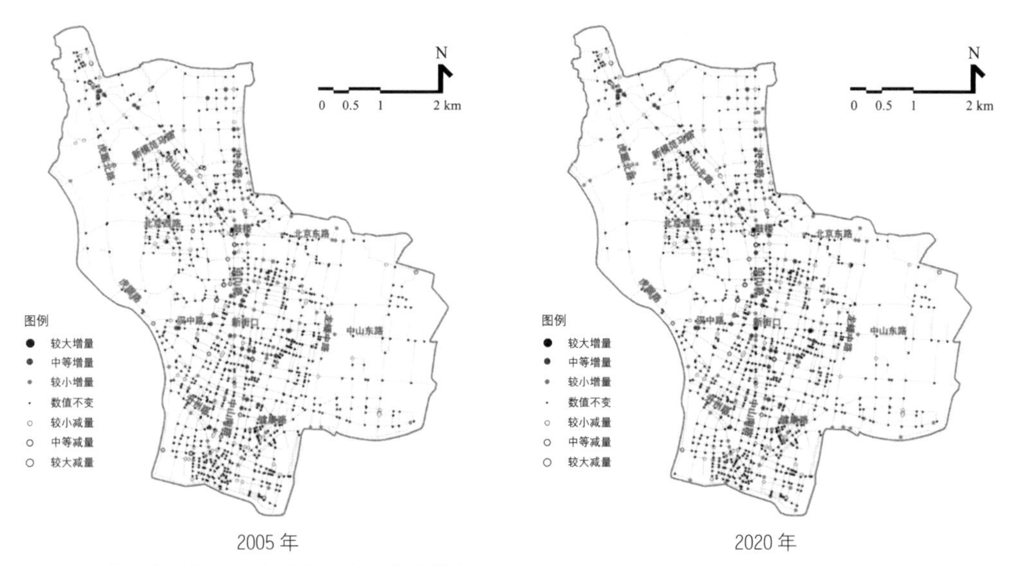

图 6.24 南京老城街口最大建筑高度变化量分布图

（8）街口平均建筑高度

从街口平均建筑高度的分布来看，南京老城整体上呈现出“两级分化”的分布特点，中心区域干道周边有较为集中的高值分布，往边缘迅速衰减（图 6.25）。2005 年街口平均建筑高度的平均值为 10.9 m，而 2020 年街口平均建筑高度的平均值变为 11.1 m，街口平均建筑高度的平均值在 15 年间增大了 0.2 m。从区间分布上来看，有四个主要的区间街口数量呈现出增加的态势：平均建筑高度在（3，6]区间，即 1 至 2 层的街口数量从 2005 年的 255 个增加至 2020 年的 267 个；平均建筑高度在（6，9]区间，即 2 至 3 层的街口数量从 281 个增加至 314 个；平均建筑高度在（18，21]区间，即 6 至 7 层的街口数量从 48 个增加至 58 个；而平均建筑高度在（21，84]区间，即 7 层以上的街口数量从 81 个增加至 99 个。2005 年，街口平均建筑高度最大值对应的街口编号为 757，位于中山南路上，其高度为 59.7 m，相当于 20 层的高度；到了 2020 年，街口平均建筑高度最大值增加至 84 m，相当于 28 层的高度，对应的街口编号变为 43，位于中山北路上。

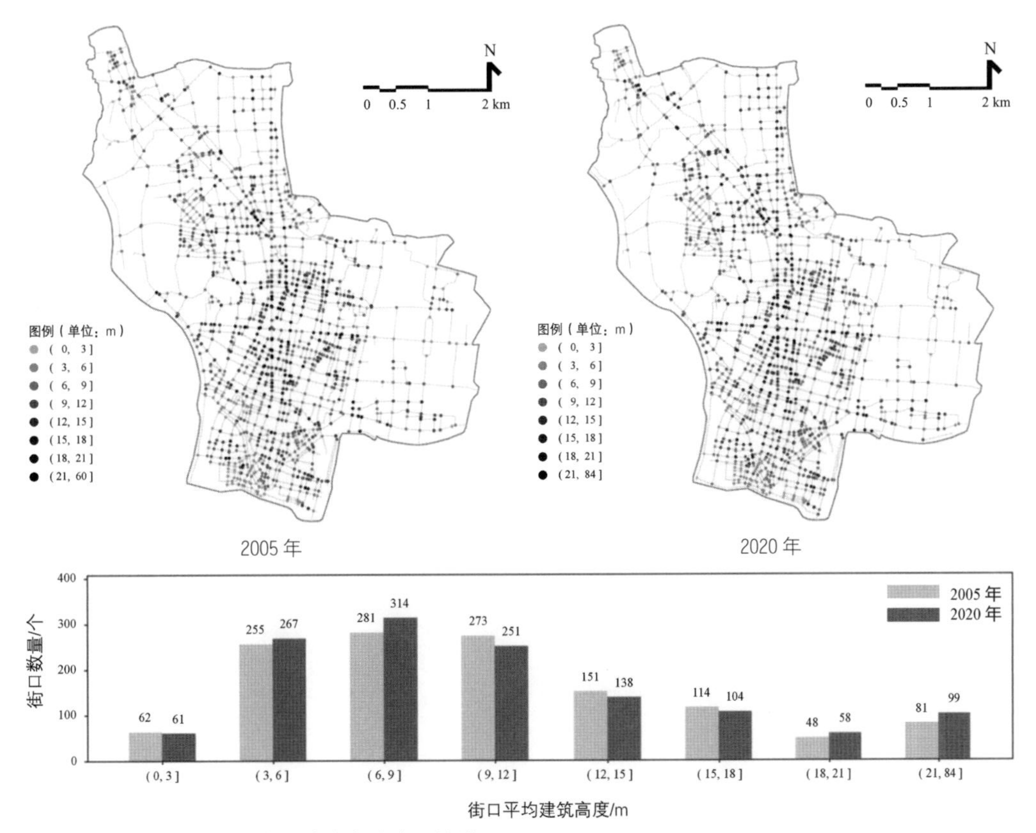

图 6.25 南京老城街口平均建筑高度分布及统计图

通过南京老城街口平均建筑高度变化量分布图来进一步说明其形态演替特征（图 6.26）。从图中可以看出，绝大部分街口平均建筑高度的数值发生了变化。具体而言，总共有 215 个街口的平均建筑高度保持不变，约占街口总数的 16.6%。从 2005 年到 2020 年，平均建筑高度增量在（0，9.0] 区间的街口共有 408 个，占街口总数的 31.6%，大致相当于 3 层及以内的增量；发生中等及较大增量的街口分别为 70 个及 4 个，在中山北路、中央路、中山路及中山南路区域有较为集中的分布。平均建筑高度发生较小减量的区间为 [−4.5，0），共有街口 478 个，占街口总数的 37.0%，相当于不足 1.5 层的减量；而发生中等及较大减量的街口分别为 115 个和 3 个，在中山东路以南和以北区域分布较为集中。

（9）街口建筑密度

从街口建筑密度的分布来看，南京老城整体上呈现出“南高北低”的特点，即老城南部地区的街口建筑密度相对较大（图 6.27）。2005 年街口建筑密度的平均值为 0.17，而 2020 年街口建筑密度的平均值变为 0.16，街口建筑密度的平均值在 15 年间减小了 0.01，街口变得“稀疏”了。从区间分布上来看，在一些建筑密度高值区间街口数量普遍减少：

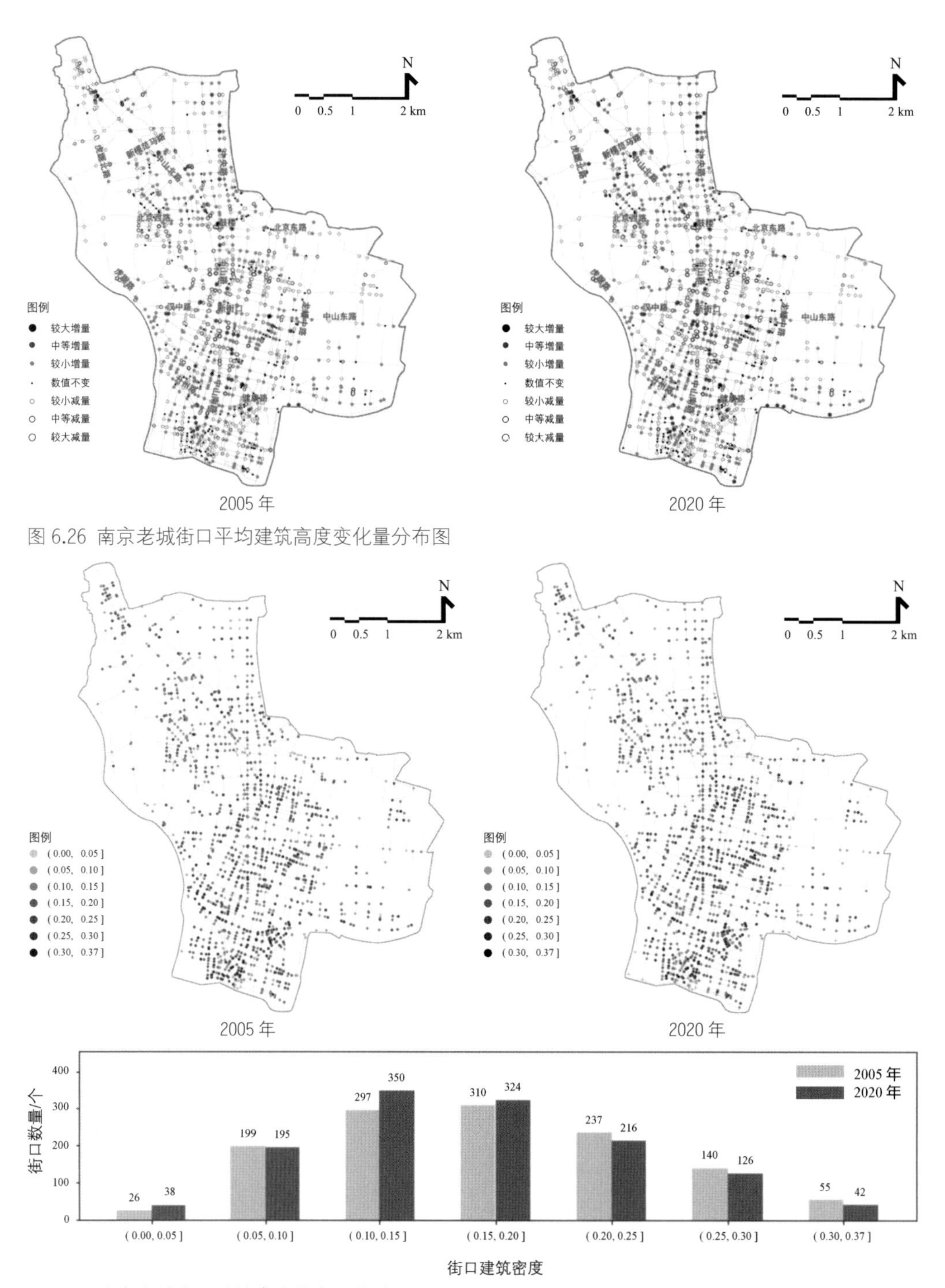

图 6.26 南京老城街口平均建筑高度变化量分布图

图 6.27 南京老城街口建筑密度分布及统计图

建筑密度在（0.20，0.25] 区间的街口数量从 2005 年的 237 个减少至 2020 年的 216 个；在（0.25，0.30] 区间的街口数量从 140 个减少至 126 个；而建筑密度大于 0.30 的街口数量从 55 个减少至 42 个。相反，低值区间的街口数量大都在 15 年间呈增加的趋势：建筑密度不足 0.05 的街口数量从 2005 年的 26 个增加至 2020 年的 38 个；在（0.10，0.15] 区间的街口数量从 297 个增加至 350 个；而在（0.15，0.20] 区间的街口数量则从 310 个增加至 324 个。对于 2005 年和 2020 年，街口建筑密度最大值对应的街口编号均为 1079，位于老城南部健康路附近，其建筑密度达到 0.37。

通过南京老城街口建筑密度变化量分布图来进一步说明其形态演替特征（图 6.28）。从图中可以看出，绝大部分街口建筑密度的数值发生了变化。具体而言，仅有 2 个街口的建筑密度未发生变化。从 2005 年到 2020 年，有部分街口建筑密度发生较小增量，在（0，0.04] 区间的街口共有 468 个，占街口总数的 36.2%；发生中等增量及较大增量的街口分别为 135 个和 47 个，对应的区间分别为（0.04，0.11]，（0.11，0.27]，大多分布在中山路和中山南路以东、龙蟠中路以西的区域。建筑密度发生较小减量的区间为 [−0.04，0)，共有街口 450 个，发生占街口总数的 34.8%；发生中等减量及较大减量的街口分别为 140 个和 51 个，对应的区间分别为 (−0.04，−0.11]，（−0.11，−0.27]，大多分布在中山路和中山南路以西、虎踞路以东的区域，同对应增量区间的街口分布刚好相反。

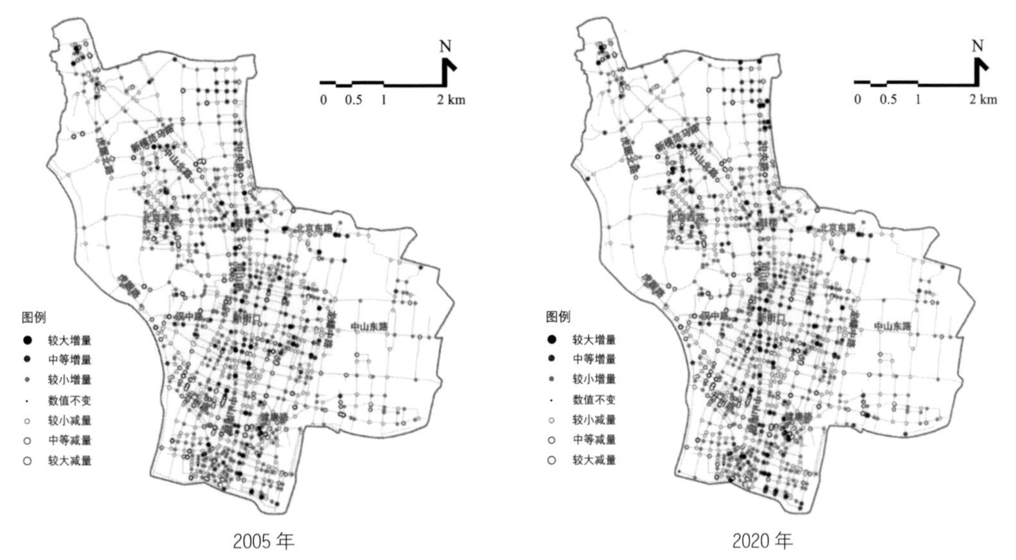

图 6.28 南京老城街口建筑密度变化量分布图

（10）街口建筑强度

从街口建筑强度的分布来看，南京老城整体上呈现出“从中心向边缘递减”的特点，局部也有波动（图 6.29）。2005 年街口建筑强度的平均值为 0.75，而 2020 年街口建筑强度的平均值变为 0.78，街口建筑强度平均值在 15 年间增大了 0.03。从区间分布上来看，最为显著的变化出现在高值区域，建筑强度在 2.0 以上的街口数量从 2005 年的 45 个增加至 2020 年的 60 个。其余区间的街口数量各有增减，例如建筑强度在（0.6，0.8] 区间的街口数量从 168 个增加至 182 个，而建筑强度在（1.5，2.0] 区间的街口数量从 80 个减少为 71 个。2005 年，街口建筑强度最大值对应的街口编号为 668，位于新街口以南的中山南路上，其建筑强度达到 3.60；到了 2020 年，街口建筑强度最大值增加至 6.76，位于新街口以北靠近中山路的区域，对应街口编号为 578。

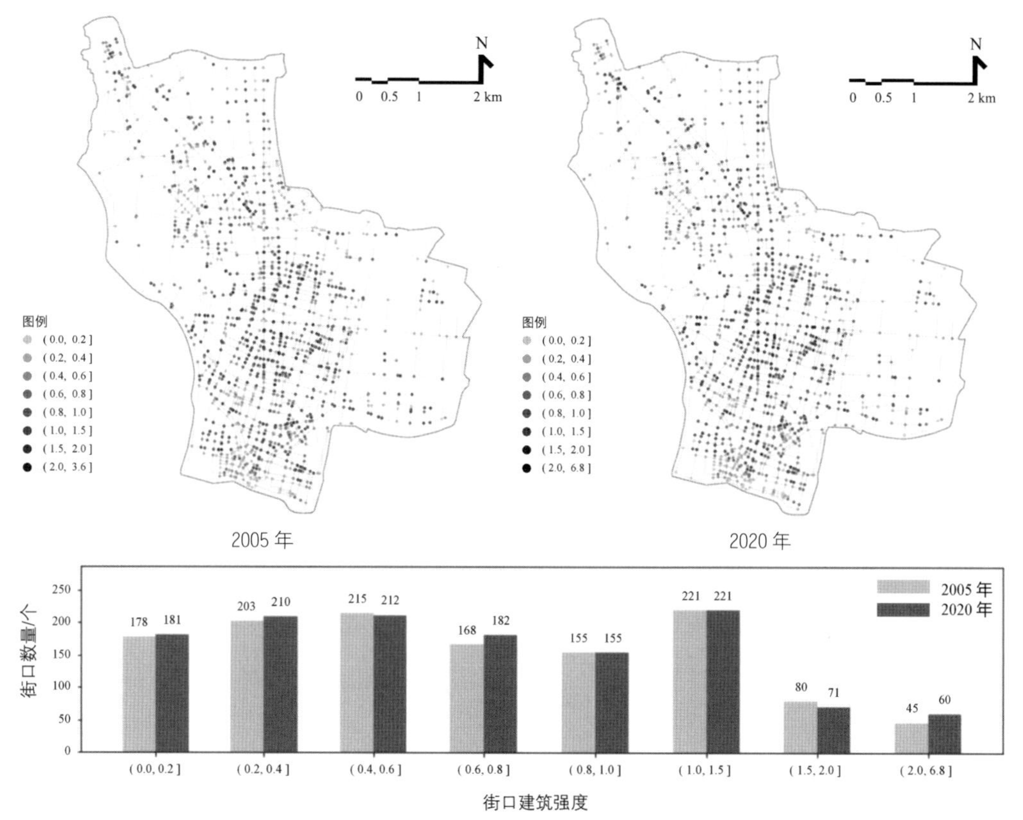

图 6.29 南京老城街口建筑强度分布及统计图

通过南京老城街口建筑强度变化量分布图来进一步说明其形态演替特征（图 6.30）。从图中可以看出，绝大部分街口建筑强度的数值发生了变化。具体而言，仅有 2 个街口的建筑强度未发生变化。从 2005 年到 2020 年，有部分街口建筑强度发生较小增量，在（0，0.59] 区间的街口共有 477 个，占街口总数的 36.9%；发生中等增量及较大增量的街口分别为 65 个和 7 个。建筑强度发生较小减量的区间为（−0.22，0]，共有街口 621 个，占街口总数的 48.0%；发生中等减量及较大减量的街口分别为 105 个和 16 个。从分布上来看，建筑强度发生中等及较大增（减）量的街口呈现出较为明显的沿中央路—中山路—中山南路轴向分布的特征，尤其在新街口及其周边区域呈集中分布的特点。

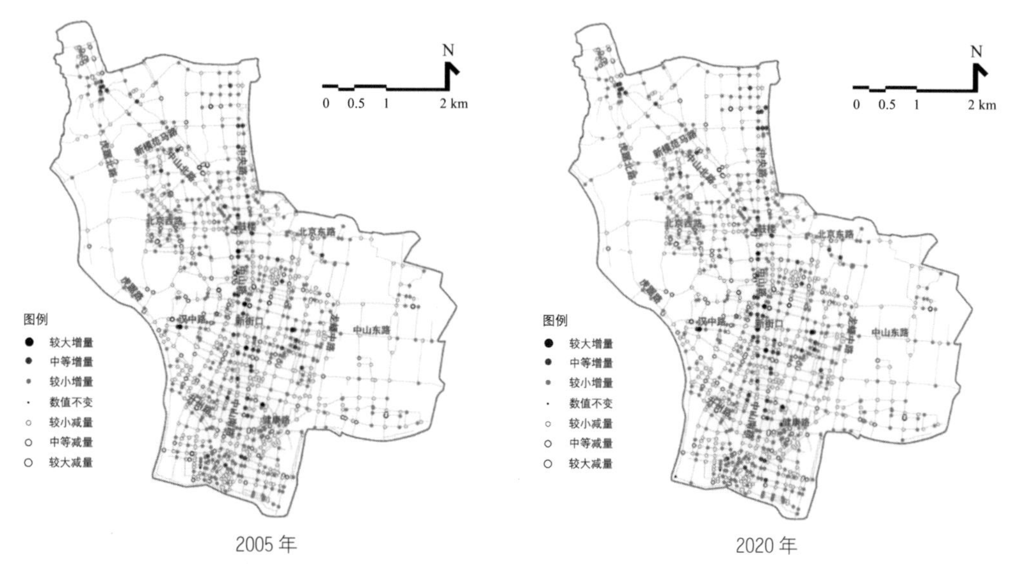

2005 年　　2020 年

图 6.30 南京老城街口建筑强度变化量分布图

（11）街口建筑（组）底面积标准差

从街口建筑（组）底面积标准差的分布来看，南京老城整体上呈现出“建筑（组）底面积较大的街口沿干道线性分布”的特点（图 6.31）。2005 年街口建筑（组）底面积标准差的平均值为 186.3 m²，而 2020 年街口建筑（组）底面积标准差的平均值变为 199.2 m²，街口建筑（组）底面积标准差的平均值在 15 年间增大了 12.9 m²。从区间分布上来看，有三个区间的街口数量波动较为明显：建筑（组）底面积标准差在（100，150] 区间的街口数量从 2005 年的 131 个增加至 2020 年的 148 个；在（150，200] 区间的街口数量从 120 个减小至 100 个；而建筑（组）底面积标准差大于 500 m² 的街口数量则从 101 个增加至 124 个。2005 年，街口建筑（组）底面积标准差最大值对应的街口编号为 948，位于老城东南角，其值达到 2 152.4 m²；到了 2020 年，街口建筑（组）底面积标准差最大值增加至 2 508.3 m²，对应的街口编号变为 398，位于鼓楼以南的中山路上。

通过南京老城街口建筑（组）底面积标准差变化量分布图来进一步说明其形态演替特征（图 6.32）。从图中可以看出，绝大部分街口建筑（组）底面积标准差的数值发生了变化。具体而言，仅有 43 个街口的建筑（组）底面积标准差未发生变化，约占街口总数的 3.3%。从 2005 年到 2020 年，大部分街口建筑（组）底面积标准差发生了较小增量，具体表现为在（0，221.0] 区间的街口共有 343 个，占街口总数的 26.5%。与此同时，也有部分街口建筑（组）底面积标准差发生了较小减量，表现为在 [−98.2，0）区间的街口共有 485 个，占街口总数的 37.5%。发生中等及较大增量的街口共有 65 个，发生中等及较大减量的街口共有 91 个，一个较为明显的现象是它们在北京东路、中山路、中山东路沿线有较为集中的分布。

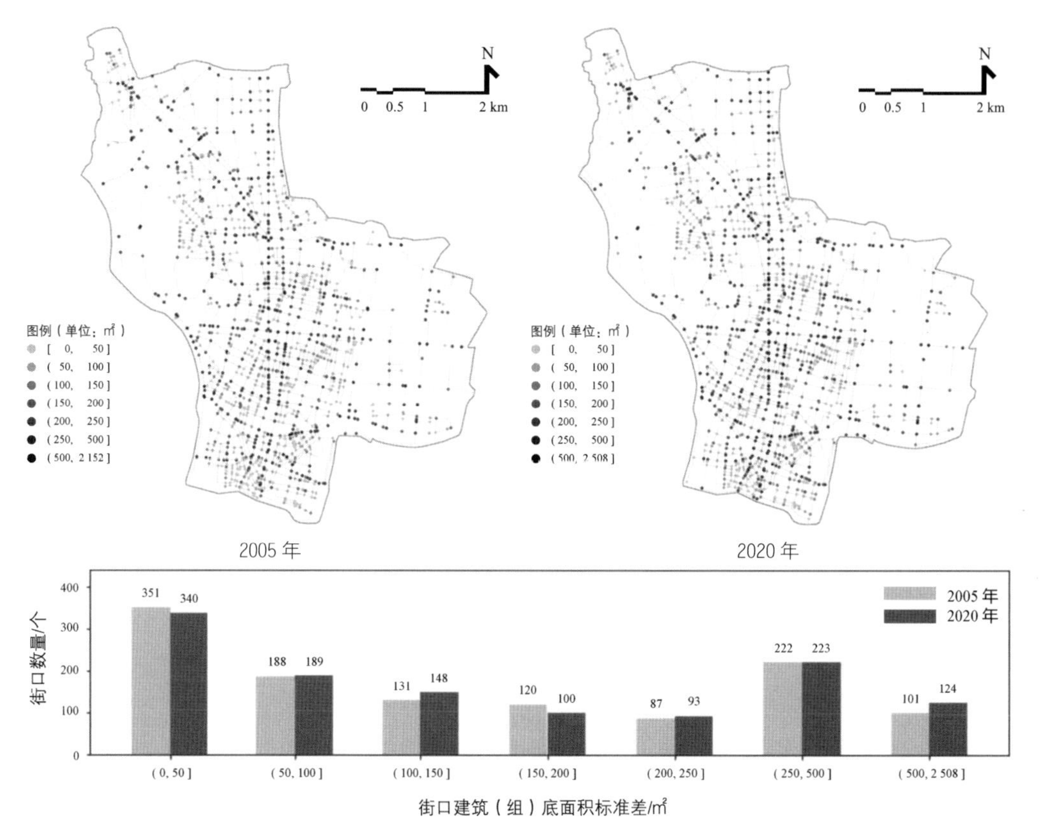

图 6.31 南京老城街口建筑（组）底面积标准差分布及统计图

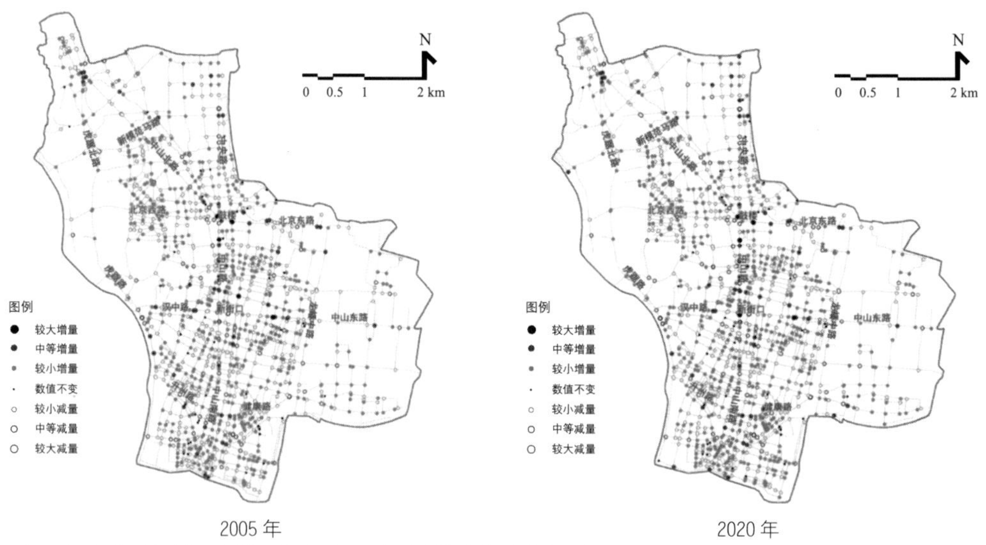

图 6.32 南京老城街口建筑（组）底面积标准差变化量分布图

（12）街口建筑高度标准差

从街口建筑高度标准差的分布来看，南京老城整体上呈现出“高值区域集中在中心区域”的特点，尤其新街口及其周边区域最为集中，这说明新街口周边区域的街口形态最为

“高低错落”（图 6.33）。2005 年街口建筑高度标准差的平均值为 8.8 m，而 2020 年街口建筑高度标准差的平均值变为 9.4 m，街口建筑高度标准差平均值在 15 年间增大了 0.6 m。从区间分布上来看，高值区间的街口数量有所增加，具体为街口建筑高度标准差在（18，21] 区间，即 6 至 7 层的街口数量从 2005 年的 37 个增加至 2020 年的 46 个；而在（21，82] 区间，即 7 层以上的街口数量从 105 个增加至 131 个。其他区间对应的街口数量各有增减，波动较大在（0，3] 区间，即不足 1 层的街口数量从 2005 年的 175 个减少至 2020 年的 161 个；而在（9，12] 区间，即 3 至 4 层的街口数量从 126 个增加至 142 个。2005 年，街口建筑高度标准差最大值对应的街口编号为 183，位于中山北路上，其高度为 54.1 m，大致相当于 18 层的高度；到了 2020 年，街口建筑高度标准差最大值增加至 82.3 m，大致相当于 27 层的高度，对应的街口编号变为 319，位于鼓楼。

通过南京老城街口建筑高度标准差变化量分布图来进一步说明其形态演替特征（图 6.34）。从图中可以看出，存在部分街口建筑高度标准差的数值未发生变化。具体而言，总共有 218 个街口的建筑高度标准差未发生变化，约占街口总数的 16.9%。从 2005 年到 2020 年，建筑高度标准差发生较小增量及较小减量的街口数量是相当的：其中发生较小增量的街口

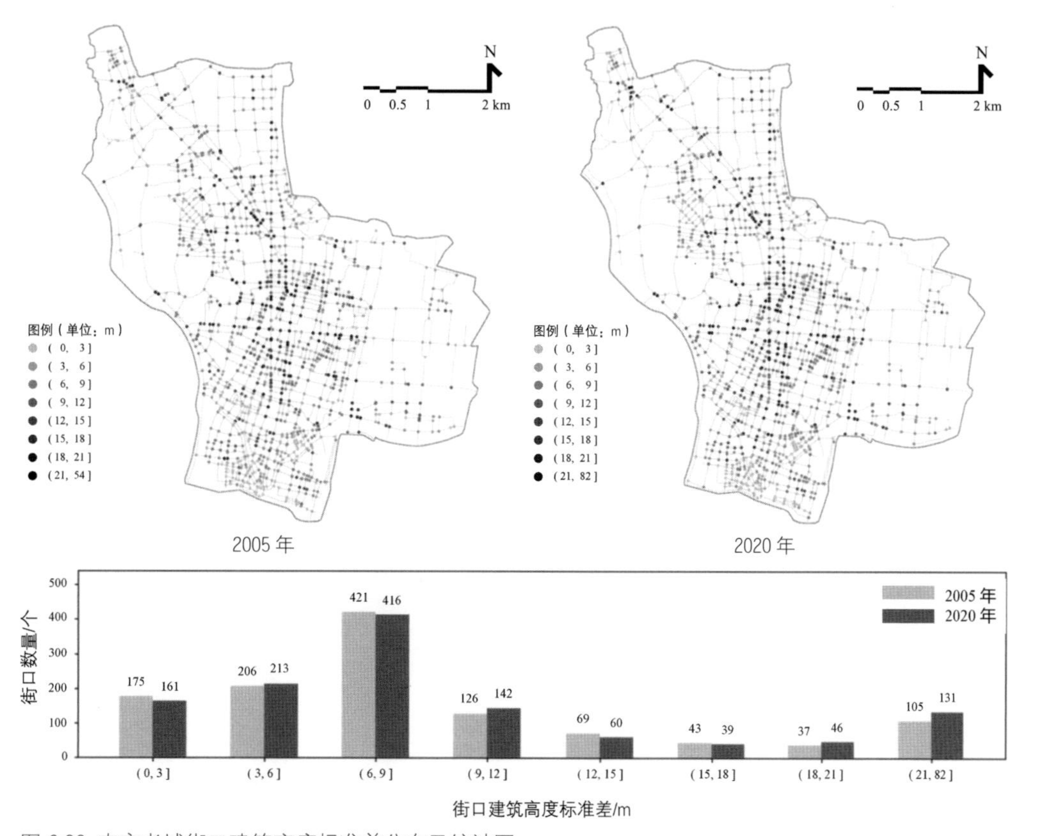

图 6.33 南京老城街口建筑高度标准差分布及统计图

有 451 个，对应区间为（0，6.3]，相当于 2 层多一点的建筑高度；而发生较小减量的街口有 463 个，对应区间为 [-4.7，0]，相当于不足 2 层的建筑高度。发生中等及较大增量和中等及较大减量的街口相对较少，分别为 96 个和 65 个，在鼓楼和新街口之间的中山路沿线有较为集中的分布。

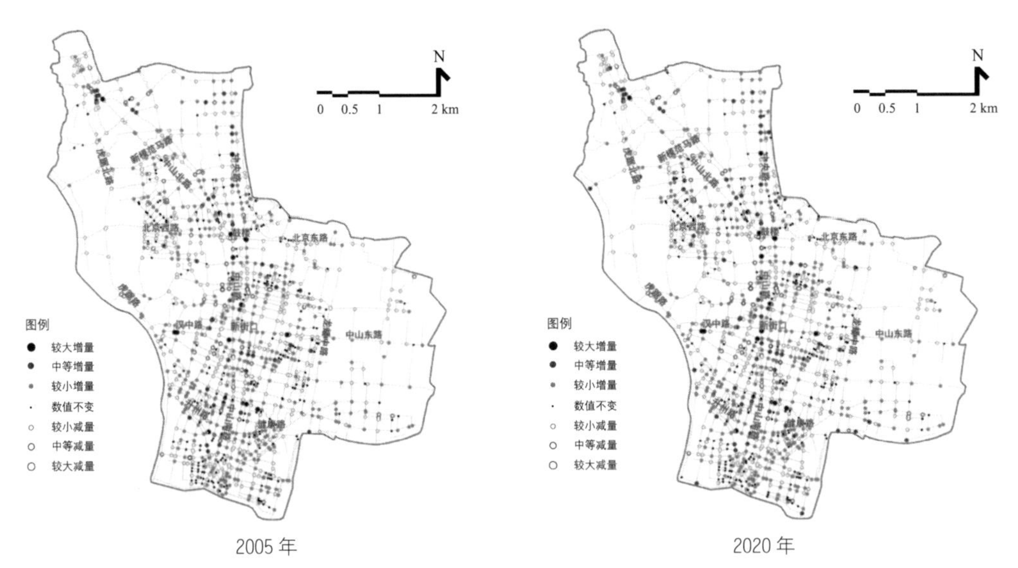

图 6.34 南京老城街口建筑高度标准差变化量分布图

（13）街口垂向密度变化率

从街口垂向密度变化率的分布来看，南京老城整体上呈现出“中心区域相对较大，边缘相对较小”的特点，尤其中心区域干道普遍数据较大（图 6.35）。2005 年街口垂向密度变化率的平均值为 0.052，而 2020 年街口垂向密度变化率的平均值变为 0.053，街口垂向密度变化率的平均值在 15 年间稍有增加。从区间分布上来看，在高值区间变化较为剧烈，体现为街口垂向密度变化率在（0.06，0.21] 区间的街口数量从 2005 年的 264 个增加至 2020 年的 291 个。相反，其他区间的变化较为缓和。2005 年，街口垂向密度变化率最大值对应的街口编号为 172，位于中山北路上，其数值达到 0.21；到了 2020 年，街口垂向密度变化率最大值减小至 0.17，对应多个街口编号，包括 172、466、668、675 以及 909，在中山北路、新街口及中山南路周边地区均有分布。

通过南京老城街口垂向密度变化率变化量分布图来进一步说明其形态演替特征（图 6.36）。从图中可以看出，有相当一部分街口的垂向密度变化率未发生变化。具体而言，总共有 955 个街口垂向密度变化率未发生变化，约占街口总数的 73.9%。从 2005 年到 2020 年，有部分街口垂向密度变化率发生较小增量，体现为在（0，0.02] 区间的街口数量为 143 个，占街口总数的 11.1%。与此同时，还有一小部分街口垂向密度变化率发生了较小减量，体现为在 [-0.04，0) 区间的街口共有 105 个，占街口总数的 8.1%。发生中等及较大增量的

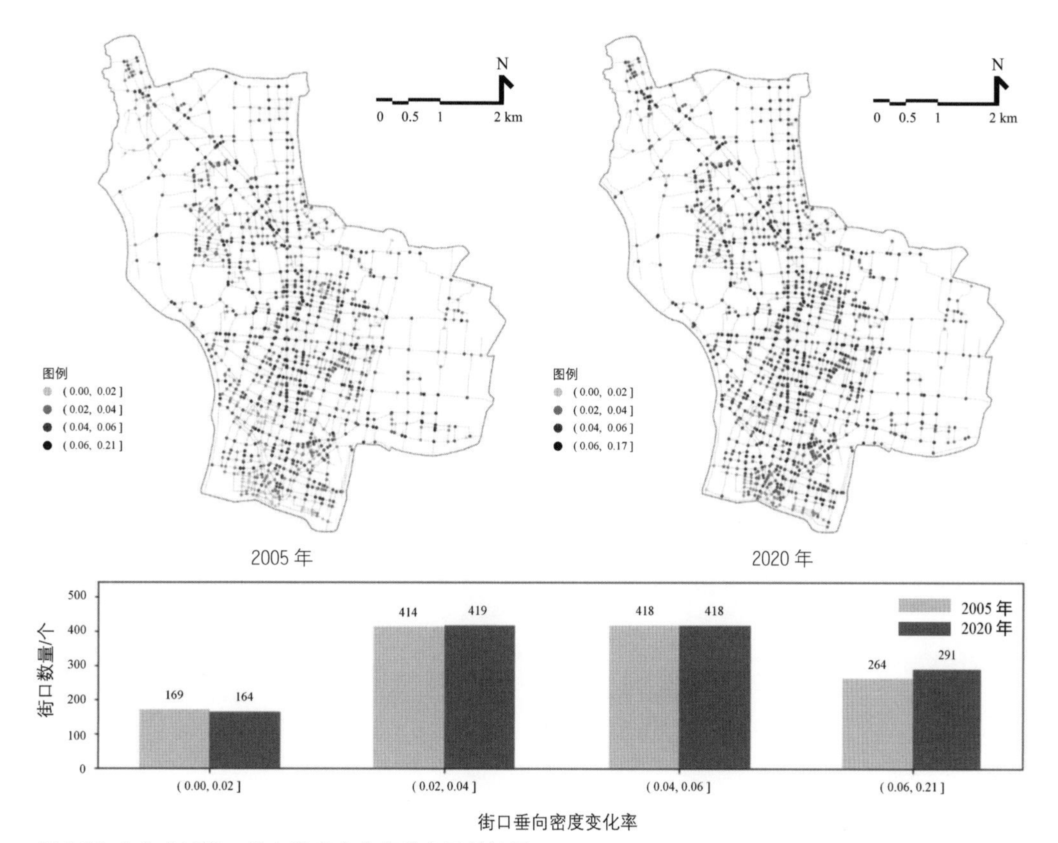

图 6.35 南京老城街口垂向密度变化率分布及统计图

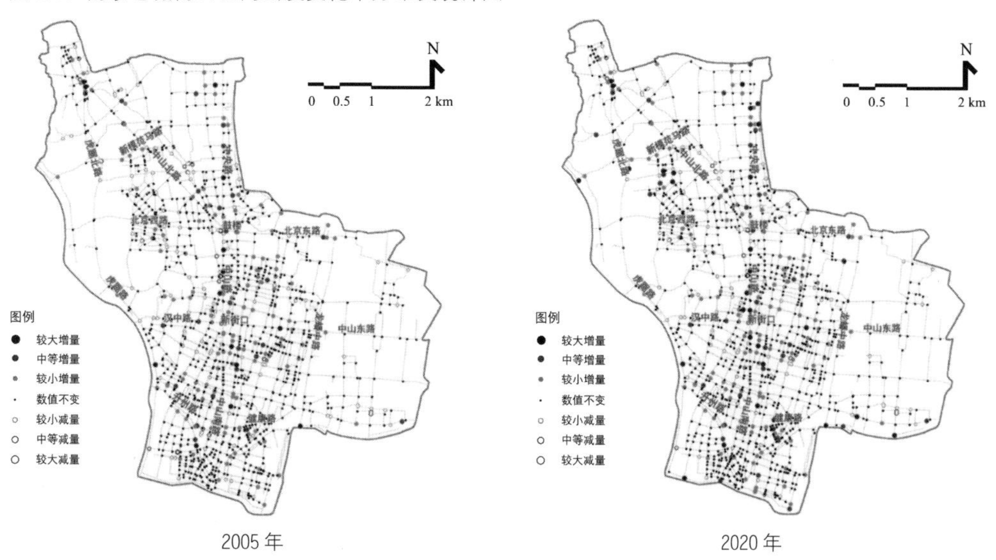

图 6.36 南京老城街口垂向密度变化率变化量分布图

街口共有 73 个，大部分沿中央路—中山路—中山南路轴向分布；而发生中等及较大减量的区间相对较少，仅有 17 个，在中山路沿线有集中分布。

（14）街口围合度

从街口围合度的分布来看，南京老城整体上呈现出“多片区高值分布”的特点，并且在老城南部地区的高值分布要多于北部（图 6.37）。2005 年街口围合度的平均值为 0.41，而 2020 年街口围合度的平均值变为 0.39，街口围合度的平均值在 15 年间减小了 0.02，说明 15 年间南京老城街口的围合度总体上是略有下降的。从区间分布上来看，高值区间对应的街口数量普遍减少：围合度在（0.45，0.50] 区间的街口数量从 2005 年的 271 个减少至 2020 年的 267 个；在（0.50，0.60] 区间的街口数量从 196 个减少至 182 个；而在（0.60，0.75] 区间的街口数量变化最为剧烈，从 86 个减少至 60 个。相反，低值区间对应的街口数量普遍增加，围合度不足 0.2 的街口数量从 2005 年的 80 个增加至 2020 年的 97 个；在（0.20，0.30] 区间的街口数量从 260 个增加至 275 个；在（0.30，0.35] 区间的街口数量从 113 个增加至 137 个；而在（0.35，0.40] 区间的街口数量则从 125 个增加至 139 个。2005 年，街口围合度最大值对应的街口编号为 505，位于中山路沿线附近，其围合度达到 0.75；到

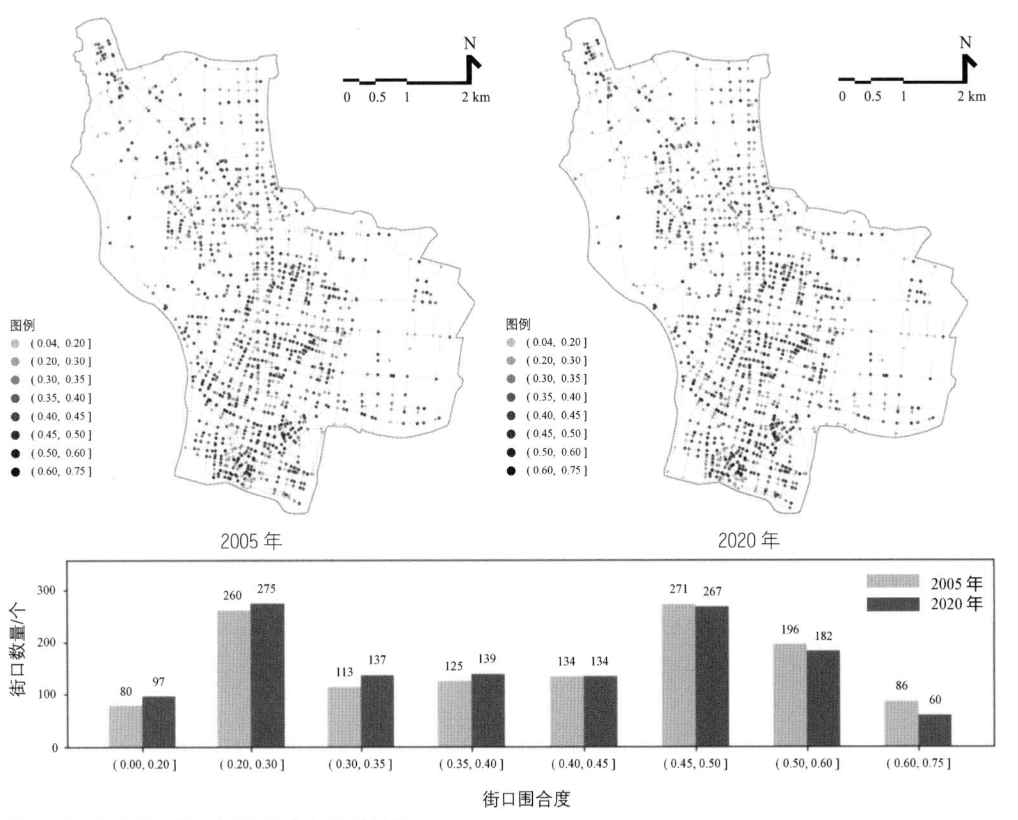

图 6.37 南京老城街口围合度分布及统计图

了 2020 年，在编号 505 的街口之外，另一个编号为 407 的街口围合度也增加至 0.75，位于龙蟠中路北端附近。

通过南京老城街口围合度变化量分布图来进一步说明其形态演替特征（图 6.38）。从图中可以看出，有相当一部分街口围合度的数值未发生变化。具体而言，总共有 597 个街口围合度未发生变化，约占街口总数的 46.2%。从 2005 年到 2020 年，有部分街口围合度发生较小增量，体现为在（0，0.13] 区间的街口数量为 231 个，占街口总数的 17.9%。与此同时，还有一小部分街口围合度发生了较小减量，体现为在 [-0.03，0）区间的街口共有 197 个，占街口总数的 15.2%。发生中等及较大增量和中等及较大减量的街口数量分别为 101 个和 167 个，从图中能够看出，其中大部分分布在老城南部区域，而北部仅北京东路、中央路的局部区域存在较为集中的分布。

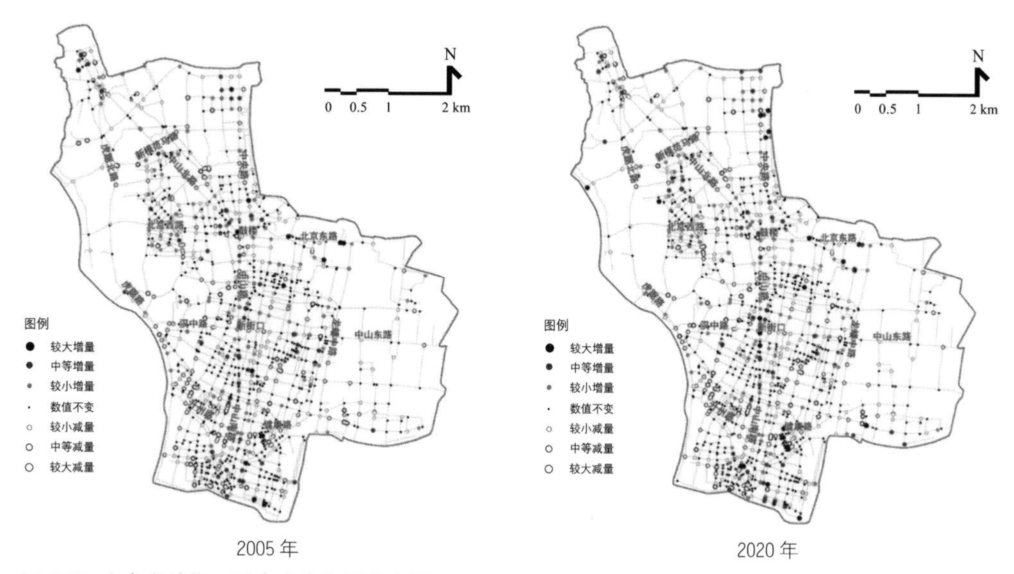

图 6.38 南京老城街口围合度变化量分布图

（15）街口径向密度均质化程度

从街口径向密度均质化程度的分布来看，南京老城整体上呈现出“南高北低”的特点（图 6.39）。2005 年街口径向密度均质化程度的平均值为 0.044，而 2020 年街口径向密度均质化程度的平均值变为 0.043，街口径向密度均质化程度的平均值在 15 年间稍有减小。从区间分布上来看，各个区间对应街口数量的变化都较为明显：街口径向密度均质化程度在（0，0.02] 区间的街口数量从 2005 年的 187 个增加至 2020 年的 215 个；在（0.02，0.04] 区间的街口数量增加了 26 个；在（0.04，0.06] 区间的街口数量从 377 个减少至 338 个；在（0.06，0.08] 区间的街口数量减少了 9 个；而径向密度均质化程度大于 0.08 的街口数量则从 2005 年的 71 个增加至 2020 年的 92 个。2005 年，街口径向密度均质化程度最大值对应的街口编号为 543，位于老城东部，其街口径向密度均质化程度达到 0.108；到了 2020 年，街口径向密度均质化程度的最大值增至 0.116，对应街口编号同样为 543。

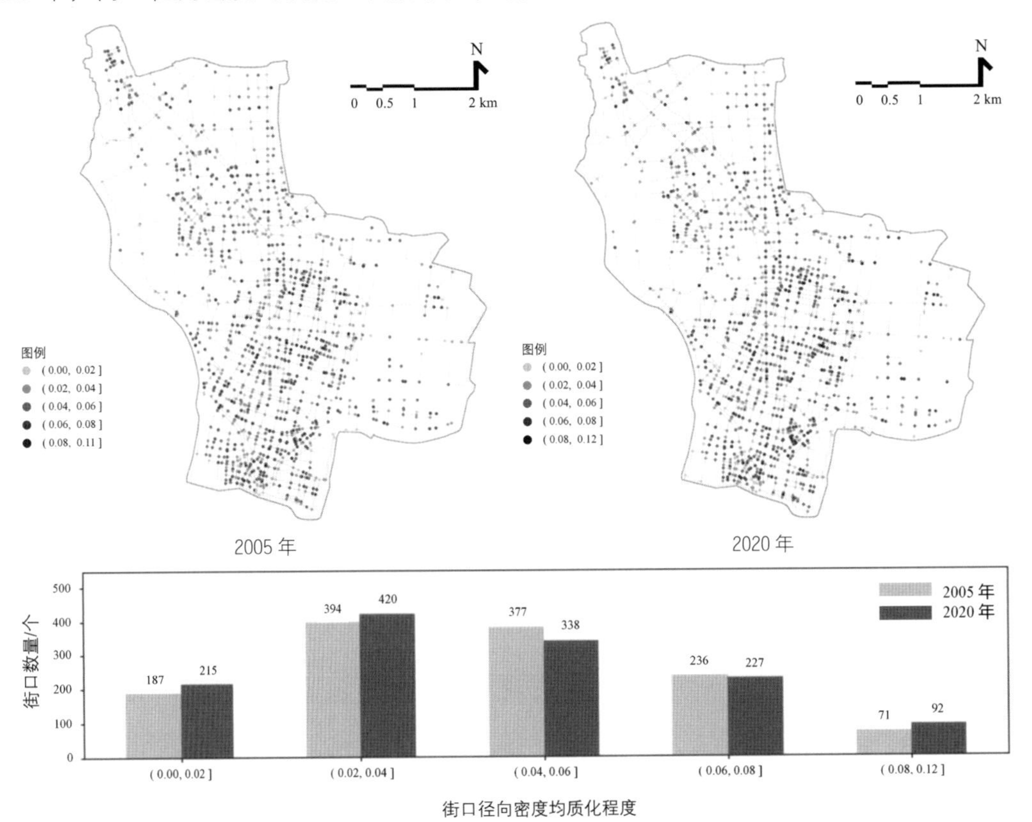

图 6.39 南京老城街口径向密度均质化程度分布及统计图

通过南京老城街口径向密度均质化程度变化量分布图来进一步说明其形态演替特征（图 6.40）。从图中可以看出，近乎所有街口径向密度均质化程度的数值均发生变化。从 2005 年到 2020 年，有部分街口径向密度均质化程度发生较小增量，在（0，0.014] 区间的街口共有 564 个，约占街口总数的 43.6%；同时，也有一部分街口径向密度均质化程度发生了较小减量，体现为在 [-0.015，0] 区间的街口共有 369 个，约占街口总数的 28.5%。发生中等及较大增量的街口数量分别为 145 个和 35 个，其较为显著地沿鼓楼至新街口之间的中山路呈线性延展。同时，发生中等及较大减量的街口数量分别为 121 个及 58 个，以分布在中山路干道以西及以东的腹地为主。

（16）街口径向强度均质化程度

从街口径向强度均质化程度的分布来看，南京老城整体上呈现出“高值在中心集聚”的特点，特别体现在新街口周边区域的干道上有较多的高值分布（图 6.41）。2005 年街

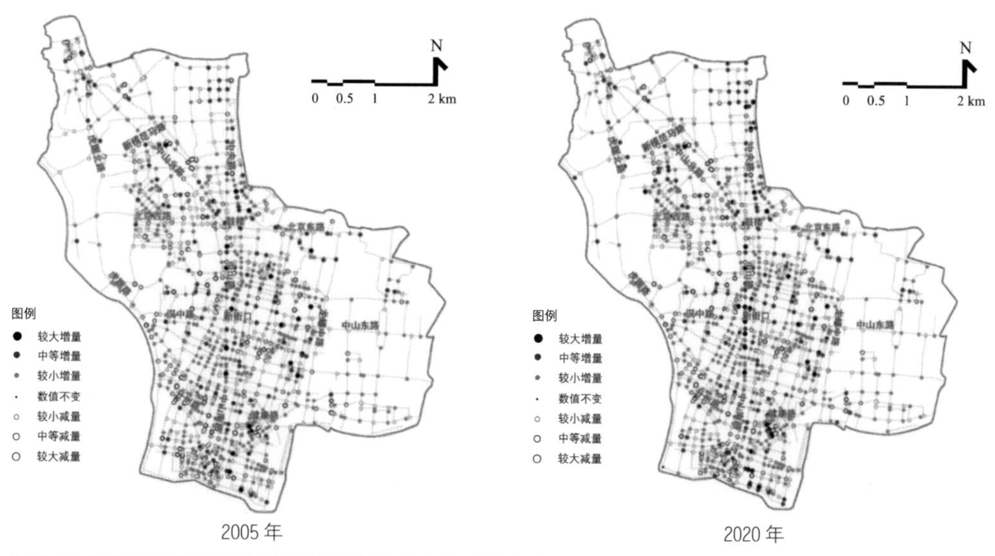

图 6.40 南京老城街口径向密度均质化程度变化量分布图

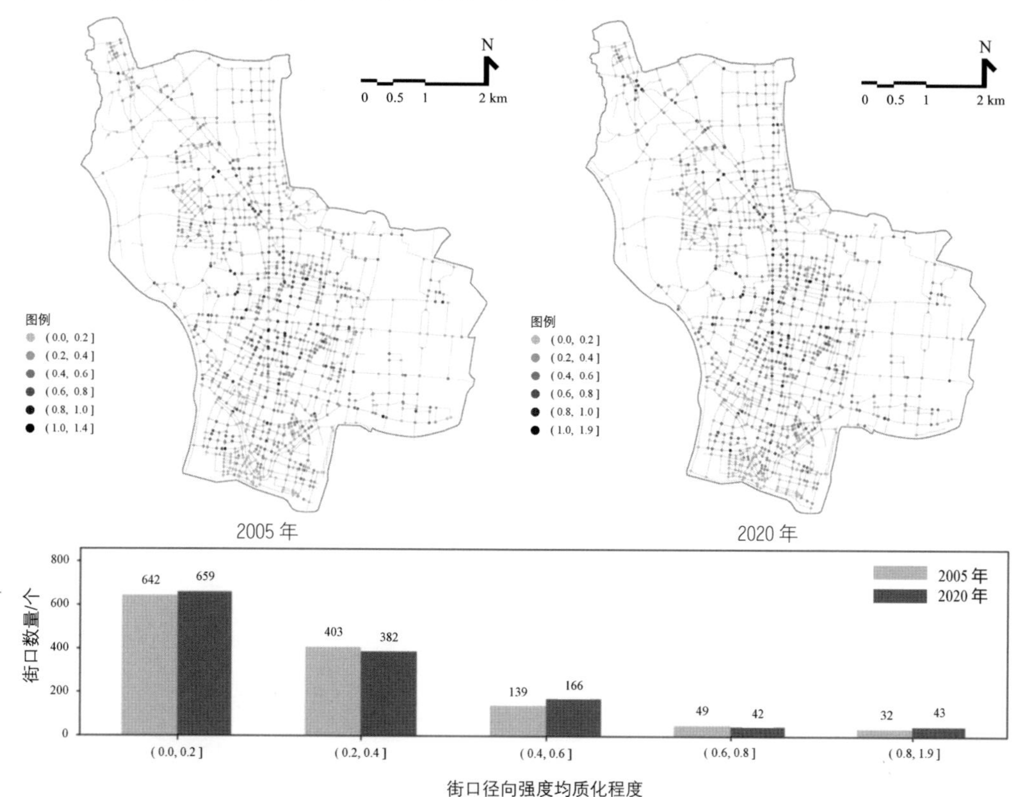

图 6.41 南京老城街口径向强度均质化程度分布及统计图

口径向强度均质化程度的平均值为 0.248，而 2020 年街口径向强度均质化程度的平均值变为 0.251，在 15 年间街口径向强度均质化程度的平均值稍有增大。从区间分布上来看，各个区间对应街口数量各有增减：街口径向强度均质化程度在 (0，0.2] 区间的街口数量从 2005 年的 642 个增加至 2020 年的 659 个；在（0.2，0.4］区间的街口数量从 403 个减少至 382 个；在（0.4，0.6］区间的街口数量从 139 个增加至 166 个；在（0.6，0.8］区间的街口数量减少了 7 个；而在（0.8，1.9］区间的街口数量则从 2005 年的 32 个增加至 2020 年的 43 个。2005 年，街口径向强度均质化程度最大值对应的街口编号为 183，位于中山北路附近区域，其街口径向强度均质化程度达到 1.41；到了 2020 年，街口径向强度均质化程度的最大值增至 1.89，对应街口编号为 578，位于中山路附近区域。

通过南京老城街口径向强度均质化程度变化量分布图来进一步说明其形态演替特征（图 6.42）。从图中可以看出，近乎所有街口径向强度均质化程度的数值均发生变化。从 2005 年到 2020 年，有部分街口径向强度均质化程度发生较小增量，表现为在（0，0.21］区间的街口共有 587 个，约占街口总数的 45.4%；同时，也有一部分街口径向强度均质化程度发生了较小减量，表现为在［-0.10，0］区间的街口共有 485 个，约占街口总数的 37.5%。发生中等及较大增量的街口数量分别为 61 个和 8 个，在中山路沿线有明显的集中分布。同时，发生中等及较大减量的街口数量分别为 134 个及 17 个，其中有很大一部分在新街口并呈周边环绕式分布。

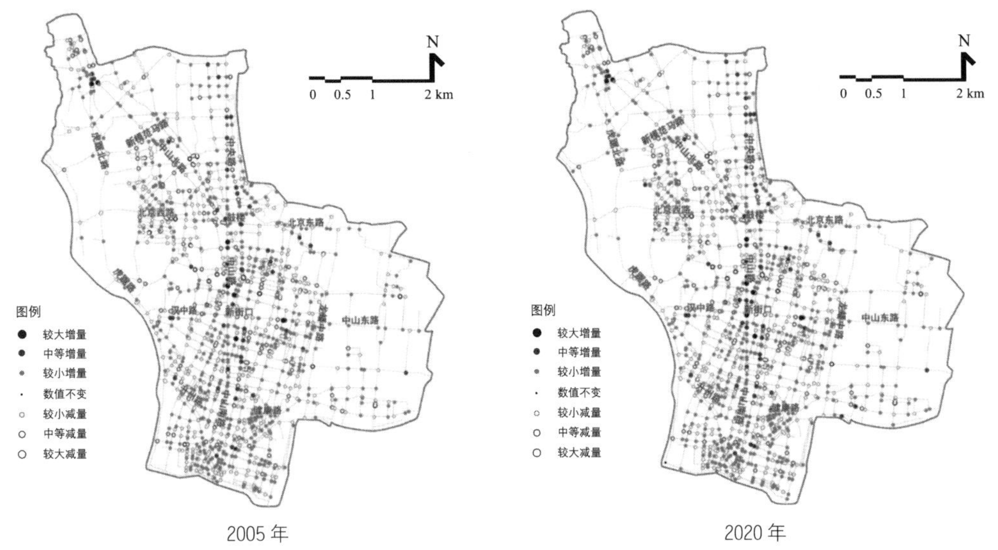

图 6.42 南京老城街口径向强度均质化程度变化量分布图
资料来源：作者自绘

6.3 南京老城街口类型构成及其演替

6.3.1 街口形态的模式划分

根据第 3 章大尺度形态类型建模研究方法中模式数字化划分的步骤，街口形态共包含数据整理模块和矩阵聚类模块两个模块，详细的技术原理已在第 3 章中说明，这里仅呈现具体的运算结果及参数的选择。

（1）数据整理

首先是对 2 558 个街口对象[①]和 16 个分项指标形成的 2 558×16 的数据矩阵进行归一化运算，统一量纲，将不同单位、不同数量级的形态指标均映射至 [0，1] 的区间范围内进行计算。

随后，针对数据矩阵中由相关性引起的冗余信息，运用自编码器对数据矩阵进行降维运算。如图 6.43 所示，在自编码器降维数－损失量的函数关系图中，横坐标对应数据缩减后的列数，即降至的维数，纵坐标为解码后的数据损失量。由于原始矩阵共有 16 列，故横坐标取值范围为 2 至 15。能够看出，大体上数据缩减后的列数越少，损失量越大。随着横坐标的逐渐增大，函数曲线呈现出两个阶段：先是整体递减，对应横坐标取值范围为 2 至 9；随后小幅波动，对应横坐标的取值范围为 9 至 15。在横坐标参数取值时，研究中取两个阶段的临界点，即横坐标取值为 9，将其作为自编码器运算缩减后的列数。此时的临界点意味着，当数据列数进一步缩减时，损失量由波动阶段转为上升阶段，数据矩阵开始损失自由度。

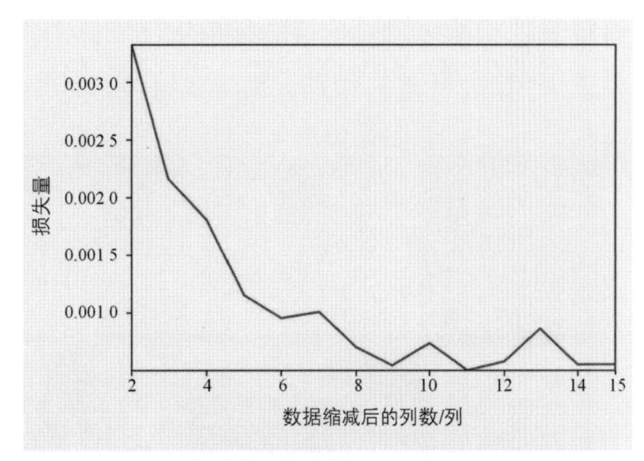

图 6.43 街口自编码器降维数－损失量函数关系

在街口形态类型的大尺度建模数字化流程中，在数据整理模块建构指标体系时并不能够避免各形态指标之间的相关性，这里补充形态指标之间的相关性矩阵，以及对各自形态指标相关性的解释。图 6.44 所示为街口形态指标的相关性矩阵。从矩阵中能够看出一些指标之间呈现出较强的相关性，例如：街口最小开敞空间半径与街口最大建筑（组）底面积之间的相关性为 0.81，街口最小开敞空间半径与街口建筑（组）底面积标准差之间的相关性为 0.75，街口最小开敞空间半径与街口总建筑底面积之间的相关性为 0.83，街口建筑密度与街口围合度之间的相关性为 0.87，街口最大建筑高度与街口垂向密度变化率之间的相关性为 0.80 等。也有一些指标之间的相关性较低，例如：街口最大建筑（组）底面积与街口建筑密度之间的相关性为 0.09，街口建筑密度与街口平均建筑高度之间的相关性

① 2005 年街口对象共计 1 265 个，2020 年街口对象共计 1 293 个，将两个年份的所有对象看作合集，共计街口对象 2 558 个。

为 0.06，街口围合度与街口平均建筑高度之间的相关性为 0.04 等。

（2）矩阵聚类

将经由自编码器降维的新数据矩阵，即 2 558×9 的数据矩阵，通过 AP 算法进行聚类。对于类别数的选择，是通过 CHS-DBI 双参数进行判定。已知 CHS 用来衡量类别之间的差异度，数值越大表征聚类性能越好；DBI 用来衡量每个类别中的最大相似度均值，数值越小表征聚类性能越好。CHS 的函数曲线整体呈递减趋势，在类别数为 8 时有波动；DBI 函数曲线呈波动式上升，在横坐标取值为 4 和 8 时呈现出大幅拐点。综合两个参数的性能表现，判定 AP 算法聚类的类别数为 8 类（图 6.45）。

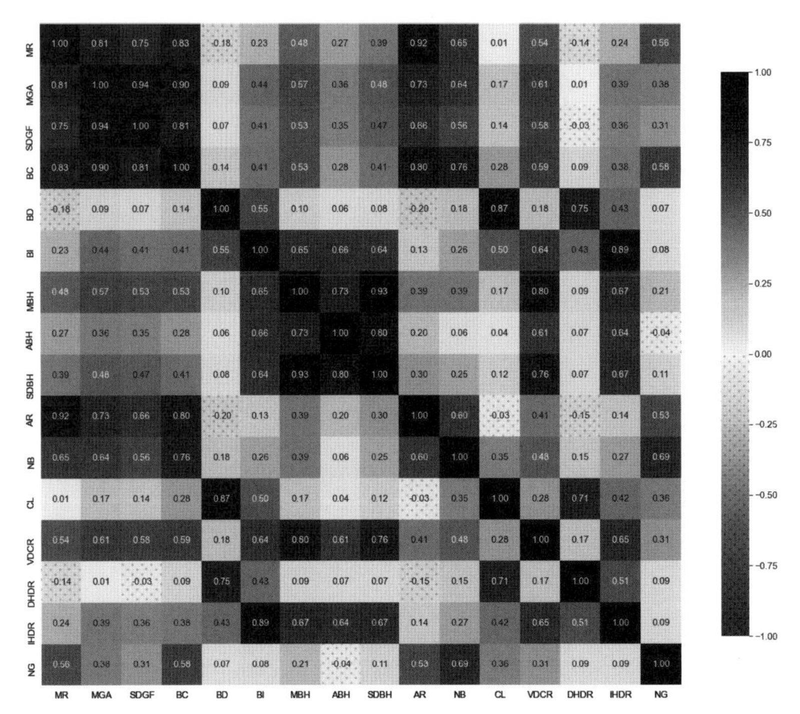

图 6.44 街口形态指标的相关性矩阵

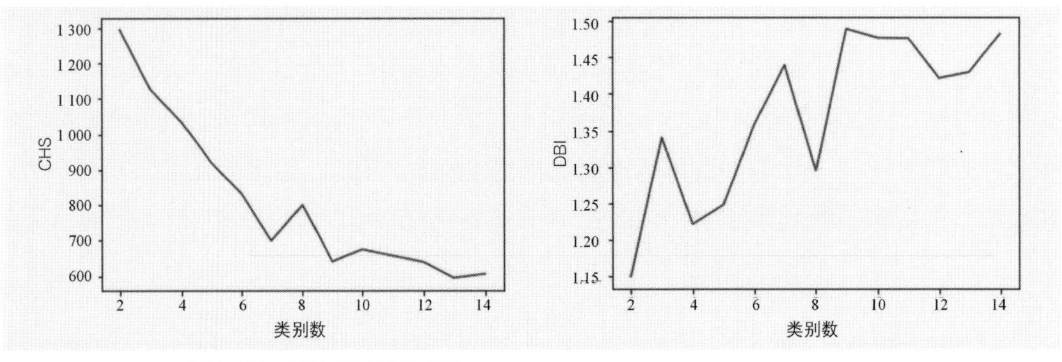

图 6.45 CHS-DBI 双参数对街口形态类别数的判定

将计算得到的类别数通过 1~8 的标签附至 2 558 个对象上，使得 2005 年的 1 265 个街口对象和 2020 年的 1 293 个街口对象均获得一个类别的标签。通过可视化的方式，为每个类别赋予不同的颜色，即得到两个年份的街口形态模式划分（图 6.46，图 6.47）。

图 6.46 南京老城街口形态模式划分图（2005 年）

图 6.47 南京老城街口形态模式划分图（2020 年）

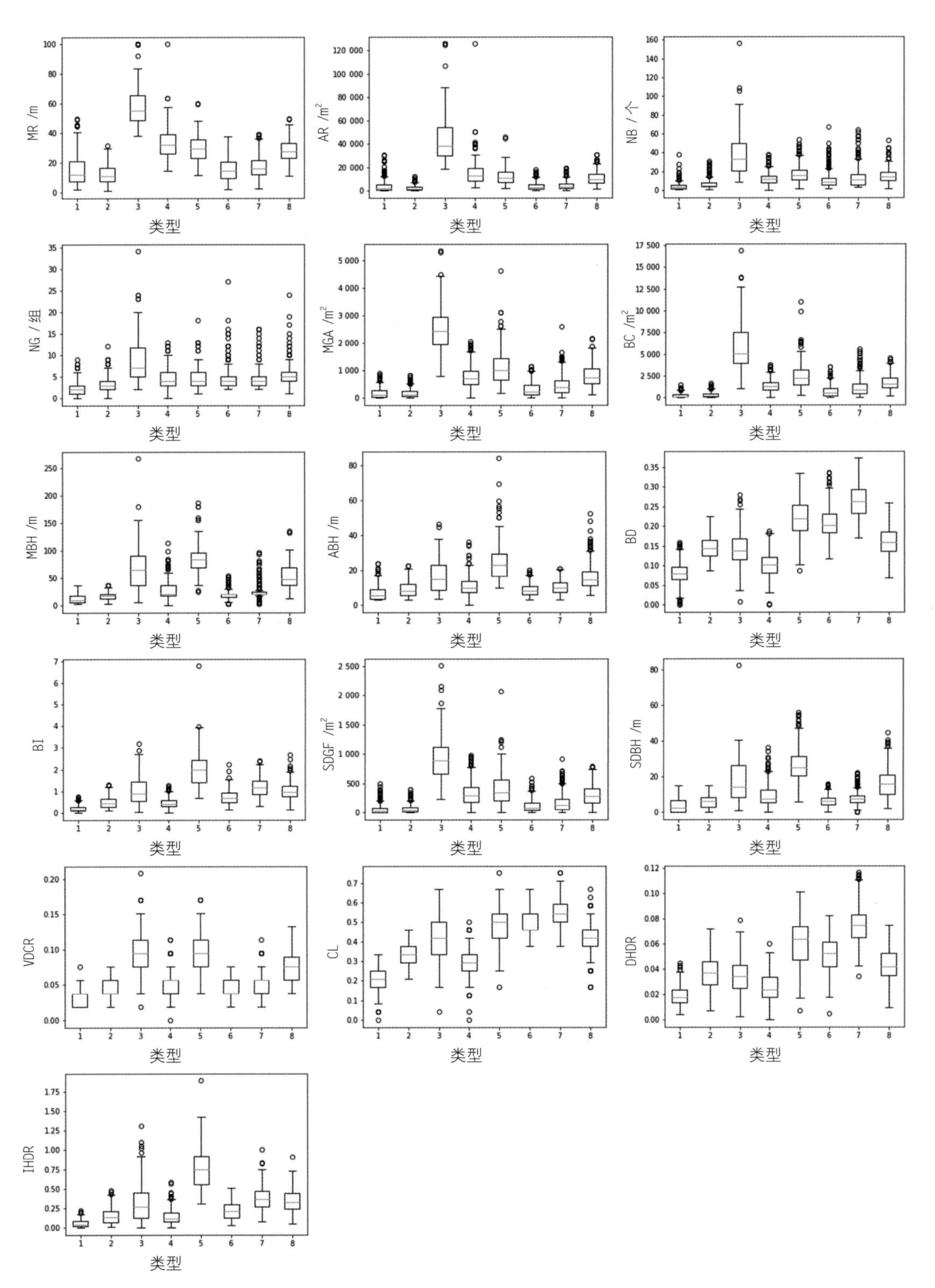

图 6.48 对各类型街口形态指标特征的箱线图的分析

6.3.2 街口形态的类型构成

在得到街口形态模式划分的基础之上，进一步通过大尺度形态类型建模研究方法中的类型数字化解释步骤，对各类别的模式进行形态解释，从而建构类型。

（1）形态统计

针对 8 个类型，分别基于 16 个分项形态指标作箱线图。通过图 6.48 能够较为直观地对比任一分项指标对应的 8 个类型街口形态对象的数值分布特征。例如，类型 3 对应的街口对象的面积、建筑个数、建筑组数等显著大于其他类型的街区对象；类型 7 对应的街口对象的建筑强度相较而言更为突出。箱线图所提供的各类型形态指标统计将为类型的定义提供理性的基础。

在箱线图的基础之上，进一步对每个类型的各分项形态指标进行数值上的统计。主要计算平均值和标准差两个指标，用这两个指标来反映每个类型中各分项指标的总体水平以及数据的离散程度（表 6.3）。

表 6.3 对各类型街口形态的指标统计[①]

	类型 1	类型 2	类型 3	类型 4	类型 5	类型 6	类型 7	类型 8
MR	14.8	12.1	59.5	33.1	29.5	15.1	16.9	28.3
	9.7	6.2	15.1	10.2	9.0	7.5	7.5	7.5
AR	3 933.2	2 320.7	47 281.9	15 074.4	11 951.3	3 559.2	4 298.3	10 719.5
	5 040.0	2 213.8	26 057.0	10 930.0	7 263.5	3 231.4	3 604.6	5 548.2
NB	4.5	6.6	39.0	12.1	17.8	10.9	13.4	15.6
	3.9	4.6	25.7	6.3	10.2	7.9	10.1	7.8
NG	2.5	3.5	9.1	4.7	4.8	4.7	4.5	5.4
	1.5	1.6	6.1	2.3	2.5	2.5	2.0	2.8
MGA	175.3	169.4	2 500.6	768.6	1 124.4	293.9	469.4	800.4
	182.1	152.7	947.3	400.4	668.6	236.6	384.5	403.4
BC	247.2	324.2	5 951.4	1 372.1	2 540.5	698.0	1 128.6	1 692.2
	261.0	304.5	2 859.5	698.1	1 611.7	613.3	983.4	866.4
MBH	11.7	17.2	65.2	29.6	84.7	18.8	24.0	52.5
	7.5	6.8	41.6	18.3	25.6	7.0	12.6	23.0

① 表格中每个分项指标对应两行数据，第一行为该类型所有对象指标数值的平均数，第二行为该类型所有对象指标数值的标准差。各分项指标数据的单位均对应表 6.2 街口形态指标体系中的单位。同时，各分项指标数据的小数点保留位数不尽相同，是根据每个形态指标各自数据特征而设定的。

续表

	类型 1	类型 2	类型 3	类型 4	类型 5	类型 6	类型 7	类型 8
ABH	6.9	9.0	16.7	10.9	24.8	8.5	10.1	16.3
	4.3	4.3	9.8	5.5	11.3	3.5	3.8	7.5
BD	0.08	0.15	0.14	0.10	0.22	0.21	0.26	0.16
	0.03	0.03	0.05	0.03	0.05	0.04	0.04	0.04
BI	0.20	0.48	1.07	0.46	2.02	0.72	1.16	1.02
	0.16	0.26	0.70	0.24	0.77	0.32	0.42	0.37
SDGF	57.9	64.3	925.4	328.6	408.9	112.7	168.8	306.8
	81.3	65.7	420.4	204.2	293.4	97.7	152.1	174.7
SDBH	3.8	5.8	17.9	9.6	27.0	6.1	7.5	16.5
	3.9	3.3	12.4	6.3	9.5	2.7	3.5	7.9
VDCR	0.031	0.040	0.095	0.056	0.096	0.046	0.053	0.074
	0.013	0.014	0.034	0.017	0.026	0.013	0.016	0.019
CL	0.200	0.346	0.415	0.285	0.487	0.487	0.561	0.414
	0.061	0.054	0.129	0.075	0.090	0.064	0.061	0.082
DHDR	0.02	0.04	0.03	0.03	0.06	0.05	0.07	0.04
	0.01	0.01	0.01	0.01	0.02	0.01	0.01	0.01
IHDR	0.06	0.15	0.35	0.15	0.77	0.22	0.37	0.34
	0.05	0.09	0.28	0.10	0.28	0.10	0.15	0.14

资料来源：作者编制

（2）形态可视化

为了更加直观地解释各类型的街口形态，对典型的街口形态进行可视化呈现。一个前置性的工作是对各类型中街口形态的“典型性程度”进行排序。由于本书中使用的 AP 聚类算法中每个类型的质心为既有数据点，因此直接将质心对应的数据点作为该类型中最典型的对象。计算各类别中其余对象到质心的距离[①]。根据其余各对象到质心的距离，按从小到大依次进行排序，得到各类型中街口形态典型性程度的排序结果。在各类型典型街口形态二维切片图的呈现中，本书选择每个类型中典型性程度排名前 10 的街口对象进行制图；而在各类型典型街口形态三维轴测图的呈现中，本书选择每个类型中最为典型的街口

① 这里的距离指 n 维向量之间的空间距离，例如街口形态指标体系中包含 16 个指标，故任意两个对象之间的距离视为两个 16 维向量之间的空间距离。

对象进行制图。

二维切片图主要呈现街口形态的平面肌理（图 6.49）。从典型街口形态二维切片图中，能够直观地看出各类别之间的街口形态差异较为明显，例如类型 3 街口显著尺度大于其他类别，而像类型 1、类型 2、类型 6、类型 12 对应的街口对象则相对尺度较小。进一步，将每个类型中最为典型的对象通过三维轴测图进行呈现（图 6.50），从三维立体的角度进一步考察其形态特征。

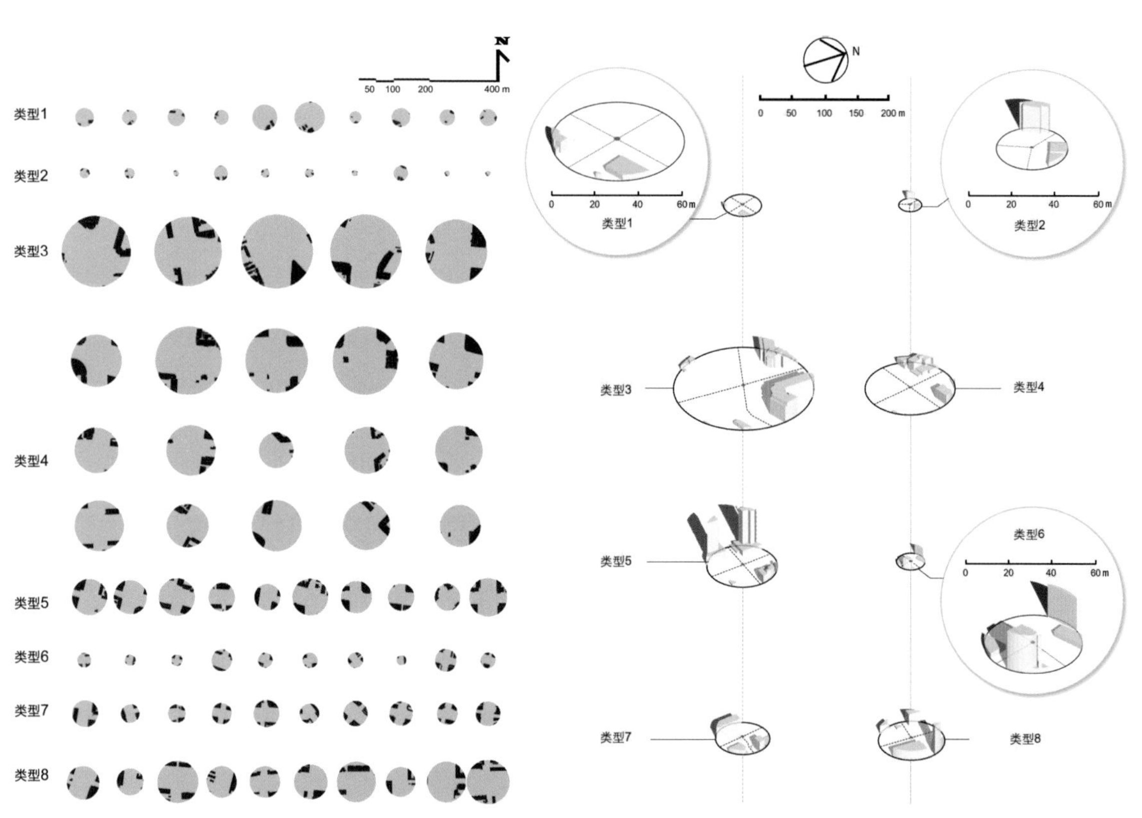

图 6.49 南京老城各类型典型街口形态二维切片图　　图 6.50 南京老城各类别典型街口形态三维轴测图

（3）对街口类型的定义

综合以上形态统计和形态可视化，对街口类型进行定义。将总共 8 个街口类型定义为小稀型街口、微隙型街口、地标型街口、空旷型街口、都市型街口、传统型街口、紧凑型街口、多簇型街口（表 6.4）。

表 6.4 街口类型的名称及主要特征

编号	类型名称	主要特征
类型 1	小稀型街口	尺寸不大，建筑分布零散而稀疏
类型 2	微隙型街口	尺寸极小，建筑密度中等
类型 3	地标型街口	尺寸极大，建筑强度及最高建筑高度通常较大
类型 4	空旷型街口	大而空，围合度极低
类型 5	都市型街口	建筑强度极大，建筑密度、最高及平均建筑高度也显著较大
类型 6	传统型街口	低矮，建筑密度及围合度较大，建筑底面积及建筑高度的差异度不大
类型 7	紧凑型街口	尺寸不大，建筑密度、建筑强度及围合度均较大，高度一般
类型 8	多簇型街口	密度中等，形态挺拔而错落，围合度不高

资料来源：作者编制

类型 1 为小稀型街口。小稀型街口的尺寸不大，平均最小开敞空间半径为 14.8 m。平均每个小稀型街口的建筑个数为 4.5 个，建筑组数为 2.5 组，最大建筑（组）底面积为 175.3 m^2，总建筑底面积为 247.2 m^2，最大建筑高度为 11.7 m，平均建筑高度 6.9 m，在所有类型中均几乎为最低值。同样，从占有率类形态指标来看，小稀型街口的建筑密度平均值为 0.08，建筑强度平均值为 0.20，均为最低。从二维切片图和三维轴侧图中也能看出其建筑分布零散而稀疏的特点。小稀型街口建筑底面积及建筑高度的差异性通常也较小，体现为建筑（组）底面积标准差平均值为 57.9 m^2，建筑高度标准差平均值为 3.8 m。从布局类形态指标来看，小稀型街口垂向密度变化率平均值为 0.031，围合度平均值为 0.200，径向密度均质化程度平均值为 0.02，径向强度均质化程度平均值为 0.06，均表明其三维形态较为简单。

类型 2 为微隙型街口。微隙型街口的平均最小开敞空间半径仅为 12.1 m，为所有类型中最低。平均每个微隙型街口的建筑个数为 6.6 个，建筑组数为 3.5 组，最大建筑（组）底面积为 169.4 m^2，总建筑底面积为 324.2 m^2，最大建筑高度为 17.2 m，平均建筑高度为 9.0 m，均为低值，仅次于小稀型街口。从占有率类形态指标来看，微隙型街口的建筑密度平均值为 0.15，建筑强度平均值为 0.48，均处于中等偏低水平。与小稀型街口相似，微隙型街口的建筑（组）底面积及建筑高度的差异性也较小，体现为建筑（组）底面积标准差平均值为 64.3 m²，建筑高度标准差平均值为 5.8 m。从布局类形态指标来看，微隙型街口垂向密度变化率平均值为 0.040，围合度平均值为 0.346，径向密度均质化程度平均值为 0.04，径向强度均质化程度平均值为 0.15。

类型 3 为地标型街口。地标型街口在所有类型中尺寸最大，其平均最小开敞空间半径高达 59.5 m。平均每个地标型街口的建筑个数为 39.0 个，建筑组数为 9.1 组，最大建筑（组）底面积为 2 500.6 m²，总建筑底面积为 5 951.4 m²，在所有类型中均为最高。同样，地标型街口的最大建筑高度平均值为 65.2 m，而其平均建筑高度达到 16.7 m，在所有类型中仅次于类型 5。这表明地标型街口同时具备最大的开敞空间以及较为挺拔的三维高度，故称其为“地标”。地标型街口的建筑底面积及建筑高度的差异性较大，体现为建筑（组）底面标准差平均值为 925.4 m²，建筑高度标准差平均值为 17.9 m。从布局类形态指标来看，地标型街口垂向密度变化率平均值为 0.095，围合度平均值为 0.415，径向密度均质化程度平均值为 0.03，径向强度均质化程度平均值为 0.35，在所有类型中处于中等水平。

类型 4 为空旷型街口。空旷型街口的尺寸较大，最小开敞空间半径平均值达到 33.1 m，仅次于地标型街口。平均每个空旷型街口的建筑个数为 12.1 个，建筑组数为 4.7 组，最大建筑（组）底面积为 768.6 m²，总建筑底面积为 1372.1 m²，最大建筑高度为 29.6 m，平均建筑高度为 10.9 m，在所有类型中处于中等水平。从占有率类形态指标来看，空旷型街口的建筑密度平均值为 0.10，建筑强度平均值为 0.46，均为较低水平。这些均表明空旷型街口“大而空旷”的三维形态特征。空旷型街口建筑（组）底面积标准差平均值为 328.6 m²，建筑高度标准差平均值为 9.6 m。从布局类形态指标来看，空旷型街口垂向密度变化率平均值为 0.056，围合度平均值为 0.285，径向密度均质化程度平均值为 0.03，径向强度均质化程度平均值为 0.15。可以看出，空旷型街口的另一个显著的特征就是围合度极低。

类型 5 为都市型街口。都市型街口的尺寸中等，最小开敞空间半径平均值为 29.5 m。每个都市型街口建筑个数平均达到 17.8 个，而建筑组数平均仅为 4.8 组，这表明都市型街口的建筑大量成组出现。在最大建筑（组）底面积及总建筑底面积上，都市型街口均仅次于地标型街口。而都市型街口的显著特征是：最大建筑高度极高，平均达到 84.7 m；平均建筑高度极高，平均达到 24.8 m；建筑强度极大，平均达到 2.02；垂向密度变化率极大，平均达到 0.096；径向密度均质化程度极大，平均达到 0.06；径向强度均质化程度极大，平均达到 0.77。同时，都市型街口建筑底面积及建筑高度的差异性较大，体现为建筑（组）

底面积标准差平均值为 408.9 m^2，建筑高度标准差平均值为 27.0 m。

类型 6 为传统型街口。传统型街口的尺度较小，最小开敞空间半径平均值为 15.1 m，与小稀型街口旗鼓相当。然而，传统型街口在建筑密度和围合度上显著大于小稀型街口，具体体现为建筑密度平均值高达 0.21，与都市型街口对应的数值相当，围合度平均值高达 0.487，仅次于类型 7。同时注意到传统型街口通常形态较为低矮，最大建筑高度平均值仅为 18.8 m，平均建筑高度平均值仅为 8.5 m，为除小稀型街口外最低。以上特征均指向一种“尺度较小、形态低矮、高密度、高围合度”的路口三维形态，故将此类街口定义为传统型街口。

类型 7 为紧凑型街口。紧凑型街口的尺度同样不大，最小开敞空间半径平均值为 16.9 m，在所有类型中处于中等水平。平均每个紧凑型街口的建筑个数为 13.4 个，建筑组数为 4.5 组，最大建筑（组）底面积为 469.4 m^2，总建筑底面积为 1 128.6 m^2，最大建筑高度为 24.0 m，平均建筑高度为 10.1 m，均处于中等水平。紧凑型街口的建筑密度平均值为 0.26，为所有类型中最大；其建筑强度平均值为 1.16，仅次于都市型街口；同时紧凑型街口的围合度高达 0.561，为所有类型中最大。可以看出，紧凑型街口是一种“高密度、高围合度且建筑高度一般”的三维形态。紧凑型街口在垂直方向的密度变化率不高，平均值仅为 0.053；但其在径向的变化相对较大，体现为径向密度均质化程度平均值为 0.07，径向强度均质化程度平均值为 0.37。

类型 8 为多簇型街口。多簇型街口的尺寸较大，平均最小开敞空间半径为 28.3 m。平均每个多簇型街口的建筑个数为 15.6 个，建筑组数为 5.4 组，最大建筑（组）底面积为 800.4 m^2，总建筑底面积为 1 692.2 m^2，均处于中等水平。多簇型街口的建筑形态较为“挺拔且错落”，体现为最大建筑高度平均值达到 52.5 m，平均建筑高度平均值达到 16.3 m，建筑高度标准差平均值达到 16.5m，在所有类型中均位于前列。从占有率类形态指标来看，多簇型街口的建筑密度平均值为 0.16，建筑强度平均值为 1.02，均处于中等水平。多簇型街口的围合度相对不高，平均值仅为 0.414。多簇型街口的径向密度均质化程度平均值为 0.04，径向强度均质化程度平均值为 0.34，表明其在径向的形态变化相对较大。

6.3.3 街口类型的分布及演替

依据建构的 8 个街口类型，进一步研究其在南京老城空间上的分布特征。同时，综合对比 2005 年和 2020 年两个时间切片，从而得到各类型街口在 15 年间的演替特征。

（1）小稀型街口

小稀型街口的分布整体上较为零散，在颐和路公馆区域以及城南中华门地区有一部分较为集中的分布（图 6.51）。小稀型街口多分布在等级不高的街道，这与日常对城市的认识是一致的。自 2005 年至 2020 年，南京老城内的小稀型街口从 179 个变化至 192 个，数量有所增加。在临近老城南部边界的区域有一部分小稀型街口的增加。

（2）微隙型街口

微隙型街口数量略多于小稀型街口，其主要分布在老城中部及南部，在临近老城西侧、北侧及东侧边界处鲜有微隙型街口（图 6.52）。同样，微隙型街口多分布在等级不高的街道，这与日常对城市的认识是一致的。自 2005 年至 2020 年，南京老城内的微隙型街口从 258 个

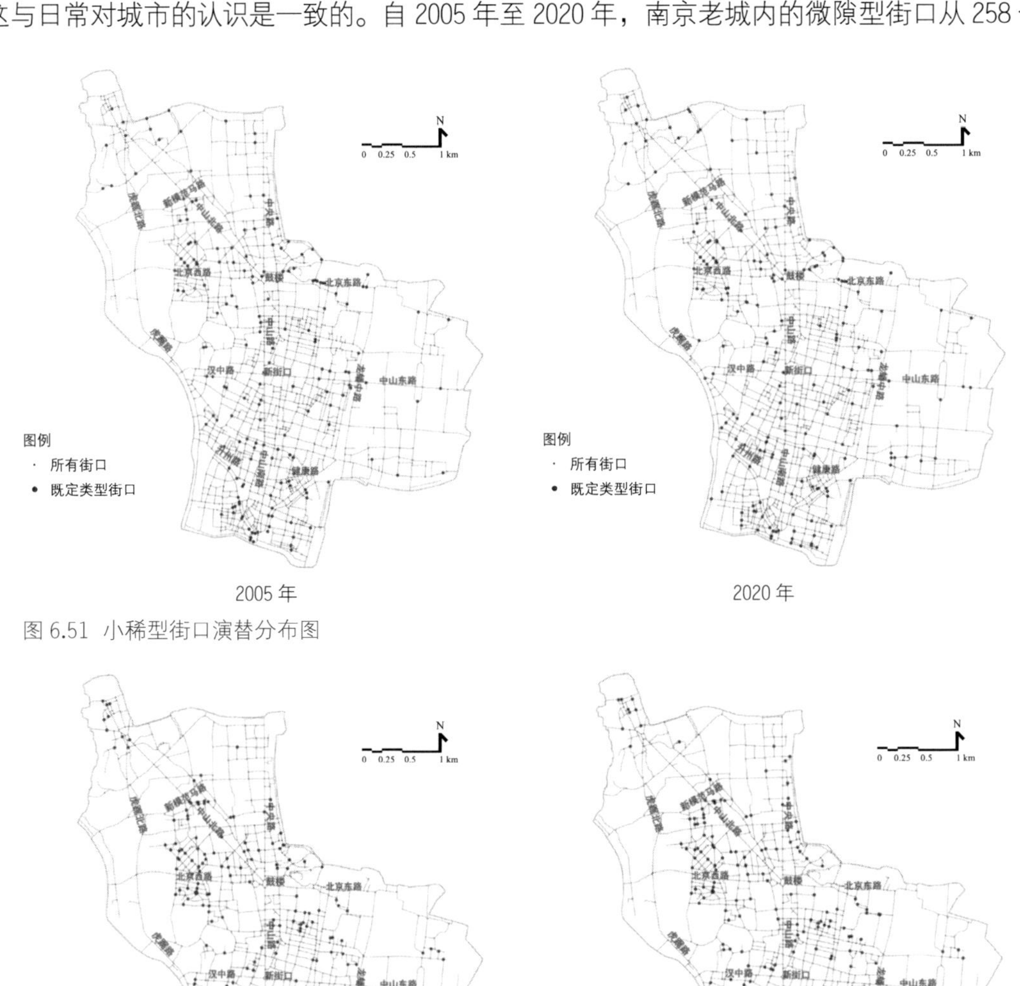

2005 年　2020 年

图 6.51 小稀型街口演替分布图

2005 年　2020 年

图 6.52 微隙型街口演替分布图

变化至 264 个，数量略有增加。在中央路以东，临近老城边界的区域有较为明显的新增。

(3) 地标型街口

地标型街口数量相对不多，均沿干道分布，大都出现在城市干道与干道相交处，例如北京西路与虎踞路相交的街口、虎踞路与汉中路相交的街口等（图 6.53）。自 2005 年至 2020 年，南京老城内的地标型街口从 40 个变化至 50 个，数量有明显的增加。虎踞北路与中山北路相交处、北京东路与进香河路相交处、长江路与洪武北路相交处，都出现了新增的地标型街口。

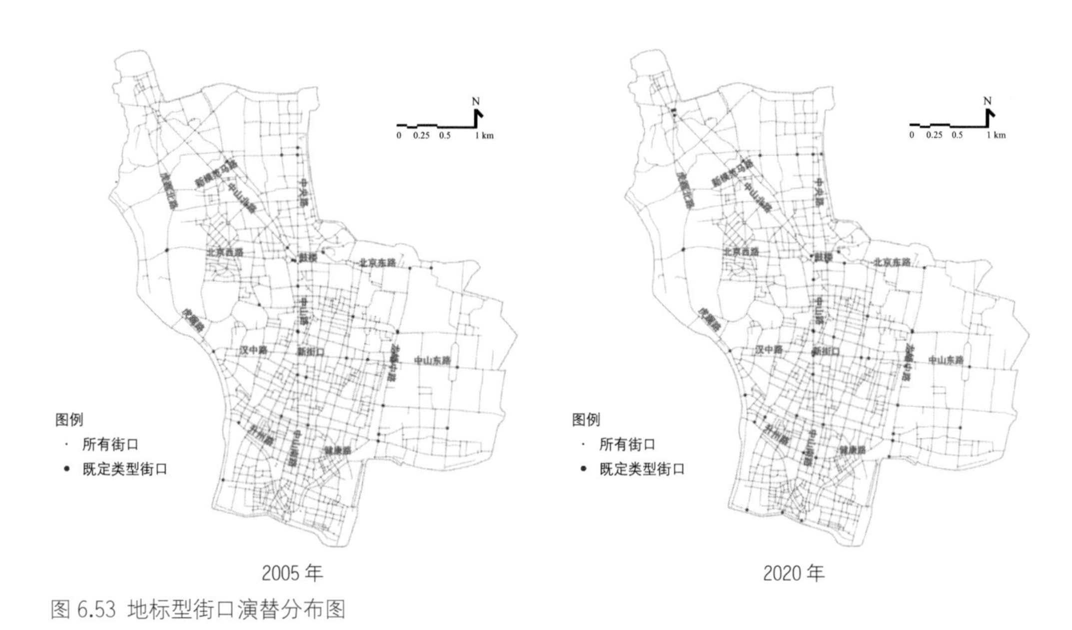

图 6.53 地标型街口演替分布图

(4) 空旷型街口

空旷型街口同样主要分布在干道沿线，并且呈现出明显的轴状分布的特征。中山北路、中山路、中山南路、北京东路等南京老城几条骨架性的街道沿线均分布有不少空旷型街口（图 6.54）。自 2005 年至 2020 年，南京老城内的空旷型街口从 118 个变化至 133 个，数量明显增加；空旷型街口在新模范马路、虎踞路等街道沿线有明显的新增。

(5) 都市型街口

都市型街口显著集中在老城中心新街口附近的区域，尤其在中山路、中山南路与洪武北路、洪武路之间的区域分布十分密集（图 6.55）。自 2005 年至 2020 年，南京老城内的都市型街口从 80 个变化至 84 个，主要体现在新街口区域进一步加密，以及鼓楼以北的中央路沿线有所新增。

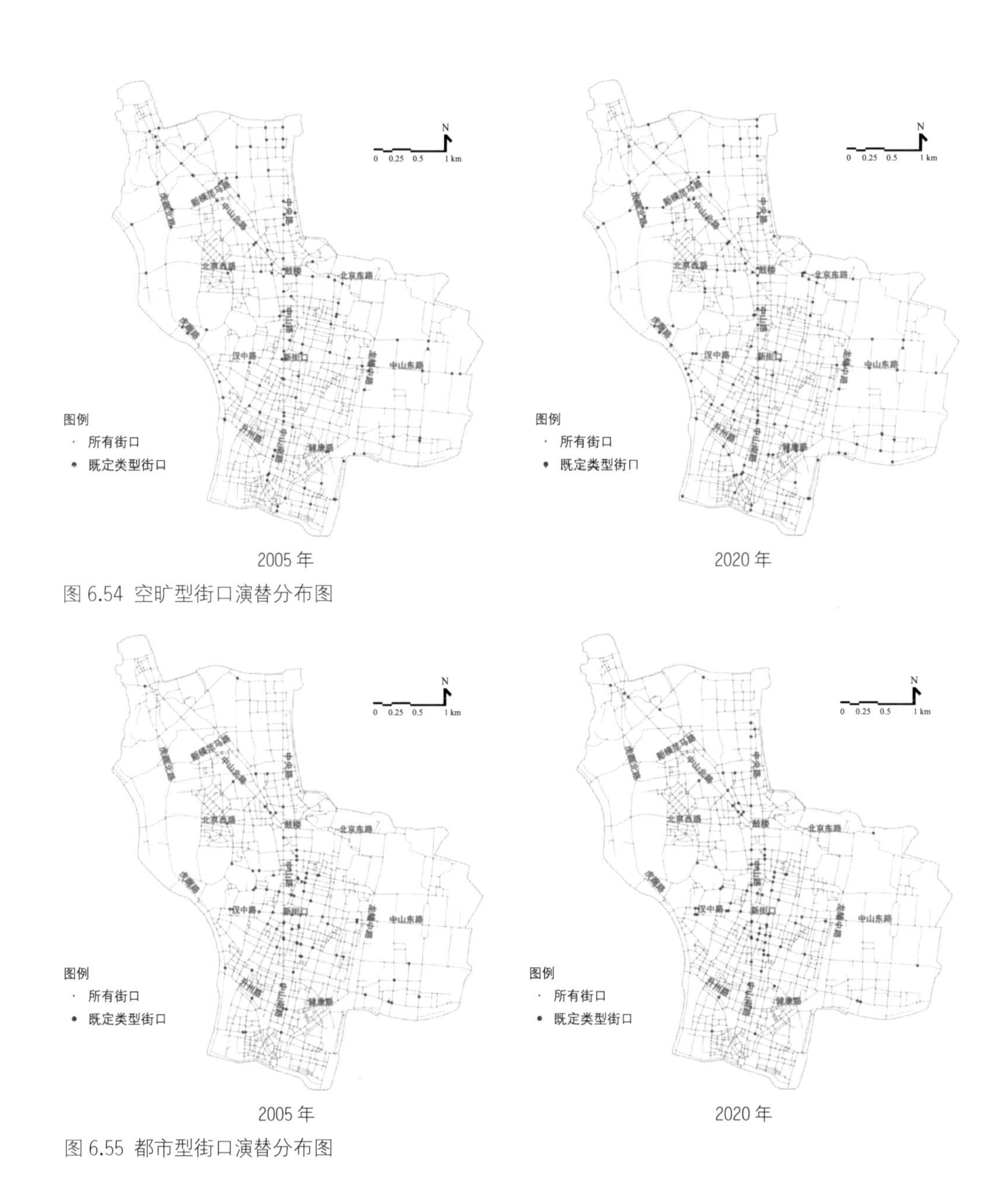

图 6.54 空旷型街口演替分布图

图 6.55 都市型街口演替分布图

（6）传统型街口

传统型街口数量较多，在分布上也较为广泛，在北京西路以北区域、中山路以东区域、新街口东南方向的区域以及城南较大片的区域均有集中成片的分布（图 6.56）。传统型街口多分布在等级不高的街道，这与日常对城市的认识是一致的。自 2005 年至 2020 年，南京老城内的传统型街口从 262 个变化至 232 个，数量发生了明显的减少。尤其体现在老城南部地区，有相当一部分传统型街口发生了类型转变，变化为其他类型的街口。

（7）紧凑型街口

紧凑型街口在老城南部地区的分布相较而言多于北部。紧凑型街口在汉中路、中山东路以南区域成片分布，而在北部区域分布较为零星，仅中山北路沿线及中山路与龙蟠东路之间的区域有些许集聚（图 6.57）。自 2005 年至 2020 年，南京老城内的紧凑型街口从 202 个变化至 194 个，数量上有所减少。在中山北路沿线及新街口以南地区减少的趋势较为明显。

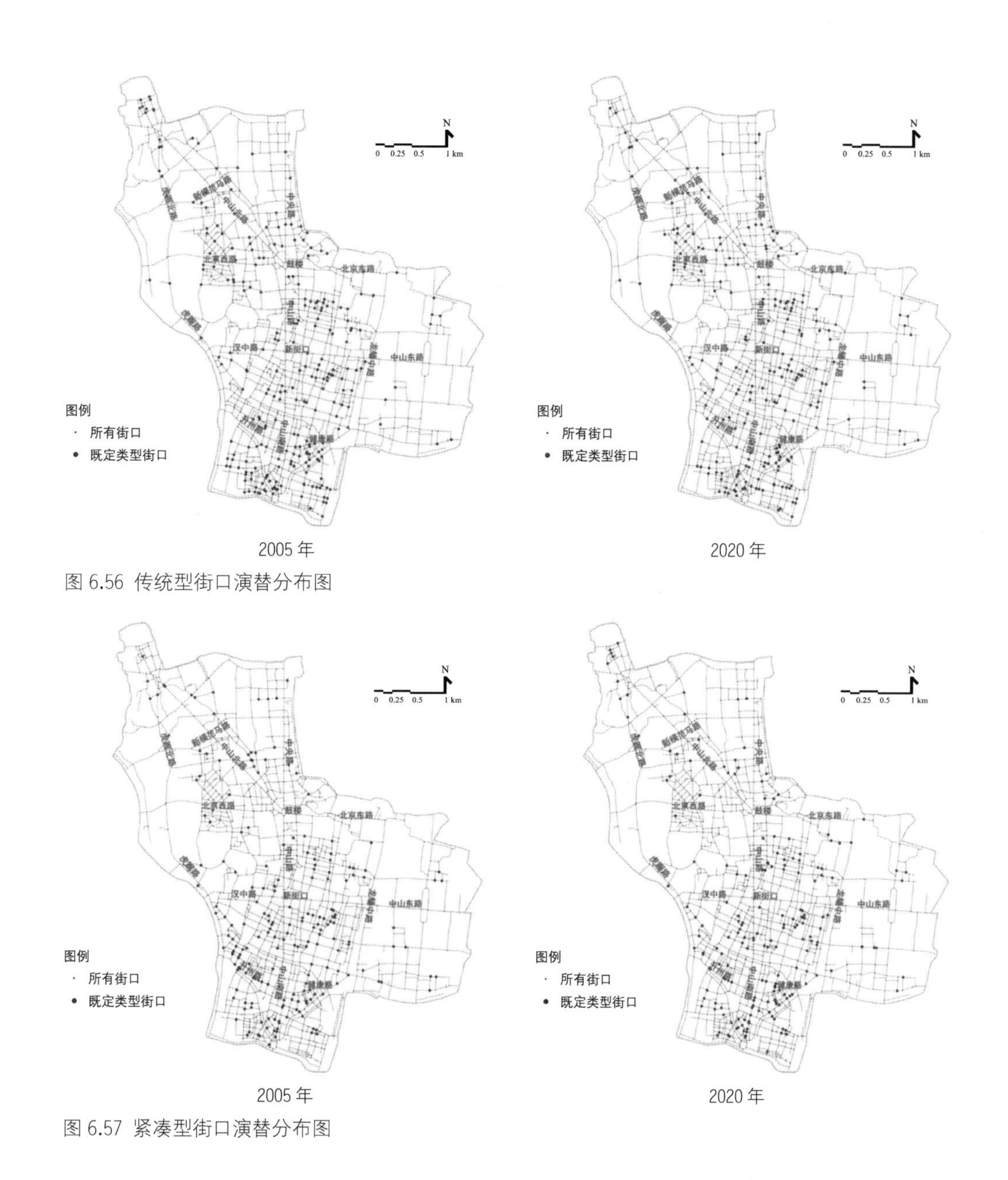

图 6.56 传统型街口演替分布图

图 6.57 紧凑型街口演替分布图

（8）多簇型街口

多簇型街口通常沿等级较高的街道分布，如中山北路、中央路、北京西路、中山路、中山南路等；也有一部分多簇型街口分布在这些高等级街道附近的区域（图 6.58）。自 2005 年至 2020 年，南京老城内的多簇型街口从 126 个变化至 144 个，数量上有所增加。最明显的体现就是沿中央路—中山路—中山南路这条南北方向轴线的集聚分布态势进一步加强。

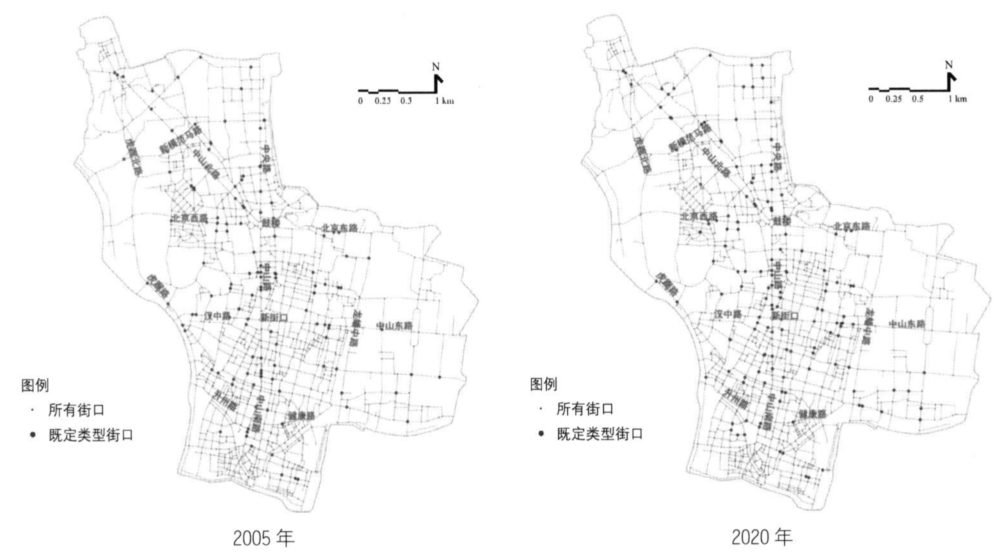

图 6.58 多簇型街口演替分布图

参考文献

[1] Conzen M R G. Alnwick, Northumberland: A study in town-plan analysis[J]. Transactions and papers (Institute of British Geographers), 1960 (27): iii-122.

[2] Osmond P. The urban structural unit: Towards a descriptive framework to support urban analysis and planning[J]. Urban morphology, 2009, 14(1): 5-20.

[3] Harvey C, Aultman-Hall L, Troy A, et al. Streetscape skeleton measurement and classification[J]. Environment and planning B: urban analytics and city science, 2017, 44(4): 668-692.

[4] 高彩霞，丁沃沃．南京城市街廓界面形态特征与建筑退让道路规定的关联性[J]. 现代城市研究,2018,33(12):37-46.

[5] Guyot M, Araldi A, Fusco G, et al. The urban form of Brussels from the street perspective: The role of vegetation in the definition of the urban fabric[J]. Landscape and urban planning, 2021, 205: 103947.

[6] Araldi A, Fusco G. From the street to the metropolitan region: Pedestrian perspective in urban fabric analysis[J]. Environment and planning B: urban analytics and city science, 2019, 46(7): 1243-1263.

[7] 田银生，谷凯，陶伟．城市形态研究与城市历史保护规划[J]. 城市规划，2010,34(4): 21-26.

·7· 结语：面向应用的大尺度形态类型建模

形态学研究中常见的一个“二分法”逻辑是将研究分为描述性、解释性的（descriptive）和处方性、应用性的（prescriptive）。本书第4章至第6章，以南京老城为例，分别对街区、街道、街口要素对象进行大尺度形态类型建模，显然更加侧重描述性和解释性。但大尺度形态类型建模不应只是停留于描述性和解释性，处方性和应用性也是这一研究方法所不可回避的问题。本章试图从三个角度阐述大尺度形态类型建模这一研究方法的应用性，分别概括为驱动样本深度剖析的智慧大脑、驱动形态集成交互的实用工具、驱动设计实践决策的理性沙盘。

7.1 驱动样本深度剖析的智慧大脑

大尺度形态类型建模最为直接的应用场景就是对所研究的样本进行深度剖析，从而进一步挖掘形态样本的建构机理。前序研究中依托大尺度形态类型建模的数字化方法流程，对南京老城的街区形态、街道形态、街口形态分别进行实证研究。集成分项解析的结果，分别从样本形态要素的多样化特征、样本整体形态的结构性特征，以及样本形态演替的动态性特征进行剖析。

7.1.1 剖析样本形态要素的多样性特征

首先是剖析形态要素的类型，对其构成进行多样性剖析，形成样本地域范围内的形态类型库。在南京老城的样本中，共计1522个街区[①]的形态存在七种类型构成，分别为大院型街区、岛型街区、条型街区、短窄型街区、簇核型街区、巨型街区、基质型街区；其

① 其中2005年包含753个街区对象，2020年包含769个街区对象。

共计 4 260 个街道[1] 的形态存在 12 种类型构成，分别为瘦长型街道、东南型街道、垂行列型街道、都市峡谷型街道、横干型街道、矮巷型街道、匀短型街道、阔长型街道、纵干型街道、顺行列型街道、密实型街道、曲径型街道；其共计 2 558 个街口[2] 形态存在八种类型构成，分别为小稀型街口、微隙型街口、地标型街口、空旷型街口、都市型街口、传统型街口、紧凑型街口、多簇型街口。

每个类型在其名称的背后，对应的是一系列该类型的形态要素对象。由于在大尺度形态类型建模的数字化流程中已经对所有的要素对象进行了数字化的形态解析，因此每个类型的形态特征也能够通过数字化的方式进行概括和呈现。本书在第 4 章至第 6 章中较为详细地对街区、街道、街口的类型逐个进行较为详尽的数字化解释，其中不仅用到箱线图的方式进行形态统计，同时也通过典型对象的二维切片图及三维轴测图对其进行可视化表达。正是因为这些数字化统计结果及数字化的图形呈现，数字形态类型地图中的每个类型构成都可以称得上是一种“数字类型构成”。街区、街道、街口的所有数字类型构成，同时也共同组成了南京老城建筑群尺度的数字形态类型库（图 7.1）。

相比于传统视角，通过大尺度形态类型建模解析得到的要素形态类型构成能够显著提升对城市空间中不同形态要素的认知。以最为典型的街道形态为例，传统视角下对街道形态的认知主要是从交通功能的角度，如美国联邦公路管理局（Federal Highway Administration，FHA）按照功能等级将街道分成地方道路（local）、辅助干道（collector）、城市干道（arterial）。当然，国际上也有对这种按交通功能等级分类方式的批评，例如新城市主义协会（Congress for New Urbanism，CNU）提出一种更符合街道设计语境的分类方式，包括街道（street）、大道（avenue）、林荫大道（boulevard）。

在中国，最广为流传的街道分类来源于《城市综合交通体系规划标准》（GB/T 51328—2018），其将城市道路按照所承担的城市活动特征分为快速路、主干路、次干路和支路四个种类。与这些传统较为单一的分类视角形成鲜明对比的是，基于形态类型建模得到各形态要素的数字类型构成，能够将街道本身的尺寸、形状以及由街道两侧建筑分布排列所引起的三维形态进行全面考量，并给出综合的街道形态分类。在所得到的 12 类街道形态的分类结果中，诸如垂行列型街道、都市峡谷型街道、密实型街道等，都能够提供一种全面立体甚至带有空间序列画面感的街道形态认知框架。

同样，对于街区、街口的认知也不应当仅仅停留在较为单一的尺度视角，而是真正将

---

① 其中 2005 年包含 2 108 个街道对象，2020 年包含 2 152 个街道对象。

② 其中 2005 年包含 1 265 个街口对象，2020 年包含 1 293 个街口对象。

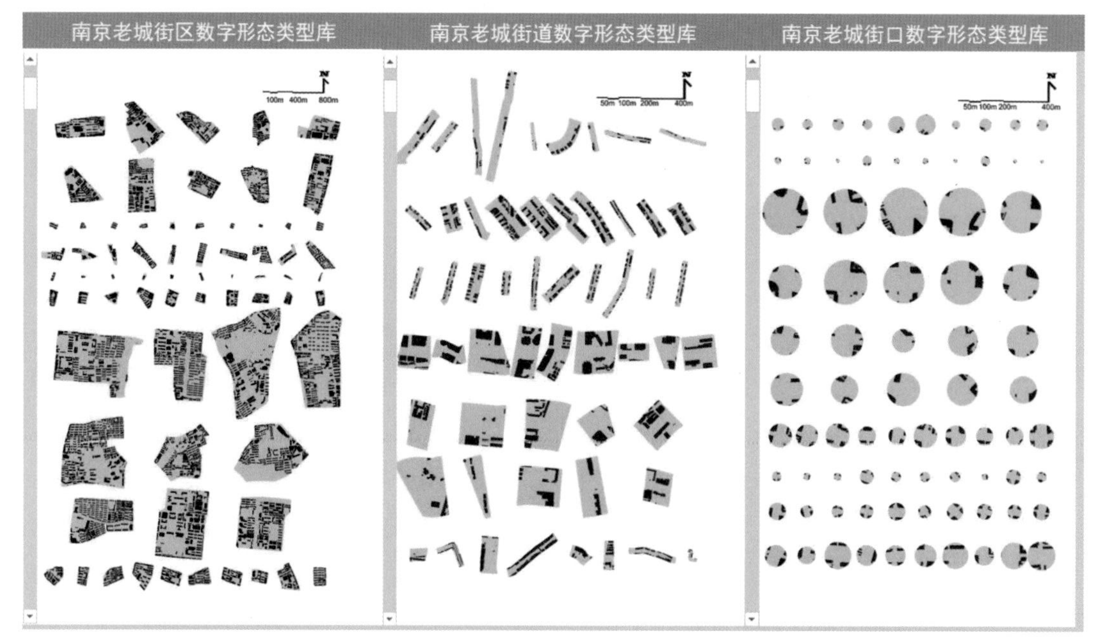

图 7.1 南京老城街区、街道、街口数字形态类型库示意图

街区、街口当作一个有高度、有体积的三维形态对象，充分认知其在当代城市空间中的多样性与复杂性。结果显示，通过大尺度形态类型建模得到的数字类型构成能够提供一种综合客观又不失新颖的视角。在小街区、大街区、超级街区的简单认知视角之上，以大院型街区、岛型街区、条型街区、短窄型街区、簇核型街区、巨型街区、基质型街区来认知南京老城的街区形态类型；在小街口、大街口的简单认知视角之上，以小稀型街口、微隙型街口、地标型街口、空旷型街口、都市型街口、传统型街口、紧凑型街口、多簇型街口来认知南京老城的街口形态类型（表 7.1）。

总结而言，相比于传统对城市形态要素的认知视角，大尺度形态类型建模提供了一个更加综合、三维立体的剖析与认知视角，是对不同街区、街道、街口等不同形态要素多样性的一种诠释。但这种形态多样性的诠释又较为节制。城市空间中的各个形态要素形态各异，严格意义上来说两两之间都不一样，大尺度数字类型构成并不是对这些差异性进行无限细分，而是抓住要素之间共性的形态特征，综合地建构一个相对简化的认知框架。在一定意义上，大尺度形态类型建模扮演一种“图例”的角色，对样本区域中的要素多样性进行数字化呈现。

表 7.1 传统视角与大尺度形态类型建模视角下对不同要素形态的认知比较

要素类型	传统视角下对城市空间中不同要素形态的认知	大尺度形态类型建模视角下对城市空间中不同要素形态的认知
街区	超级街区、大街区、小街区	大院型街区、岛型街区、条型街区、短窄型街区、簇核型街区、巨型街区、基质型街区
街道	地方道路、辅助干道、城市干道 街道、大道、林荫大道 快速路、主干路、次干路、支路	瘦长型街道、东南型街道、垂行列型街道、都市峡谷型街道、横干型街道、矮巷型街道、匀短型街道、阔长型街道、纵干型街道、顺行列型街道、密实型街道、曲径型街道
街口	大街口、小街口	小稀型街口、微隙型街口、地标型街口、空旷型街口、都市型街口、传统型街口、紧凑型街口、多簇型街口

资料来源：作者编制

7.1.2 剖析样本整体形态的结构性特征

在要素构成多样性特征剖析的基础上，可以进一步对其进行空间可视化并剖析样本整体形态的结构性特征。本书将以上的研究路径称作数字形态类型地图（digital typo-morphology map），具体而言，将街区、街道、街口三个图层的数字形态分布进行空间叠合，将其中的共性形态特征转换成由点、线、面要素构成的抽象结构语言，从而呈现如何通过数字形态类型地图把握城市形态整体结构性特征的路径。在南京老城的数字形态类型地图中，以形态要素的类别进行分层显示，街区、街道、街口三种形态要素各自为地图中的一个图层；同时，在每个图层中，通过颜色区分各要素对象的类型构成（图 7.2）。

根据南京老城的数字形态类型地图，一个明显的特征就是南京老城在形态分布上存在从中心到边缘的“圈层效应”。通过三个图层数字形态分布的叠加与比对，将其概括为三个主要圈层，用面要素进行表征，分别为现代都市核、传统肌理区以及环城低密带。现代都市核为整体形态中最为核心的“内圈层”，其主要呈现出现代都市的形态肌理，在现代都市核内，街区类型主要为簇核型街区，街道类型主要包含都市峡谷型街道，街口类型以都市型街口和多簇型街口为主。传统肌理区占据“中圈层”，在传统肌理区内，街区类型大都以基质型街区为主，街道类型主要包含垂行列型街道、匀短型街道、顺行列型街道以及密实型街道，街口类型主要包含小稀型街口、微隙型街口、传统型街口、紧凑型街口。环城低密带为“外圈层”，临近老城边界，其形态在建筑高度、建筑密度、建筑强度等关键形态指标上均显著较低，在环城低密带内，街区类型主要为大院型街区、条型街区以及巨型街区，街道类型通常为瘦长型街道、东南型街道、横干型街道、阔长型街道以及纵干

图 7.2 多视角叠加的数字形态类型地图

型街道，街口类型主要为空旷型街口与小稀型街口。

在圈层效应外，南京老城城市形态的骨架特征也十分明显。中山北路、中央路、新模范马路、北京东路、北京西路、汉中路、中山东路、中山南路、虎踞路、龙蟠中路、升州路、健康路等构成了南京老城的形态骨架。具体体现在，上述形态骨架对应的街道交汇处的街口几乎均为地标型街口；同时这些骨架型街道的街道类型主要为横干型街道、阔长型街道、纵干型街道以及局部都市峡谷型街道。值得一提的是，南京老城的形态骨架在中心区域表现得更加强烈，具体体现为以都市型街口和多簇型街口为主构成的簇群式节点连绵密布。除在以新街口为中心的现代都市核内大量集聚分布之外，也沿骨架型街道有所伸展，东西方向主要沿汉中路及中山东路，向北主要沿中山北路及中央路，向南主要沿中山南路。分别用线要素表征南京老城的骨架型街道，用点要素表征南京老城的地标及簇群节点。

通过以上对南京老城结构性特征的解读，可以进一步对其结构进行抽象。表 7.2 更为扼要地呈现出南京老城各关键性结构要素与各数字类型构成的对应关系。基于此，可以通过结构示意图的方式对以上特征解读进行可视化，从而更加直观地反映本书研究提供的解读思路。

表 7.2 南京老城整体形态中结构要素与各形态类型的对应关系

<table>
<tr><th>表征方式</th><th>结构要素</th><th>主要街区类型</th><th>主要街道类型</th><th>主要街口类型</th></tr>
<tr><td rowspan="3">面要素</td><td>现代都市核</td><td>簇核型街区</td><td>都市峡谷型街道</td><td>都市型街口
多簇型街口</td></tr>
<tr><td>传统肌理区</td><td>基质型街区</td><td>垂行列型街道
匀短型街道
顺行列型街道
密实型街道</td><td>小稀型街口
微隙型街口
传统型街口
紧凑型街口</td></tr>
<tr><td>环城低密带</td><td>大院型街区
条型街区
巨型街区</td><td>瘦长型街道
东南型街道
横干型街道
阔长型街道
纵干型街道</td><td>空旷型街口
小稀型街口</td></tr>
<tr><td>线要素</td><td>骨架型街道</td><td></td><td>横干型街道
阔长型街道
纵干型街道
都市峡谷型街道</td><td></td></tr>
<tr><td rowspan="2">点要素</td><td>地标节点</td><td></td><td></td><td>地标型街口</td></tr>
<tr><td>簇群节点</td><td></td><td></td><td>都市型街口
多簇型街口</td></tr>
</table>

通过点、线、面的结构语言表征方式，将现代都市核、传统肌理区、环城低密带构成的三个圈层，骨架型街道，以及由地标、簇群构成的节点等结构要素根据其形态分布关系进行叠加表达（图 7.3）。从图 7.3 中能够更加直观地感受到南京老城城市形态的南北差异：老城北部环城低密带的比重更大，尤其是大院型街区和巨型街区分布众多，而传统肌理区相对比重较小；相反，老城南部则主要以大面积的传统肌理区为主。另外，老城北部相对"较高"，一个明显的表现就是簇群向北部的延伸趋势更加强烈。

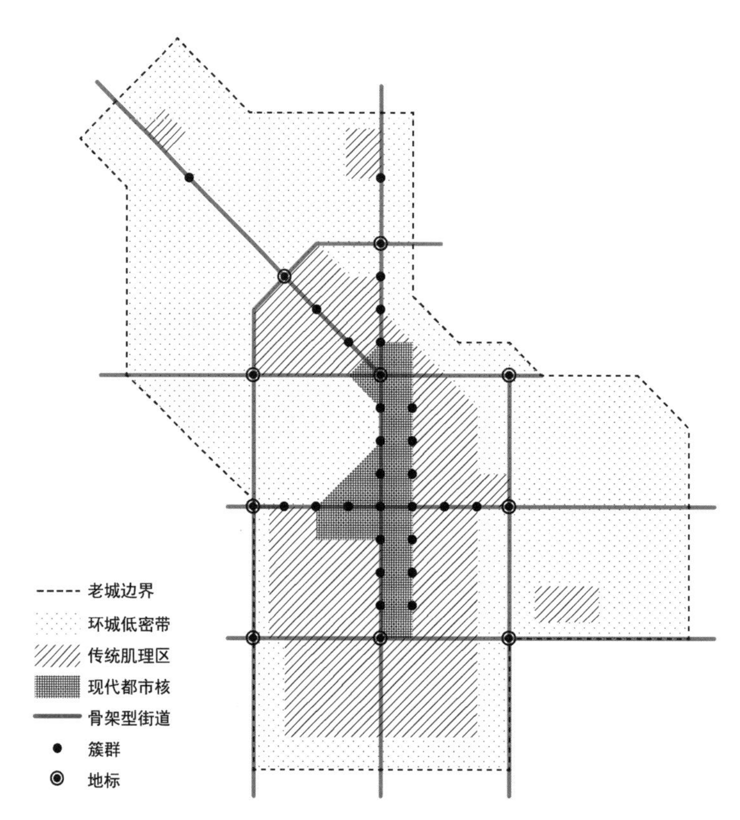

图 7.3 基于数字形态类型地图对南京老城 2020 年整体形态的解读示意图

总体而言，通过数字形态类型地图对南京老城的整体形态结构进行抽象概括，以一种较为理性的方式建立对南京老城形态分布的意向认知。当然，通过数字形态类型地图对南京老城整体形态特征进行解读还存在其他方式，这里仅展示了一种较为简单的可能性。尤其是在数字形态类型地图中叠加更多不同的形态要素视角后，也会给解读带来更多的思路。值得一提的是，数字形态类型地图可以在不同的尺度下被观察：在全局的大尺度考察数字形态类型地图，则能够据此解析大尺度城市形态分布的整体规律；在局部尺度考察数字形态类型地图，则能够更加精准地捕捉特定区域的形态肌理。

7.1.3 剖析样本形态演替的动态性特征

通过前序研究不难发现，大尺度形态类型这一研究方法的显著特征在于能够将不同时间切片下的形态数据库进行整合分析，进而整体剖析样本形态演替的动态性特征。本书实证研究中对 2005 年及 2020 年两个时间切片下的南京老城的城市形态进行形态类型建模研究，这里从形态演替的角度揭示其 15 年形态演替的变化特征。

图 7.4 和图 7.5 分别对 2005 年和 2020 年南京老城的街区、街道、街口整体三维形态

图 7.4 2005 年南京老城街区、街道、街口整体三维形态分层轴测图

进行分层呈现。概括而言，南京老城城市形态从2005年至2020年呈现出“渐进式演替”的总体特征。这种渐进式演替区别于城市扩张，是在老城内部的不断更新。这种老城内部的不断更新在全球许多国家和地区都在发生，由于其在渐进式演替中形态变化较为微小，不仅不易察觉，更不易对这种微小的改变进行描述和解析。而通过数字形态类型地图，恰能够捕捉到渐进式演替中的微小变化，以下列举本研究对形态演替的几条主要发现。

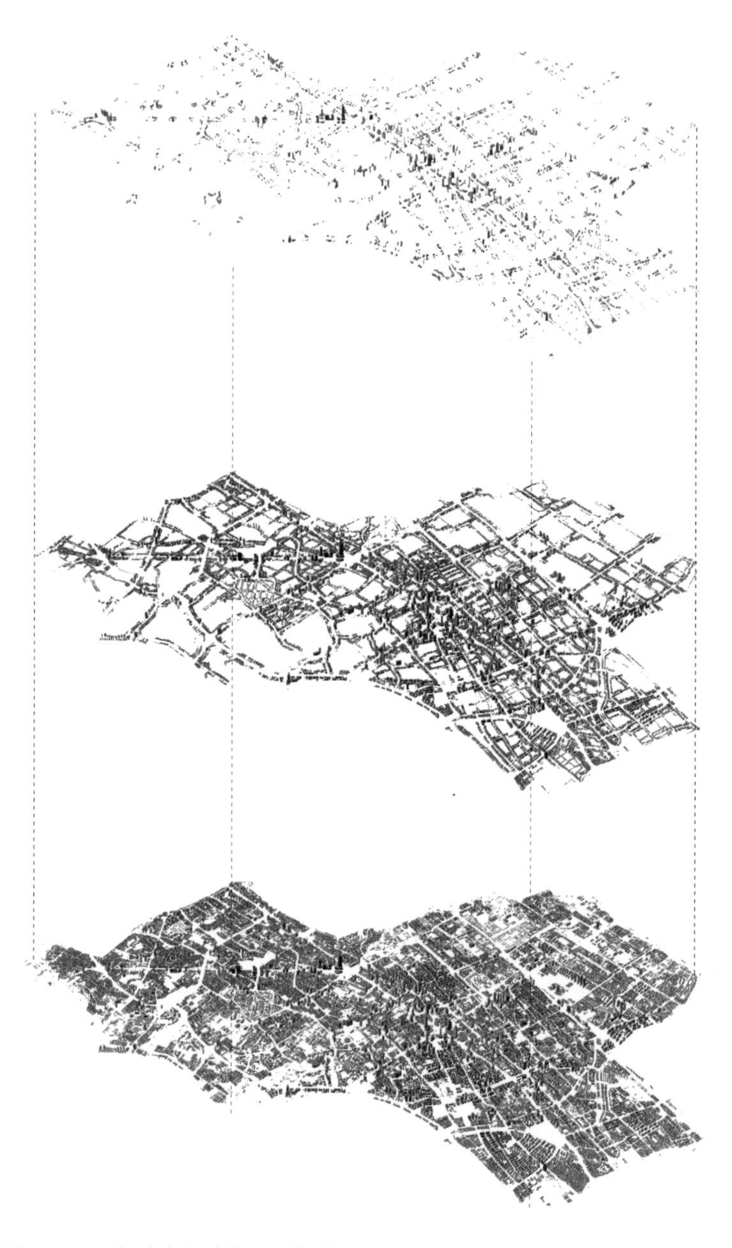

图7.5 2020年南京老城街区、街道、街口整体三维形态分层轴测图

南京老城近 15 年演替过程中，由建筑增减变化引起的街区、街道、街口三维形态的指标变化不可胜数，甚至常常引起其类型的变化，但要素本身的尺寸和形状则保持相对“稳态”和“定力”。本书在对各形态要素进行特征提取并建构指标体系时，始终按照 2.1 节中提出的形态指标分类框架，即尺寸类、形状类、数量类、占有率类、多样性类、布局类。其中后四类，由街区、街道、街口要素内部的建筑所引起的形态指标在南京老城 15 年演替中变化较为明显；而相反，由街区、街道、街口要素对象本身引起的形态特征，即尺寸类、形状类的形态指标变化较为微弱。例如，街区周长、街区面积、街区紧凑度、街区形状指数、街区分形维数、街道长度、街道平均开敞空间宽度、街道朝向、街道曲折度、街口最小开敞空间半径、街口面积等。尤其像街道平均开敞空间宽度、街口最小开敞空间半径这样的指标，在本书研究的算法语境下同相应要素所对应的建筑具有紧密关联，却依然保持较为稳定的状态。可见，南京老城中街区、街道、街口这些建筑群尺度的要素，本身在尺寸和形状上具有某种“定力”，不轻易随建筑建成环境的增减变化而发生明显改变。

15 年间各要素对应的建筑体块数量明显增多，空间上趋向于“成组化”；整体上建筑在“长高”，差异性也显著拉大，尤其体现在其他类型的街区、街道向簇核型街区及都市峡谷型街道转变的趋势明显，而在街口三维形态上体现得却不太明显。在南京老城 2005 年至 2020 年的演替中，要素内建筑个数整体呈增加趋势，而建筑组数则呈减小趋势，具体表现为：平均每个街区建筑个数增加 6.8 个，建筑组数减少 2.8 组；平均每个街道建筑个数增加 4.0 个，建筑组数减少 0.5 组；平均每个街口建筑个数增加 1.5 个，建筑组数减少 0.1 组。这些数据说明，建成环境中，各要素对应的建筑体块数量明显增多，同时这些体块在空间上趋向于“成组化”，以组的形式出现。15 年间整体建成环境在“长高”，建筑与建筑之间底面积和高度之间的差异性也变得更大。这一现象在街区形态和街道形态上体现得更加明显。15 年间，街区最大建筑高度平均增大了 2.6 m，平均建筑高度平均增大了 0.5 m，街区建筑高度标准差平均增大了 0.9 m；街道最大建筑高度平均增大了 3.3 m，平均建筑高度平均增大了 0.4 m，街道建筑高度标准差平均增大了 0.9 m。从类型的角度来看，包括基质型街区、岛型街区在内的多个街区类型均有向簇核型街区转变的趋势；同样，包括横干型街道、阔长型街道、密实型街道在内的多个街道类型也呈现出向都市峡谷型街道转变的趋势。图 7.6 以一个局部例子呈现这种形态演替中类型转变的现象，同时将类型转变同城市演替中具体的事件结合在一起。中山路沿线自 2005 年至 2020 年的更新演替中伴随着多个大型公共建筑项目的建成，例如紫峰大厦、鼓楼医院、德基大厦二期、金陵饭店二期等。这些项目事件对其周边的城市形态进行重塑，其中一个体现就是对街道形态的重塑。从图中能够看出，有四个街道段落由于以上大型公共建筑的建成，在类型上从纵干型

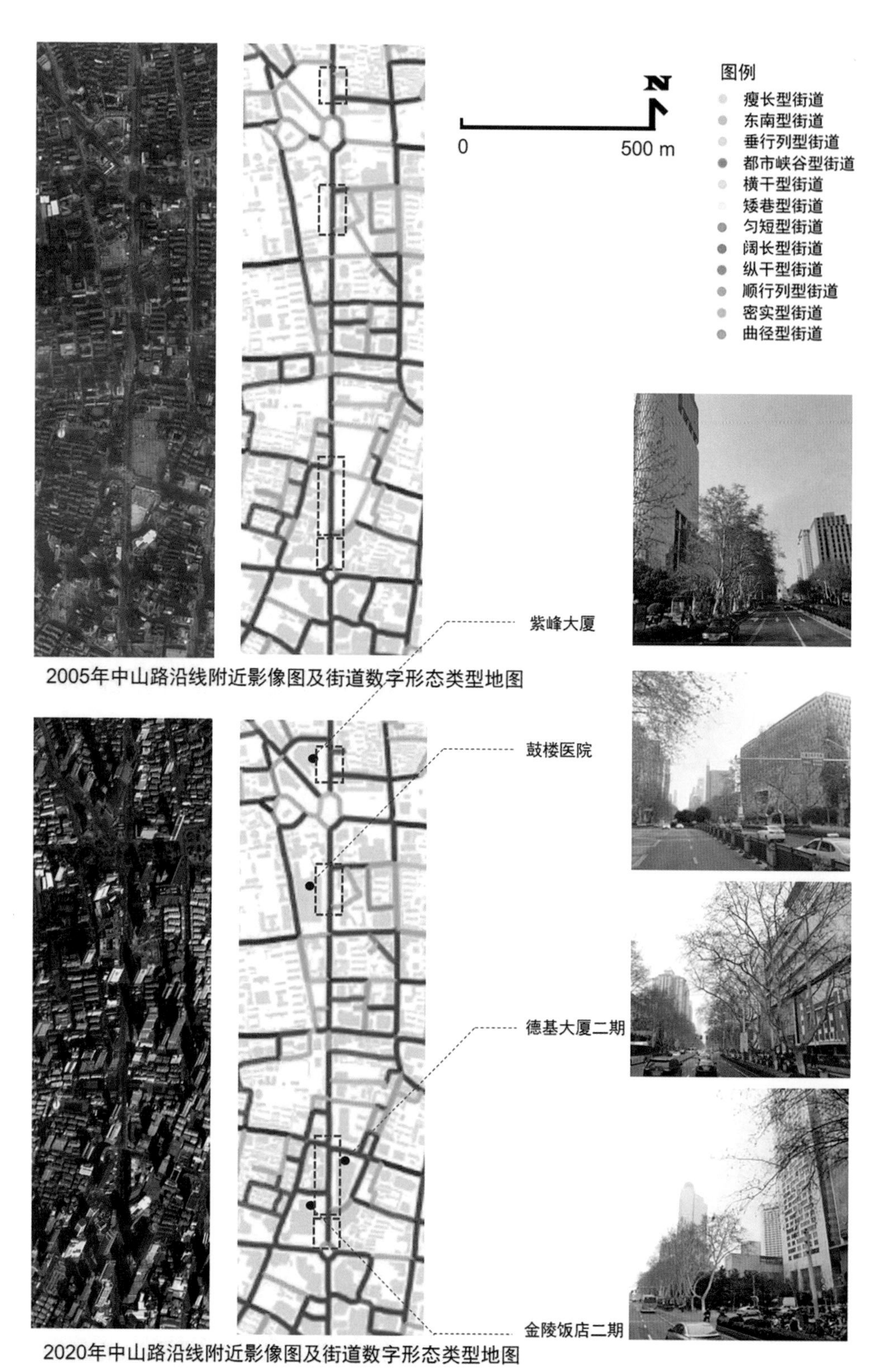

图 7.6 2005—2020 年南京老城中山路附近区域的街道数字形态演替

街道转变成都市峡谷型街道；而这四个街道段落看似微小的类型转变又使得整条中山路，由 2005 年整体上近似于纵干型街道转变为 2020 年都市峡谷型街道占据更为主导的状态。建成环境“长高”的现象在街口三维形态上的体现则没有街区、街道三维形态那么明显。自 2005 年至 2020 年，街口最大建筑高度平均增大了 3.3 m，平均建筑高度平均增大了 0.4 m，建筑高度标准差平均增大了 0.6 m。这一点发现说明，南京老城 15 年演替过程中，建成环境高度的增量并不主要发生在街口区域。

15 年间南京老城形态演替是一个“密度减小，强度增大”的演替过程，在街口形态上的体现较为强烈，尤其在老城南部，传统型街口、紧凑型街口数量显著减少，小稀型街口、多簇型街口数量明显增加。在南京老城 2005 年至 2020 年的演替中，另一个较为有趣的现象是建成环境的密度整体呈现出减小的趋势，而强度则整体呈现出增大的趋势。从建筑密度上来看，街区建筑密度平均值由 0.431 减小至 0.426，平均减小量为 0.005；街道建筑密度平均值从 0.312 减小至 0.308，平均减小量为 0.004；而街口建筑密度平均值则从 0.17 减小至 0.16，平均减小量为 0.01。从建筑强度上来看，街区建筑强度平均值从 2.10 增加至 2.24，平均增大量为 0.14；街道建筑强度平均值从 1.52 增加至 1.62，平均增大量为 0.10；街口建筑强度平均值从 0.75 增加至 0.78，增大量为 0.03。街口建筑密度平均值本身较低，其平均减小量反而在三种要素中最高，可见其密度减小最为明显。对应到类型上，传统型街口、紧凑型街口这样建筑密度相对较高的街口类型数量显著减少，而小稀型街口、多簇型街口这类建筑密度相对较低的街口类型数量显著增大。这一变化趋势尤其在南京老城南部区域出现得更为明显。

7.2 驱动形态集成交互的实用工具

限于时间与精力，本书专注于对南京老城这一个形态样本进行解析，并未涉及更多的形态样本。但从方法论的角度，大尺度形态类型是一种具有极强普适性的方法，而不仅仅适用于个案的样本研究。事实上，大尺度形态类型建模完美地契合了新城市科学时代城市形态类型学研究方法系统性升级的诸多趋势和特征，进而演化成为驱动形态集成交互的实用工具。本节将从要素呈现、形态指标、平台环境等方面对此进行阐述。

7.2.1 更加灵活的要素呈现

通过解构同一形态要素的多种呈现形式，大尺度形态类型建模研究方法能够实现不同形态要素之间的生成与转化。本书着重通过街区、街道、街口的例子，阐述通过其对应的点、线、面形式完成生成与转化的路径：已知街区的“面”，能够近似生成街道的“线”；已知街道的“线”，在特定条件下也能够近似生成街区的“面”。街口的“点”是可以通过街道的“线”生成的，不论街道的“线”是已知的还是基于街区的“面”生成的；对于街区、街道、街口的三维形态研究而言，在已知建筑的数据之外，仅需要再知道街区的“面”或街道的“线”这两种要素数据形式之一，就能够通过要素生成模块进一步识别其他的要素及数据形式。

众所周知，形态数据库是形态学研究的前提和基础。正是由于要素能够以更加灵活的方式进行呈现，在形态类型研究中，基础形态数据库也具有更强的灵活性。研究者可以立足于原始数据库，充分挖掘其中的隐含价值，通过形态要素的生成转化对更加多样的形态要素进行研究。对更多形态要素的研究，尤其是基于常见数据库对其的界定和挖掘，是值得进一步展开的，以从不同视角解析和理解当代城市形态。

值得一提的是，本书选取街区、街道、街口三个形态要素作为实证研究中的要素对象，并不意味着三者是形态学研究中唯一的要素对象，而是侧重考虑了其代表性。一方面，三者均对应建筑群这一尺度层级，且主要表征形式分别为面、线、点，这对于阐述要素形式之间的转化与生成，以及对更大尺度形态研究具有典型的代表性意义；另一方面，诸如街道、街口这样的不定形形态要素对象在既有研究中较为不足，这对于探索针对“不定形”形态要素对象的大尺度形态类型建模研究方法具有代表性意义。在方法的技术细节层面，对于街道、街口这样不定形要素的三维界定上，本书引入的箱体模型、柱体模型仅作为一种可能性视角。其他对其三维形态的界定方法有待进一步研究。同时，在箱体模型、柱体模型界定形态的过程中，本书引入了正比例关系的假设。虽然问卷统计的结果在一定程度上能够印证假设，但相对来说其严谨性还值得进一步更加充分的讨论。

7.2.2 更加多源的形态指标

大尺度形态类型建模研究方法有利于促进产生更加多源的形态指标。在建构大尺度形态类型的理论框架时，本书在第 2 章对既有知识进行了较为系统的梳理，其中尤其对形态指标进行深度挖掘，通过滚雪球的检索方式从 71 篇文献中整理出总计 203 个形态指标，并整合分为尺寸类、形状类、数量类、占有率类、多样性类以及布局类等六个类别。而在后续的实证研究中，本书在对既有经典指标继承的基础之上提出了一系列新的形态指标。例如，在街道形态指标中引入街道空间序列的视角，对最大高度、整体高宽比以及界面高宽比这三个剖面指标在整条街道空间序列中的变化情况进行描述并主要从变化频率和变化幅度两个方面切入，构造了街道最大建筑高度变化频率（FMH）、街道最大建筑高度变化幅度（LMH）、街道整体高宽比变化频率（FHWR）、街道整体高宽比变化幅度（LHWR）、街道界面高宽比变化频率（FSHW）、街道界面高宽比变化幅度（LSHW）、街道进深方向密度均质化程度（DHDD）以及街道进深方向强度均质化程度（IHDD）等八个布局类形态指标。再如，引入街口垂向密度变化率用来描述街口在垂直方向上的形态变化程度，按高度逐层截取街口三维形态的横截面，计算得到每个横截面与街口柱体底面的比率等。

不难看出，一方面，大尺度形态类型建模研究方法为街道、街口这样的不定形形态要素提供了新的界定方式，致使新的形态指标产生；而另一方面，实证研究也展示了研究中可以针对研究对象形态要素的特点，针对性地“设计”对应的形态指标，并通过数据科学的方式找寻指标的计算原理。可以想象，在大尺度形态类型建模的框架下将不断涌现出越来越多的“增量”形态指标，而这些形态指标也会逐步成为新的“既有知识”，促进形态学的研究迈向纵深。

除此之外，大尺度形态类型建模研究方法有利于多源指标的集成研究。本书侧重对城市形态要素本身的物质形态进行肌理分析，而并没有涉及对要素间配置关系的组构分析。事实上，肌理分析和组构分析能够在大尺度形态类型建模的框架下完美融合。例如，针对街道这个形态要素，不仅可以构造如本书中所列举的系列肌理分析的指标，还可以将诸如可达性、集成度等组构分析的指标附在街道对象上，进而从更加丰富立体的角度看待形态对象。

从更广义的视角，例如天空可视域、观山可视域等视角形态指标，甚至是部分非形态数据也是未来集成研究的探索方向之一。

7.2.3 更加包容的平台环境

大尺度形态类型建模研究方法为形态研究提供了更加包容的平台环境，尤其是跨地域形态研究、形态演替这两个形态学研究中的重要线索。大尺度形态类型建模可以将跨地域、不同时间切片的形态数据库集成在一个整体的平台视角下进行整合分析。

对跨地域的城市形态进行对比研究，有助于认知地域间的城市形态相似性与差异性。受限于城市形态数据库，本书仅以南京老城为样本进行案例研究，而并没有对跨地域的多个城市形态样本进行对比研究。建立全球尺度统一口径的数据库一直是形态学研究中的关键问题。如若有更多样本区域的数据库“喂给”平台，则能够加强横向对比，深入剖析不同地域之间形态要素的类型构成特征。

例如，可以将南京老城的形态数据置入更大的语境中，针对性地选取适合的跨地区城市形态数据集进行对比研究，和中国其他典型老城，甚至国际上其他典型老城的城市形态数据库联立在一起，绘制跨地区多个样本城市的数字形态类型地图。这样通过对比，能够得到不同老城的数字类型构成及其分布之间的共性特征，以及南京老城本身特有的形态特征。

同时，在演替研究的时间上，本书仅对南京老城 2005 年和 2020 年这两个时间切片进行研究；在未来研究中，如若能获取时间更加久远的数据库，则能够纵览更长历史变迁中南京老城形态演替的变化。

面向未来，大尺度形态类型建模应当致力于成为城市形态研究者的一个基本工具。在这一目标下，应立足于已经探索的大尺度形态类型建模数字化流程及方法，进一步开源推广，使得其他研究者能够基于目前的方法对其他城市形态样本进行实证研究，从而挖掘更多的形态类型特征。同时，应在既有平台的基础上设置更加完善的贡献（contribution）机制。更多的研究者能够将更多不同的数据、新构造的指标、优化的算法技术等上传，使得对于形态类型建模的知识积累能够打破地域的界限，为广大学者所共同营造，使得城市形态研究者能够在新城市科学时代充分把握时代前沿技术带来的红利。在这一语境下，本书的研究仅作为一个开端，更多跨学科的研究亟待展开。

7.3 驱动设计实践决策的理性沙盘

在城市形态学研究中，“认知”城市形态与“塑造”城市形态一直以来就是相互关联的两个面。在这一语境下，大尺度形态类型建模不仅应作为驱动样本深度剖析的智慧大脑和驱动形态集成交互的实用工具，还应当坚定地拥抱实践，成为驱动设计实践决策的理性沙盘。

在宏观整体层面，可以通过数字形态类型地图中建构的类型，对各种形态要素的类型的布局做出引导。例如，在大尺度城市规划设计中，对簇核型街区、地标型街口等形态要素在城市空间中的布局进行整体考虑，使得簇核型街区、地标型街口在城市形态布局中成为“体系”而非单独的个体，从而在整体城市形态塑造中突出其特色。

在微观局部层面的形态设计中，基于数字形态类型地图提供的分类框架，能够在设计伊始首先进行定性的思考与判断。例如，在对一条街道进行设计时，可以首先对其进行类型学思考：如果需要延续目前城市中某种已有的街道类型，则可以将该类型典型的街道对象导出，通过形态统计及可视化挖掘其特征，进而确定在现有的环境下应当如何通过设计延续这种街道类型；当然也可以通过“介于两种街道类型之间”的设计姿态切入，数字类型构成的研究成果同样能够提供翔实的依据和参考；在特定情况下，设计的思路并非延续目前已有的形态类型，而是去建构一种新的类型，新的类型虽然有别于已有的类型，但其也需要同已有的类型发生“对话”，数字类型构成的研究成果即提供对话的基础。

大尺度形态类型不仅能够对既有城市三维形态的现状进行实测，而且能够针对设计得到的三维形态结果进行模拟，使得在调研、分析、设计等城市更新的各个阶段均能够以交互的方式为设计师所用。与既有建成环境的原理类似，可以将设计后的城市形态矢量文件作为输入，通过形态类型建模的数字化流程，同样能够得到各种形态要素的数字类型构成。例如，在分析阶段，设计师能够基于对场地周边一定范围内的肌理识别结果进行综合考虑，从而辅助于在设计的一开始判断更新后的建成环境是延续还是改变当前所处场所单元的肌理类型。基于这样的模拟，能够更加深刻地理解设计对于建成环境形态的改变。同时，初步设计方案形成后，同样能够模拟比对当前的方案是否与最开始的设计初衷相匹配，是否仍有进一步优化的空间等。再如，新的设计方案在类型构成方面对既有建成环境造成了多大的冲击，新的设计方案是延续了既有的类型构成还是创造了新的类型，新的设计方案是否在要素形态构成方面过于均质化，等等。根据诸如以上通过大尺度形态类型建模的数字机制可以对设计成果进行“审查”，从而为设计方案的进一步优化提供理性依据。

内容简介

城市形态类型的大尺度建模解析，或称大尺度形态类型建模，是立足于经典城市形态类型学并集成整合一系列当代前沿的数据科学技术手段所形成的跨学科研究方法，弥补了经典形态类型研究方法在应对当代大尺度、复杂化城市形态时的局限性。本书在关于“形—构”关系的深度剖析中建构大尺度形态类型建模的理论框架与方法集群，并以南京老城为空间样本，以建筑群尺度最具代表性的形态要素为对象进行实证研究，归纳总结了南京老城街区、街道、街口形态的分布特征、类型构成及演替规律，验证了研究方法的有效性及优越性，提出了数字形态类型库建设的内在逻辑。期望通过本书的研究，为新时代全面理性地认知地域聚落形态共性及差异，因地制宜地开展针对设计实践的形态学研究提供方法论依据。

图书在版编目（CIP）数据

形构：城市形态类型的大尺度建模解析 / 曹俊，杨俊宴著. -- 南京：东南大学出版社，2024.3

（城市设计研究 / 杨俊宴主编. 数字·智能城市研究）

ISBN 978-7-5766-1059-8

Ⅰ. ①形… Ⅱ. ①曹… ②杨… Ⅲ. ①城市规划—建筑设计—系统建模 Ⅳ. ①TU984

中国国家版本馆CIP数据核字（2023）第246682号

责任编辑： 丁　丁　**责任校对：** 子雪莲　**书籍设计：** 小舍得　**责任印制：** 周荣虎

形构：城市形态类型的大尺度建模解析

Xinggou: Chengshi Xingtai Leixing De Dachidu Jianmo Jiexi

著　　者	曹　俊　杨俊宴
出版发行	东南大学出版社
社　　址	南京市四牌楼 2 号　邮编：210096　电话：025-83793330
出 版 人	白云飞
网　　址	http://www.seupress.com
电子邮件	Press@seupress.com
经　　销	全国各地新华书店
印　　刷	南京爱德印刷有限公司
开　　本	787 mm × 1092 mm　1/16
印　　张	22.5
字　　数	435千字
版　　次	2024年3月第1版
印　　次	2024年3月第1次印刷
书　　号	ISBN 978 - 7 - 5766 - 1059 - 8
定　　价	168.00元